100天精通CSP

罗新河 著

电子工业出版社
Publishing House of Electronics Industry
北京·BEIJING

内 容 简 介

本书是一本面向信息学竞赛选手的从入门到精通的全面教程，旨在帮助读者系统地学习和掌握 C++ 程序设计、算法和数据结构等关键知识点。

本书涵盖五个单元：第一单元"编程预备知识"介绍了信息学竞赛的基本概念、计算机中的数制和数据编码等基础知识，为后续编程学习打下坚实基础；第二单元"C++ 程序设计基础"详细讲解了 C++ 的基本语法、数据类型、运算符、控制结构等，帮助读者掌握 C++ 编程知识；第三单元"简单算法"介绍了排序、枚举、高精度计算、二分查找、位运算等基本算法，为解决复杂问题提供思路；第四单元"数据结构基础"深入讲解了栈、队列、链表、图、树等数据结构，以及最短路径、最小生成树等相关算法，提升解决实际问题的能力；第五单元"基础数学知识"涵盖了素数、筛法、约数、裴蜀定理等数学原理，为信息学竞赛中的数学问题提供了解决方案。

本书内容丰富、结构清晰，适合初学者循序渐进地学习，也适合有一定基础的读者查漏补缺。

未经许可，不得以任何方式复制或抄袭本书之部分或全部内容。
版权所有，侵权必究。

图书在版编目（CIP）数据

100 天精通 CSP / 罗新河著. -- 北京：电子工业出版社，2025. 4. -- ISBN 978-7-121-49869-5

Ⅰ．TP312.8

中国国家版本馆 CIP 数据核字第 20257NR005 号

责任编辑：张春雨
印　　刷：三河市良远印务有限公司
装　　订：三河市良远印务有限公司
出版发行：电子工业出版社
　　　　　北京市海淀区万寿路 173 信箱　　邮编：100036
开　　本：787×1092　1/16　　印张：37.25　　字数：953.6 千字
版　　次：2025 年 4 月第 1 版
印　　次：2025 年 4 月第 1 次印刷
定　　价：99.00 元

凡所购买电子工业出版社图书有缺损问题，请向购买书店调换。若书店售缺，请与本社发行部联系，联系及邮购电话：（010）88254888，88258888。

质量投诉请发邮件至 zlts@phei.com.cn，盗版侵权举报请发邮件至 dbqq@phei.com.cn。

本书咨询联系方式：faq@phei.com.cn。

编委会

主　编：罗新河

副主编：张　豪　苏　果　陈明昌科

编　者：寻鹏飞　郝贻奇　缪贤根　潘　勇
　　　　燕　瑶　陶雪瑛　张　飘　盘小冬
　　　　黄姣清　邓晓红　陈　艳　晏美成
　　　　苏柏稳　黄　程　徐晨辉　刘小勇
　　　　陈艳平　李知栩

前　言

在信息爆炸与技术迭代加速的今天，计算机编程已成为连接现实世界与数字世界的桥梁，不仅专业程序员需要精进技术，非专业人士掌握编程技能也成了提升个人竞争力的重要一环。

CCF（中国计算机学会）计算机编程非专业认证，正是为了响应这一时代需求应运而生的，旨在为非计算机专业背景的学习者提供一条系统学习编程、获取专业认证的路径。而 CSP（Concurrent Sequential Processes，并发顺序进程）作为并发编程领域的经典范式，其重要性更是不言而喻，它不仅是理解并发编程思想的关键，还是实现高效、可靠并发系统的基石。

在此背景下，我们推出了《100 天精通 CSP》一书，旨在为有志于通过 CCF 计算机编程非专业认证的读者（特别是 CSP 领域的读者）提供一条清晰、高效的学习路径。本书旨在通过 100 天（涵盖 100 课）的密集学习，帮助读者从零基础起步，逐步掌握 CSP 的核心概念、编程技能，直至能够熟练运用 CSP 解决实际问题，并顺利通过 CCF 计算机编程非专业认证的 CSP 部分考试。

本书的特色如下。

- 目标明确，针对性强：本书紧扣 CCF 计算机编程非专业认证的 CSP 部分考试大纲，确保所有内容均围绕考试要求展开，帮助读者精准定位学习方向。
- 循序渐进，易于上手：从 CSP 的基本概念讲起，逐步深入到并发编程的实战应用，通过分阶段的学习安排，让读者在轻松愉快的氛围中逐步掌握 CSP 的精髓。
- 例题丰富，注重实践：书中穿插大量例题分析，通过实战演练，让读者在解决问题的过程中不断巩固和提升所学技能，真正做到学以致用。
- 图文并茂，直观易懂：通过图表、图示等直观内容，帮助读者更好地理解复杂的概念和机制，提高学习效率。
- 考试辅导，助力通关：特别设置考试辅导章节，提供模拟试题、解题思路和应试技巧，帮助读者顺利通过 CCF 计算机编程非专业认证的 CSP 部分考试。

我相信，通过本书的学习，读者不仅能够掌握 CSP 的核心知识和编程技能，还能在 CCF 计算机编程非专业认证的 CSP 部分考试中取得优异的成绩。同时，我们也希望这本书能够成为广大读者学习 CSP 知识、提升编程技能的得力助手。

最后，我要感谢所有为本书编写和出版付出辛勤努力的同事和朋友们。正是因为有了他们的支持和帮助，才有了这本书的诞生。同时，我们也期待广大读者能够提出宝贵的意见和建议，帮助我们不断改进和完善这本书。

让我们携手并进，共同开启这段精彩的 CSP 学习之旅，向着 CCF 计算机编程非专业认证的目标迈进！

罗新河

2024 年 12 月

目 录

第一单元 编程预备知识 / 1

第 0 课　信息学竞赛介绍 / 2

第 1 课　计算机中的数制 / 4

第 2 课　数据编码 / 8

第二单元 C++ 程序设计基础 / 13

第 3 课　C++ 编译环境与第一个 C++ 程序 / 14

第 4 课　输入与输出语句 / 18

第 5 课　赋值语句 / 21

第 6 课　数据类型与运算符 / 24

第 7 课　常量与变量 / 29

第 8 课　表达式 / 31

第 9 课　顺序结构程序 / 33

第 10 课　单分支结构 / 36

第 11 课　多分支结构 / 40

第 12 课　分支嵌套语句 / 45

第 13 课　for 语句 / 52

第 14 课　while 语句 / 56

第 15 课　一层循环结构 / 58

第 16 课　二层循环结构 / 60

第 17 课　多层循环结构 / 63

第 18 课　循环结构的应用（一）/ 66

第 19 课　循环结构的应用（二）/ 68

第 20 课　循环结构的应用（三）/ 71

第 21 课　一维数组 / 77

第 22 课　一维数组的应用（一）/ 82

第 23 课　一维数组的应用（二）/ 87

第 24 课　多维数组 / 92

第 25 课　数组的综合应用 / 97

第 26 课　字符和字符串 / 102

第 27 课　字符串的综合应用 / 110

第 28 课　函数 / 115

第 29 课　函数与递归 / 128

第 30 课　函数的综合应用 / 139

第 31 课　结构体与联合 / 143
第 32 课　指针 / 152
第 33 课　结构体与指针综合应用 / 156
第 34 课　文件操作与单步调试 / 160
第 35 课　STL 中常用的函数 / 165
第 36 课　STL 中的容器 / 183

第三单元　简单算法 / 195

第 37 课　简单排序 / 196
第 38 课　复杂排序 / 207
第 39 课　排序的应用 / 216
第 40 课　暴力枚举 / 219
第 41 课　高精度数加减法 / 230
第 42 课　高精度数乘除法 / 235
第 43 课　二分查找 / 239
第 44 课　二分答案与三分答案 / 244
第 45 课　位运算 / 250
第 46 课　倍增 / 258
第 47 课　前缀和与差分 / 274
第 48 课　贪心算法 / 281
第 49 课　哈希表 / 291
第 50 课　递归算法 / 299
第 51 课　递推算法 / 313
第 52 课　广度优先搜索 / 319
第 53 课　广度优先搜索练习 / 325
第 54 课　广度优先搜索优化与变形 / 331
第 55 课　启发式搜索 / 341
第 56 课　深度优先搜索 / 360
第 57 课　深度优先搜索优化 / 364
第 58 课　认识动态规划 / 383
第 59 课　背包模型 / 397
第 60 课　一维线性动态规划 / 406
第 61 课　多维线性动态规划 / 412
第 62 课　动态规划综合练习 / 418

第四单元　数据结构基础 / 427

第 63 课　栈与队列 / 428
第 64 课　链表 / 438

第 65 课　认识图结构 / 444

第 66 课　图结构的应用 / 453

第 67 课　最短路径——Dijkstra 算法 / 465

第 68 课　Bellman-Ford 算法与 SPFA 算法 / 471

第 69 课　Floyd 算法 / 477

第 70 课　最短路径应用 / 481

第 71 课　并查集 / 488

第 72 课　最小生成树 / 495

第 73 课　Prim 算法 / 497

第 74 课　最小生成树应用 / 499

第 75 课　拓扑排序 / 502

第 76 课　树结构的基本概念 / 504

第 77 课　树结构的存储与遍历 / 506

第 78 课　二叉树 / 512

第 79 课　二叉树的遍历 / 515

第 80 课　二叉搜索树 / 517

第 81 课　哈夫曼树与堆结构 / 519

第 82 课　二叉堆 / 524

第 83 课　树状树组 / 528

第 84 课　线段树 / 533

第 85 课　树的直径 / 537

第 86 课　LCA / 539

第 87 课　树上差分 / 543

第 88 课　树上动态规划 / 547

第 89 课　树问题应用 / 552

第五单元　基础数学知识 / 557

第 90 课　数学基本概念 / 558

第 91 课　素数 / 560

第 92 课　筛法 / 564

第 93 课　约数 / 569

第 94 课　裴蜀定理 / 575

第 95 课　中国剩余定理 / 577

第 96 课　排列组合 / 579

第 97 课　康托展开与逆康托展开 / 583

第 98 课　抽屉原理与容斥原理 / 585

第 99 课　卡特兰数 / 587

第一单元 编程预备知识

第 0 课　信息学竞赛介绍

0.1 赛事

0.1.1 赛事简介

OI（Olympiad in Informatics，信息学奥林匹克竞赛）是一门在中学生中广泛开展的学科竞赛，和物理竞赛、数学竞赛等性质相同，是中学阶段的五大竞赛之一。OI 主要考查参赛者对于算法、数据结构和数学知识的应用能力。其目的是通过竞赛来提高学生的编程能力，并激发学生对计算机科学和编程的兴趣。

0.1.2 赛事分类

- CSP-J 和 CSP-S

CSP-J 的前身是 NOIP 普及组竞赛，是 NOI 系列赛事中难度最低、面向年龄段最低的赛事，它是很多学生参与的第一个信息学大型竞赛。

CSP-S 主要面向广大初高中生，难度较入门级有着显著提升，含金量也更高。CSP-S 的成绩是学生参与后续系列赛事的重要凭证。

CSP-J 和 CSP-S 均分别举办两轮：CSP-J1(2h)、CSP-S1(2h)，以及 CSP-J2(3.5)、CSP-S2(4h)。认证方式均为现场认证，非网络认证。参加 CSP-J 或 CSP-S 第二轮，必须先参加第一轮，且达到一定的分数。

第一轮的比赛时间为每年 9 月，第二轮的比赛时间为每年 10 月。全国统一命题，分省评奖。

- 全国青少年信息学奥林匹克联赛（NOIP）

面向全国（含港澳地区）中学生的信息学竞赛，由中国计算机学会主办。初赛在每年 10 月的第二个星期六举办，复赛在每年 11 月的第二个周末举办。

自 2020 年起，NOIP 取消初赛，以 CSP-S 成绩作为入围条件。

- NOI 省队选拔赛

NOI 省队选拔赛是主线赛事中最为残酷的赛事，将选拔出有资格参与 NOI 的正式选手，也就是最终的国家级竞赛选手。各省队名额不同，多为 5~15 人，部分省队的名额是省一（省级一等奖）名额的十分之一。

- 全国青少年信息学奥林匹克竞赛（NOI）

由教育部和中国科学技术协会批准，由中国计算机学会主办的面向全国中学生的一年一度的信息学（计算机）学科竞赛。第一届于 1984 年举办，当时的赛事名称为"全国中学生计算机程序设计竞赛"。自 1989 年起，更名为"全国青少年信息学奥林匹克竞赛"。

- 全国青少年信息学奥林匹克竞赛冬令营（NOIWC）

自 1995 年起举办，每年在寒假期间开展为期一周的培训，包括授课、讲座、讨论、测试等。参加冬令营的营员分正式营员和非正式营员。国家集训队的选手和指导教师为正式营员，自愿报名参加者（限量）为非正式营员。授课教师是著名高校的资深教授及已获得国际金牌的学生的指导教师。

- 亚洲与太平洋地区信息学奥林匹克竞赛（APIO）

每年 5 月，亚太地区的不同国家将轮流举办这一赛事。主办方并不提供比赛场地，仅负责提供比赛试题，提供线上测评环境，以及负责赛事的组织、评奖工作。必须为每个参赛团体明确指定一个或多个竞赛场地，所有选手必须在指定的竞赛场地参赛并全程接受参赛团体组织的监督。

主办方会提前设定比赛开放时间，通常为 2 天。在开放时间内，各国参赛团体可选取任意连续的 5 小时让选手参与竞赛，竞赛期间选手需要解答 3 道试题。每名参赛选手的各题得分之和即为团体总得分。获得金、银、铜牌的人数分别约占参赛总人数的 10%、20% 和 30%。

- 国际初中生信息学竞赛（ISIJ）

这是在每年 7 月上旬举办的针对较低年龄段选手（小学生或初中生）的、含金量最高的信息学竞赛，需要在 CSP-S 中获得很好的成绩才能参加。

- 国际信息学奥林匹克竞赛中国队选拔赛（CTSC）

这是由中国计算机学会主办，清华大学、北京大学、北京航天航空大学、中国人民大学轮流承办的信息学奥林匹克系列竞赛之一，于每年 5 月举办，旨在选拔出代表国家参加国际信息学奥林匹克竞赛的选手。同期同地还会举办全国信息学奥林匹克精英赛。

0.2 赛制

- OI 赛制

单人在限定时间内解决多个问题。选手只有一次提交机会，比赛时无法查看测评结果。每个问题会有多个测试点，依据每个测试点的得分来计算选手的最终得分。

- IOI 赛制

选手在比赛时有多次提交机会。比赛实时测评并返回结果，即使提交的结果是错误的，也不会有任何惩罚。每个问题都有多个测试点，根据每个问题通过的测试点的数量获得相应的分数。目前国内比赛的赛制在逐渐向 IOI 赛制靠拢。

- ACM 赛制

由 3 名选手组队，需要在规定的时间内使用一台计算机完成 8~13 道题目。每题完成后可多次提交运行，判定结果为 AC 或其他（WA、RE、TLE、MLE、OLE、CE 等）。每队正确完成一道题目后会升起一个气球。若结果被判定为错误，则队伍会被罚时（20 分钟），未完成的题目不计时。

0.3 比赛内容

请参阅《NOI 竞赛大纲》（2023 年修订版）。

第 1 课　计算机中的数制

1.1 简介

计算机中的数制是指在计算机中表示和处理数据时采用的数学系统。常见的数制包括十进制、二进制、八进制和十六进制。了解不同的数制对于理解计算机内部的数据存储和运算方式非常重要。

1.2 常见数制

1.2.1 十进制

十进制是我们日常生活中最常用的数制。十进制数由 0~9 这 10 个数字组成。在计算机中，十进制数是以 10 为基数的。十进制数按照权重展开，每一位上的数字与对应的权重相乘，然后求和。

以下是一些十进制数的示例：

0：$0 \times 10^0 = 0$

1：$1 \times 10^0 = 1$

42：$2 \times 10^0 + 4 \times 10^1 = 42$

789：$9 \times 10^0 + 8 \times 10^1 + 7 \times 10^2 = 789$

1.2.2 二进制

二进制是计算机中最基本的数制。二进制数由 0 和 1 这两个数字组成。在计算机中，二进制数是以 2 为基数的。二进制数按照权重展开，每一位上的数字与对应的权重相乘，然后求和。

以下是一些二进制数的示例：

0：$0 \times 2^0 = 0$

1：$1 \times 2^0 = 1$

10：$0 \times 2^0 + 1 \times 2^1 = 2$

1010：$0 \times 2^0 + 1 \times 2^1 + 0 \times 2^2 + 1 \times 2^3 = 10$

在计算机中，所有的数据都是以二进制形式存储和处理的。二进制数在计算机内部非常重要。

1.2.3 八进制

八进制数是由 0~7 这 8 个数字组成的。在计算机中，八进制数是以 8 为基数的。八进制数按照权重展开，每一位上的数字与对应的权重相乘，然后求和。

以下是一些八进制数的示例：

0：$0 \times 8^0 = 0$

1：$1 \times 8^0 = 1$

42：$2 \times 8^0 + 4 \times 8^1 = 34$

765：$5 \times 8^0 + 6 \times 8^1 + 7 \times 8^2 = 501$

在计算机中，八进制数在某些特定场景中有一定的应用，但相对比较少见。

1.2.4 十六进制

十六进制数是由 0~9 和 A~F 这 16 个数（A 表示 10，B 表示 11，以此类推）组成的。在计算机中，十六进制数是以 16 为基数的。十六进制数按照权重展开，每一位上的数字与对应的权重相乘，然后求和。

以下是一些十六进制数的示例：

0：$0 \times 16^0 = 0$

1：$1 \times 16^0 = 1$

42：$2 \times 16^0 + 4 \times 16^1 = 66$

FF：$15 \times 16^0 + 15 \times 16^1 = 255$

在计算机中，十六进制数在表示和处理二进制数时非常常用。十六进制数更为紧凑，便于人眼观察和书写。

1.2.5 数制转换练习

（1）将二进制数 10101 转换为十进制数。

（2）将八进制数 36 转换为十进制数。

（3）将十进制数 125 转换为二进制数。

（4）将十进制数 58 转换为八进制数。

（5）将十进制数 255 转换为十六进制数。

（6）将十六进制数 1A 转换为十进制数。

（7）将十六进制数 C7 转换为二进制数。

（8）将八进制数 67 转换为十六进制数。

（9）将十进制数 42 转换为二进制数。

（10）将二进制数 1010 转换为十进制数。

（11）将八进制数 765 转换为十进制数。

（12）将十六进制数 FF 转换为二进制数。

请尝试自己解答这些题目，并验证你的答案。

1.3 在计算机中存储数据

计算机中的所有数据，包括文本、图像、音频和视频等，都以二进制形式存储。

计算机中最小的存储单元称为位（bit），1 位只能存储一个 0 或 1，多位组合在一起形成更大的存储单元：

- 1 字节（byte）由 8 位组成，可以表示 256 个不同的数值（0~255）。
- 多字节可以组合成更大的存储单元，如千字节（KB）、兆字节（MB）、吉字节（GB）等。

计算机使用内存（RAM）和硬盘等存储设备来存储数据。在内存中，数据以二进制形式存储在连续的存储单元中，每个存储单元都有一个唯一的地址。当计算机需要读取或写入数据时，它会根据地址找到相应的存储单元。

对于不同类型的数据（如整数、浮点数、字符等），计算机使用不同的编码方式来表示它们的二进制形式。例如，整数通常使用二进制补码来表示，浮点数使用 IEEE 754 标准来表示，字符使用 ASCII 或 Unicode 编码来表示。

总而言之，计算机通过将数据转换为二进制形式，并使用存储设备来存储这些二进制数，来实现数据的存储和处理。

1.4 原码、反码、补码

原码、反码和补码是计算机中用于表示有符号整数的三种方式。

1.4.1 原码

最高位为符号位，0 表示正数，1 表示负数。其余位表示数值的绝对值。例如，+5 的原码为 00000101，-5 的原码为 10000101。

1.4.2 反码

正数的反码与原码相同。负数的反码是将原码中除符号位以外的所有位取反（0 变为 1，1 变为 0）。例如，+5 的反码为 00000101，-5 的反码为 11111010。

1.4.3 补码

补码是计算机中最常用的表示方式。正数的补码与原码相同。负数的补码是将原码中除符号位以外的所有位取反，然后再加 1。例如，+5 的补码为 00000101，-5 的补码为 11111011。

补码的一个重要性质是，将一个负数的补码与其绝对值的补码相加，结果等于 2 的 n 次方，其中 n 是该数的位数。这种特性使得计算机在进行加法和减法运算时，可以使用相同的硬件电路，简化了运算的实现。

补码还具有一个优点，即它能够表示一个范围更广的整数，而且不需要额外的符号位。例如，使用 8 位表示的补码可以表示从 -128 到 127 的整数。

总结起来，原码、反码和补码是计算机中用于表示有符号整数的不同方式，补码是最常用的表示方式，它具有范围广、无须额外符号位等优点。

1.5 练习

（1）将十进制数 -9 转换为原码、反码和补码。

（2）将二进制数 10110 转换为原码、反码和补码。

（3）将补码 11110011 转换为原码和反码。

（4）将反码 10101010 转换为原码和补码。

（5）将原码 10001101 转换为反码和补码。

（6）将十进制数 -55 转换为原码、反码和补码。

（7）将二进制数 1101111 转换为原码、反码和补码。

（8）将补码 10010111 转换为原码和反码。

（9）将反码 01001101 转换为原码和补码。

（10）将原码 11001010 转换为反码和补码。

1.6 强化练习

（1）将十进制数 -1234 转换为二进制的原码、反码和补码。

（2）将十六进制数 3A7B 转换为八进制的原码、反码和补码。

（3）将八进制数 754 转换为十六进制的原码、反码和补码。

（4）将二进制数 101010101010 转换为十进制的原码、反码和补码。

（5）将十进制数 -98765 转换为十六进制的原码、反码和补码。

1.7 说明

当将十进制数转换为八进制的原码、反码和补码时，可以按照以下步骤进行。

- **原码的转换**：将十进制数的绝对值逐位除以 8，直到商为 0，将得到的余数按照从低位到高位的顺序排列，即为八进制的原码。
- **反码的转换**：将八进制的原码的每一位取反，即 0 变为 7，1 变为 6，以此类推，得到八进制的反码。
- **补码的转换**：将八进制的反码的最低位加 1，得到八进制的补码。

下面通过一个具体的例子来说明这个转换过程。将十进制数 -1234 转换为八进制的原码、反码和补码。

- **原码的转换**：该数的绝对值为 1234，逐位除以 8，得到的商和余数如下。

    $1234 \div 8 = 154 \cdots 2$

    $154 \div 8 = 19 \cdots 2$

    $19 \div 8 = 2 \cdots 3$

    $2 \div 8 = 0 \cdots 2$

    将余数按照从低位到高位的顺序排列，即得到八进制的原码为 02322。
- **反码的转换**：将八进制原码的每一位取反，得到八进制的反码为 75455。
- **补码的转换**：将八进制的反码的最低位加 1，得到八进制的补码为 75456。

通过这个过程，我们将十进制数 -1234 转换为了八进制的原码、反码和补码，分别为 02322、75455 和 75456。

第 2 课　数据编码

数据编码是一种将数据转换为二进制形式以便在计算机系统中存储、传输和处理的过程。它涉及将文本、数字、图像、音频和视频等不同类型的数据转换为计算机可识别的二进制形式。

2.1 常见的数据编码标准

2.1.1 ASCII 编码

ASCII（American Standard Code for Information Interchange）是最早和最常使用的字符编码标准。它使用 7 位二进制数（0 和 1）来表示 128 个字符，包括英文字母、数字、标点符号和一些控制字符。

2.1.2 Unicode 编码

Unicode 是一种更加全面的字符编码标准，它为世界上几乎所有的字符分配了唯一的编码。Unicode 使用更多的位数来表示字符，包括 ASCII 编码中的字符，并且支持多种语言和符号。

2.1.3 压缩编码

压缩编码是一种将数据尺寸压缩得更小以节约存储空间和传输带宽的编码方式。常见的压缩编码算法包括 Huffman 编码和 Lempel-Ziv-Welch（LZW）编码。

2.1.4 图像编码

图像编码是将图像数据转换为二进制形式的过程。常见的图像编码标准包括 JPEG、PNG 和 GIF。这些编码标准使用不同的算法来压缩和表示图像数据。

2.1.5 音频编码

音频编码是将音频数据转换为二进制形式的过程。常见的音频编码标准包括 MP3、AAC 和 WAV。这些编码标准使用不同的算法来压缩和表示音频数据。

2.1.6 视频编码

视频编码是将视频数据转换为二进制形式的过程。常见的视频编码标准包括 H.264、MPEG-4 和 AV1。这些编码标准使用不同的算法来压缩和表示视频数据。

总结来说，数据编码是将不同类型的数据转换为计算机可识别的二进制形式的过程。它涉及许多不同的编码标准和技术，每种编码标准和技术都有其特定的用途和优势。

在信息学竞赛中，我们接触最多的就是 ASCII 编码。下面对 ASCII 编码做详细讲解。

2.2 ASCII 的历史

ASCII 码最初于 1963 年由美国国家标准协会（ANSI）开发。最初的 ASCII 码仅使用 7 位二进制数来表示 128 个字符，包括大写字母、小写字母、数字和一些特殊符号。随着计算机技术的发展，ASCII 码逐渐得到扩展，出现了 8 位的扩展 ASCII 码和更多的字符集，以支持更多的语言和符号。

ASCII 码在计算机科学和信息技术领域的应用非常广泛。它被用于表示文本字符，并被大多数计算机和通信设备所支持。ASCII 编码标准也为计算机之间的数据交换提供了统一的方式。

2.2.1 ASCII 码对照表

表 2-1 是一个完整的 ASCII 码对照表，包含了十进制 ASCII 码和对应的字符。

表 2-1

ASCII 码	字符	ASCII 码	字符	ASCII 码	字符	ASCII 码	字符
0	NUL	32		64	@	96	'
1	SOH	33	!	65	A	97	a
2	STX	34	"	66	B	98	b
3	ETX	35	#	67	C	99	c
4	EOT	36	$	68	D	100	d
5	ENQ	37	%	69	E	101	e
6	ACK	38	&	70	F	102	f
7	BEL	39	'	71	G	103	g
8	BS	40	(	72	H	104	h
9	HT	41	)	73	I	105	i
10	LF	42	*	74	J	106	j
11	VT	43	+	75	K	107	k
12	FF	44	,	76	L	108	l
13	CR	45	-	77	M	109	m
14	SO	46	.	78	N	110	n
15	SI	47	/	79	O	111	o
16	DLE	48	0	80	P	112	p
17	DC1	49	1	81	Q	113	q
18	DC2	50	2	82	R	114	r
19	DC3	51	3	83	S	115	s
20	DC4	52	4	84	T	116	t
21	NAK	53	5	85	U	117	u
22	SYN	54	6	86	V	118	v
23	ETB	55	7	87	W	119	w
24	CAN	56	8	88	X	120	x
25	EM	57	9	89	Y	121	y
26	SUB	58	:	90	Z	122	z
27	ESC	59	;	91	[	123	{
28	FS	60	<	92	\	124	|
29	GS	61	=	93	]	125	}
30	RS	62	>	94	^	126	~
31	US	63	?	95	_	127	DEL

在这个对照表中,每一行包含 4 个 ASCII 码及其对应的字符。例如,字符 A 的 ASCII 码是 65,字符 a 的 ASCII 码是 97。

请注意,ASCII 码表中的前 32 个字符是控制字符,用于控制计算机和通信设备的操作,后面的字符则用于表示可打印的字符。

2.2.2 ASCII 码转换方法的 C++ 描述

以下是使用 C++ 实现 ASCII 码转换的示例代码:

```cpp
#include <iostream>
using namespace std;

int main(){
    // 将字符转换为 ASCII 码
    char c = 'A';
    int asciiValue = (int)c;
    cout << "字符 '" << c << "' 对应的 ASCII 码为: " << asciiValue << endl;

    // 将 ASCII 码转换为字符
    int asciiValue2 = 65;
    char c2 = (char)asciiValue2;
    cout << "ASCII 码 " << asciiValue2 << " 对应的字符为: " << c2 << endl;

    return 0;
}
```

在这个示例中,我们使用 int 运算符将字符转换为对应的 ASCII 码,使用 char 运算符将 ASCII 码转换为对应的字符。

2.2.3 ASCII 码转换练习

编写一个程序,接收一个字符串作为输入,得到字符串中每个字符对应的 ASCII 码,并计算码值总和。

```cpp
#include <iostream>
using namespace std;

int main(){
    string input;
    cout << "请输入一个字符串: ";
    getline(cin, input);

    int sum = 0;
    for (char c : input)    {
        int asciiValue = (int)c;
        sum += asciiValue;
    }

    cout << "字符串中每个字符的 ASCII 码的码值总和为: " << sum << endl;

    return 0;
}
```

编写一个程序，接收一个整数作为输入，输出该整数作为 ASCII 码所对应的字符。

```
#include <iostream>
using namespace std;

int main(){
    int input;
    cout << " 请输入一个整数 : ";
    cin >> input;

    char c = (char)input;
    cout << " 整数 " << input << " 对应的 ASCII 字符为 : " << c << endl;

    return 0;
}
```

2.3 ASCII 码前 32 个字符的具体含义

ASCII 码中前 32 个字符是控制字符，它们没有可见的图形表示，主要用于控制计算机和通信设备的操作。以下是前 32 个控制字符及其含义。

- NUL (Null)：空字符，表示空操作。
- SOH (Start of Heading)：标题开始，通常不使用。
- STX (Start of Text)：文本开始，标志着正文的开始。
- ETX (End of Text)：文本结束，标志着正文的结束。
- EOT (End of Transmission)：传输结束。
- ENQ (Enquiry)：询问，用于请求接收方发送某些数据。
- ACK (Acknowledgement)：确认，用于确认接收到的数据。
- BEL (Bell)：发出响铃声。
- BS (Backspace)：退格，将光标移动回前一个位置。
- HT (Horizontal Tab)：水平制表符，用于在文本中创建水平制表符。
- LF (Line Feed)：换行，将光标移动到下一行。
- VT (Vertical Tab)：垂直制表符，用于在文本中创建垂直制表符。
- FF (Form Feed)：换页，将光标移动到下一页。
- CR (Carriage Return)：回车，将光标移动到下一行行首。
- SO (Shift Out)：转义到扩展字符集。
- SI (Shift In)：转义到标准字符集。
- DLE (Data Link Escape)：数据链路转义，用于控制通信链路。
- DC1 (Device Control 1)：设备控制 1，通常不使用。
- DC2 (Device Control 2)：设备控制 2，通常不使用。
- DC3 (Device Control 3)：设备控制 3，通常不使用。
- DC4 (Device Control 4)：设备控制 4，通常不使用。
- NAK (Negative Acknowledgement)：否定确认，表示接收到的数据有错误。
- SYN (Synchronous Idle)：同步空闲，用于同步通信设备。
- ETB (End of Transmission Block)：传输块结束。

- CAN (Cancel)：取消，用于取消当前操作。
- EM (End of Medium)：媒体结束，通常不使用。
- SUB (Substitute)：替换，用于替换无法显示的字符。
- ESC (Escape)：转义，用于发送特殊命令或控制序列。
- FS (File Separator)：文件分隔符，通常不使用。
- GS (Group Separator)：组分隔符，通常不使用。
- RS (Record Separator)：记录分隔符，通常不使用。
- US (Unit Separator)：单元分隔符，通常不使用。

这些控制字符在计算机和通信领域中起着重要的作用，用于控制和管理数据的传输和处理过程。

2.4 练习

（1）字符 A 的 ASCII 码是多少？
（2）字符 a 的 ASCII 码是多少？
（3）字符 5 的 ASCII 码是多少？
（4）字符 $ 的 ASCII 码是多少？
（5）字符 ! 的 ASCII 码是多少？
（6）字符 Z 的 ASCII 码是多少？
（7）字符 b 的 ASCII 码是多少？
（8）字符 9 的 ASCII 码是多少？
（9）字符 # 的 ASCII 码是多少？
（10）字符 @ 的 ASCII 码是多少？

第二单元
C++ 程序设计基础

第 3 课　C++ 编译环境与第一个 C++ 程序

3.1 C++ 编译环境

要使一个 C++ 源程序运行起来，需要对源程序进行编译并生成可执行的程序。下面介绍如何搭建 C++ 编译环境。

3.1.1 安装编译器

常用的 C++ 编译器有 GCC 和 Clang。可以根据自己的操作系统选择适合的编译器。以下是安装 GCC 和 Clang 的步骤。

- **安装 GCC**

（1）在终端中运行以下命令来检查是否已安装 GCC：

```
gcc --version
```

如果已经安装 GCC，则将显示已安装的版本信息。如果未安装，则继续执行以下步骤。

（2）对于 Linux 用户，可以使用包管理器安装 GCC。例如，在 Ubuntu 上，可以运行以下命令安装 GCC：

```
sudo apt-get install build-essential
```

对于其他 Linux 发行版本，请查阅相应的文档以了解如何安装 GCC。

（3）对于 macOS 用户，可以通过 Xcode Command Line Tools 来安装 GCC。打开终端，运行以下命令：

```
xcode-select --install
```

（4）对于 Windows 用户，可以通过下载 MinGW 来安装 GCC。

- **安装 Clang**

（1）对于 Linux 用户，可以使用包管理器安装 Clang。例如，在 Ubuntu 上，可以运行以下命令安装 Clang：

```
sudo apt-get install clang
```

对于其他 Linux 发行版本，请查阅相应的文档以了解如何安装 Clang。

（2）对于 macOS 用户，可以通过 Xcode Command Line Tools 来安装 Clang。打开终端，运行以下命令：

```
xcode-select --install
```

（3）对于 Windows 用户，可以使用 MinGW-w64 或 MSYS2 来安装 Clang。可以从官方网站下载适合的安装程序，并按照说明进行安装。

3.1.2 编写和编译 C++ 程序

在安装完编译器后，可以开始编写和编译 C++ 程序。以下是一些示例步骤。

（1）可以使用任何文本编辑器（如 Notepad++、Visual Studio Code 等）创建一个新的 C++ 源文件，并将其保存为 .cpp 文件。例如，可以创建一个名为 main.cpp 的文件。

（2）在源文件中编写 C++ 代码。例如，可以编写一个简单的"Hello, World!"程序：

```
#include <iostream>

int main(){
    std::cout << "Hello, World!" << std::endl;
    return 0;
}
```

（3）打开终端，定位到存储源文件的目录。
（4）使用以下命令来编译源文件。

对于 GCC 编译器，命令如下：

```
g++ main.cpp -o main
```

对于 Clang 编译器，命令如下：

```
clang++ main.cpp -o main
```

经过这一步，将生成一个名为 main 的可执行文件。
（5）运行可执行文件：

```
./main
```

将在终端中看到以下输出结果：

```
"Hello, World!"
```
。

3.2 C++ 的集成开发环境 (IDE)

以下为常用的 C++ 集成开发环境。

（1）Dev-C++：一个简单易用的 IDE，适合于初学者和小型项目。它提供了一个友好的用户界面和基本的调试功能。

（2）Code::Blocks：一个免费、开源的跨平台 IDE，支持多种编程语言，包括 C++。它提供了丰富的功能和插件系统，适合中等规模的项目。

（3）Visual Studio：由微软开发的强大的 IDE，适用于 Windows 平台。它提供了广泛的功能和工具，适合大型项目和专业开发者。

（4）Xcode：苹果公司为 macOS 和 iOS 开发者提供的 IDE。它支持多种编程语言，包括 C++，并提供了丰富的工具和调试功能。

（5）Eclipse：一个跨平台的开源 IDE，支持多种编程语言，包括 C++。它具有强大的功能和插件系统，适合大型项目和团队开发。

（6）CLion：由 JetBrains 开发的专业 C++ 开发环境，提供了强大的代码编辑、调试和重构功能。它适用于各种平台，并与其他 JetBrains 的产品集成良好。

3.3 安装 Dev-C++

Dev-C++ 是 CCF 比赛提供的软件，下面介绍 Dev-C++ 的安装过程。

（1）打开浏览器，访问 Dev-C++ 的官方网站。

（2）在网站上找到并下载最新版本的 Dev-C++ 安装程序，通常可以选择一个稳定版本或测试版本。确保适合计算机的操作系统（Windows 32 位或 64 位）。

（3）下载完成后，找到安装程序并双击运行它。

（4）在安装程序时请阅读并接受许可协议，按照安装向导的指示操作。

（5）在"选择组件"页面上，可以选择安装 Dev-C++ 的组件。通常情况下，建议保持默认设置，除非有特定的需求。

（6）在"选择安装位置"页面上，可以选择安装 Dev-C++ 的目标文件夹。默认情况下，它会被安装到 C 盘的"Program Files"目录下。如果想更改安装位置，请单击"浏览"按钮并选择其他目录。

（7）在"选择开始菜单文件夹"页面上，可以选择将 Dev-C++ 添加到开始菜单的文件夹中。同样地，可以保持默认设置或自定义文件夹的名称。

（8）在"选择附加任务"页面上，可以选择是否在安装过程中创建桌面快捷方式，以及是否自动启动 Dev-C++。

（9）最后，单击"安装"按钮，开始安装 Dev-C++。安装过程可能需要一些时间，请耐心等待。

（10）安装完成后将看到安装成功的消息。现在可以启动 Dev-C++ 并开始使用它来编写和编译 C++ 程序了。

注意：在安装的过程中只能显示英文界面，运行程序的时候可以显示中文。

3.4 第一个 C++ 程序

下面编写第一个 C++ 程序，代码如下：

```cpp
#include <iostream> // 引入输入输出流库

int main(){
    //  打印欢迎消息到控制台
    std::cout << " 欢迎来到 C++ 世界！ "<< std::endl;

    //  打印一条简单的消息
    std::cout << " 这是我的第一个 C++ 程序。"<< std::endl;

    // 返回 0 表示程序顺利结束
    return 0;
}
```

这个程序非常简单，只是打印了一些欢迎消息和一条简单的消息。程序的运行流程如下。

（1）#include <iostream> 引入了输入输出流库，以便使用 std::cout 和 std::endl。

（2）int main() 是程序的主函数，也是程序的入口。

（3）std::cout << "欢迎来到 C++ 世界！ " << std::endl; 用于打印欢迎消息到控制台。std::cout 是输出流对象，<< 是输出运算符，std:: endl 表示换行。

（4）std::cout << "这是我的第一个 C++ 程序。" << std::endl; 用于打印一条简单的消息到控制台。

（5）return 0; 表示程序顺利结束，并返回 0。

如果使用了 using namespace std; 语句，则可以不使用 std::，代码如下：

```cpp
#include <iostream> // 引入输入输出流库
using namespace std;
```

```
int main(){
    //  打印欢迎消息到控制台
    cout << "欢迎来到 C++ 世界！" << endl;

    //  打印一条简单的消息
    cout << "这是我的第一个 C++ 程序。" << endl;

    //  返回 0 表示程序顺利结束
    return 0;
}
```

3.5 练习

（1）编写一个程序，输出你的名字和年龄。
（2）编写一个程序，输出你喜欢的颜色和动物。
（3）编写一个程序，输出你的国家和所在城市。
（4）编写一个程序，输出你最喜欢的电影和音乐。
（5）编写一个程序，输出你的生日和星座。
（6）编写一个程序，输出你的职业和爱好。
（7）编写一个程序，输出你最喜欢的食物和饮料。
（8）编写一个程序，输出你的学校和专业。

第4课 输入与输出语句

4.1 cout 与 cin

C++ 提供了 iostream 库来处理输入和输出。这个库包含两个重要的类：std::cin 和 std::cout，分别用于实现输入和输出功能。

std::cout 是输出流对象，用于在控制台或其他输出设备中打印信息。可以使用插入运算符 << 将数据插入输出流，然后使用 std::endl 或 '\n' 来换行。例如：

```cpp
std::cout << "Hello, world!" << std::endl;       // 输出 Hello, world!
std::cout << "My age is: " << 20 << std::endl;   // 输出 My age is: 20
```

std::cin 是输入流对象，用于从控制台或其他输入设备中接收用户的输入。可以使用提取运算符 >> 从输入流中提取数据并将其存储到变量中。例如：

```cpp
int age;
std::cout << "Please enter your age: ";
std::cin >> age;
std::cout << "Your age is: " << age << std::endl;
```

在这个例子中，程序会提示用户输入年龄，然后将用户输入的年龄存储到 age 变量中，并打印出来。

需要注意的是，iostream 库需要在程序中包含头文件 #include <iostream>，以便使用 std::cin 和 std::cout。

此外，还可以使用 std::cerr 来输出错误消息，使用 std::clog 来输出日志消息。它们的使用方式和 std::cout 类似。

以下是一个简单的示例，演示了输入和输出的基本用法：

```cpp
#include <iostream>

int main(){
    int age;

    std::cout << "Please enter your age: ";
    std::cin >> age;
    std::cout << "Your age is: " << age << std::endl;

    return 0;
}
```

这个程序会提示用户输入年龄，然后将年龄输出。

4.2 printf 与 scanf

4.2.1 格式化输出

printf 是 C 语言中用于格式化输出的函数。它可以将指定的数据按照格式化字符串的要求输出，示例如下：

```c
int printf(const char* format, ...);
```

- format：格式化字符串，用于指定输出的格式。格式化字符串是由普通字符和格式占位符组成的，其中格式占位符以 % 开头，并用于指定输出数据的类型和格式。
- …：可变参数，用于传递待输出的数据。根据格式化字符串中的占位符数量和类型，需要传入相应数量和类型的参数。

格式占位符的常见用法如下。

- %d：输出一个有符号的十进制整数。
- %u：输出一个无符号的十进制整数。
- %f：输出一个浮点数。
- %c：输出一个字符。
- %s：输出一个字符串。
- %x 或 %X：输出一个十六进制整数。

以下是一些格式化占位符的使用示例：

```
int age = 20;
printf("My age is %d\n", age); // 输出 My age is 20

float temperature = 25.5;
printf("The temperature is %.2f degrees Celsius.\n", temperature);
// 输出 The temperature is 25.5

char grade = 'A';
printf("Your grade is %c\n", grade); // 输出 Your grade is A

char name[] = "John";
printf("My name is %s\n", name); // 输出 My name is John

int number = 255;
printf("The number in hexadecimal is %x\n", number);
// 输出 The number in hexadecimal is 255
```

需要注意的是，printf 函数将返回输出的字符数，如果出错，则返回负值。

另外，printf 是 C 语言的标准库函数，如果要在 C++ 程序中实现输出功能，则建议使用 C++ 的 std::cout。如果仍然希望在 C++ 程序中使用 printf，则需要包含头文件 #include <cstdio>。

4.2.2 格式化输入

scanf 是 C 语言中用于格式化输入的函数。它可以根据指定的格式化字符串从标准输入中读取数据并将其存储到指定的变量中，示例如下：

```
int scanf(const char* format, ...);
```

- format：格式化字符串，用于指定输入的格式。格式化字符串是由普通字符和格式占位符组成的，其中格式占位符以 % 开头，并用于指定输入数据的类型和格式。
- …：可变参数，用于传递待输入的变量。根据格式化字符串中的占位符数量和类型，需要传入相应数量和类型的参数。

格式占位符的常见用法如下。

- %d：输入一个有符号的十进制整数。

- %u：输入一个无符号的十进制整数。
- %f：输入一个浮点数。
- %c：输入一个字符。
- %s：输入一个字符串。
- %x 或 %X：输入一个十六进制整数。

以下是格式化占位符的使用示例：

```
int age;
printf("Please enter your age: ");
scanf("%d", &age);
// 从标准输入中读取一个整数，并将其存储到 age 变量中

float temperature;
printf("Please enter the temperature: ");
scanf("%f", &temperature);
// 从标准输入中读取一个浮点数，并将其存储到 temperature 变量中

char grade;
printf("Please enter your grade: ");
scanf(" %c", &grade); // 在 %c 前面加一个空格，以抵消之前的换行符或空格
// 从标准输入中读取一个字符，并将其存储到 grade 变量中

char name[20];
printf("Please enter your name: ");
scanf("%19s", name);
// 从标准输入中读取一个字符串，并将其存储到 name 数组中

int number;
printf("Please enter a number in hexadecimal: ");
scanf("%x", &number);
// 从标准输入中读取一个十六进制整数，并将其存储到 number 变量中
```

需要注意的是，scanf 函数将返回成功匹配并存储的输入项的数目。如果出错或到达输入上限，则返回 EOF。

另外，scanf 是 C 语言的标准库函数，如果要在 C++ 程序中使用输入功能，则建议使用 C++ 的 std::cin。如果仍然希望在 C++ 程序中使用 scanf，则需要包含头文件 #include <cstdio>。

4.3 练习

（1）编写一个程序，要求用户输入一个整数，并将其乘以 2 后输出。
（2）编写一个程序，要求用户输入两个整数，并将它们相加后输出。
（3）编写一个程序，要求用户输入一个浮点数，并将其平方结果输出。
（4）编写一个程序，要求用户输入一个字符串，并将其逆序输出。
（5）编写一个程序，要求用户输入一个小写字符，并将其转换为大写字符后输出。

第 5 课 赋值语句

5.1 赋值语句简介

C++ 的赋值功能,通常是指将一个值分配给一个变量。赋值语句使用等号(=)作为操作符。以下是更详细的关于 C++ 赋值语句的讲解。

5.1.1 赋值语句的基本语法

赋值语句的基本语法如下:

```
variable = value;
```

其中,variable 是要赋值的变量,value 是要赋给变量的值。示例代码如下:

```
int x = 5;
double y = 3.14;
char c = 'A';
```

在上面的示例中,我们使用赋值语句将值分配给整型变量 x、浮点型变量 y 和字符型变量 c。

5.1.2 复合赋值语句

复合赋值语句是一种简化的赋值语句,将运算符和赋值操作结合在一起。例如,a += 5 等价于 a = a + 5。示例代码如下:

```
int a = 10;
a += 5; // 等价于 a = a + 5;
```

在上面的示例中,我们使用复合赋值语句将变量 a 的值增加 5。

5.1.3 多重赋值语句

C++ 允许在一条语句中同时给多个变量赋值。示例代码如下:

```
int a, b, c;
a = b = c = 10;
```

在上面的示例中,我们使用多重赋值语句将 10 这个值赋给变量 a、b 和 c。

5.1.4 复制构造函数

当将一个对象的值赋给另一个对象时,会调用复制构造函数来创建一个新对象。示例代码如下:

```
class MyClass{
public:
    int x;
    MyClass(int value) {
        x = value;
    }
};
```

在上面的示例中,我们创建了一个自定义类 MyClass,并使用赋值语句将 obj1 的值赋给 obj2。

赋值语句在 C++ 中非常常见,用于初始化变量、更新变量的值,以及进行各种算术和逻辑操作。

5.2 例题

通过例题，你可以巩固学习并加深对赋值语句的理解。

- 例题 1

题目描述：

声明一个整型变量 num 并将其赋值为 10，然后将 num 的值加上 5，再将结果赋给 num。最后输出 num 的值。

参考代码：

```cpp
#include <iostream>
using namespace std;

int main(){
    int num = 10;
    num += 5;

    cout << "num 的值为: " << num << endl;
    return 0;
}
```

输出结果：

```
num 的值为: 15
```

- 例题 2

题目描述：

声明两个整型变量 a 和 b，将 a 的值赋为 5，将 b 的值赋为 7。交换 a 和 b 的值，并输出交换后的结果。

参考代码：

```cpp
#include <iostream>
using namespace std;

int main(){
    int a = 5;
    int b = 7;
    int temp = a;
    a = b;
    b = temp;
    cout << " 交换后的结果为: " << endl;
    cout << "a 的值为: " << a << endl;
    cout << "b 的值为: " << b << endl;
    return 0;
}
```

输出结果：

```
交换后的结果为:
a 的值为: 7
b 的值为: 5
```

- 例题 3

题目描述:

声明一个字符型变量 ch 并将其赋值为 A,然后将 ch 的 ASCII 码加 1,并将结果赋给 ch。最后输出 ch 的值。

参考代码:

```cpp
#include <iostream>
using namespace std;

int main(){
    char ch = 'A';
    ch += 1;
    cout << "ch 的值为: " << ch << endl;
    return 0;
}
```

输出结果:

```
ch 的值为: B
```

5.3 练习

(1)声明一个整型变量 x 并将其赋值为 5。使用复合赋值语句将 x 的值加 3,并输出结果。

(2)声明两个浮点型变量 a 和 b,将 a 赋值为 7.5,将 b 赋值为 2.5。使用赋值语句将 a 除以 b 的结果赋给 a,并输出 a 的值。

(3)声明一个字符型变量 ch 并将其赋值为 A。使用赋值语句将 ch 的 ASCII 码加 3,并将结果赋给 ch。最后输出 ch 的值。

(4)声明一个布尔型变量 isTrue 并将其赋值为 true。使用赋值语句对 isTrue 的值取反,并将结果赋给 isTrue。最后输出 isTrue 的值。

(5)声明一个整型变量 num 并将其赋值为 10。使用赋值语句将 num 的值乘以 2,并将结果赋给 num。然后使用赋值语句将 num 的值减 1,并将结果赋给 num。最后输出 num 的值。

第 6 课　　数据类型与运算符

6.1 数据类型

C++ 是一种静态类型的编程语言，它提供了丰富的数据类型，可存储和操作不同类型的数据。下面是 C++ 中常见的数据类型的介绍。

6.1.1 C++ 中的数据类型

1. 基本数据类型

- 整型（int）：用于表示整数值。它用来存储有符号和无符号的整数，可以根据不同的需求选择不同的整型。常见的整型包括 int、short、long 和 long long。它们的范围在不同的编译器和平台上可能有所不同。
- 浮点型（float 和 double）：用于表示带有小数部分的数值。float 是单精度浮点数，占用 4 字节的存储空间，而 double 是双精度浮点数，占用 8 字节的存储空间。double 提供了更高的精度，因此在大多数情况下更常用。
- 字符型（char）：用于表示单个字符。它可以存储 ASCII 字符集中的字符，如字母、数字、符号等。char 占用 1 字节的存储空间。
- 布尔型（bool）：用于表示逻辑值，即 true 或 false。bool 占用 1 字节的存储空间。

2. 派生数据类型

- 数组（array）：用于存储一组相同类型的元素。数组在声明时确定长度，并且在内存中以连续的方式存储元素。可以通过索引访问和修改数组中的元素，索引从 0 开始。
- 字符串（string）：用于存储文本数据，由多个字符组成。C++ 提供了 string 类型来方便地处理字符串。string 类型实际上是一个字符数组，可以使用多种方法对其进行操作。
- 指针（pointer）：用于存储变量的内存地址。指针可以指向不同类型的数据，包括基本数据类型、数组、对象等。通过指针可以实现动态内存分配和访问。指针也可以与数组和函数一起使用，以实现更高级的功能。
- 引用（reference）：用于为变量创建别名。引用提供了一种方便的方式用来访问变量，它在内部使用指针实现。引用必须在声明时初始化，并且不能更改引用的目标。

3. 复合数据类型

- 结构体（struct）：用于创建自定义的复合数据类型。结构体可以包含多个不同类型的成员变量，并按需组织数据。结构体的成员可以通过成员运算符（.）来访问。
- 类（class）：用于实现面向对象编程。类是一种用户定义的数据类型，包含成员变量和成员函数，用于封装数据和行为。类的成员可以通过成员运算符（.）或箭头运算符（->）来访问。
- 枚举（enum）：用于定义一组具名的整型常量。枚举可以用于表示一系列相关的值，提高代码的可读性和可维护性。枚举的每个常量都有一个关联的整数值。

除了上述常见的数据类型，C++ 还提供了一些其他的数据类型，比如指定精度的整型（int8_t、int16_t 等）、无符号整型（unsigned int）、宽字符型（wchar_t）等。此外，C++ 也支持用户自定义数据类型，通过类和模板可以实现更复杂的数据结构和算法。

这些数据类型在 C++ 中用于存储和操作不同类型的数据，了解它们的特点和用法是编写有效且可靠的代码的关键。

6.1.2 数据类型的表示范围

数据类型的表示范围及其占用内存空间的情况如表 6-1 所示。

表 6-1

数据类型	表示范围	占用内存空间
bool	true 或 false	1 字节
char	-128~127 或 0~255	1 字节
unsigned char	0~255	1 字节
short	-32,768~32,767	2 字节
unsigned short	0~65,535	2 字节
int	-2,147,483,648~2,147,483,647	4 字节
unsigned int	0~4,294,967,295	4 字节
long	-2,147,483,648~2,147,483,647	4 字节
unsigned long	0~4,294,967,295	4 字节
long long	-9,223,372,036,854,775,808~9,223,372,036,854,775,807	8 字节
unsigned long long	0~18,446,744,073,709,551,615	8 字节
float	大约 1.2×10^{-38} ~ 3.4×10^{38}	4 字节
double	大约 2.3×10^{-308} ~ 1.7×10^{308}	8 字节

请注意，上述表示范围和占用内存空间可能在不同的编译器和平台上有所不同。此外，还有一些特定精度的整型，如 int8_t、int16_t 等，其表示范围和占用内存空间是固定的。

6.2 运算符

C++ 中有多种运算符，用于执行不同的操作。下面是 C++ 中常见的运算符及其功能的详细说明。

6.2.1 算术运算符

算术运算符用于执行基本的算术操作，如加法、减法、乘法和除法。
- +：加法运算符，用于将两个数相加。
- -：减法运算符，用于将两个数相减。
- *：乘法运算符，用于将两个数相乘。
- /：除法运算符，用于将两个数相除。
- %：取模运算符，用于计算两个数相除的余数。

6.2.2 赋值运算符

赋值运算符用于将一个值赋给一个变量。

常见的赋值运算符号是"="，用于将右边的值赋给左边的变量。

6.2.3 比较运算符

比较运算符用于比较两个值的大小，并返回一个布尔值。

- ==：等于运算符，如果两个值相等则返回 true，否则返回 false。
- !=：不等于运算符，如果两个值不相等则返回 true，否则返回 false。
- >：大于运算符，如果左边的值大于右边的值则返回 true，否则返回 false。
- <：小于运算符，如果左边的值小于右边的值则返回 true，否则返回 false。
- >=：大于或等于运算符，如果左边的值大于或等于右边的值则返回 true，否则返回 false。
- <=：小于或等于运算符，如果左边的值小于或等于右边的值则返回 true，否则返回 false。

6.2.4 逻辑运算符

逻辑运算符用于在布尔表达式中进行逻辑操作，并返回一个布尔值。

- &&：逻辑与运算符，如果两个操作数都为 true 则返回 true，否则返回 false。
- ||：逻辑或运算符，如果两个操作数中有一个为 true 则返回 true，否则返回 false。
- !：逻辑非运算符，用于取反一个布尔值，如果操作数为 true 则返回 false，如果操作数为 false 则返回 true。

6.2.5 位运算符

位运算符用于对二进制位进行操作。

- &：按位与运算符，对两个操作数的每个对应位执行与操作。
- |：按位或运算符，对两个操作数的每个对应位执行或操作。
- ^：按位异或运算符，对两个操作数的每个对应位执行异或操作。
- <<：左移运算符，将操作数的二进制位向左移动指定的位数。
- >>：右移运算符，将操作数的二进制位向右移动指定的位数。

6.2.6 其他常见运算符

其他常见运算符及其说明如下。

- ++：自增运算符，将操作数的值增加 1。
- --：自减运算符，将操作数的值减少 1。
- +=：加等于运算符，将右边的值加到左边的变量上，并将结果赋给左边的变量。
- -=：减等于运算符，将右边的值从左边的变量中减去，并将结果赋给左边的变量。
- *=：乘等于运算符，将右边的值乘以左边的变量，并将结果赋给左边的变量。
- /=：除等于运算符，将左边的变量除以右边的值，并将结果赋给左边的变量。

6.3 类型转换

C++ 中的类型转换指的是将一个数据类型转换为另一个数据类型的过程。在 C++ 中，有三种常见的数据类型转换方式：隐式转换、显式转换和 C++ 强制转换。

6.3.1 隐式转换

隐式转换（Implicit Conversion）也称自动类型转换，是编译器根据上下文自动进行的数据类型转换。例如，将一个整数赋值给一个浮点型变量，编译器会自动将整数转换为浮点数。这种转换是安全的，不需要使用显式类型转换操作符。示例代码如下：

```
int num1 = 10;
float num2 = num1;        // 隐式转换，将整数转换为浮点数
```

6.3.2 显式转换

显式转换（Explicit Conversion）也称强制类型转换，是通过使用类型转换操作符来实现的。在 C++ 中，有四种显式转换操作符：static_cast、dynamic_cast、reinterpret_cast 和 const_cast。这些操作符可以用于不同的场景和需求。

- static_cast：用于基本数据类型之间的转换，以及具有继承关系的类之间的转换。

```
int num1 = 10;
double num2 = static_cast<double>(num1);    // 显式将整数转换为浮点数
```

- dynamic_cast：用于在继承关系中进行安全的向下类型转换。只能用于具有虚函数的类之间的转换。

```
class Base{
public:
    virtual void Function() {}
};
class Derived : public Base {};

Base *basePtr = new Derived();
Derived *derivedPtr = dynamic_cast<Derived *>(basePtr);
// 显式将基类指针转换为派生类指针
```

- reinterpret_cast：用于进行指针或引用之间的强制转换，可以将一个指针类型转换为另一个不相关的指针类型。

```
int num = 10;
int *numPtr = &num;
char *charPtr = reinterpret_cast<char *>(numPtr);
// 显式将整型指针转换为字符型指针
```

- const_cast：用于去除指针或引用的 const 属性。

```
const int num = 10;
int* numPtr = const_cast<int*>(&num);        // 显式去除 const 属性
```

6.3.3 C++ 强制转换

C++ 强制转换（C++ Style Casting）也称旧式转换，是一种较为笼统的转换方式，可以进行多种类型转换，包括隐式转换、显式转换和其他类型转换。但是，其灵活性也可能导致潜在的类型错误，因此在使用时需要谨慎。

```
int num1 = 10;
double num2 = (double)num1;    // 强制转换，将整数转换为浮点数
```

这些是 C++ 语言中常见的数据类型转换方式。在进行数据类型转换时，需要注意类型之间的兼容性和安全性，以避免潜在的错误。

6.4 练习

（1）声明一个整型变量，并将其初始化为一个固定的值，然后输出该变量的值。

（2）声明一个浮点型变量，并将其初始化为一个固定值，然后输出该变量的值。

（3）声明一个布尔型变量，并将其初始化为一个固定的值，然后输出该变量的值。

（4）声明一个字符型变量，并将其初始化为一个固定的值，然后输出该变量的值。

（5）声明一个字符型变量，并将其初始化为一个固定的值，然后输出该变量的值。

（6）声明两个整型变量，将它们相加，将结果赋给一个新的变量，然后输出新变量的值。

（7）声明一个浮点型变量，将其与一个整型变量相乘，将结果赋给一个新的变量，然后输出新变量的值。

（8）声明一个整型变量，将其除以一个浮点型变量，将结果赋给一个新的变量，然后输出新变量的值。

（9）声明一个整型变量，将其与一个布尔型变量进行逻辑与运算，将结果赋给一个新的布尔型变量，然后输出新变量的值。

（10）声明一个字符型变量，将其转换为整数类型，将结果赋给一个新的整型变量，然后输出新变量的值。

第 7 课　常量与变量

7.1 常量

常量是指在程序执行过程中其值不会发生改变的数据。在 C++ 中，常量可以是字面值常量或 const 常量。

7.1.1 字面值常量

字面值常量是指直接在代码中使用的固定值。例如，整型常量 1、浮点型常量 3.14 和字符型常量 "Hello, World!"。

```
int  num = 1;        // 整型常量
float pi = 3.14;     // 浮点型常量
const char *message = "Hello, World!"; // 字符型常量
```

7.1.2 const 常量

使用 const 关键字声明的变量被称为 const 常量。一旦声明并初始化，const 常量的值就不能再被修改。

```
const int MAX_VALUE = 100; // const 常量
```

7.2 变量

变量是指在程序执行过程中其值可以发生改变的数据。在 C++ 中，变量需要先声明，然后可以根据需要对其进行赋值。

```
int num;      // 变量的声明
num = 10;     // 变量的赋值
```

7.3 声明变量

在 C++ 中，变量的声明需要指定变量的类型和名称。可以在声明时进行初始化，也可以在后续的代码中对其进行赋值。

```
int  num;              // 声明一个整型变量
float pi = 3.14;       // 声明一个浮点型变量并初始化
char letter;           // 声明一个字符型变量
```

为了增加代码的可读性，变量名应具有描述性，并遵守一些命名规则。

- 变量名由字母、数字和下画线组成，不能以数字开头。
- 变量名区分大小写。
- 变量名不能是 C++ 的关键字。
- 变量名最好使用驼峰命名法，即第一个单词首字母小写，后续单词首字母大写。

```
int  age;                // 合法的变量名
float averageScore;      // 合法的变量名
int  2ndGrade;           // 非法的变量名，以数字开头
```

7.4 初始化变量

在 C++ 中，变量可以在声明时进行初始化，也可以在后续的代码中进行初始化。初始化

是为变量提供初始值的过程。

```
int num = 10;    // 在声明时进行初始化
num = 20;        // 在代码中进行赋值
```

7.5 变量的作用域

变量的作用域指的是变量在程序中的可见范围和可访问范围。在 C++ 中，变量的作用域可以是全局的（在整个程序中可见）或局部的（在特定代码块中可见）。

```
int globalVar = 10;    // 全局变量

int main(){
    int localVar = 20; // 局部变量
    // 可以在这里访问 globalVar 和 localVar
}
// 不能在这里访问 localVar，但可以访问 globalVar
```

7.6 总结

这一课介绍了常量与变量，下面简单地做一下总结。
- 常量是不可改变的数据，可以是字面值常量或 const 常量。
- 变量是可以改变的数据，需要先声明，然后可以根据需要进行初始化。
- 变量的作用域指的是变量在程序中的可见范围和可访问范围，可以是全局的或局部的。

7.7 练习

（1）声明一个整型变量 age，并将其初始化为 18。输出该变量的值。

（2）声明一个常量 PI，并将其初始化为 3.14159。输出该常量的值。

（3）声明一个字符型变量 grade，并将其初始化为 A。输出该变量的值。

（4）声明一个浮点型变量 price，并将其初始化为 29.99。输出该变量的值。

（5）声明一个整型变量 x，并将其初始化为 5。声明一个浮点型变量 y，并将其初始化为 2.5。计算并输出 x 与 y 的乘积。

（6）声明一个整型变量 num1，并将其初始化为 10。声明一个整型变量 num2，并将其初始化为 5。交换 num1 和 num2 的值，并输出交换后的结果。

（7）声明一个常量 PI，并将其初始化为 3.14159。提示用户输入圆的半径，计算并输出圆的面积。

第 8 课　表达式

8.1 表达式的基本概念

表达式是由操作数和运算符组成的代码片段,用于计算一个值。C++ 中的表达式可以包含各种不同的操作符和操作数类型。

8.1.1 基本算术表达式

C++ 中的基本算术表达式包括加法、减法、乘法和除法表达式等。例如:

```
int a = 5;
int b = 3;
int c = a + b; // 加法
int d = a - b; // 减法
int e = a * b; // 乘法
int f = a / b; // 除法
```

8.1.2 比较表达式

比较表达式用于比较两个值的关系,并返回一个布尔值(true 或 false)。常见的比较运算符包括等于(==)、不等于(!=)、大于(>)、小于(<)、大于或等于(>=)和小于或等于(<=)。例如:

```
int a = 5;
int b = 3;
bool result1 = a == b; // 判断 a 是否等于 b
bool result2 = a > b;  // 判断 a 是否大于 b
bool result3 = a <= b; // 判断 a 是否小于或等于 b
```

8.1.3 逻辑表达式

逻辑表达式用于组合多个比较表达式,并返回一个布尔值。常见的逻辑运算符包括逻辑与(&&)、逻辑或(||)和逻辑非(!)。例如:

```
bool condition1 = true; bool condition2 = false;
bool result1 = condition1 && condition2; // 逻辑与
bool result2 = condition1 || condition2; // 逻辑或
bool result3 = !condition1; // 逻辑非
```

8.1.4 赋值表达式

赋值表达式用于将一个值赋给变量。常见的赋值运算符为等号(=)。例如:

```
int a = 5; int b = 3;
a = b; // 将 b 的值赋给 a
```

8.1.5 其他常见的表达式

除了基本算术、比较、逻辑和赋值表达式,C++ 中还有其他常见的表达式,如条件表达式、位运算表达式、类型转换表达式等。这些表达式在特定的情况下有着不同的用途和语法。

8.2 运算符优先级

运算符的优先级如表 8-1 所示。

表 8-1

运算符	说明
()	括号
!	逻辑非
*、/、%	乘法、除法、取余
+、-	加法、减法
<、<=、>、>=	关系运算符
==、!=	等于、不等于
&&	逻辑与
||	逻辑或
=	赋值
+=、-=、*=、/=、%=	复合赋值
<<、>>	位运算符（左移、右移）
&	按位与
^	按位异或
|	按位或
~	按位取反
++、--	自增、自减
.	成员访问
->	指针成员访问
[]	数组下标访问
(类型)	类型转换
sizeof	返回对象或类型的大小（字节数）
?:	条件运算符（三元运算符）
,	逗号运算符

请注意，表中的运算符优先级从上到下依次递减。当表达式中有多个运算符时，优先级高的运算符将先被执行。如果有疑问，则建议使用括号明确指定运算的优先级。

8.3 练习

（1）编写一个程序，交换两个整型变量的值，不使用临时变量。

（2）编写一个程序，将两个整数相加，不使用加法运算符。

（3）编写一个程序，判断一个整数是否是 2 的幂。

（4）编写一个程序，将一个字符转换为大写字母（如果原字符是小写字母）或小写字母（如果原字符是大写字母）。

（5）编写一个程序，计算一个浮点数的平方根，不使用 sqrt 函数。

（6）编写一个程序，将一个整数的二进制表示的最右边的 1 设置为 0。

（7）编写一个程序，计算两个整数的平均值，结果保留到小数点后两位。

（8）编写一个程序，判断一个整数是否是负数，不使用比较运算符。

（9）编写一个程序，返回一个整数的绝对值，不使用 abs 函数。

（10）编写一个程序，将一个浮点数按四舍五入规则取整。

第 9 课　顺序结构程序

9.1 什么是顺序结构

顺序结构是一种基本的编程结构，表示代码按照顺序逐行执行，没有跳转或循环。它是程序执行的基础，用于按照固定的顺序执行指定的操作。

9.2 基本语法

在 C++ 中，顺序结构由一系列语句组成，每个语句以分号（;）结尾：

```cpp
#include <iostream>
using namespace std;

int main(){
    cout << "Hello, World!" << endl;
    cout << "This is a C++ program." << endl;

    return 0;
}
```

以下是一个简单的示例，展示了如何使用顺序结构编写一个计算两个数之和的程序：

```cpp
#include <iostream>
using namespace std;

int main(){
    int num1, num2, sum;

    cout << "Enter the first number: ";
    cin >> num1;

    cout << "Enter the second number: ";
    cin >> num2;

    sum = num1 + num2;

    cout << "The sum of " << num1 << " and " << num2 << " is: " << sum << endl;

    return 0;
}
```

9.3 调试技巧

调试是编程过程中非常重要的一步。以下是一些调试技巧，可以帮你找到并解决代码中的问题。

- 仔细阅读错误提示和警告信息。
- 使用调试器逐行执行代码，观察变量的值和程序的执行流程。
- 插入打印语句来输出变量的值，以便跟踪程序的执行。
- 将错误分解为更小的错误，并逐个排查。

9.4 常见错误及解决方法

在编写代码时，会遇到一些常见的错误。以下是一些常见错误和解决方法。
- 拼写错误：检查变量名、函数名和关键字的拼写是否正确。
- 语法错误：注意括号、分号和引号的使用是否正确。
- 逻辑错误：检查代码是否按照预期的顺序执行，是否正确处理边界条件等。

顺序结构是 C++ 编程中的基础，它使代码按照特定的顺序执行。

9.5 例题

以下是三个 C++ 顺序结构的例题。

- 例题 1：计算两个数的和

题目描述：

编写一个程序，要求用户输入两个整数，然后计算它们的和并输出结果。

参考代码：

```cpp
#include <iostream>
using namespace std;

int main(){
    int num1, num2, sum;

    cout << "Enter the first number: ";
    cin >> num1;

    cout << "Enter the second number: ";
    cin >> num2;

    sum = num1 + num2;

    cout << "The sum of " << num1 << " and " << num2 << " is: " << sum << endl;

    return 0;
}
```

- 例题 2：温度转换

题目描述：

编写一个程序，要求用户输入摄氏温度，然后将其转换为华氏温度并输出结果。转换公式为：华氏温度 = 摄氏温度 × 9/5 + 32。

参考代码：

```cpp
#include <iostream>
using namespace std;

int main(){
    float celsius, fahrenheit;

    cout << "Enter the temperature in Celsius: ";
```

```
    cin >> celsius;

    fahrenheit = celsius * 9 / 5 + 32;

    cout << "The temperature in Fahrenheit is: " << fahrenheit << endl;

    return 0;
}
```

- 例题 3：计算圆的面积

题目描述：

编写一个程序，要求用户输入圆的半径，然后计算圆的面积并输出结果。圆的面积计算公式为：面积 = π × 半径的平方，其中 π 取 3.14159。

参考代码：

```
#include <iostream>
using namespace std;

int main(){
    float radius, area;
    const float PI = 3.14159;

    cout << "Enter the radius of the circle: ";
    cin >> radius;

    area = PI * radius * radius;

    cout << "The area of the circle is: " << area << endl;

    return 0;
}
```

第 10 课　单分支结构

10.1 单分支结构语句

在 C++ 中，单分支结构使用 if 语句来进行条件判断。当满足某个条件时，就执行特定的代码块，表达的意思是"如果……，就……"。

单分支结构语句的基本语法如下：

```
if (条件) {
    // 条件满足时执行的代码块
}
```

- if 关键字后面的括号中是一个条件表达式，它可以是一个布尔表达式（返回 true 或 false 的表达式），也可以是一个被隐式转换为布尔值的表达式。
- 如果条件表达式的结果为 true，则执行花括号中的代码块。
- 如果条件表达式的结果为 false，则跳过代码块，继续执行后面的代码。

以下是一个简单的示例，演示了如何使用单分支结构语句：

```cpp
#include <iostream>
using namespace std;

int main(){
    int age;

    cout << " 请输入您的年龄：";
    cin >> age;

    if (age >= 18) {
        cout << " 您已经成年了！" << endl;
    }

    cout << " 程序结束。" << endl;
    return 0;
}
```

在上面的示例中，首先要求用户输入年龄，然后使用 if 语句检查年龄是否大于或等于 18。如果是，就输出"您已经成年了！"，否则不执行任何操作。无论条件是否满足，最后都会输出"程序结束。"。

以下是一些使用单分支结构语句时需要注意的事项。

- 条件表达式的结果必须是布尔值（true 或 false）。
- 花括号中的代码块可以包含一条或多条语句。
- 如果代码块只有一条语句，则花括号可以省略。但建议始终使用花括号，以增强代码的可读性和一致性。
- 如果条件表达式的结果为 false，则跳过代码块，直接执行下一条语句。

通常情况下，条件成立对应着特定场景，当出现特定场景以外的情况时，直接用特定条件很不方便，此时 C++ 提供了 else 描述方式，即描述特定场景以外的所有情况。

10.2 例题

以下是一些使用单分支结构语句的例题。

- 例题 1

题目描述:

判断一个数是否为偶数。

参考代码:

```cpp
#include <iostream>
using namespace std;

int main(){
    int num;

    cout << " 请输入一个整数： ";
    cin >> num;

    if (num % 2 == 0) {
        cout << " 您输入的数是偶数。" << endl;
    }
    else {
        cout << " 您输入的数是奇数。" << endl;
    }

    cout << " 程序结束。" << endl;
    return 0;
}
```

在上面的例题中，要求用户输入一个整数，然后使用 if 语句检查该数是否为偶数。如果是，就输出"您输入的数是偶数。"，否则输出"您输入的数是奇数。"。无论条件是否满足，最后都会输出"程序结束。"。

通过这个例题，我们可以看到单分支结构语句的灵活性，可以根据具体的需求自由编写代码块。

- 例题 2

题目描述:

如果一个数是自然数，则输出 OK，否则输出 NO。

参考代码:

```cpp
#include <bits/stdc++.h>
using namespace std;

int main(){
    int a;
    cin >> a;

    if (a >= 0) {
        cout << "OK" << endl;
    }
```

```
    else {
        cout << "NO" << endl;
    }

    return 0;
}
```

- 例题 3

题目描述：
输入两个整数，输出其中较大的一个。
参考代码：

```
#include <bits/stdc++.h>
using namespace std;

int main(){
    int a, b;
    cin >> a >> b;

    if (a > b) {
        cout << a << endl;
    }
    else {
        cout << b << endl;
    }

    return 0;
}
```

- 例题 4

题目描述：
输入一个整数，输出这个数的绝对值。
参考代码：

```
int main(){
    int x;
    cin >> x;

    if (x > 0)
        cout << x << endl;
    else
        cout << -x << endl;

    return 0;
}
```

如果条件只控制一条语句，则 {} 可以省略。但为了让程序结构更加清晰，方便以后调试、修改、增加语句，一般不省略 {}。

10.3 练习

（1）编写一个程序，接收用户输入的整数，并判断该数是否为正数。如果是正数，则输出"这是一个正数"；如果不是正数，则输出"这不是一个正数"。

（2）编写一个程序，接收用户输入的两个整数，并比较它们的大小。如果第一个数大于第二个数，则输出"第一个数大于第二个数"；如果第一个数小于第二个数，则输出"第一个数小于第二个数"；如果两个数相等，则输出"两个数相等"。

（3）编写一个程序，接收用户输入的年份，并判断该年份是否为闰年。如果是闰年，则输出"这是闰年"；如果不是闰年，则输出"这不是闰年"。提示：闰年的判断规则是，年份数字能被 4 整除但不能被 100 整除，或者能被 400 整除。

（4）编写一个程序，接收用户输入的字符，并判断该字符是否为大写字母。如果是大写字母，则输出"这是一个大写字母"；如果不是大写字母，则输出"这不是一个大写字母"。

（5）编写一个程序，接收用户输入的一个字符，并判断该字符是数字字符还是字母字符。如果是数字字符，则输出"这是一个数字字符"；如果是字母字符，则输出"这是一个字母字符"；如果既不是数字字符也不是字母字符，则输出"这不是一个数字字符或字母字符"。

第 11 课　多分支结构

11.1 多分支结构简介

当出现多重条件判断的时候，该怎么办呢？C++ 中的分支语句支持并列判断。表达的意思是"如果……，否则如果……，否则……"。"否则如果"的数量没有限制。

11.1.1 If...else...

多分支结构的常用语句为 if...else...，其 C++ 描述格式如下：

```
if (条件){
    语句 1;
} else if (条件){
    语句 2;
} ... {
    ...
} else {
    语句 n;
}
```

所有分支语句最后的 else 语句均可以省略。下面我们来看几个例题。

- 例题 1

题目描述：

输入一个整数，如果是正数，则输出 OK，如果是负数，则输出 NO，否则输出 Zero。

参考代码：

```cpp
#include <bits/stdc++.h>
using namespace std;

int main(){
    int x;
    cin >> x;

    if (x > 0){
        cout << "OK" << endl;
    } else if (x < 0) {
        cout << "NO" << endl;
    } else {
        cout << "Zero" << endl;
    }

    return 0;
}
```

- 例题 2

题目描述：

给学生的得分划分等级。如果大于或等于 90 分，则输出"Good"；如果在 70 分至 90 分之间（包括 70 分），则输出"Right"；如果在 60 分至 70 分之间（包括 60 分），则输出"OK"；

如果在 40 分至 60 分之间（包括 40 分），则输出"Fighting"；如果低于 40 分，则输出"Good Luck"。

参考代码：

```
#include <bits/stdc++.h>
using namespace std;

int main(){
    int x;
    cin >> x;

    if (x >= 90){
        cout << "Good";
    } else if (x >= 70) {
        cout << "Right";
    } else if (x >= 60) {
        cout << "OK";
    } else if (x >= 40) {
        cout << "Fighting";
    } else {
        cout << "Good Luck";
    }
    cout << endl;

    return 0;
}
```

- 例题 3

题目描述：

输入三个整数，按从大到小的顺序输出这三个整数。

参考代码：

```
#include <bits/stdc++.h>
using namespace std;

int main(){
    int a, b, c;
    cin >> a >> b >> c;

    if (a > b){
        if (b > c){
            cout << a << " " << b << " " << c << endl;
        } else if (a > c){ // b < c
            cout << a << " " << c << " " << b << endl;
        } else{ // a < c
            cout << c << " " << a << " " << b << endl;
        }
    } else { // a <= b
        if (c > b){
            cout << c << " " << b << " " << a << endl;
        } else if (c > a) { // c <= b
```

```
            cout << b << " " << c << " " << a << endl;
        } else { // c <= a
            cout << b << " " << a << " " << c << endl;
        }
    }
    
    return 0;
}
```

从以上代码中可以发现，三个数的排列顺序只有 6 种，只需要把这 6 种顺系一一列举出来便可以得到数据的顺序。但是，要想找出数据的大小关系，则要借助逻辑运算符。

参考代码：

```
#include <bits/stdc++.h>
using namespace std;

int main()
{
    int a, b, c;
    cin >> a >> b >> c;
    
    if (a >= b && b >= c) {
        cout << a << " " << b << " " << c << endl;
    } else if (a >= c && c >= b) {
        cout << a << " " << c << " " << b << endl;
    } else if (b >= c && c >= a) {
        cout << b << " " << c << " " << a << endl;
    } else if (b >= c && a >= c) {
        cout << b << " " << a << " " << c << endl;
    } else if (c >= a && c >= b) {
        cout << c << " " << a << " " << b << endl;
    } else {
        cout << c << " " << b << " " << a << endl;
    }
    
    return 0;
}
```

思考：还有什么更方便的做法吗？"&&"的运算方式是在条件同时成立时执行语句，那么"||"是在何时执行呢？

- 例题 4

题目描述：

输入一个整数，判断这个数是否是一个与 3 相关的数。与 3 相关的数表示这个数的个位是 3 或者这个数是 3 的倍数。如果是，则输出"OK"，否则输出"NO"。

参考代码：

```
#include <bits/stdc++.h>
using namespace std;

int main(){
```

```
    int x;
    cin >> x;
    
    if (x % 10 == 3 || x % 3 == 0) {
        cout << "OK" << endl;
    } else {
        cout << "NO" << endl;
    }
    
    return 0;
}
```

11.1.2 swtich...case...

swtich...case... 语句是多分支结构的另一种表达形式，可以与 if...else... 语句相互改写。但两者都有各自更适用的场景。

以下是一个 swtich...case... 语句的示例：

```
#include <bits/stdc++.h>
using namespace std;

int main() {
    int x;
    cin >> x;
    
    x /= 10;
    switch (x) { // 条件只能是变量
        case 9:
        case 10:
            cout << "Good";
            break; // 退出 switch 语句,否则将不断执行语句
        case 7:
        case 8:
            cout << "Right";
            break;
        case 6:
            cout << "OK";
            break;
        case 5, 4: // 可以在一个 case 里面写多个条件
            cout << "Fighting";
            break;
        default:  //  前面的条件都未满足的时候执行该语句
            cout << "Good Luck";
    }
    cout << endl;
    
    return 0;
}
```

当判定条件是确定的多个值时，使用 swtich...case... 语句会让程序结构更加清晰。

11.2 练习

（1）编写一个程序，接收用户输入的一个三位数整数，并判断该数是否是水仙花数。如果是水仙花数，则输出"这是一个水仙花数"；否则输出"这不是一个水仙花数"。对于一个三位数，若其各位数字的立方和等于该数本身，则这个数为水仙花数。

（2）编写一个程序，接收用户输入的年份，并判断该年份是否为闰年。如果是闰年，则输出"这是闰年"；如果不是闰年，则输出"这不是闰年"。提示：闰年的判断规则是，年份数字能被 4 整除但不能被 100 整除，或者能被 400 整除。

（3）编写一个程序，接收用户输入的一个字符，并判断该字符是数字、大写字母、小写字母还是其他字符。如果是数字，则输出"这是一个数字"；如果是大写字母，则输出"这是一个大写字母"；如果是小写字母，则输出"这是一个小写字母"；否则输出"这是其他字符"。

（4）编写一个程序，接收用户输入的月份（1~12）和日期（1~31），并判断该日期是否是该月份的有效日期。考虑每个月的天数和闰年的情况。如果输入的日期是有效日期，则输出"该日期是有效的"，否则输出"该日期是无效的"。

（5）编写一个程序，接收用户输入的年份和月份，并输出该月份有多少天。考虑每个月的天数和闰年的情况。如果输入的年份或月份不在合理范围内，则输出"输入有误"。

第 12 课 分支嵌套语句

12.1 分支嵌套语句概述

在 C++ 中，可以使用分支嵌套语句来根据不同的条件执行不同的代码块。分支嵌套语句主要有两种形式：if 语句嵌套和 switch 语句嵌套。

12.1.1 if 语句嵌套

可以在一个 if 语句中嵌套另一个 if 语句，以实现更复杂的条件判断。以下是 if 语句嵌套的基本语法：

```
if (condition1) {
    // 代码块 1
    if (condition2) {
        // 代码块 2
    } else {
        // 代码块 3
    }
} else {
    // 代码块 4
}
```

在上面的代码中，如果 condition1 为 true，则执行代码块 1，然后判断 condition2。当 condition2 为 true 时，执行代码块 2；当 condition2 为 false 时，执行代码块 3。如果 condition1 为 false，则执行代码块 4。

以下是一个使用 if 语句嵌套的示例：

```
#include <iostream>
using namespace std;

int main() {
    int num1, num2;

    cout << "请输入两个整数: " << endl;
    cin >> num1 >> num2;

    if (num1 > 0) {
        if (num2 > 0) {
            cout << "两个数都是正数" << endl;
        } else {
            cout << "第一个数是正数，第二个数不是正数" << endl;
        }
    } else {
        if (num2 > 0) {
            cout << "第一个数不是正数，第二个数是正数" << endl;
        } else {
            cout << "两个数都不是正数" << endl;
        }
    }
}
```

```
        return 0;
    }
```

在这个例子中，用户输入两个整数，通过 if 语句嵌套进行条件判断。首先判断 num1 是否大于 0，如果是，则进一步判断 num2 是否大于 0，根据判断结果输出不同的信息。如果 num1 不大于 0，则判断 num2 是否大于 0，同样根据判断结果输出不同的信息。

这个例子展示了如何使用 if 语句嵌套根据不同的条件执行不同的代码块。

12.1.2 switch 语句嵌套

可以在一个 switch 语句中嵌套另一个 switch 语句，以实现更复杂的分支控制。以下是 switch 语句嵌套的基本语法：

```
switch (expression1) {
case value1:
    // 代码块 1
    switch (expression2) {
        case value2:
            // 代码块 2
            break;
        case value3:
            // 代码块 3
            break;
        default:
            // 代码块 4
            break;
    }
    break;
case value4:
    // 代码块 5
    break;
default:
    // 代码块 6
    break;
}
```

在上面的代码中，首先根据 expression1 的值进行判断，如果匹配到 value1，则执行代码块 1。在代码块 1 中，根据 expression2 的值进行进一步判断。如果匹配到 value2，则执行代码块 2；如果匹配到 value3，则执行代码块 3；如果都不匹配，则执行代码块 4。如果 expression1 匹配到 value4，则执行代码块 5。如果 expression1 匹配不到任何值，则执行代码块 6。

以下是一个使用 switch 语句嵌套的示例：

```
#include <iostream>
using namespace std;

int main() {
    char grade;

    cout << " 请输入成绩等级（A、B、C、D、F）: " << endl;
    cin >> grade;
```

```cpp
    switch (grade) {
        case 'A':
            cout << " 优秀 " << endl;
            break;
        case 'B':
            cout << " 良好 " << endl;
            break;
        case 'C':
            cout << " 中等 " << endl;
            break;
        case 'D':
            cout << " 及格 " << endl;
            break;
        case 'F':
            cout << " 不及格 " << endl;
            break;
        default:
            cout << " 无效的成绩等级 " << endl;
            break;
    }
    return 0;
}
```

在这个例子中，根据用户输入的成绩等级，通过 switch 语句嵌套进行条件判断。根据成绩等级的不同，输出不同的评价信息。

这个例子展示了如何使用 switch 语句嵌套来根据不同的条件执行不同的代码块。

在使用分支嵌套语句时，需要注意以下几点。

- 代码块的缩进：为了保证代码的可读性，建议对嵌套的代码块进行适当的缩进，以便更清晰地显示代码的结构。
- 代码块的结束：在每个代码块的结尾处，使用 break 语句来结束当前的分支，以免执行其他不必要的代码块。

12.2 例题

下面我们来看几个更复杂的使用分支嵌套语句的 C++ 例题。

- 例题 1

题目描述：

编写一个程序，根据输入的年份判断该年份是否为闰年。

参考代码：

```cpp
#include <iostream>
using namespace std;

bool isLeapYear(int year) {
    if (year % 4 == 0) {
        if (year % 100 == 0) {
            if (year % 400 == 0) {
                return true;
```

```cpp
                } else {
                    return false;
                }
            } else {
                return true;
            }
        } else {
            return false;
        }
    }

    int main() {
        int year;

        cout << " 请输入一个年份： " << endl;
        cin >> year;

        if (isLeapYear(year)) {
            cout << year << " 年是闰年 " << endl;
        } else {
            cout << year << " 年不是闰年 " << endl;
        }

        return 0;
    }
```

- 例题 2

题目描述：
根据输入的月份和年份判断该月份的天数。

参考代码：

```cpp
    #include <iostream>
    using namespace std;

    bool isLeapYear(int year) {
        if (year % 4 == 0) {
            if (year % 100 == 0) {
                if (year % 400 == 0) {
                    return true;
                } else {
                    return false;
                }
            } else {
                return true;
            }
        } else {
            return false;
        }
    }
```

```
int getDaysInMonth(int month, int year) {
    if (month == 2) {
        if (isLeapYear(year)) {
            return 29;
        } else {
            return 28;
        }
    } else if (month == 4 || month == 6 || month == 9 || month == 11) {
        return 30;
    } else {
        return 31;
    }
}

int main() {
    int month, year;

    cout << " 请输入月份和年份: " << endl;
    cin >> month >> year;

    int days = getDaysInMonth(month, year);

    cout << year << " 年 " << month << " 月有 " << days << " 天 " << endl;

    return 0;
}
```

这道例题使用了嵌套的分支结构，根据输入的月份和年份判断该月份的天数。首先判断月份是否为 2 月，如果是，则进一步判断年份是否为闰年，如果是闰年，则返回 29，否则返回 28；如果月份为 4 月、6 月、9 月或 11 月，则返回 30；否则返回 31。

- 例题 3

题目描述:
编写一个程序，根据输入的三条边的边长判断三角形的类型。
根据边长的情况，三角形的类型可以分为以下几种：
- 等边三角形：三条边的长度均相等。
- 等腰三角形：两条边的长度相等。
- 直角三角形：满足勾股定理，其中一个角为 90 度。
- 普通三角形：既不是等边三角形，也不是等腰三角形，也不是直角三角形。

参考代码:

```
#include <iostream>
using namespace std;

int main() {
    int a, b, c;

    cout << " 请输入三角形三条边的边长: " << endl;
    cin >> a >> b >> c;
```

```cpp
        if (a == b && b == c) {
            cout << "等边三角形" << endl;
        }
        else {
            if (a == b) {
                cout << "等腰三角形" << endl;
            } else {
                if (a == c || b == c) {
                    cout << "等腰三角形" << endl;
                } else {
                    if (a * a + b * b == c * c || a * a + c * c == b * b || b * b + c * c == a * a) {
                        cout << "直角三角形" << endl;
                    } else {
                        cout << "普通三角形" << endl;
                    }
                }
            }
        }

        return 0;
    }
```

经过分析，可以将嵌套的形式改为多分支结构：

```cpp
    #include <iostream>
    using namespace std;

    int main() {
        int a, b, c;

        cout << "请输入三角形三条边的边长: " << endl;
        cin >> a >> b >> c;

        if (a == b && b == c) {
            cout << "等边三角形" << endl;
        } else if (a == b || b == c || a == c) {
            cout << "等腰三角形" << endl;
        } else if ((a * a + b * b == c * c) || (a * a + c * c == b * b) || (b * b + c * c == a * a)) {
            cout << "直角三角形" << endl;
        } else {
            cout << "普通三角形" << endl;
        }

        return 0;
    }
```

12.3 练习

（1）编写一个程序，根据用户输入的成绩判断等级，并输出相应的评语。成绩大于或等于 90 分的为 A 等级，大于或等于 80 分的为 B 等级，大于或等于 70 分的为 C 等级，大于或等于 60 分的为 D 等级，其他为 E 等级。

（2）编写一个程序，根据用户输入的月份，输出该月份所属的季节。假设春季为 3 至 5 月，夏季为 6 至 8 月，秋季为 9 至 11 月，冬季为 12 至 2 月。

（3）编写一个程序，根据用户输入的年份，判断该年份的生肖。根据中国农历的说法，一个生肖周期为 12 年，分别对应鼠、牛、虎、兔、龙、蛇、马、羊、猴、鸡、狗、猪共 12 个属相。

（4）编写一个程序，根据用户输入的年龄判断其所处的人生阶段，规则如下。

- 0 ～ 2 岁：婴儿期
- 3 ～ 12 岁：儿童期
- 13 ～ 19 岁：青少年期
- 20 ～ 39 岁：青年期
- 40 ～ 59 岁：中年期
- 60 岁及以上：老年期

（5）编写一个程序，根据用户输入的月份和年份，判断该月份的天数。提示：需要考虑闰年的情况。

第 13 课　for 语句

13.1 变量的范围

在定义变量的时候，我们心里要清楚变量的适用范围。一般来讲，不要在同一个程序内部使用相同的变量名，且变量名应尽量取得有意义，以辅助程序的阅读。但是，当遇到功能相近的语句模块时，一般也使用相同的变量名。

每个变量都有自己的作用空间。编写程序时，在保证阅读方便、书写顺畅的前提下，一般应尽量缩小变量的作用空间。作用空间也叫作用域。

13.1.1 局部变量

在某个程序段内定义和使用的变量叫作局部变量。在该程序段以外，变量显示未定义。局部变量会在其作用域内覆盖与其同名的全局变量。示例代码如下：

```
for (int i = 0; i < n; i++) {   // for 循环内部定义的变量 i
    sum += i;
}
cout << i << endl;    // 错误，i 在 for 循环内定义，只能在 for 循环内使用
```

13.1.2 全局变量

在函数外定义的变量叫作全局变量。全局变量在整个程序内都可以访问。示例代码如下：

```
int n = 100; // n 为全局变量
int main() {
    int n = 10;
    cout << n << endl;
    // 输出 10，这里的 n 是 main 的局部变量，在 main 函数中起作用
}
```

13.1.3 常量

用 const 关键字修饰和定义的变量，除了在定义的时候初始化，在其他作用域内不能修改。示例代码如下：

```
const int x = 10;      // 定义常量
x = 15;                // 编译错误，x 是常量，不能修改
```

在程序中需要到处用的数值，一般要用常量替换。

13.2 for 循环语句

计算机最大的优点就是可以快速地重复执行语句。一秒大概执行 一亿（10^8）次，一次执行一条语句。比如：

```
printf("Hello World");
```

如果你要输出 10000 句 Hello World，你会怎么做呢？

把 printf("Hello World"); 语句写 10000 遍吗？这样做也不是不行，但是这很麻烦，次数也容易搞错。当次数需求改变时，更改也很不容易。

计算机可以很好地解决这个问题，就是使用 for 循环语句。

大家思考一下，你在把 printf("Hello World")；写 10000 遍的时候，主要是在做什么事呢？最麻烦且最容易出错的地方又是哪里呢？

没错，就是计数！

所以，计算机要完成这项工作只需要把计数这件事做好就行了，而 for 循环可以完成这项工作。其语法格式如下：

```
for(起点；起点 <= 终点；起点 = 起点 + 1) {

}
```

for 循环语句的括号内除了分号（;）不能省略，其他的都可以省略，比如：

```
for(;;) {

}
```

下面我们来看几个 for 循环的例题。

- 例题 1

题目描述：

输出 10 条 "Hello world!"。

参考代码：

```
for(int i = 1; i <= 10; i = i+1) {
    printf("Hello world!\n");   // '\n' 是转义换行符
}
```

运行结果：

```
Hello world!
Hello world!
Hello world!
Hello world!
Hello world!
Hello world!
Hello world!
Hello world!
Hello world!
Hello world!
```

- 例题 2

题目描述：

输出 1 至 100 的所有整数，数字中间用空格隔开。最后一个数后面没有空格。

参考代码：

```
for (int i = 1; i < 100; i++) {
    cout << i << " ";
}
cout << 100;
```

在上面的代码中，i++ 等价于 i = i + 1，称为 "i 自增 1"。同样地，i-- 等价于 i = i - 1，称为 "i 自减 1"。++/-- 符号也可以放在变量的前面，主要的区别在于变量的自增或者自减发生在变量参与运算之前还是之后。最后的 cout << 100 是为了不让最后一个数后面出现空格。

运行结果：

```
1 2 3 ... 100
```

- 例题 3

题目描述：

输入 n、m，输出 n 至 m 之间所有奇数的和。

参考代码 1：

```
int sum = 0;
for (int i = n; i <= m; i = i + 1)
    if (i % 2 == 1) {
        { sum += i;
    }
```

参考代码 2：

```
int sum = 0;
if (c % 2 == 0)
    c = c + 1;
for (int i = c; i <= m; i = i + 2) {
    sum += i;
}
```

- 例题 4

题目描述：

输入 10 个变量，输出它们的和。

参考代码：

```
int sum = 0;
for (int i = 1; i <= 10; i++) {
    int x;
    cin >> x; // x 只在 for 循环中定义和使用
    sum += x;
}
```

当然，数据的个数也可以依据用户的输入来定，比如：

```
int sum = 0, n;
cin >> n;
for (int i = 1; i <= n; i++) {
    int x;
    cin >> x;
    sum += x;
}
```

在循环语句中可以使用分支结构。

- 例题 5

题目描述：

输入 n 个变量，输出其中所有偶数的和。

参考代码：

```
int sum = 0;
for (int i = 1; i < = n ; i++) {
    int x; cin >> x;
    if (x % 2 == 0) {
        sum += x;
    }
}
```

13.3 练习

（1）打印从 1 到 10 的所有整数。

（2）打印从 10 到 1 的所有整数。

（3）打印从 1 到 100 的所有偶数。

（4）计算从 1 到 100 的所有奇数的和。

（5）打印一个从 1 开始的等差数列，项数为 10，公差为 2。

（6）计算 1 到 100 之间所有整数的平均值。

（7）打印一个九九乘法表。

（8）计算 1 到 100 之间所有与 3 相关的数的和。

（8）打印一个菱形图案，由星号（*）组成。

（9）计算 1 到 100 之间所有能被 7 整除且不是偶数的数的个数。

第 14 课　while 语句

14.1 while 循环语句

while 循环语句是循环语句的另一种表达方式，for 循环和 while 循环可以相互改写，但在格式上有所不同。while 循环的语法格式如下：

```
while (条件) {
    语句;
    更改;
}
```

其中的"条件"不能省略。我们来看一个具体的示例。

对于任何一个自然数 x，如果它是偶数，则将其除以 2，如果它是奇数，则将其赋值为 3*x + 1，最终的输出为 1，计算输出步数是多少。

```
int ans = 0, x;
cin >> x;
while (x != 1) {
    if (x % 2 == 0)
        x /= 2;
    else
        x = 3 * x + 1;
    ans++;
}
```

从上面的示例中可以看到，while 循环只是一个条件，我们并不清楚循环要执行多少次。一般来讲，当不确定循环执行多少次时，用 while 循环会好一些。当有明确的执行次数时，用 for 循环会好一些。

14.2 do-while 循环语句

do-while 循环语句的语法格式如下：

```
do {
    语句;
} while (条件);
```

与 while 循环相比，do-while 会先执行语句再做条件判断，一般用在需要预处理某些事务之后再做循环处理的场景中。

14.3 练习

请使用 while 循环语句或 do-while 循环语句解决以下问题。

（1）打印从 1 到 10 的所有整数的平方，用空格隔开。

（2）输入一个整数 n，计算从 1 到 n 的所有整数的和。

（3）输入一个整数 n，判断它是否为素数。

（4）输入一个整数 n，计算它的阶乘。

（5）输入一个整数 n，打印出它的倒序数字。

（6）输入一个整数 n，计算它的各数位数字之和。

（7）输入一个整数 n，计算从 1 到 n 的所有整数的乘积。
（8）输入一个正整数 n，判断它是否为完全平方数。
（9）输入一个正整数 n，判断它是否为回文数（正读和反读都相同）。
（10）输入一个正整数 n，打印出它的二进制表示。

第15课 一层循环结构

一层循环结构是指在程序中使用单个循环来重复执行一段代码。它通常用于处理需要重复执行的任务，循环直到满足某个条件为止。

在大多数编程语言中，通常使用 for 或 while 关键字来定义一层循环结构。

15.1 for 循环

for 循环用于在指定范围内重复执行一段代码。它通常用于已知循环次数的场景。例如，以下是一个使用 for 循环打印数字 1 到 10 的示例：

```cpp
#include <iostream>
using namespace std;

int main() {
    for (int i = 1; i <= 10; i++) {
        cout << i << endl;
    }
    return 0;
}
```

在这个示例中，i 是循环变量，它从 1 开始递增，直到达到 10。每次循环时，将打印当前的 i 值。

15.2 while 循环

while 循环用于在满足条件的情况下重复执行一段代码。它通常用于未知循环次数的场景。例如，以下是一个使用 while 循环计算数字的平方值（直到平方值大于 100）的示例：

```cpp
#include <iostream>
using namespace std;

int main() {
    int i = 1;
    while (i * i <= 100) {
        cout << i * i << endl;
        i++;
    }
    return 0;
}
```

在这个示例中，i 是循环变量，它从 1 开始递增。只要 i 的平方值小于或等于 100，就会打印当前的平方值，并让 i 递增 1。

无论使用哪种循环结构，都要确保在循环体内更新循环变量，以避免出现无限循环的情况。此外，还要注意循环条件的设置，以确保循环能够正常终止。

15.3 break 语句

break 语句用于立即终止循环，并跳出循环体。当满足某个条件时，可以使用 break 语句来提前结束循环。它常用于循环中的条件判断，例如：

```cpp
#include <iostream>
using namespace std;

int main() {
    for (int i = 1; i <= 10; i++) {
        if (i == 5) {
            break;
        }
        cout << i << endl;
    }
    return 0;
}
```

在上面的示例中，当 i 等于 5 时，break 语句将被执行，循环立即终止。

15.4 continue 语句

continue 语句用于跳过当前循环中的剩余代码，并开始下一次循环。当满足某个条件时，可以使用 continue 语句来跳过当前循环的剩余代码，直接进入下一次循环。例如：

```cpp
#include <iostream>
using namespace std;

int main() {
    for (int i = 1; i <= 10; i++) {
        if (i % 2 == 0) {
            continue;
        }
        cout << i << endl;
    }
    return 0;
}
```

在上面的示例中，当 i 是偶数时，continue 语句被执行，当前循环的剩余代码被跳过，直接进入下一次循环。

15.5 练习

（1）打印 1 ~ 100 中的奇数，遇到数字 7 时跳过。

（2）计算 1 ~ 100 中所有能被 3 整除的数的和，当和达到 100 时停止计算。

（3）打印 1 ~ 10 中的偶数。

（4）计算 1 ~ 100 中所有能被 5 整除的数的平均值，当平均值大于 20 时停止计算。

（5）打印 1 ~ 100 中的所有数字，遇到数字 8 时终止循环。

（6）计算 1 ~ 100 中所有能被 4 整除的数的平方和，当平方和超过 1000 时停止计算。

（7）打印 1 ~ 20 中的数字，跳过所有能被 3 整除的数。

（8）计算 1 ~ 100 中所有能被 7 整除的数的平均值，当平均值大于 50 时停止计算。

（9）打印 1 ~ 50 中所有能被 6 整除且大于 30 的数。

（10）计算 1 ~ 100 中所有能被 9 整除的数的平方和，当平方和超过 10000 时停止计算。

第 16 课　二层循环结构

16.1 循环执行的过程

前面我们学习了三种循环结构：for、while、do-while。它们之间是可以相互转化的，只是在特定的条件下，各自在书写和应用场景上会存在一些差异。

我们前面学习的循环结构都只涉及一条循环语句。如果出现将某条循环语句重复执行多次的情况，该怎么办呢？

例如，按要求输出由字符组成的等腰直角三角形图案，第 i 行有 $2i-1$ 个字符。代码如下：

```
// 在一行输出 2 * i - 1个字符
char ch;
cin >> ch;
for (int k = 1; k <= 2 * i - 1; k++) {
    cout << ch;
}
cout << endl;
```

i 从 1 开始变化，直到达到目标值，写法与一层循环是一样的：

```
for (int i = 1; i <= n; i++) {
    for (int k = 1; k <= 2 * i - 1; k++) {
        cout << ch;
    }
    cout << endl;
}
```

我们将这种把一个循环放在另一个循环中执行的操作称为循环嵌套。如果总共只嵌套了两层循环，就称其为二层循环结构。

16.2 例题

上面介绍了二层循环结构的概念，下面我们通过几个具体的例题来加深对二层循环的理解。

- 例题 1

题目描述：
输入一个正整数 n，输出 $1 \sim n$ 中所有的素数。

参考代码：

```
for (int x = 2; x <= n; x++) {
    int f = 0;
    for (int i = 2; i * i <= x; i++) {
        if (x % i == 0) {
            f = 1;
        }
    }
    if (f == 0) cout << x << " ";
}
```

- 例题 2

题目描述：
输入正整数 n、x，输出 $1 \sim n$ 中所有数位等于 x 的数的个数。

参考代码：

```
for (int i = 1; i <= n; i++) {
    int t = i;
    while (t > 0) {
        if (t % 10 == x) {
            cnt++;
        }
        t /= 10;
    }
}
cout << cnt << endl;
```

- 例题 3

题目描述：

输入一个正整数 n，输出 $1 + (1 + 2) + (1+2+3) + \cdots + (1+2+\cdots+n)$ 的和。

参考代码：

```
int sum = 0;
for (int i = 1; i <= n; i++) {
    int p = 0;
    for (int k = 1; k <= i; k++) {
        p += k;
    }
    sum += p;
}
cout << p << endl;
```

- 例题 4

题目描述：

输入正整数 n、x，计算 $1\sim n$ 中所有与 x 相关的数，其相关性的最大值。相关性被定义为：数位中含有 x 的个数，如果是 x 的若干次幂的倍数，则相关性的值加 1。

参考代码：

```
cin >> n >> x;
int ans = 0;
for (int i = 1; i <= n; i++) {
    int p = x;
    while (p < i) {
        if (i % p == 0) {
            ans++;
            break;
        }
        p = p * x;
    }
    int t = i;
    while (t > 0) {
        if (t % 10 == x) ans++;
        t /= 10;
    }
}
```

```
cout << ans << endl;
```

- 例题 5

题目描述：

输出 $1 \sim n$ 中所有的真素数。真素数的定义是，该数是素数，且该数所含的所有数码之和也是素数。

参考代码：

```
cin >> n;
for (int x = 2; x <= n; x++) {
    int f1 = 0, f2 = 0;
    cin >> x;
    for (int i = 2; i * i <= x; i++) {
        if (x % i == 0) {
            f1 = 1;
            break;
        }
    }
    int p = 0, t = x;
    if (f1 == 0)
        while (t > 0) {
            p += t % 10;
            t /= 10;
        }
    for (int i = 2; i * i <= p; i++) {
        if (p % i == 0) {
            f2 = 1;
            break;
        }
    }
    if (f1 && f2) cout << x << " ";
}
```

16.3 练习

（1）打印一个由星号组成的正方形图案，由用户输入正方形的边长。

（2）打印一个由数字 5 组成的倒三角形图案，由用户输入三角形的高。

（3）打印一个由字母 x 组成的等腰直角三角形图案，由用户输入三角形的高。

（4）打印 1 到 100 之间所有的素数。

（5）打印斐波那契数列的前 20 个数。

（6）打印一个由数字 7 组成的菱形图案，由用户输入菱形的高。

（7）打印九九乘法表的前 10 行。

（8）打印一个由数字 3 组成的倒金字塔图案，由用户输入金字塔的高。

（9）打印一个由数字 8 组成的等腰直角三角形图案，由用户输入三角形的高。

第17课　多层循环结构

17.1 多层循环的嵌套

类似于双层循环结构，循环可以不限层数地进行嵌套。不同循环也可以相互嵌套。可以这样理解，不管是几层循环，其都是实现某些功能的代码块。当需要让某个功能执行多次时，在外面再套一个可以执行相应次数的循环语句即可。这样就可以将这个整体当作一个代码块来看待。

多层循环的语法格式如下：

```
for (;;) {
    for (;;) {
        for (;;) {
            while () {
                for (;;) {
                    do {

                    } while ();
                }
            }
        }
    }
}
```

17.2 循环间的跳转

循环间的跳转可以通过 break 语句和 continue 语句实现。但是 break 语句只能跳出一层循环，当出现多层循环嵌套的时候，break 语句就不管用了。对于这种情况，C++ 还提供了另一种任意跳转语句——goto 语句，示例代码如下：

```
for (;;) {
    p:
    for (;;) {
        while () {
            for (;;) {
                if (满足某条件)
                    goto p; // p是设置在前方的标志，通过goto跳转到这里
            }
        }
    }
}
```

从以上语句中可以看出，goto 语句在特定的跳转场景下很好用，但如果乱用 goto 语句，那么程序的执行会变得特别混乱。所以，一般不建议使用 goto 语句实现常规的跳转。

17.3 例题

- 例题 1：回文素数

题目描述：

输入正整数 m、n，输出 $m \sim n$ 中的所有回文素数，其中，m 和 n 均小于或等于 10^8，$m - n \leqslant 10^3$。回文素数是指从左往右读和从右往左读都一样的素数。

我们分开判断回文素数的两个性质。设置一个标志 flag，如果满足任一性质，则改变 flag 的值。

参考代码：

```
for (int i = m; i <= n; i++) {
    int flag = 0;
    for (int j = 2; j * j <= i; j++) {
        if (i % j == 0) {
            flag = 1;
            break;
        }
    }
    int t = i, x = 0;
    while (t) {
        x = x * 10 + t % 10;
        t /= 10;
    }
    if (x != i) flag = 1;
    if (flag == 0) {
        cout << i << endl;
    }
}
```

- 例题 2：数字直角三角形

题目描述：

输入一个正整数 n（$n \leq 10$），按要求输出如下的 n 阶三角形。

当 $n = 5$ 时：

 0 1 2 3 4 5

 6 7 8 9

10 11 12

13 14

15

三角形中的数字最大不超过 99，因此，输出格式为 %2d。

参考代码：

```
int x = 0;
for (int i = 1; i <= n; i++) {
    for (int j = 1; j <= n - i + 1; j++) {
        printf("%2d", ++x);
    }
    printf("\n");
}
```

- 例题 3：数列求和

题目描述：

输入一个正整数 n，求 $1! + (1! + 2!) + (1! + 2! + 3!) + \cdots + (1! + 2! + 3! + \cdots + n!)$，$n \leq 15$，设 $f(n) = 1! + 2! + 3! + \cdots + n!$，则表达式为 $f(1) + f(2) + f(3) + \cdots + f(n)$，即求阶乘和的和。

参考代码：
```
int sum = 0;
for (int i = 1; i <= n; i++) {
    int sum1 = 0;
    for (j = 1; j <= i; j++) {
        int p = 1;
        for (int k = 1; k <= j; k++) {
            p *= k; // p 是 j!
        }
        sum1 += p; // sum1 是 1! + 2! + ... + i!
    }
    sum += sum1;
}
```
并不是所有程序都得按部就班地把每一项重新求一遍，请思考，这个程序还可以优化吗？

- 例题 4：素数口袋

题目描述：

给定一个正整数 n，从小到大输出所有素数，它们的和小于或等于 n。

我们知道 2 是素数，因此令 $p = 2$。然后以 $sum + p \leq n$ 为判断条件，依次向后寻找素数。

参考代码：
```
int sum = 0;
int p = 2; // 2 是最小的素数，p 中存下个素数
while (sum + p <= n) {
    cout << p << " " << endl;
    sum += p;
    int flag = 1;
    while (flag == 1) {
        p++;
        flag = 0;
        for (int i = 2; i * i <= p; i++) {
            if (p % i == 0) {
                flag = 1;
                break;
            }
        }
    }
}
```

17.4 练习

输入一个整数 $N(1 \leq N \leq 1000)$，按照从小到大的顺序输出它的全部约数，每个约数占一行。

输入样例：

6

输出样例：

1

2

3

6

第18课 循环结构的应用(一)

循环虽然看起来简单,但要想做到融会贯通,也要经过足够的练习。下面,我们通过几道例题来帮助大家掌握循环结构的使用。

18.1 例题

- 例题1:求平方和

题目描述:

编写一个程序,求出下式中 n 的最大值。

$$2^2 + 4^2 + 8^2 + 16^2 + \cdots + n^2 < 15000$$

分析:

观察上述表达式,令 $i=2$,i 每次都变为原来的 2 倍,用一个变量 sum 记录和。当 sum 超过 15000 时,退出循环。此时,i 就是 n 的最大值。

参考代码:

```cpp
int main() {
    int i = 2, sum = 0;
    while (sum + i * i <= 15000) {
        sum += i * i;
        i *= 2;
    }
    cout << i << endl;
    return 0;
}
```

- 例题2:找最小值

题目描述:

给出 n 个整数 a_i(0 < n ≤ 100 且 0 ≤ a_i ≤ 1000),求这 n 个整数中的最小值。

输入格式:

第一行输入一个正整数 n,表示数字个数。第二行输入 n 个非负整数,以空格隔开。

输出格式:

输出一个非负整数,表示这 n 个数中的最小值。

输入样例:

8
1 9 2 6 0 8 1 7

输出样例:

0

分析:

用一个变量 fmin 记录最小值,然后遍历所有数,如果遇到比 fmin 小的数,则更新 fmin。需要注意的是,fmin 的初始值可以定义为理论最大值,也可以在序列中任取一个数,一般取第一个数。

参考代码:

```cpp
int main() {
```

```
    int n, fmin = 100000000;
    cin >> n;
    for (int i = 0; i < n; i++) {
        int a;
        cin >> a;
        if (a < fmin) fmin = a;
    }
    cout << fmin << endl;
    return 0;
}
```

- 例题 3：一尺之棰

题目描述：

有一根长度为 $a(1 \leq a \leq 10^9)$ 的木棍，从第二天开始，每天都要将这根木棍锯掉一半（每次除以 2，向下取整）。第几天的时候木棍的长度会变为 1？

输入格式：

输入一个正整数，表示木棍的长度。

输出格式：

输出一个正整数，表示木棍长度变为 1 时所用的天数。

输入样例：

100

输出样例：

7

分析：

对一根长度为 a 的木棍来说，其长度每天都会减少一半。因此，第一天长度为 a，第二天长度为 $a/2$，第三天长度为 $a/4$，第四天长度为 $a/8$，第五天长度为 $a/16$，以此类推。当长度变为 1 时停止，每次长度发生变化，用一个变量记录天数。

参考代码：

```
int main() {
    int day = 1;
    int a; cin >> a;
    while (a != 1) {
        a /= 2;
        day++;
    }
    cout << day << endl;
    return 0;
}
```

18.2 练习

（1）计算所有 3 位数中与 7 相关的数的和。与 7 相关是指，数位中含有 7 或该数为 7 的倍数。

（2）统计所有 4 位数中数位和为 10 的数的个数。

（3）输入正整数 n，计算 $1 + 2 - 3 + 4 + 5 - 6 + 7 + 8 + \cdots + / - n$ 的值。+/- 表示对于不同的 n 值，可能取不同的符号。

第 19 课　循环结构的应用（二）

有些问题使用简单的一层循环很难解决。本课将通过多层循环的例题来强化大家对循环结构的理解。

19.1 例题

- 例题 1：换硬币

题目描述：
把一张一元纸币换成 1 分、2 分和 5 分的硬币（每种面值至少一枚），有哪些换法？

输出格式：
输出若干行，每行三个数，分别表示 1 分、2 分、5 分硬币的数量。

分析：
只有三种面值的硬币，考虑枚举三种面值的硬币所有可能的数量。通过计算，可以确定每种面值的硬币最多的数量。1 元 = 100 分。

参考代码：

```c
int main() {
    // 100 / x 表示最多能使用面值为 x 的硬币的数量
    for (int i = 0; i <= 100 / 1; i++) {
        for (int j = 0; j <= 100 / 2; j++) {
            for (int k = 0; k <= 100 / 5; k++) {
                if (i * 100 + j * 200 + k * 500 == 100) {
                    printf("%d %d %d\n", i, j, k);
                }
            }
        }
    }
    return 0;
}
```

- 例题 2：2 出现的次数

题目描述：
请统计在某个给定范围 $[L, R]$（$R - L \leq 100000$）内的所有整数中，数字 2 出现的次数。比如，给定范围 [2, 22]，数字 2 在 2 中出现了 1 次，在 12 中出现了 1 次，在 20 中出现了 1 次，在数 21 中出现了 1 次，在 22 中出现了 2 次，所以数字 2 在该范围内一共出现了 6 次。

输入格式：
输入两个正整数 L 和 R，占一行，之间用一个空格隔开。

输出格式：
输出一个数字，占一行，表示数字 2 出现的次数。

输入样例：
2 22

输出样例：

分析：

$R - L \leq 100000$，可以枚举 $[L, R]$ 中的所有数字。假设当前枚举的是 x，对 x 进行数位分离，判断每一位的值是否为 2，如果为 2，则记录一次次数。

参考代码：

```
int main() {
    int L, R;
    cin >> L >> R;
    int cnt = 0;
    for (int x = L; x <= R; x++) {
        int t = x;
        while (t > 0) {
            cnt += (t % 10 == 2);
            t /= 10;
        }
    }
    cout << cnt << endl;
    return 0;
}
```

- 例题 3：阶乘和

题目描述：

求 $1! + 2! + 3! + \cdots + n!(n \leq 18)$ 的值。0! 定义为 1。

输入格式：

输入非负整数 n。

输出格式：

输出一个数，表示表达式的值。

输入样例：

3

输出样例：

9

分析：

通过一层循环计算 $n!$，再用一个变量计算 $n!$ 的和。

参考代码：

```
int main() {
    int n;
    cin >> n;
    int ans = 0;
    for (int i = 1; i <= n; i++) {
        int p = 1;
        for (int j = i; j >= 1; j--) {
            p *= j;
        }
        ans += p;
    }
    cout << ans << endl;
```

```
        return 0;
    }
```

实际上，$n! = n \times (n-1)!$，因此在计算完 $(n-1)!$ 后，直接将 n 与结果相乘即可得到 $n!$。

参考代码：

```
int p = 1, ans = 0;
for (int i = 1; i < n; i++) {
    p *= i;
    ans += p;
}
```

19.2 练习

- 练习 1：尼科梅彻斯定律

题目描述：

著名的尼科梅彻斯定律就是，任何一个数的立方都可以表示为一串奇数之和，例如：

$1^3=1$

$2^3=3+5=8$

$3^3=7+9+11=27$

$4^3=13+15+17+19=64$

……

给出 n，求出 n^3 是哪些奇数之和。

输入格式：

输入一个数 n，占一行。

输出格式：

输出若干个奇数相加的等式，占一行。

输入样例：

5

输出样例：

21+23+25+27+29=125

- 练习 2：打印字母塔

题目描述：

打印出以下字母塔。

```
               A
              ABA
             ABCBA
            ABCDCBA
           ABCDEDCBA
       ……………………………………
    ABCDEFGHIJKLMNOPQRSTUVWXWVUTSRQPONMLKJHGFRDCBA
   ABCDEFGHIJKLMNOPQRSTUVWXYXWVUTSRQPONMLKJHGFRDCBA
  ABCDEFGHIJKLMNOPQRSTUVWXYZYXWVUTSRQPONMLKJHGFRDCBA
```

第 20 课　循环结构的应用（三）

本课我们继续通过例题和练习，强化大家对循环结构的理解。

20.1 例题

- 例题 1：数字反转

题目描述：

给定一个整数，请将该数各个数位上的数字反转得到一个新数。新数也应满足整数的常见形式，即除非给定的原数为零，否则反转后得到的新数的最高位数字不应为 0。

输入格式：

输入一个整数 $a(-10000 \leq a \leq 10000)$，占一行。

输出格式：

对 a 进行数字反转，输出结果满足整数的常见形式（最高位不为 0）。

输入样例 1：

123

输出样例 1：

321

输入样例 2：

-380

输出样例 2：

83

分析：

对数字进行反转很简单，但需要考虑特殊情况。

参考代码：

```cpp
int main() {
    int a;
    cin >> a;
    if (a < 0) {
        cout << '-';
        a = -a;
    }
    int t = 0;
    while (a) {
        t = t * 10 + a % 10;
        a /= 10;
    }
    cout << t;
    return 0;
}
```

思考： 假设代码中 a 的值为 int 类型范围内的任意值，应如何实现反转？

- 例题 2：冰雹猜想

题目描述：

冰雹猜想首先流传于美国，不久后传到欧洲，后来由一位叫角谷的日本人带到亚洲，因此也被称为角谷猜想。通俗地讲，冰雹猜想的内容是，任意给定一个正数数 n，当 n 是偶数时，将它除以 2，即将它变成 $n/2$；当 n 是奇数时，将它变成 $3n+1$。经过若干步后，总会得到 1。在上述演变过程中，将每一次出现的数字排列起来，就会形成一个数字序列。现在要解决的问题是，对于给定的正整数 n，求出数字序列中第一次出现 1 的位置。

输入格式：

输入一个正整数 $n(0 < n < 10000)$，占一行。

输出格式：

输出一个正整数，表示数字序列中第一次出现 1 的位置。

输入样例：

6

输出样例：

9

分析：

数字的变化过程如下：

$6 \to 6/2 \to 3 \to 3 \times 3 + 1 \to 10 \to 10/2 \to 5 \to 5 \times 3 + 1 \to 16 \to 16/2 \to 8 \to 8/2 \to 4 \to 4/2 \to 2 \to 2/2 \to 1$

所形成的数字序列为：

6 3 10 5 16 8 4 2 1

1 位于数字序列的第 9 个位置。

参考代码：

```cpp
int main() {
    int n;
    cin >> n;
    int ans = 1;
    while (n != 1) {
        if (n % 2 == 0) n /= 2;
        else n = 3 * n + 1;
        ans++;
    }
    cout << ans;
    return 0;
}
```

- 例题 3：小苹果

题目描述：

小 Y 的桌子上放着 n 个苹果，从左到右排成一排，编号为 1~n。小苞是小 Y 的好朋友，每天她都会从中拿走一些苹果。在拿的时候，小苞都是从左侧第 1 个苹果开始拿，每隔 2 个拿走 1 个，随后将剩下的苹果按原先的顺序重新排成一排。小苞想知道，多少天能拿走所有苹果，以及编号为 n 的苹果是在第几天被拿走的。

输入格式：

输入一个正整数 n，表示苹果的总数，占一行。

输出格式：

输出两个正整数，由一个空格隔开，分别表示小苞拿走所有苹果所需的天数及拿走编号为 n 的苹果是在第几天，占一行。

输入样例：

8

输出样例：

5 5

分析：

假设某天还剩 x 个苹果。将苹果分组，每 3 个为一组，最后不足 3 个的为一组。显然从每组中会拿走 1 个苹果，所以这一天将拿走 $x/3$ 个苹果。当 x 为 1 时，这一天将拿走所有苹果。

每次拿走的是每组中的第 1 个苹果，而每组共有 3 个苹果，所以当且仅当 i mod 3=1 时，第 i 个苹果会被拿走。

每天重新算一下编号为 n 的苹果前面有几个苹果，就可以知道编号为 n 的苹果在这一天排在第几位。当某天 n mod 3 = 1 时，将在这一天拿走编号为 n 的苹果。

参考代码：

```
int main() {
    int n;
    cin >> n;
    int ans, cnt = 0;
    while (n > 0) {
        cnt++;
        if (n % 3 == 1) ans = cnt;
        n -= (n + 2) / 3; // 向上取整
    }
    cout << cnt << " " << ans << endl;
}
```

20.2 练习

- 练习 1：优秀的拆分

题目描述：

一般来说，一个正整数可以拆分成若干个正整数的和。

例如，1 = 1, 10 = 1 + 2 + 3 + 4。对于正整数 n 的一种特定拆分，我们称它为"优秀的拆分"，即当且仅当在这种拆分下，n 被拆分为若干个不同的 2 的正整数次幂的和。

例如，$10 = 8+2 = 2^3 +2^1$ 是一个优秀的拆分，而 $7 = 4+2+1 = 2^2 +2^1 +2^0$ 就不是一个优秀的拆分，因为 2^0 不是 2 的正整数次幂。

现在，给定正整数，你需要判断在这个数的所有拆分中，是否存在优秀的拆分。若存在，请给出具体的拆分方案。

输入格式：

输入一个正整数 n，代表需要拆分的数，占一行。

输出格式：

如果在这个数的所有拆分中存在优秀的拆分，那么需要从大到小输出这个拆分中的每个数，相邻两个数之间用一个空格隔开。若不存在优秀的拆分，则输出 -1。

输入样例 1：

6

输出样例 1：

4 2

输入样例 2：

7

输出样例 2：

-1

样例 1 解释：

$6 = 4 + 2 = 2^2 + 2^1$ 是一个优秀的拆分。注意，$6 = 2 + 2 + 2$ 不是一个优秀的拆分，因为拆分的 3 个数不满足互不相同的条件。

数据范围：

- 对于 20% 的数据，保证 $n \le 10$。
- 对于另外 20% 的数据，保证 n 为奇数。
- 对于另外 20% 的数据，保证 n 为 2 的正整数次幂。
- 对于 80% 的数据，保证 $n \le 1024$。
- 对于 100% 的数据，保证 $1 \le n \le 10^7$。

- **练习 2：乘方**

题目描述：

小文同学刚刚接触了信息学竞赛，有一天她遇到了这样一道题：给定正整数 a 和 b，求 a^b 是多少。a^b 即 b 个 a 相乘，例如 2^3 即 3 个 2 相乘，结果为 $2 \times 2 \times 2 = 8$。

小文很快就写出了一个程序，可是测试时却出现了错误。小文很快意识到，她的程序里的变量都是 int 类型的。在大多数机器上，int 类型能表示的最大数为 $2^{31}-1$，因此，只要计算结果超过这个数，她的程序就会出现错误。

由于小文刚刚学会编程，她担心使用 int 类型计算会出现问题。因此她希望你在 a^b 的值超过 10^9 时，输出一个 "-1" 进行警示，否则就输出正确的值。

输入格式：

输入两个正整数 a、b，中间用空格隔开，占一行。

输出格式：

如果 a^b 的值不超过 10^9，则输出 a^b 的值，否则输出 -1，占一行。

输入样例 1：

10 9

输出样例 1：

1000000000

输入样例 2：

23333 66666

输出样例 2：

-1

数据范围：

对于 10% 的数据，保证 $b = 1$。

对于 30% 的数据，保证 $b \leq 2$。

对于 60% 的数据，保证 $b \leq 30$，$a^b \leq 10^{18}$。

对于 100% 的数据，保证 $1 \leq a, b \leq 10^9$。

- 练习 3：分糖果

题目描述：

红太阳幼儿园有 $n(n \geq 2)$ 个小朋友，你是其中之一。有一天，你在幼儿园的后花园里发现无穷多的糖果，你打算拿一些糖果回去分给幼儿园的小朋友们。

由于你的体力有限，因此至多只能拿 R 块糖果回去。但是拿得太少又不够分，所以你至少要拿 L 块糖果回去。保证 $n \leq L \leq R$。也就是说，如果你拿了 k 块糖果，那么你需要保证 $L \leq k \leq R$。

如果你拿了 k 块糖果，你将把这 k 块糖果放到篮子里，并要求大家按照如下方案分糖果：只要篮子里有不少于 n 块糖果，幼儿园的所有 n 个小朋友（包括你自己）都从篮子中拿走恰好一块糖果，直到篮子里的糖果数量少于 n 块。此时篮子里剩余的糖果均归你所有——这些糖果将作为你帮大家拿糖果的奖励。

你希望让作为你帮大家拿糖果的奖励的糖果数量（而不是你最后获得的总糖果数量）尽可能多，因此你需要写一个程序，依次输入 n、L、R，并输出你最多能获得的作为你帮大家拿糖果的奖励的糖果数量。

输入格式：

输入三个正整数 n、L、R，中间用空格隔开，分别表示小朋友的人数、拿糖果数量的下限、拿糖果数量的上限。

输出格式：

输出一个整数，表示你最多能获得的作为你帮大家拿糖果的奖励的糖果数量。

输入样例 1：

7 16 23

输出样例 1：

6

输入样例 2：

10 14 18

输出样例 2：

8

样例 1 解释：

拿 $k = 20$ 块糖果放入篮子里。

篮子里现在的糖果数 $20 \geq 7$，因此所有小朋友都能获得一块糖果；

篮子里现在的糖果数变成 $13 \geq 7$，因此所有小朋友都能再获得一块糖果；

篮子里现在的糖果数变成 6 < 7，因此这 6 块糖果是你帮大家拿糖果的奖励。

容易发现，你获得的奖励糖果数量不可能超过 6 块（不然，篮子里的糖果数量最后仍然不少于 n，需要继续为每个小朋友分一块），因此答案是 6。

样例 2 解释：

容易发现，当你拿的糖果数量 k 满足 $14 = L \leq k \leq R = 18$ 时，所有小朋友获得一块糖果后，剩下的 $k - 10$ 块糖果总是会作为你的奖励，因此拿 $k = 18$ 块糖果是最优解，答案是 8。

数据范围：

测试点	$n \leq$	$R \leq$	$R - L \leq$
1	2	5	5
2	5	10	10
3	10^3	10^3	10^3
4	10^5	10^5	10^5
5	10^3	10^9	0
6	10^3	10^9	10^3
7	10^5	10^9	10^5
8	10^9	10^9	10^9
9	10^9	10^9	10^9
10	10^9	10^9	10^9

对于所有数据，保证 $2 \leq n \leq L \leq R \leq 10^9$。

第 21 课　一维数组

21.1 数组的概念

计算机的运算速度很快，每秒可以处理数十亿条指令。之前我们都是定义少量变量，然后根据需要边运算边使用。定义的变量可以保存中间结果也可以保存最终结果。但如果运算涉及成千上万个数据，难道我们要一个一个定义这些变量吗？

在学习循环结构的时候，我们可以让一条语句重复执行多次。因此，同样可以设计一种方式，对同一种数据类型，为其定义指定个数的变量。这就是这节课要介绍的数组。

数组是 C++ 中非常重要的知识点，在设计数组的时候需要考虑定义和使用的直观性和简洁性。

21.2 数组的定义

数组的定义格式如下：

> 基本数据类型　数组名 [数组元素个数]

例如，要定义100个整型变量，就可以使用语句 int p[100]。int 是基本数据类型，p 是数组名，100 是数组元素个数。

数组名遵循标识符的所有命名规则，即由字母、数字、下画线构成，不以数字开头，不是编程语言中的关键字且不重名，例如：

```
int a[100], b[100];
float f[100];
double d[100];
char c[100];
```

21.3 数组在内存中的存在

内存由若干个内存单元组成，每个内存单元在计算机中都有一个编号。数组的所有元素在内存中均占有一块连续空间。数组名是这个数组在内存中的起始地址，后续的数组元素按元素类型从起始地址开始，依次被存放在内存中。

访问数组元素的时候，编译器不会对访问的地址进行验证。当访问到数组占用内存以外的内存空间时，程序有可能崩溃。这种情况叫作数组越界，也称内存泄漏。

基于此，定义数组的时候一般要考虑需求，保证定义的数组元素足够使用，但也要避免造成浪费。变量占用的空间很小，通常为了书写方便及避免数组越界的发生，少量的浪费是可以被接受的。

21.4 数组的初始化

在函数内部定义的数组，如果未经过初始化，其元素的值是随机的，没有任何意义。定义数组的时候可以对数组进行初始化，例如：

```
int a[3] = {0, 1, 2};      // 数组中有 3 个元素，值分别为 0、1、2
int b[] = {0, 1};          // 可以不指定数组元素个数，实际有2个元素，值分别为0、1
int c[5] = {0, 1, 2};      // 数组中有 5 个元素，值为 0、1、2、0、0
char d[5] = {'a', 'b'};    // 字符数组的初始化
```

21.5 数组元素的访问

完成数组的初始化以后，可以通过数组名和索引访问对应的数组元素。索引从 0 开始。例如，我们定义的数组 p 对应的元素为 p[0]~p[100]。如果想要访问数组 p 的第一个元素，则可以使用 p[0] 来访问。示例代码如下：

```cpp
int a[5] = {0, 1, 2};
cout << a[0] << " " << a[1] << " " << a[2] << " " << a[3] << " " << a[4] << endl;
```

21.6 例题

- 例题 1

题目描述：

输入 n 个整数，倒序输出这 n 个数。

参考代码：

```cpp
const int N = 10007; // 数组大小一般用常量指定，方便后续更改

int a[N];

int n;
cin >> n;
for (int i = 1; i <= n; i++) {
    cin >> a[i];
}

for (int i = n; i >= 1; i--) {
    cout << a[i] << " ";
}
```

- 例题 2

题目描述：

用数组输出斐波那契数列。

参考代码：

```cpp
const int N = 10007; //  数组大小一般用常量指定，方便后续更改

int a[N] = {0, 1, 1};

int n;
cin >> n;

for (int i = 3; i <= n; i++) {
    f[i] = f[i - 1] + f[i - 2];
}

cout << f[n] << endl;
```

- 例题 3

题目描述：

输入一个正整数 $n(n \leqslant 1000)$，再输入 n 个整数。接着输入一个数 x，求 n 个整数中比 x

大的数有多少个。

分析：

要先把 n 个整数保存起来。在输入 x 后，再遍历这 n 个数并统计其中比 x 大的整数的个数。因为 $n \leqslant 1000$，所以定义的数组的大小至少要比 1000 大。

参考代码：

```
#include <bits/stdc++.h>
using namespace std;

int main() {
    int a[1010]; // 少量浪费是可以接受的
    int n;
    cin >> n;
    for (int i = 1; i <= 1000; i++) {    // 为方便理解，a[0] 直接浪费掉
        cin >> a[i];                     // 输入
    }
    int x;
    cin >> x;
    for (int i = 1; i <= 1000; i++) {
        if (a[i] > x) {
            ans++; // 统计符合条件的数据个数
        }
    }
    cout << ans << endl;
    return 0;
}
```

21.7 练习

- 练习 1

题目描述：

下面每条语句都是在一个程序中对数组的定义，请计算每种定义方式下数组所占的内存空间，以 MB 为单位。

```
int a[1000]; float a[20000];
double a[1000000];
long long a[10000];
char a[1000000];
int a[10000][10];
char a[100][10000];
```

- 练习 2

题目描述：

输入一个正整数 $n(n \leqslant 1000)$，再输入 n 个整数。找出这些整数中只出现过一次的数。如果不存在，则输出"No solution"。如果有多个，则输出值最小的那个。

输入样例：

7

1 2 3 3 3 4 4

输出样例：

1

- 练习 3

题目描述：

输入一个正整数 $n(n \leq 1000)$，再输入 n 个整数。先输出这 n 个整数中的奇数，再输出这 n 个整数中的偶数。

输入样例：

6

1 2 3 4 5 6

输出样例：

1 3 5 2 4 6

- 练习 4

题目描述：

输入一个正整数 $n(n \leq 1000)$，再输入 n 个整数。输出这 n 个整数中所有不同的和为 0 的三元组。数字相同的视为同一个三元组。每个三元组占一行，三元组中的元素由空格分隔。

输入样例：

6

-1 0 1 2 -1 -4

输出样例：

-1 0 1

-1 -1 2

- 练习 5

题目描述：

输入一个正整数 $n(n \leq 1000)$，再输入 n 个整数。将数组中所有的 0 移动到数组的末尾，保持非 0 元素的相对顺序不变。

输入样例：

5

0 1 0 3 12

输出样例：

1 3 12 0 0

- 练习 6

题目描述：

输入一个正整数 $n(n \leq 1000)$，再输入 n 个整数。输出这个整数序列中最长的连续递增子序列的长度。

输入样例：

5

1 3 5 4 7

输出样例：

3

- 练习 7

题目描述：

在第一行输入 2 个正整数 n、$m(n \leq 1000)$，在第二行输入 n 个整数，在第三行输入 m 个整数。找出其中的公共元素的个数。

输入样例：

4 2

1 2 2 1

2 2

输出样例：

2

- 练习 8

题目描述：

输入一个正整数 n，再输入 n 个整数，最后输入整数 k（$k \leq 1000$）。从 n 个整数中找出两个数，使得它们的和等于给定的目标值 k。输出这两个数，保持它们在原数列中的相对位置，并用空格隔开。如果存在多组，则输出第一个数较小的一组。如果找不到这样的两个数，则输出"No solution"。

输入样例：

4

2 7 11 15

9

输出样例：

2 7

- 练习 9

题目描述：

输入一个正整数 $n(n \leq 1000)$，再输入 n 个整数。找到数组中的一个连续子数组，使得子数组中元素的和最大，输出这个子数组中元素的和。

输入样例：

9

-2 1 -3 4 -1 2 1 -5 4

输出样例：

6

- 练习 10

题目描述：

输入一个正整数 $n(n \leq 1000)$，再输入 n 个整数。找到数组中的一个连续子数组，使得子数组中元素的乘积最大，输出这个子数组中元素的乘积。

输入样例：

4

2 3 -2 4

输出样例：

6

第 22 课　一维数组的应用（一）

本课我们通过例题和练习，强化大家对一维数组的理解。

22.1 例题

- 例题 1：最小值

题目描述：

输入 $n(1 \leq n \leq 100000)$ 个整数，请找出最小值的位置，并将其与第一个数调换。

输入格式：

输入两行，第一行为一个正整数 n，表示有 n 个数；第二行为 n 个正整数，用空格隔开，表示需要处理的数列。

输出格式：

输出一行，为处理后的数列，用空格隔开。

输入样例：

10

2 5 33 1 9 66 8 67 55 10

输出样例：

1 5 33 2 9 66 8 67 55 10

分析：

与找最大值类似，只是在这个例题中需要用一个变量记录最小值的位置。

参考代码：

```
const int N = 100007;
int a[N];
int main() {
    int n;
    cin >> n;
    int k = 1;
    for (int i = 1; i <= n; i++) {
        cin >> a[i];
        if (a[i] < a[k]) k = i;
    }
    swap(a[1], a[k]);
    for (int i = 1; i <= n; i++) {
        cout << a[i] << " ";
    }
    return 0;
}
```

- 例题 2：插入值

题目描述：

将一个数插入有序的数列，插入后数列仍然有序。

输入格式：

输入两行。第一行有两个数，第一个数是 $n(1 \leq n \leq 100000)$，表示数列里有 n 个数，第二个数是 x，表示要插入的数。第二行有 n 个数，表示原数列。

输出格式：

输出一行，表示插入后的数列，用空格隔开。

输入样例：

10 500

100 151 205 687 711 786 797 811 857 963

输出样例：

100 151 205 500 687 711 786 797 811 857 963

分析：

给定的数列是有序的。因此，从后往前查找第一个小于或等于插入值的数，然后将插入值插入该位置即可。

参考代码：

```
const int N = 100007;
int a[N];
int main() {
    int n;
    cin >> n;
    for (int i = 1; i <= n; i++) {
        cin >> a[i];
    }
    cin >> a[++n];
    int k = n;
    while (a[k] < a[k - 1] && k > 1) swap(a[k], a[k - 1]), k--;
    for (int i = 1; i <= n; i++) {
        cout << a[i] << " ";
    }
    return 0;
}
```

- 例题 3：删除数

题目描述：

有 n 个无序的数，将其中相同的数删除，只保留一个，输出经过删除后的数列。

输入格式：

输入两行。第一行为一个正整数 $n(1 < n < 10000)$，第二行为 n 个无序的数，用空格隔开（每个数都小于或等于 10^5）。

输出格式：

输出一行，表示经过删除后的数列。

输入样例：

10

13 79 79 84 65 84 65 65 65 13

输出样例：

13 79 84 65

分析：

用一个数组记录所有数，每输入一个数，就遍历这个数组，如果该数存在，则继续输入下一个数，否则将该数存入数组。

参考代码：

```cpp
const int N = 100007;
int a[N];
int main() {
    int n;
    cin >> n;
    int k = 1;
    for (int i = 1; i <= n; i++) {
        int x;
        cin >> x;
        int flag = 0;
        for (int j = 1; j < k; j++) {
            if (a[j] == x) {
                flag = 1;
                break;
            }
        }
        if (!flag) a[k++] = x;
    }
    for (int i = 1; i <= n; i++) {
        cout << a[i] << " ";
    }
    return 0;
}
```

观察以上代码可以发现，对每一个输入的值进行判断的时间复杂度均为 $O(n)$，总时间复杂度为 $O(n^2)$。如果数据很多，则在时间上将难以接受。可以优化吗？

判断一个数是否存在，可以使用打标记的方法。注意到每个数都是小于或等于 10^5 的，因此可以用一个长度为 10^5 的数组来记录每个数是否出现过。

参考代码：

```cpp
const int N = 100007;
int a[N], b[N];
int main() {
    int n;
    cin >> n;
    for (int i = 1; i <= n; i++) {
        cin >> a[i];
        b[a[i]] = 1;
    }
    for (int i = 1; i <= n; i++) {
        if (b[a[i]]) cout << a[i] << " ", b[a[i]] = 0;
    }
    return 0;
}
```

22.2 练习

- **练习 1：转十进制数**

题目描述：

将 k 进制下的正整数 a 转换成十进制数。

输入格式：

输入两个数 k 和 a，k 表示数制，a 表示转换前的数。

输出格式：

输出一个数，即转换后的十进制数。

输入样例：

16 FFF

输出样例：

4095

- 练习 2：猴子选大王

题目描述：

有 n 只从 1 到 n 编号的猴子选大王，从头到尾喊 1、2、3 报数，凡报 3 的都要退出，余下的从尾到头继续喊 1、2、3 报数，报 3 的退出，以此类推。当剩下两只猴子时，报 1 的为大王。求猴子大王的编号。

输入格式：

输入一个数 n，表示猴子的数量。

输出格式：

输出一个数，表示猴子大王的编号。

输入样例：

3

输出样例：

2

- 练习 3：投票

题目描述：

学校推出了 10 名歌手，校学生会想知道这 10 名歌手的受欢迎程度，于是设立了一个投票箱，让每名学生给自己喜欢的歌手投票。为了方便，校学生会把这 10 名歌手从 1 到 10 编号。请统计每位歌手获得的票数。

输入格式：

输入两行。第一行输入一个数 n，表示投票的学生人数。第二行输入 n 个数，表示投票的学生所选的歌手编号。

输出格式：

输出 10 个数，表示每位歌手获得的票数。

输入样例：

5

1 2 3 4 5

输出样例：

1 1 1 1 1 0 0 0 0 0

- 练习 4：校门外的树

题目描述：

某校校门外长度为 84 的马路上有一排树，相邻的每两棵树之间的间隔都是 1 米。我们可以把马路看成一个数轴，马路的一端在数轴 0 的位置，另一端在 84 的位置；数轴上的每个整数点，即 0, 1, 2, …, 84 都种有一棵树。现在，马路上有一些区域要用来建地铁。这些区域用它们在数轴上的起始点和终止点表示。已知任一区域的起始点和终止点的坐标都是整数，区域之间可能有重合的部分。现在要把这些区域中的树（包括区域端点处的两棵树）移走。你的任务是计算将这些树都移走后，马路上还有多少棵树。

输入格式：

第一行输入两个整数，分别表示马路的长度 $l(1 \leq l \leq 10^4)$ 和区域的数目 $m(1 \leq m \leq 100)$。接下来输入 m 行，每行输入两个整数 u 和 v $(0 \leq u \leq v \leq l)$，表示一个区域的起始点和终止点的坐标。

输出格式：

输出一行，一个整数，表示区域中的树都移走后，马路上剩余的树木数量。

输入样例：

500　3
150　300
100　200
470　471

输出样例：

298

- 练习 5：随机数

题目描述：

明明想在学校中请一些同学做一项问卷调查，为了实验的客观性，他先用计算机生成了 N 个 1～1000 的随机整数 ($N \leq 100$)，对于其中重复的数，只保留一个，不同的数对应着不同学生的学号。然后对这些数按从小到大的顺序排列，按照排好的顺序去找同学做问卷调查。请你协助明明完成"去重"与"排序"的工作。

输入格式：

输入两行，第一行为一个正整数，表示所生成的随机数的个数 N，第二行为 N 个用空格分隔的正整数，为所产生的随机数。

输出格式：

输出两行，第一行为一个正整数 M，表示不同的随机数的个数。第二行为 M 个用空格分隔的正整数，即按照从小到大顺序排列的不同的随机数。

输入样例：

10
20 40 32 67 40 20 89 300 400 15

输出样例：

8
15 20 32 40 67 89 300 400

第 23 课 一维数组的应用（二）

本课我们继续通过例题和练习，强化大家对一维数组的理解。

23.1 例题

- 例题 1：开关门

题目描述：

宾馆里有 N 个房间（N 为不大于 100 的正整数），从 1 到 N 编号。第一个服务员把所有的房间门都打开，第二个服务员对所有编号是 2 的倍数的房间做"相反处理"，第三个服务员对所有编号是 3 的倍数的房间再做"相反处理"，后面的每个服务员都如此。请统计，当第 N 个服务员来过后，哪几个房间的门是打开的。（所谓的"相反处理"是指，把原来开着的门关上，把原来关上的门打开。）

输入格式：

输入正整数 N，表示宾馆里有 N 个房间。

输出格式：

输出一行，按从小到大顺序排列的数列，表示房门打开的房间编号，用空格分隔。

输入样例：

10

输出样例：

1 4 9

分析：

将门的开关状态用一个数组表示。$a[i]$ 记录第 i 扇门的状态，$a[i]=1$ 表示门打开，$a[i]=0$ 表示门关闭。每次操作将对应的 $a[i]$ 取反，最后输出 $a[i]$ 为 1 的 i 值。

参考代码：

```cpp
const int N = 107;
int a[N];
int main() {
    int n;
    cin >> n;
    for (int i = 1; i <= n; i++) {
        for (int j = i; j <= n; j += i) {
            a[j] ^= 1; // 异或取反
        }
    }
    for (int i = 1; i <= n; i++) {
        if (a[i]) cout << i << " ";
    }
    return 0;
}
```

- 例题 2：梦中的统计

题目描述：

给出两个整数 M 和 N，统计每个数字在序列 $[M, M+1, M+2, \cdots, N-1, N]$ 中出现了多

少次。

输入格式：

输入一行，两个用空格分隔的整数 M 和 N ($1 \leq M \leq N \leq 2 \times 10^9$，$N - M \leq 5 \times 10^5$)。

输出格式：

输出一行，10 个用空格分隔的整数，分别表示数字 0~9 在序列中出现的次数。

输入样例：

129 137

输出样例：

1 10 2 9 1 1 1 1 0 1

分析：

遍历 $[M, N]$ 中的每一个数，并对其进行数位分离。统计分离得到的每个数字的个数。

参考代码：

```
int cnt[10];
int main()
{
    int m, n;
    cin >> m >> n;
    for (int i = m; i <= n; i++) {
        int t = i;
        while (t) {
            cnt[t % 10]++;
            t /= 10;
        }
    }
    for (int i = 0; i < 10; i++) cout << cnt[i] << " ";
    return 0;
}
```

- **例题 3：排队打水**

题目描述：

有 N 个人排队到一个相同的水龙头处打水，上一个人回来后，下一个人才能出发。他们各自打水的时间为 $T_1, T_2, \cdots, T_N$，这些数为整数且互不相等。应该如何安排他们的打水顺序，才能使他们花费的总时间最短。花费的总时间 = 每个人花费的时间的总和。

输入格式：

输入两行。第一行为一个正整数，表示共有多少人；第二行为 N 个用空格分隔的正整数，表示每个人打水用的时间。

输出格式：

输出一行，为总时间最短的顺序，每个数用空格分隔。

输入样例：

10

1 5 20 8 2 9 10 30 15 7

输出样例：

1 2 5 7 8 9 10 15 20 30

分析：

要求总时间最短，就要让所用时间最长的人排在最后，以减少等待时间，从而减少总时间。因此，对原时间序列从小到大排序，然后依次输出即可。

参考代码：

```
const int N = 1007;
int a[N];
int main() {
    int n;
    for (int i = 1; i <= n; i++) cin >> a[i];
    for (int i = 1; i <= n - 1; i++) {
        // i 用来记录次数和当前序列的第一个元素的位置
        int k = i;
        for (int j = i + 1; j <= n; j++) {
            if (a[j] < a[k]) k = j;
        }
        if (k != i) swap(a[i], a[k]);
    }
    for (int i = 1; i <= n; i++) {
        cout << a[i] << " ";
    }
    return 0;
}
```

23.2 练习

- **练习 1：小鱼比可爱**

题目描述：

小鱼最近参加了一个"比可爱"大赛。参赛的鱼被从左到右排成一排，头都朝向左边，每条鱼都会得到一个整数数值，表示其可爱程度。很显然，数值越大，表示这条鱼越可爱，而且任意两条鱼的可爱程度都可能一样。由于所有的鱼都头朝向左边，因此每条鱼只能看见它左边的鱼的可爱程度，它们都在心里计算，在自己的视线范围内有多少条鱼不如自己可爱。请你帮这些可爱但是"鱼脑"不够用的小鱼们计算一下在它们眼中有多少条鱼不如自己可爱。

输入格式：

输入两行。第一行为一个正整数 $n(1 \leq n \leq 100)$，表示鱼的数目。第二行为 n 个正整数，用空格分隔，依次表示从左到右每条鱼的可爱程度 $a_i (0 \leq a_i \leq 10)$。

输出格式：

输出一行，为 n 个整数，用空格分隔，依次表示每条小鱼眼中有多少条鱼不如自己可爱。

输入样例：

6
4 3 0 5 1 2

输出样例：

0 0 0 3 1 2

- **练习 2：旗鼓相当的对手**

题目描述：

现有 N 名学生参加了期末考试，并且已经获得了每名学生的语文、数学、英语成绩（均为不超过 150 的自然数）。如果某对学生 <i, j> 的每科成绩的分差都不大于 5，且总分的分差不大于 10，那么这对学生就是"旗鼓相当的对手"。现在想知道，在这些学生中，有几对"旗鼓相当的对手"？注意同样一名学生可能会和好几名学生成为"旗鼓相当的对手"。

输入格式：

第一行输入一个正整数 N。接下来 N 行，每行输入 3 个整数，表示某学生的语文、数学、英语成绩。最先读入的学生编号为 1。数据保证，$2 \leq N \leq 1000$ 且每科成绩均为不超过 150 的自然数。

输出格式：

输出一个整数，表示"旗鼓相当的对手"的对数。

输入样例：

3
90 90 90
85 95 90
80 100 91

输出样例：

2

- 练习 3：陶陶摘苹果

题目描述：

陶陶家的院子里有一棵苹果树，每到秋天，树上就会结出 10 个苹果。苹果成熟的时候，陶陶就会跑去摘苹果。陶陶有一个 30 厘米高的板凳，当她不能直接用手摘到苹果的时候，她就会踩到板凳上再试试。

现在已知 10 个苹果距地面的高度，以及陶陶把手伸直的时候能够达到的最大高度，请帮陶陶计算她能够摘到的苹果的数目。假设，她碰到苹果，苹果就会掉下来。

输入格式：

输入两行。第一行包含 10 个 100～200（包括 100 和 200）的整数，分别表示 10 个苹果距地面的高度（以厘米为单位），两个相邻的整数之间用一个空格分隔。第二行只包含一个 100～120（包含 100 和 120）的整数，表示陶陶把手伸直的时候能够达到的最大高度（以厘米为单位）。

输出格式：

输出一行，只包含一个整数，表示陶陶能够摘到的苹果的数目。

输入样例：

100 200 150 140 129 134 167 198 200 111
110

输出样例：

5

- 练习 4：报数

题目描述：

编号为 1，2，3……N 的 N 个人按顺时针方向围坐一圈，每个人手中持有一个密码值（正整数），指定从编号为 1 的人开始，按顺时针方向从 1 开始报数，报到 M 的人出列，并将他的密码值更新为新的 M 值，然后从他的下一个人开始按顺时针方向继续从 1 报数，以此类推，直至所有人出列为止，请求出出列顺序。

输入格式：
输入两行。第一行有两个数 N 和 M，第二行有 N 个数，表示每个人的密码值。

输出格式：
只有一行，表示出列顺序。

输入样例：
7 3
3 5 6 8 2 9 1

输出样例：
3 2 1 6 5 4 7

- 练习5：春游

题目描述：
有 $2 \times N$ 个学生去春游，其中男女各半。为了增强乐趣，他们玩一个出圈游戏，规则如下：所有学生围成一个圈，顺时针从 1 到 $2 \times N$ 编号，从 1 号开始，从 1 到 $M(M \geq 1)$ 循环报数，报到 M 的人退出，当有 $N-1$ 个人出圈后，只剩下一个女生，于是改变游戏规则，从剩下的那个人开始，反过来从 1 到 M 报数，报到 M 的人退出，恰好最后出圈的还是女生，请问他们最开始是怎么排列的？

输入格式：
输入一行，为两个正整数 N 和 M。

输出格式：
输出一行，表示他们最开始的排列顺序（"O" 为男生，"*" 为女生）。

输入样例：
3 4

输出样例：
O*O**O

第 24 课　多维数组

24.1 多维数组的概念

数组是若干个相同类型的集合，在内存中占用一块连续的空间。多维的概念就是将一维数组看作一个单独的元素，可以用它来定义数组。其所占用的空间也是连续的。通过数组名和索引就可以访问对应的元素。比如二维数组，其在内存中占用一块连续的空间，与一维数组一样。实际上，对于计算机来说，所有的多维数组都是一维数组。访问元素都是通过数组名和索引实现的。

24.2 多维数组的定义

一般的定义方法：数据类型 数组名 [第一维元素个数][第二维元素个数][…]。
下面我们以二维数组为例进行说明，例如：

```
int a[3][5];
```

定义了一个二维数组，为了便于理解，可以将其平面化为一个 3 行 5 列的矩阵，共计 15 个整型数据。行序号和列序号都是从 0 开始的。在 C/C++ 语言中，数组元素是以行优先存放的。

24.3 二维数组元素的初始化

（1）分行给二维数组赋初始值，示例如下：

```
int a[3][2] = {{0, 1}, {1, 2}, {2, 3}};
```

（2）按数组在内存中排列的顺序赋初始值，示例如下：

```
int a[3][2] = {0, 1, 1, 2, 2, 3};
```

（3）可以只为部分元素赋值，效果与给一维数组赋值是一样的。
（4）如果为每个元素都赋初始值，则可以在定义的时候省略第一维数组的大小。编译器会通过元素个数与第二维数组的大小计算出第一维数组的大小。示例如下：

```
int a[][2] = {0, 1, 1, 2, 2, 3};
```

（5）清零的方法如下：

```
a[3][2] = {0};
```

24.4 二维数组的输入与输出

以下示例展示了二维数组的输入与输出：

```
#include <bits/stdc++.h>
using namespace std;

int main() {
    int a[3][2]; // 依据需要定义稍大一些的空间

    for (int i = 0; i < 3; i++) {
        for (int j = 0; j < 2; j++) {
            cin >> a[i][j]; // 会自动忽略空白格
```

```
        }
    }

    for (int i = 0; i < 3; i++) {
        for (int j = 0; j < 2; j++) {
            cout << a[i][j] << " ";
        }
        cout << endl;
    }

    return 0;
}
```

24.5 练习

- 练习 1：数组的左上半部分

题目描述：

输入一个二维数组 M[12][12](−100.0 ≤ M[i][j] ≤ 100.0)，根据输入的要求，求出二维数组左上半部分元素的平均值或元素的和。左上半部分是指次对角线上方的部分，如图 24-1 所示，阴影部分为左上半部分。

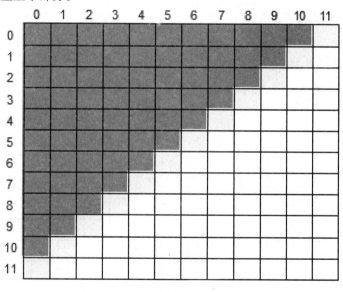

图 24-1

输入格式：

第一行输入一个大写字母：若为 S，则表示需要求出左上半部分元素的和；若为 M，则表示需要求出左上半部分元素的平均值。

接下来 12 行，每行包含 12 个用空格隔开的浮点数，表示这个二维数组中的元素，其中第 i+1 行的第 j+1 个数表示数组元素 M[i][j]。

输出格式：

输出一个数，表示所求的元素的和或平均值，保留一位小数。

输入样例：
M
-0.4 -7.7 8.8 1.9 -9.1 -8.8 4.4 -8.8 0.5 -5.8 1.3 -8.0
-1.7 -4.6 -7.0 4.7 9.6 2.0 8.2 -6.4 2.2 2.3 7.3 -0.4
-8.1 4.0 -6.9 8.1 6.2 2.5 -0.2 -6.2 -1.5 9.4 -9.8 -3.5
-2.3 8.4 1.3 1.4 -7.7 1.3 -2.3 -0.1 -5.4 -7.6 2.5 -7.7
6.2 -1.5 -6.9 -3.9 -7.9 5.1 -8.8 9.0 -7.4 -3.9 -2.7 0.9
-6.8 0.8 -9.9 9.1 -3.7 -8.4 4.4 9.8 -6.3 -6.4 -3.7 2.8
-3.8 5.0 -4.6 2.0 4.0 9.2 -8.9 0.5 -3.9 6.5 -4.3 -9.9
-7.2 6.2 -1.2 4.1 -7.4 -4.6 4.7 -0.4 -2.2 -9.1 0.4 -5.8
9.1 -6.4 9.2 0.7 10.0 -5.7 -9.7 -4.4 4.7 4.7 4.9 2.1
-1.2 -6.2 -8.2 7.0 -5.3 4.9 5.5 7.2 3.4 3.2 -0.2 9.9
-6.9 -6.2 5.1 8.5 7.1 -0.8 -0.7 2.7 -6.0 4.2 -8.2 -9.8
-3.5 7.7 5.4 2.8 1.6 -1.0 6.1 7.7 -6.5 -8.3 -8.5 9.4

输出样例：
-0.8

- 练习 2：数组的下方区域

题目描述：

输入一个二维数组 M[12][12]（$-100.0 \leq M[i][j] \leq 100.0$），根据输入的要求，求出二维数组下方区域元素的平均值或元素的和。

数组的两条对角线将数组分为了上、下、左、右四个部分，如图 24-2 所示，深色阴影部分为下方区域。

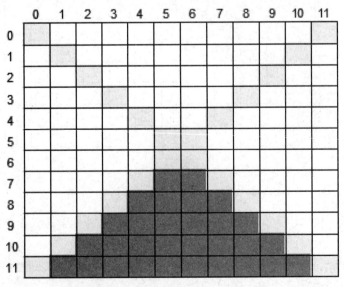

图 24-2

输入格式：

第一行输入一个大写字母：若为 S，则表示需要求出下方区域元素的和；若为 M，则表示需要求出下方区域元素的平均值。

接下来 12 行，每行包含 12 个用空格隔开的浮点数，表示这个二维数组中的元素，其中第 i+1 行的第 j+1 个数表示数组元素 M[i][j]。

输出格式：

输出一个数，表示所求的元素的和或平均值，保留一位小数。

输入样例：

```
S
-6.0 0.7 -8.4 -5.7 -4.1 7.6 9.5 -9.7 4.1 0.6 -6.5 -4.9
6.6 4.9 -3.1 5.3 0.3 -4.5 3.9 -1.5 6.6 7.0 5.1 2.5
-8.5 1.8 -2.7 0.1 -4.9 -7.2 4.3 6.0 -1.4 2.7 -3.0 2.0
4.8 -7.0 -1.3 0.8 1.0 4.5 -1.1 -2.9 -3.9 -3.9 -8.9 5.8
-2.1 -9.6 5.1 0.2 1.0 -1.7 6.4 4.1 2.8 -6.9 2.4 9.3
-6.0 -9.1 -7.0 -7.0 7.8 5.1 6.9 -7.6 0.4 -7.2 5.5 6.0
-1.9 5.5 1.9 -8.5 -5.3 2.3 -9.3 2.0 -0.2 1.2 5.6 -1.8
 8.2 2.3 3.5 1.4 4.0 -5.1 -6.9 -2.8 1.7 -7.0 7.8 1.8
-6.0 -4.1 -4.6 -9.4 -4.9 -4.1 4.2 6.3 -2.8 8.7 8.1 -0.9
8.8 -6.5 -4.3 6.1 -6.2 -3.9 -7.0 7.3 5.0 -0.9 -0.0 5.6
-2.4 1.4 8.5 -2.2 0.9 5.3 3.6 8.8 -8.1 3.0 -3.1 6.5
-3.8 -6.4 2.3 4.2 -9.8 -0.3 -9.9 -7.4 3.5 1.5 -0.2 7.0
```

输出样例：

-11.9

- **练习 3：平方矩阵**

题目描述：

输入整数 N(0 ≤ N ≤ 100)，输出一个 N 阶的回字形二维数组。数组的最外层为 1，次外层为 2，以此类推。

输入格式：

输入包含多行，每行包含一个整数 N。当输入 N=0 时，表示输入结束，且该行无须做任何处理。

输出格式：

对于每个输入的整数 N，输出一个满足要求的 N 阶二维数组。每个数组占 N 行，每行包含 N 个用空格隔开的整数。每个数组输出完毕后，输出一个空行。

输入样例：

```
1
2
3
4
5
0
```

输出样例：

1

1 1
1 1

1 1 1
1 2 1
1 1 1

1 1 1 1
1 2 2 1
1 2 2 1
1 1 1 1

1 1 1 1 1
1 2 2 2 1
1 2 3 2 1
1 2 2 2 1
1 1 1 1 1

- 练习 4：蛇形矩阵

题目描述：

输入两个整数 n 和 $m(1 \leq n, m \leq 100)$，输出一个 n 行 m 列的矩阵，将数字 1 到 $n \times m$ 按照回字蛇形填充至矩阵中。具体矩阵形式可参考样例。

输入格式：

输入一行，包含两个整数 n 和 m。

输出格式：

输出满足要求的矩阵。矩阵占 n 行，每行包含 m 个用空格隔开的整数。

输入样例：

3 3

输出样例：

1 2 3
8 9 4
7 6 5

第25课 数组的综合应用

本课我们通过例题和练习，强化大家对数组的理解。

25.1 例题

- 例题1：神奇的幻方

题目描述：

幻方是一种很神奇的 $N \times N$ 矩阵，它由数字 $1, 2, 3, \cdots, N \times N$ 构成，且每行、每列及两条对角线上的数字之和都相等。当 N 为奇数时，可以通过以下方法构建一个幻方：

首先将 1 写在第一行的中间，然后按如下规则从小到大依次填写每个数 $K(K = 2, 3, \cdots, N \times N)$：

（1）若 $(K-1)$ 在第一行但不在最后一列，则将 K 填在最后一行，$(K-1)$ 所在列的右一列。

（2）若 $(K-1)$ 在最后一列但不在第一行，则将 K 填在第一列，$(K-1)$ 所在行的上一行。

（3）若 $(K-1)$ 在第一行最后一列，则将 K 填在 $(K-1)$ 的正下方。

（4）若 $(K-1)$ 既不在第一行，也不在最后一列，且 $(K-1)$ 的右上方还未填数，则将 K 填在 $(K-1)$ 的右上方，否则将 K 填在 $(K-1)$ 的正下方。

现给定 N，请按上述方法构造 $N \times N$ 的幻方。

输入格式：

一个正整数 N（$1 \leq N \leq 39$，且 N 为奇数），即幻方的大小。

输出格式：

共 N 行，每行 N 个整数，即按上述方法构造出的 $N \times N$ 的幻方，相邻两个整数之间用单空格隔开。

输入样例1：

3

输出样例2：

8 1 6

3 5 7

4 9 2

分析：

按题目描述中所给的4个条件依次执行。

参考代码：

```
const int N = 41;
int a[N][N];
int main() {
    int n, x = 1;
    cin >> n;
    int i = 0, j = n / 2;
    a[i][j] = x++;
    while (x <= n * n) {
        if (i == 0 && j != (n - 1)) i = n - 1, j = j + 1;
```

```
                else if (i != 0 && j == (n - 1)) i = i - 1, j = 0;
                else if (i == 0 && j == (n - 1)) i = i + 1, j = j;
                else if (i != 0 && j != (n - 1)) {
                    if (a[i - 1][j + 1] == 0) i = i - 1, j = j + 1;
                    else
                        i = i + 1;
                }
                a[i][j] = x++;
            }

        for (int i = 0; i < n; i++) {
            for (int j = 0; j < n; j++) {
                cout << a[i][j] << " ";
            }
            cout << endl;
        }

        return 0;
    }
```

- 例题 2：寻找鞍点

题目描述：

给定一个 5×5 的矩阵，每行有一个最大值，每列有一个最小值，寻找这个矩阵的鞍点。鞍点指的是矩阵中的一个元素，它是所在行的最大值，并且是所在列的最小值。例如，在下面的例子中，第 4 行第 1 列的元素就是鞍点，值为 8。

11 3 5 6 9
12 4 7 8 10
10 5 6 9 11
8 6 4 7 2
15 10 11 20 25

输入格式：

输入一个 5 行 5 列的矩阵。

输出格式：

如果存在鞍点，则输出鞍点所在的行、列及其值；如果不存在，则输出 "not found"。

输入样例：

11 3 5 6 9
12 4 7 8 10
10 5 6 9 11
8 6 4 7 2
15 10 11 20 25

输出样例：

4 1 8

分析：

将查找问题转化为判断问题会使问题变得简单。判断所有元素是否满足鞍点的条件即可。

参考代码：

```
int main() {
    for (int x = 1; x <= 5; x++)
        for (int y = 1; y <= 5; y++)
            cin >> a[x][y];
    for (int x = 1; x <= 5; x++)
        for (int y = 1; y <= 5; y++) {
            int flag = 0;
            // 行上最大值
            for (int i = 1; i <= 5; i++) {
                if (a[x][y] < a[x][i]) flag = 1;
            }
            // 列上最小值
            for (int i = 1; i <= 5; i++) {
                if (a[x][y] > a[i][y])
                    flag = 1;
            }
            if (flag == 0) {
                cout << x << " " << y << " " << a[x][y] << endl;
                return 0;
            }
        }
    cout << "not found" << endl;
    return 0;
}
```

25.2 练习

- 练习 1：扫雷

题目描述：

扫雷游戏是一款十分经典的单机小游戏。在 n 行 m 列的雷区中有一些格子含有地雷（称为地雷格），其他格子不含地雷（称为非地雷格）。玩家翻开一个非地雷格时，该格内将会出现一个数字——提示周围格子中有多少个是地雷格。游戏的目标是在不翻出任何地雷格的条件下，找出所有的非地雷格。现在给出 n 行 m 列的雷区中的地雷分布，要求计算出每个非地雷格周围的地雷格数。注：一个格子的周围格子包括其上、下、左、右、左上、右上、左下、右下 8 个方向上与之直接相邻的格子。

输入格式：

第一行输入用一个空格隔开的两个整数 n 和 m，分别表示雷区的行数和列数。接下来输入 n 行，每行 m 个字符，描述雷区中的地雷分布情况。字符 "*" 表示相应的格子是地雷格，字符 "?" 表示相应的格子是非地雷格。相邻字符之间无分隔符。

输出格式：

输出 n 行，每行 m 个字符，描述整个雷区。用 "*" 表示地雷格，用周围的地雷格数表示非地雷格。相邻字符之间无分隔符。

输入样例 1：

3 3
*??

???
?*?

输出样例 1：

*10

221

1*1

输入样例 2：

2 3

?*?

*??

输出样例 2：

2*1

*21

- 练习 2：求进制

题目描述：

表达式 6×9=42 对于十进制来说是错误的，但是对于十三进制来说是正确的。即 $42(13)=4×13^1+2×13^0=54(10)$。你的任务是写一个程序读入 3 个整数 p、q 和 r，然后确定一个进制 $B(2 \leq B \leq 16)$ 使得 $p \times q = r$。如果 B 有很多选择，则输出最小的一个。

例如：若 $p=11$，$q=11$，$r=121$ 则有 11(3)×11(3)=121(3)，11(10)×11(10)=121(10)。在这种情况下，输出 3。如果没有合适的进制，则输出 0。

输入格式：

输入一行，为 3 个 B 进制的正整数 p、q、r（数位 ≤ 7）。

输出格式：

使得 $p \times q = r$ 成立的最小进制 B，如果没有合适的进制，则输出 0。

输入样例：

6 9 42

输出样例：

13

- 练习 3：石头剪刀布

题目描述：

Lisa 在一个二维矩阵上创造了新的文明。矩阵上每个位置被三种生命形式之一占据：石头、剪刀、布。每天，上下左右相邻的不同生命形式将会发生战斗。在战斗中，石头永远胜剪刀，剪刀永远胜布，布永远胜石头。每天结束之后，败者的领地将被胜者占领。你的任务是计算出 n 天之后矩阵的占据情况。

输入格式：

第一行输入三个正整数 r、c、n 分别表示矩阵的行数、列数及天数，每个整数均不超过 100；接下来 r 行，每行输入 c 个字符，描述矩阵初始时被占据的情况，每个位置上的字符只能是 R、S、P 三者之一，分别代表石头、剪刀、布，相邻字符之间无空格。

输出格式:

输出 n 天之后的矩阵占据情况,每个位置的字符只能是 R、S、P 三者之一(相邻字符之间无空格)。

输入样例:

3 3 1
RRR
RSR
RRR

输出样例:

RRR
RRR
RRR

数据范围:

$1 \leqslant r, c, n \leqslant 100$

第 26 课　字符和字符串

26.1 字符数组

字符数组类似于整型数组，只不过数组中的每个元素都是字符。例如：

```
char a[5];
char b[] = {'a', 'c'};
char c[5] = {'a', 'b'};
char d[] = "hello";
```

26.2 C 语言风格的字符串

字符串是字符数组在 C 语言中的表现形式，以 "\0" 结尾。

可以不指定字符数组的大小，利用字符串常量为字符数组赋初始值。编译器会将数组的长度定义为"字符串的长度 + 1"。

```
char d[] = "Hello"; // d 中含有 6 个字符，分别是 'H','e','l','l','o', '\0'

// 字符 '\0' 的值是 0

char f[100] = "world"; // 未初始化的字符的初始值为 0
const int N = 107;
char s[N], p[N];
scanf("%s", s); // 数组名是数组的首地址
printf("%s", s);

cin >> p; // cin cout 可以操作字符数组
cout << p;
```

26.3 C 语言风格的字符串（字符数组）的操作函数

C 语言风格的字符串操作函数都定义在头文件 string.h 中，在 C++ 中是 cstring.h。常用的函数及其说明如下。

- memcpy(dest, src, size)

作用：从以 src 为起点的内存块中，复制 size 字节到以 dest 为起点的内存块中。

函数原型：void * memcpy (void * destination, const void * source, size_t num);

举例：

```
char myname[] = "Pierre de Fermat";
memcpy(person.name, myname, strlen(myname) + 1);
// 将 myname 的内容复制到 person.name 中
memcpy(&person_copy, &person, sizeof(person));
// person_copy person 是相同类型的结构
```

- strcpy(dest, src) / strncpy(dest, src, size)

作用：将 src 复制到 dest 中，若指定了 size 的值，则复制 size 字节。

函数原型：char * strcpy (char * destination, const char * source); char * strncpy (char * destination, const char * source, size_t num);

举例:

```
strcpy (str2,str1);
// 注意,str2 的长度要比 str1 的长度大。编译器对此问题不检查
strncpy (str2, str1, sizeof(str2));
strncpy (str3, str2, 5);
```

- strcat(dest, src) / strncat(dest, src, size)

作用: 连接两个字符串。若指定了 size 的值,则连接 size 字节。

函数原型: char * strcat (char * destination, const char * source); char * strncat (char * destination, const char * source, size_t num);

举例:

```
strcpy (str1,"To be ");
strcpy (str2,"or not to be");
strncat (str1, str2, 6);
puts (str1);
// output:To be or not
```

- strcmp(str1, str2) / strncmp(str1, str2, size)

作用: 比较两个字符串。按字符顺序比较。若指定了 size 的值,则只比较 size 个字符。如果 str1 < str2,则返回小于 0 的值,如果 str1 == str2,则返回 0,如果 str1 > str2,则返回大于 0 的值。

函数原型: int strcmp (const char * str1, const char * str2); int strncmp (const char * str1, const char * str2, size_t num);

举例:

```
char key[] = "apple";
char buffer[80];
do {
    printf("Guess my favorite fruit? ");
    fflush(stdout);          // 清空屏幕输出
    scanf("%79s", buffer);   // 防止数组越界
} while (strcmp(key, buffer) != 0);
puts("Correct answer!");
```

- strchr

作用: 返回字符在字符串中第一次出现的位置。字符串可以是常量。

函数原型: const char * strchr (const char * str, int character); / char * strchr (char * str, int character);

举例:

```
char str[] = "This is a sample string";
char *pch;
printf("Looking for the 's' character in \"%s\"...\n", str);
pch = strchr(str, 's');
while (pch != NULL)
{
    printf("found at %d\n", pch - str + 1);
```

```
    pch = strchr(pch + 1, 's');
}

/**** output ****
Looking for the 's' character in "This is a sample string"...
found   at    4
found   at    7
found   at    11
found   at    18
*/
```

- strrchr(str, ch)

作用：参考 strchr，此函数的功能为反向查找。

- strstr(str1, str2)

作用：在字符串中查找子串。如果找不到，则返回 NULL。

函数原型：const char * strstr (const char * str1, const char * str2);/ char * strstr (char * str1, const char * str2);

举例：

```
char str[] = "This is a simple string";
char *pch;
pch = strstr(str, "simple");
if (pch != NULL)
    strncpy(pch, "sample", 6);
puts(str);

/**** output *****
This is a sample string
*/
```

- strtok(str, char d[])

作用：用字符串 d 中提供的字符分隔 str 字符串。

函数原型：char * strtok (char * str, const char * delimiters);

举例：

```
char str[] = "- This, a sample string.";
char *pch;
printf("Splitting string \"%s\" into tokens:\n", str);
pch = strtok(str, " ,.-");
while (pch != NULL) {
    printf("%s\n", pch);
    pch = strtok(NULL, " ,.-");
}
return 0;

/**** output ***
Splitting string "- This, a sample string." into tokens:
This a
sample string
```

```
*/
```

- memset(ptr, value, num)

作用：向字符串中填充指定数量的字符。

函数原型：void * memset (void * ptr, int value, size_t num);

举例：

```
char str[] = "almost every programmer should know memset!";
memset(str, '-', 6);
puts(str);

/***** output ****
------ every programmer should know memset!
****/
```

- strlen(str)

作用：求字符串的长度。

函数原型：size_t strlen (const char* str);

举例：

```
char mystr[100]="test string";
// sizeof(mystr) 返回 100，strlen(mystr) 返回 11
```

26.4 string 库

string 库里面封装了很多直接操作字符串及字符的函数，应能灵活运用这些函数。

- size() / length()：返回字符串所占空间大小 / 长度。
- capacity()：返回当前字符串分配的空间，一般大于或等于 length() 的值。
- max_size()：返回字符串最多能存放的字符数量。
- reserve (size_t n)：更改字符串的容量。若 n 值比 capacity() 更大，则将容量更改为 n 的值。
- resize(num) / resize(num, ch)：改变字符串长度或者内容。
- clear()：清空字符串。
- empty()：判断字符串是否为空。
- at / [ ]：在字符串中按序号取字符。
- back()/front()：返回最后 / 最前的字符。
- append() / +=：连接两个字符 / 字符串。
- push_back(char)：在字符串的末尾添加字符。
- assign()：依据参数给字符串赋值。
- insert()：依据参数向字符串中插入指定字符 / 字符串。
- erase()：依据参数删除字符串中指定数量的字符。
- replace()：依据参数在指定位置替换指定数量的字符。
- swap()：交换两个字符串的值。
- pop_back()：在字符串最后的位置插入字符。
- c_str()：将 C++ 字符串转换为指向 C 语言风格字符的指针。
- data()：返回字符串的值。

- find()/rfind()：正向/反向在字符串中查找内容，返回对应的位置序号，从 0 开始计数。
- substr()：从字符串中截取一段生成子串。
- compare()：顺序比较两个字符串。

string 重载了运算符 +、<<、>>、也可以使用 getline() 获取整行的字符串内容。

26.5 字符串函数速查表

C 语言风格的字符串函数描述如表 26-1 所示。

表 26-1

函数	描述
strlen(s)	返回字符串 s 的长度（不包括空字符）
strcpy(dest, src)	将字符串 src 复制到 dest 中，包括空字符
strncpy(dest, src, n)	将字符串 src 的前 n 个字符复制到 dest 中，如果 src 的长度小于 n，则复制完 src 后用空字符填充
strcat(dest, src)	将字符串 src 连接到 dest 的末尾，包括空字符
strncat(dest, src, n)	将字符串 src 的前 n 个字符连接到 dest 的末尾，如果 src 的长度小于 n，则连接完 src 后用空字符填充
strcmp(str1, str2)	比较字符串 str1 和 str2 的大小，返回值等于 0 表示相等，小于 0 表示 str1 小于 str2，大于 0 表示 str1 大于 str2
strncmp(str1, str2, n)	比较字符串 str1 和 str2 的前 n 个字符的大小，返回值的含义与 strcmp 相同
strchr(str,c)	在字符串 str 中查找字符 c，并返回其第一次出现的位置的指针
strrchr(str, c)	在字符串 str 中查找字符 c，并返回其最后一次出现的位置的指针
strstr(str1, str2)	在字符串 str1 中查找子串 str2，并返回其第一次出现的位置的指针
strtok(str, delimiters)	将字符串 str 按照分隔符 delimiters 分割成多个子串，并返回第一个子串的指针。可以通过多次调用该函数获取后续的子串

string 的处理函数描述如表 26-2 所示。

表 26-2

处理函数	描述
string()	默认的构造函数，创建一个空字符串
string(const char* s)	构造函数，使用 C 语言风格字符串 s 创建一个字符串
string(const string& str)	构造函数，使用字符串 str 创建一个字符串
string(size_t n, char c)	构造函数，创建一个包含 n 个字符 c 的字符串
~string()	析构函数，释放字符串的内存空间
operator=	赋值运算符，将一个字符串赋值给另一个字符串
operator[]	访问字符串中指定位置的字符

续表

处理函数	描述
at()	访问字符串中指定位置的字符，可进行边界检查
size()	返回字符串的所占空间大小
length()	返回字符串的长度
empty()	判断字符串是否为空
clear()	清空字符串
c_str()	返回一个指向字符串的 C 语言风格字符数组的指针
data()	返回一个指向字符串的字符数组的指针
append()	将一个字符串追加到当前字符串的末尾
push_back()	在字符串的末尾添加一个字符
insert()	在指定位置插入一个字符或字符串
erase()	删除指定位置的字符或指定范围内的字符
replace()	替换指定位置的字符或指定范围内的字符
find()	在字符串中查找指定字符或字符第一次出现的位置
rfind()	在字符串中查找指定字符或字符最后一次出现的位置
substr()	返回一个，从指定位置开始并具有指定长度的子串
compare()	比较一个字符串与另一个字符串或字符数组
swap()	交换两个字符串的内容

26.6 练习

- 练习 1：插入字符串

题目描述：

输入一个字符串，在指定的字符串前插入一个字符串。

输入格式：

第一行输入一个字符串，第二行输入插入的字符串，第三行输入插入的位置。

输出格式：

输出插入后的字符串

输入样例：

Hello it me!

's

9

输出样例：

Hello it's me!

- 练习 2：只出现一次的字符

题目描述：

给定一个只包含小写字母且长度不超过 100000 的字符串。请判断是否存在只在字符串中出现过一次的字符。如果存在，则输出满足条件的字符中位置最靠前的那个字符。如果没有，则输出"no"。

输入格式:

输入一行,包含一个由小写字母构成的字符串。

输出格式:

输出满足条件的位置最靠前的字符。如果没有,则输出"no"。

输入样例:

abceabcd

输出样例:

e

- **练习 3:忽略大小写比较字符串大小**

题目描述

一般用 strcmp() 函数比较两个字符串的大小。比较方法为:对两个字符串从前往后逐个字符相比较(比较 ASCII 码值的大小),直到出现不同的字符或遇到 \0 为止。如果全部字符都相同,则认为两个字符串相等;如果出现不相同的字符,则以第一个不相同的字符的比较结果为准;如果两字符串长度不同,但所有相同位置的字符均相同,则认为较长的字符串更大。有些时候,我们比较字符串的大小,希望忽略字母的大小写,例如 Hello 和 hello 在忽略字母大小写时是大小相等的。请编写一个程序,实现对两个字符串大小的比较,忽略字母大小写的情况。

输入格式:

输入两行,每行一个字符串(长度范围 [1,80]),共两个字符串。注意,字符串中仅能包含大小写字母和空格。

输出格式:

如果第一个字符串比第二个字符串小,则输出一个字符"<"。如果第一个字符串比第二个字符串大,则输出一个字符">"。如果两个字符串相等,则输出一个字符"="。

输入样例 1:

Hello

hello

输出样例 1:

=

输入样例 2:

How are you

How old are you

输出样例 2:

<

- **练习 4:字符串乘方**

题目描述

给定两个字符串 a 和 b,我们定义 $a \times b$ 为它们的连接。例如,如果 a=abc 而 b=def,则 $a \times b$=abcdef。如果将连接考虑成乘法,那么一个字符串的乘方将用一种常见的方式定义:

$a^{(n+1)} = a \times (a^n)$。

输入格式：

输入包含不超过 10 组测试样例，每组测试样例占一行，包含一个由小写字母构成的字符串 s，s 的长度不超过 100，且不包含空格。最后的测试样例将是一个点号，单独占一行。

输出格式：

对于每个 s，你需要输出最大的 n，使得存在一个字符串 a，让 $s = a^n$。

输入样例：

abcd
aaaa
ababab
.

输出样例：

1
4
3

第 27 课　字符串的综合应用

本课我们通过例题和练习，强化大家对字符串的理解。

27.1 例题

- 例题 1：你的 UFO 在这儿

题目描述：

假设每一颗彗星后都有一只 UFO，这些 UFO 用来将地球上的忠诚支持者带上彗星。不幸的是，UFO 每次只能带走一组支持者。因此，人们要用一种聪明的方案让所有支持者提前知道谁会被彗星后面的 UFO 带走。他们为每颗彗星都起了一个名字，通过这些名字来决定某个小组是不是会被带走的那个特定小组。

你的任务是编写一个程序，通过小组名和彗星名来决定这个小组是否能被彗星后面的 UFO 带走。小组名和彗星名都以下列方式转换成一个数字：最终的数字就是名字中所有字母转成数字后的积，其中 A 是 1，Z 是 26。例如，USACO 小组就是 21 × 19 × 1 × 3 × 15 = 17955。如果"小组名的数字 mod 47"等于"彗星名的数字 mod 47"，你就得告诉这个小组准备好被带走！（"a mod b"是 a 除以 b 的余数）

编写一个程序，读入彗星名和小组名并算出用上面的方案能否将两个名字搭配起来，如果能搭配，就输出 GO，否则输出 STAY。小组名和彗星名均是没有空格或标点的一串大写字母（不超过 6 个字母）。

输入格式：

输入两行。第一行是一个长度为 1～6 的大写字母字符串，表示彗星名。第二行是一个长度为 1～6 的大写字母字符串，表示小组名。

输出格式：

输出一行，GO 或 STAY

输入样例 1：

COMETQ

HVNGAT

输出样例 1：

GO

输入样例 2：

ABSTAR

USACO

输出样例 2：

STAY

分析：

用 p 和 q 分别记录两个字符串的乘积，然后取模即可。需要注意，记录乘积的变量的初始值为 1。

参考代码：

```
int main()
```

```
{
    string s1, s2;
    int p = 1, q = 1;
    cin >> s1 >> s2;
    for (int i = 0; i < s1.size(); i++)
        p *= (s1[i] - 'A' + 1), p %= 47;
    for (int i = 0; i < s2.size(); i++)
        q *= (s2[i] - 'A' + 1), q %= 47;
    if (p == q) cout << "GO" << endl;
    else cout << "STAY" << endl;
    return 0;
}
```

- 例题 2：标题统计

题目描述：

凯凯刚写了一篇优秀的作文，请问这篇作文的标题中有多少个字符？注意：标题中可能包含大写字母、小写字母、数字、空格和换行符。统计标题字符数时，空格和换行符不计算在内。

输入格式：

输入一行，一个字符串 s。

输出格式：

输出一行，包含一个整数，即作文标题的字符数（不含空格和换行符）。

输入样例 1：

234

输出样例 1：

3

输入样例 2：

Ca 45

输出样例 2：

4

样例 1 说明：

标题中共有 3 个字符，这 3 个字符都是数字。

样例 2 说明：

标题中共有 5 个字符，包括 1 个大写字母，1 个小写字母和 2 个数字，还有 1 个空格。由于空格不计入结果中，故标题的有效字符数为 4 个。

数据规模与约定：

规定 $|s|$ 表示字符串 s 的长度（包括字符串中的字符数和空格数）。

对于 40% 的数据，$1 \leq |s| \leq 5$，保证输入为数字及换行符。

对于 80% 的数据，$1 \leq |s| \leq 5$，输入只可能包含大写字母、小写字母、数字。

对于 100% 的数据，$1 \leq |s| \leq 5$，输入可能包含大写字母、小写字母、数字及换行符。

分析：

单词之间的分隔符是空格，所以直接统计空格字符即可。需要注意对最后一个单词的判断。

参考代码:

```
string c;
int main() {
    int ans = 0;
    getline(cin, c);
    for (int i = 0; i < c.size(); i++) {
        if (c[i] != ' ' && c[i] != '\n') ans++;
    }
    cout << ans << endl;
    return 0;
}
```

- 例题 3：笨小猴

题目描述：

笨小猴的词汇量很小，所以每次做英语选择题的时候，他都很头疼。但是他找到了一种方法，经试验证明，用这种方法去做选择题，选对的概率非常大!

这种方法的具体描述如下：假设 maxn 是单词中出现次数最多的字母的出现次数，minn 是单词中出现次数最少的字母的出现次数，如果 maxn-minn 是一个素数，那么笨小猴就认为这是一个"Lucky Word"，这样的单词很可能就是正确答案。

输入格式：

输入一个单词，其中只可能包含小写字母，并且长度小于 100。

输出格式：

输出两行，第一行是一个字符串，假设输入的单词是所谓的"Lucky Word"，则输出 Lucky Word，否则输出 No Answer；第二行是一个整数，如果输入单词是"Lucky Word"，则输出 maxn - minn 的值，否则输出 0。

输入样例 1：

error

输出样例 1：

Lucky Word
2

输入样例 2：

olympic

输出样例 2：

No Answer
0

分析：

先统计单词中字母的出现次数，然后找到字母出现最多的次数和最少的次数，判断它们之间的差是否为素数。

参考代码：

```
int main() {
    string str;
    cin >> str;
```

```cpp
    for (int i = 0; i < str.size(); i++) {
        c[str[i]]++;
    }
    int minx = 127, maxx = 0;
    for (int i = 'A'; i <= 'z'; i++)
    {
        if (c[i]) {
            maxx = max(maxx, c[i]);
            minx = min(minx, c[i]);
        }
    }
    int x = maxx - minx;
    for (int i = 2; i * i <= x; i++) {
        if (x % i == 0) {
            x = 0;
            break;
        }
    }
    if (x < 2) x = 0;
    if (x) {
        puts("Lucky Word");
    } else {
        puts("No Answer");
    }
    cout << x << endl;
}
```

27.2 练习

- 练习 1：最短单词

题目描述：

输入一篇由若干个以空格分隔的单词组成的英文文章，输出文章中最短的单词（文章以英文句点 "." 结束，且字符数不超过 200）。

输入格式：

输入一行，表示输入的英文文章。

输出格式：

输出一行，表示最短的单词。

输入样例：

We are Oiers.

输出样例：

We

数据范围：

英文文章字符数不超过 200。

- 练习 2：表达式求值

题目描述：

计算仅含有加法计算表达式的值。该表达式长度不超过 250，中间没有空格与括号，并且结果是整数。

输入格式：

输入一行，即一个表达式。

输出格式：

输出一行，为一个数，表示这个表达式的值。

输入样例：

12+23+21

输出样例：

56

数据范围：

表达式长度不超过250。

- 练习3：只出现一次的字符

题目描述：

给定一个只包含小写字母的字符串，请找到第一个仅出现一次的字符。如果没有，则输出 no。

输入格式：

一个字符串。

输出格式：

输出第一个仅出现一次的字符，若没有，则输出 no。

输入样例：

abcabd

输出样例：

c

数据范围：

字符串长度小于 100000。

- 练习4：计算回文数

题目描述：

若一个数（首位不为0）从左向右读和从右向左读都是一样的，那么我们就称其为回文数。例如，给定一个十进制数56，56+65（即把56从右向左读得到的数）得到的121是一个回文数。又如，给定一个十进制数87，87+78=165，165+561=726，726+627=1353，1353+3531=4884，经过四次处理将得到回文数4884。

请编写一个程序，输入 N 进制数 m（m 的位数上限为20），求最少用几步（即几次加法处理）可以得到回文数，如果在30步以内不能得到回文数，则输出 impossible。

输入格式：

输入一行，用空格隔开的两个数。

输出格式：

输出一行，即得到回文数的最少步数，若30步以内得不到回文数，则输出 impossible。

输入样例：

87 9

输出样例：

6

第 28 课 函数

28.1 概念

函数就是一段封装好的、可以重复使用的代码,它使程序更加模块化,不需要编写大量重复的代码。

可以提前将函数保存起来,并给它起一个独一无二的名字,只要知道它的名字就能使用其中的代码。函数还可以接收数据,并根据数据的不同执行不同的操作,最后再把处理结果反馈给程序员。

28.1.1 调用函数

我们写 C 语言程序框架时,都会写一个特殊的函数——main(),它是整个程序的入口。函数也可以调用函数,如果在一个程序中存在一个函数调用自己的情况,那么这个过程就叫作递归。例如,strcmp() 是标准库里面的一个函数,它的作用是比较两个字符串的大小。

```
#include <cstdio>
#include <cstring>
int main() {
    char str1[] = "dog";
    char str2[] = "cat";
    //  比较两个字符串的大小
    int result = strcmp(str1, str2);
    printf("%d\n", result);
    return 0;
}
```

str1 和 str2 是传递给 strcmp() 的参数,strcmp() 的处理结果被赋值给了变量 result。

我们不妨设想一下,如果没有 strcmp() 函数,那么要想比较两个字符串的大小,该怎么实现呢?请看下面的代码:

```
#include <cstdio>
#include <cstring>
int main() {
    char str1[] = "dog";
    char str2[] = "cat";
    //  比较两个字符串的大小
    int result = 0;
    for (int i = 0; (result = str1[i] - str2[i]) == 0; i++) {
        if (str1[i] == '\0' || str2[i] == '\0') break;
    }
    printf("%d\n", result);
    return 0;
}
```

28.1.2 封装 strcmp() 函数

比较字符串大小是常用的功能,在一个程序中可能会用到很多次,如果每次都写一段重复的代码,则不仅费时费力,还容易出错。所以,C 语言提供了一个功能,允许将常用的代码以固定的格式封装成一个独立的模块,只要知道这个模块的名字就可以重复使用它。

下面我们就来演示一下如何封装 strcmp() 这个函数:

```c
#include <cstdio>

// 将比较字符串大小的代码封装成函数,并命名为 strcmp_alias
int strcmp_alias(char *s1, char *s2) {
    int result = 0;
    for (int i = 0; (result = s1[i] - s2[i]) == 0; i++) {
        if (s1[i] == '\0' || s2[i] == '\0') {
            break;
        }
    }

    return result;
}

int main() {
    char str1[] = "dog";
    char str2[] = "cat";
    char str3[] = "doge";
    // 重复使用 strcmp_alias() 函数
    int result_1 = strcmp_alias(str1, str2);
    int result_2 = strcmp_alias(str1, str3);
    printf("str1 - str2 = %d\n", result_1_2);
    printf("str1 - str3 = %d\n", result_1_3);

    return 0;
}
```

为了避免与原有的 strcmp 产生命名冲突,这里将新函数命名为 strcmp_alias。

这是我们自己编写的函数,存放在当前的源文件中(函数封装和函数使用在同一个源文件中),所以不需要引入头文件;而 C 语言自带的 strcmp() 函数被存放在其他源文件中(函数封装和函数使用不在同一个源文件中),并在 cstring.h 头文件中告诉我们如何使用,所以必须引入 cstring.h 这个头文件。

我们自己编写的 strcmp_alias() 和原有的 strcmp() 在功能和格式上是一样的,只是存放的位置不同,所以一个需要引入头文件,一个不需要引入头文件。

28.1.3 库函数

C 语言在发布时已经为我们封装好了很多函数,它们被分门别类地存放到了不同的头文件中,使用函数时引入对应的头文件即可。这些函数都是专家编写的,执行效率极高,并且考虑到了各种边界情况,可以放心使用。

C 语言自带的函数称为库函数(Library Function)。库(Library)是编程中的一个基本概念,可以简单地认为它是一系列函数的集合,在磁盘上往往是一个文件夹。C 语言自带的库称为标准库(Standard Library),其他公司或个人开发的库称为第三方库(Third-Party Library)。

除了库函数,还可以编写自己的函数,拓展程序的功能。自己编写的函数称为自定义函数。自定义函数和库函数在编写和使用方式上完全相同。

28.1.4 函数参数

函数的一个明显特征就是使用时带有括号 ()，有必要的话，括号中还要包含数据或变量，即参数（Parameter）。参数是函数需要处理的数据，例如，strlen(str1) 用来计算字符串 Str1 的长度，str1 就是参数。puts("Hello") 用来输出字符串，"Hello" 就是参数。

28.1.5 函数返回值

既然函数可以处理数据，那就有必要将处理结果告诉我们，所以很多函数都有返回值（Return Value）。所谓返回值，就是函数的处理结果。例如：

```
char str1[] = "Doge";
int len = strlen(str1);
```

strlen() 的处理结果是字符串 str1 的长度，是一个整数，我们通过 len 变量来接收。

函数返回值有固定的数据类型（比如 int、char、float 等），用来接收返回值的变量的类型应与返回值的类型一致。

28.2 定义函数

将代码段封装成函数的过程叫作函数定义。

函数可以接收用户的参数。依据在函数定义时是否指明参数，可以将函数分为有参函数和无参函数。

28.2.1 无参函数定义

```
dataType functionName(){
    // fun_body
}
```

- dataType 是返回值类型，它可以是 C 语言中的任意数据类型，例如 int、float、char 等。
- functionName 是函数名，它是标识符的一种，命名规则和标识符相同。函数名后面的括号 () 不能少。
- fun_body 是函数体，它是函数需要执行的语句，是函数的主体部分。即使只有一条语句，函数体也要由花括号 {} 包裹。
- 如果有返回值，则在函数体中应使用 return 语句返回。return 的数据类型应和 dataType 一样。

例如，定义一个函数，计算从 1 到 100 的所有整数的和。代码如下：

```
int sum(){
    int s = 0;
    for (int i = 1; i <= 100; i++) {
        s += i;
    }
    return s;
}
```

累加结果保存在变量 s 中，最后通过 return 语句返回。s 是 int 类型的，返回值也是 int 类型的，它们一一对应。

return 是 C 语言中的一个关键字，只能用在函数中，用来返回处理结果。在 main() 函数中调用 sum() 函数的方法如下：

```
int main() {
    cout << sum() << endl;
    return 0;
}
```

运行结果为 5050。

函数不能嵌套定义。main 也是一个函数定义关键字,所以要将 sum() 放在 main() 外面。函数必须先定义后使用。

注意:main 关键字的作用是函数定义,不是函数调用。当可执行文件加载到内存后,系统从 main() 函数开始执行,也就是说,系统会调用我们定义的 main() 函数。

28.2.2 无返回值函数

有的函数不需要返回值,或者返回值类型不确定(很少见),这时可以用 void 表示,例如:

```
void hello() {
    printf("Hello,world \n");
    // 没有返回值就不需要 return 语句
}
```

void 是 C 语言中的一个关键字,表示"空类型"或"无类型"。

28.2.3 有参函数定义

```
dataType functionName(dataType1 param1, dataType2 param2...) {
    // fun_body
}
```

dataType1 param1, dataType2 param2 ... 是参数列表。函数可以只有一个参数,也可以有多个参数,多个参数之间由逗号分隔。参数本质上也是变量,定义时要指明类型和名称。与无参函数的定义相比,有参函数的定义仅仅是多了一个参数列表。

数据通过参数被传递到函数内部进行处理,处理完以后再通过返回值告知函数外部。

更改上面的例子,计算从 m 到 n 的所有整数相加的结果,代码如下:

```
int sum(int m, int n) {
    int s = 0;
    for (int i = m; i <= n; i++) {
        s += i;
    }
    return s;
}
```

参数列表中给出的参数可以在函数体中使用,使用方式和普通变量一样。

调用 sum() 函数时,需要给它传递两个数据,一个传递给 m,一个传递给 n。你可以直接传递整数,例如:

```
int result = sum(1, 100); // 1 传递给 m,100 传递给 n
```

也可以传递变量,例如:

```
int begin = 4;
int end = 86;
int result = sum(begin, end); // begin 传递给 m,end 传递给 n
```

还可以整数和变量一起传递,例如:

```
int num = 33;
int result = sum(num, 80); // num 传递给 m, 80 传递给 n
```

定义函数时给出的参数称为形式参数，简称形参；调用函数时给出的参数（也就是传递的数据）称为实际参数，简称实参。

调用函数时，将实参的值传递给形参，相当于一次赋值操作。

原则上讲，实参的类型和数目要与形参保持一致。如果能够进行自动类型转换，或者进行强制类型转换，那么实参类型也可以不同于形参类型，例如，将 int 类型的实参传递给 float 类型的形参就会发生自动类型转换。

定义 sum() 函数时，参数 m、n 的值都是未知的。调用 sum() 函数时，将 begin、end 的值分别传递给 m、n，这和给变量赋值的过程是一样的，它等价于：

```
m = begin;
n = end;
```

需要强调一点，C 语言不允许函数嵌套定义，也就是说，不能在一个函数中定义另外一个函数，必须在所有函数之外定义另外一个函数。main 也是一个定义函数的关键字，不能在 main() 函数内部定义新函数。

下面的例子是错误的：

```
#include <stdio.h>
void func1() {
    printf("Hello");
    void func2() {
        printf(" World!!");
    }
}
int main() {
    func1();
    return 0;
}
```

正确的写法应该如下：

```
#include <stdio.h>
void func1(){
    printf("Hello");
}

void func2(){
    fun1();
    printf(" World!!");
}

int main(){
    func2();
    return 0;
}
```

func1()、func2()、main() 这三个函数是独立的，谁也不能位于谁的内部，要想达到"调用 func1() 时也调用 func2()"的目的，就必须将 func2() 定义在 func1() 外面，并在 func1() 内部调用 func2()。

28.3 函数的形参和实参

如果把函数比喻成一台机器，那么参数就是原材料，返回值就是最终产品；从一定程度上讲，函数的作用就是根据不同的参数产生不同的返回值。

C 语言函数的参数会出现在两个地方，分别是函数定义处和函数调用处，这两个地方的参数是有区别的。

28.3.1 形参（形式参数）

在函数定义中出现的参数可以看作一个占位符，它没有数据，只能等到函数被调用时接收传递进来的数据，所以它被称为形式参数，简称形参。

28.3.2 实参（实际参数）

如果函数被调用时给出的参数包含了实实在在的数据，那么它会被函数内部的代码使用，所以被称为实际参数，简称实参。

形参和实参的功能是传递数据，发生函数调用时，实参的值会被传递给形参。

28.3.3 形参和实参的区别和联系

（1）只有在函数被调用时才会为形参变量分配内存，调用结束后，立刻释放内存，所以形参变量只在函数内部有效，不能在函数外部使用。

（2）实参可以是常量、变量、表达式、函数等，无论实参是何种类型的数据，在进行函数调用时，它们都必须有确定的值，以便把这些值传递给形参，所以应该提前用赋值、输入等办法使实参获得确定的值。

（3）实参和形参在数量、类型、顺序上必须严格一致，否则会发生"类型不匹配"的错误。当然，如果能够进行自动类型转换，或者进行强制类型转换，那么实参类型也可以不同于形参类型。

（4）函数调用中发生的数据传递是单向的，只能把实参的值传递给形参，而不能把形参的值反向传递给实参；换句话说，一旦完成数据的传递，实参和形参就再也没有"瓜葛"了，所以，在函数调用过程中，形参的值发生改变并不会影响实参。

下面来看一个例子：

```c
#include <stdio.h>
// 计算从 m 到 n 的所有整数的和
int sum(int m, int n) {
    for (int i = m + 1; i <= n; ++i) {
        m += i;
    }
    return m;
}

int main() {
    int a, b, total;
    printf("Input two numbers: ");
    scanf("%d %d", &a, &b);
    total = sum(a, b);
    printf("a = %d, b = %d\n", a, b);
```

```
        printf("total = %d\n", total);
        return 0;
    }
```

运行结果：

```
Input two numbers: 1 100
a = 1, b = 100
total=5050
```

在这段代码中，函数定义处的 m、n 是形参，函数调用处的 a、b 是实参。通过 scanf() 函数可以读取用户输入的数据，并将其赋值给 a、b，在调用 sum() 函数时，这些数据会传递给形参 m、n。

从运行情况看，输入 a 值为 1，即实参 a 的值为 1，把这个值传递给函数 sum() 后，形参 m 的初始值也为 1，在函数执行过程中，形参 m 的值变为 5050。函数执行结束后，输出实参 a 的值仍为 1，可见实参的值不会随形参的变化而变化。

以上调用 sum() 函数时是将变量作为函数实参的，除此以外，也可以将常量、表达式、函数返回值作为实参，代码如下：

```
total = sum(10, 98);                // 将常量作为实参
total = sum(a+10, b-3);             // 将表达式作为实参
total = sum(pow(2,2), abs(-100));   // 将函数返回值作为实参
```

形参和实参虽然可以同名，但它们之间是相互独立的，互不影响，因为实参在函数外部有效，而形参在函数内部有效。更改上面的代码，让实参和形参同名：

```
#include <stdio.h>
// 计算从 m 到 n 的所有整数的和
int sum(int m, int n) {
    int i;
    for (i = m + 1; i <= n; ++i) {
        m += i;
    }
    return m;
}
int main() {
    int m, n, total;
    printf("Input two numbers: ");
    scanf("%d %d", &m, &n);
    total = sum(m, n);
    printf("m = %d, n = %d\n", m, n);
    printf("total = %d\n", total);
    return 0;
}
```

运行结果：

```
Input two numbers: 1 100
m = 1, n = 100
total = 5050
```

调用 sum() 函数后，函数内部的形参 m 的值已经发生了变化，而函数外部的实参 m 的值依然保持不变，可见它们是相互独立的两个变量，除了传递参数的一瞬间，其他时候它们是

没有关联的。

28.4 函数的返回值

函数的返回值是指函数被调用之后，执行函数体中的代码所得到的结果，这个结果通过 return 语句返回。return 语句的一般形式为：

```
return 表达式;
```

或者：

```
return (表达式);
```

有没有括号都是正确的，为了简明，一般不写括号。例如：

```
return max; return a+b; return (100+200);
```

关于 C 语言中的返回值，有以下几点说明。

（1）没有返回值的时候，用 void 表示返回值类型，例如：

```
void func() {
    printf("Hello World\n");
}
```

void 表示"空类型"，一旦函数的返回值类型被定义为 void，就不能再接收它的值了。例如，下面的语句是错误的：

```
int a = func();
```

为了使程序有良好的可读性并减少出错，凡不要求返回值的函数都应定义为 void 类型。

（2）return 语句可以有多个，可以出现在函数体的任意位置，但是每次调用函数都只能有一个 return 语句被执行，所以只有一个返回值。例如：

```
// 返回两个整数中较大的一个
int max(int a, int b) {
    if (a > b) {
        return a;
    }
    else {
        return b;
    }
}
```

如果 a > b 成立，就执行 return a，return b 不会执行；如果 a > b 不成立，就执行 return b，return a 不会执行。

（3）函数一旦遇到 return 语句就立即返回，后面的所有语句都不会执行。从这个角度看，return 语句还有强制结束函数执行的作用。例如：

```
// 返回两个整数中较大的一个
int max(int a, int b) {
    return (a > b) ? a : b;
    printf("Function is performed\n");
}
```

printf("Function is performed\n"); 这条语句永远不会被执行。

下面定义一个判断素数的函数,这个函数更加实用:

```c
#include <stdio.h>
int prime(int n) {
    int is_prime = 1;
    // n 一旦小于 0 就不符合条件了,即没必要执行后面的代码,所以提前结束函数
    if (n < 0) {
        return -1;
    }
    for (int i = 2; i < n; i++) {
        if (n % i == 0) {
            is_prime = 0;
            break;
        }
    }
    return is_prime;
}

int main() {
    int num, is_prime;
    scanf("%d", &num);
    is_prime = prime(num);
    if (is_prime < 0) {
        printf("%d is a illegal number.\n", num);
    } else if (is_prime > 0) {
        printf("%d is a prime number.\n", num);
    } else {
        printf("%d is not a prime number.\n", num);
    }
    return 0;
}
```

prime() 是一个判断素数的函数。素数是自然数,它的值大于或等于 0,一旦传递给 prime() 的值小于 0 就没有意义了,就无法判断是否是素数了,所以一旦检测到参数 n 的值小于 0,就使用 return 语句提前结束函数。

return 语句是提前结束函数的唯一办法。return 后面可以跟一个数据,表示将这个数据返回到函数外面;也可以不跟任何数据,表示什么也不返回,仅仅用来结束函数。exit() 用来结束整个程序。

更改上面的代码,让 return 后面不跟任何数据:

```c
#include <stdio.h>
void prime(int n) {
    int is_prime = 1, i;
    if (n < 0) {
        printf("%d is a illegal number.\n", n);
        return; // return后面不跟任何数据
    }
    for (i = 2; i < n; i++) {
        if (n % i == 0) {
            is_prime = 0;
            break;
```

```
        }
    }
    if (is_prime > 0) {
        printf("%d is a prime number.\n", n);
    } else {
        printf("%d is not a prime number.\n", n);
    }
}
int main() {
    int num;
    scanf("%d", &num);
    prime(num);
    return 0;
}
```

prime() 的返回值是 void，return 后面不跟任何数据，直接写分号（;）即可。

28.5 例题

- **例题 1：素数的个数**

题目描述：

编程求 2～n（n 为大于 2 的正整数）中有多少个素数。

数据范围：

$2 \leq n \leq 50000$

输入样例：

10

输出样例：

4

分析：

定义一个函数 is_prime(int x) 用于判断 x 是否为素数，如果是素数则返回 1，否则返回 0。

参考代码：

```
#include <bits/stdc++.h>
using namespace std;

int is_prime(int x){
    for (int i = 2; i * i <= x; i++) {
        if (x % i == 0) return 0; // x 有因子 i，是合数
    }
    return 1; // x 没有 2 ~ n-1 的因子，是素数
}

int main() {
    int n, ans;
    cin >> n;
    for (int i = 2; i <= n; i++) {
        ans += is_prime(i);
    }
    cout << ans << endl;
    return 0;
```

    }
- 例题2：最大数

题目描述：

已知：

$$m = \frac{\max(a,b,c)}{\max(a+b,b,c) \times \max(a,b,b+c)}$$

输入 a、b、c，求 m。结果保留3位小数。

数据范围：

a、b、c 在 int 类型的规定范围内。

输入样例：

1 2 3

输出样例：

0.200

分析：

将 fmax(a, b) 定义成一个函数，用来求 a、b 中的最大值。将 pmax(a, b, c) 定义成一个函数，用来求 a、b、c 中的最大值。pmax() 函数的值通过 fmax() 函数的值求得。

参考代码：

```
#include <bits/stdc++.h>
using namespace std;

int fmax(int a, int b) {
    return a > b ? a : b;
}

int pmax(int a, int b, int c) {
    return fmax(a, fmax(b, c));
}

int main() {
    int a, b, c;
    cin >> a >> b >> c;
    printf("%.3f\n", 1.0 * pmax(a, b, c) / (pmax(a + b, b, c) * pmax(a, b, b + c)));
    return 0;
}
```

- 例题3：哥德巴赫猜想

题目描述：

哥德巴赫猜想的命题之一是：大于6的偶数等于两个素数之和。编写一个程序，将所有偶数表示成两个素数之和。

输出样例：

6=3+3

8=3+5

……

分析:

写一个判断素数的函数 is_prime(int x),然后从小到大将待处理的数拆分,判断拆分的两个数的性质。如果同时是素数,则将此拆分方式输出。

参考代码:

```
#include <bits/stdc++.h>
using namespace std;

int is_prime(int x) {
    for (int i = 2; i * i <= x; i++) {
        if (x % i == 0)
            return 0; // x有因子i,是合数
    }
    return 1; // x 没有 2 ~ n-1 的因子,是素数
}

int main() {
    for (int x = 6; x <= 100; x += 2) {
        for (int i = 2; 2 * i <= x; i++) {
            if (is_prime(i) && is_prime(x - i)) {
                printf("%d = %d + %d\n", x, i, x - i);
            }
        }
    }
    return 0;
}
```

28.6 练习

- 练习 1:区间求和

题目描述:

输入两个整数 l 和 r($1 \leq l \leq r \leq 10000$),请编写一个函数 int sum(int l, int r),计算并输出区间 $[l,r]$ 内所有整数的和。

输入格式:

输入一行,包含两个整数 l 和 r。

输出格式:

输出一行,包含一个整数表示区间 $[l,r]$ 内所有整数的和。

输入样例:

3 5

输出样例:

12

- 练习 2:最小公倍数

题目描述:

输入两个整数 a 和 b($1 \leq a, b \leq 10000$),请编写一个函数 int lcm(int a, int b),计算并输出 a 和 b 的最小公倍数。

输入格式：

输入一行，包含两个整数 a 和 b。

输出格式：

输出一行，包含一个整数，表示 a 和 b 的最小公倍数。

输入样例：

6 8

输出样例：

24

- 练习3：字符菱形

题目描述：

输入一个字符 c 和一个正整数 n（$1 \leq n \leq 10$），请编写一个函数 void diamond(char c, int n)，输出一个由字符 c 组成的菱形，其对角线的字符数为 n。

输入格式：

输入两行，第一行输入一个字符 c，第二行输入一个正整数 n。

输出格式：

输出题目要求的菱形。

输入样例：

*

7

输出样例：

```
   *
  ***
 *****
*******
 *****
  ***
   *
```

第 29 课　函数与递归

29.1 函数调用

所谓函数调用（Function Call）就是使用已经定义好的函数。函数调用的一般形式为：

```
functionName(param1, param2, param3 ...);
```

functionName 是函数名称，"param1, param2, param3 ..."是实参列表。实参可以是常数、变量、表达式等，多个实参用逗号分隔。

在 C 语言中，函数调用的方式有多种，例如：

```
// 函数作为表达式中的一项出现在表达式中
z = max(x, y);
m = n + max(x, y);
// 函数作为一个单独的语句
printf("%d", a);
scanf("%d", &b);
// 函数作为调用另一个函数时的实参
printf("%d", max(x, y));
total(max(x, y), min(m, n));
```

函数不能嵌套定义，但可以嵌套调用，也就是在一个函数的定义或调用过程中允许出现对另一个函数的调用。

例如，计算 sum = 1! + 2! + 3! + ... + (n-1)! + n!。

分析：

可以编写两个函数，一个用来计算阶乘，一个用来计算阶乘累加的和。

参考代码：

```cpp
#include <cstdio>
using namespace std;

// 计算阶乘
long long factorial(int n){
    long long result=1;
    for(int i = 1; i <= n; i++){
        result *= i;
    }
    return result;
}
// 计算阶乘累加的和
long long sum(long long n){
    long result = 0;
    for(int i = 1; i <= n; i++){
        // 在定义过程中出现嵌套调用
        result += factorial(i);
    }
    return result;
}
int main(){
    printf("1!+2!+...+9!+10!=%ld\n",sum(10));
```

```
        // 在调用过程中出现嵌套调用
        return 0;
}
```

运行结果：

```
1!+2!+...+9!+10! = 4037913
```

sum() 的定义过程中出现了对 factorial() 的调用，printf() 的调用过程中出现了对 sum() 的调用，而 printf() 又被 main() 调用，它们的调用关系为：

```
main() --> printf() --> sum() --> factorial()
```

如果在一个函数 A() 的定义或调用过程中出现了对另一个函数 B() 的调用，那么我们就称 A() 为主调函数或主函数，称 B() 为被调函数。

当主调函数遇到被调函数时，主调函数会暂停，CPU 转而执行被调函数中的代码；被调函数执行完毕后再返回主调函数，主调函数根据刚才的状态继续往下执行。

一个 C 语言程序的执行过程可以认为是多个函数之间相互调用的过程，它们形成了一个或简单或复杂的调用链条。这个链条的起点是 main()，终点也是 main()。当 main() 函数调用完所有的函数后，它会返回一个值（例如 return 0;）来结束自己的生命，从而结束整个程序。

函数是一个可以重复使用的代码块，CPU 会一条一条地执行其中的代码，当遇到函数调用时，CPU 首先要记录当前代码块中下一条代码的地址（假设地址为 0X1000），然后跳转到另一个代码块，执行完毕后再回来继续执行 0X1000 处的代码。整个过程相当于 CPU 开了一个小差，暂时放下手中的工作去做别的事情，做完了再继续刚才的工作。

从上面的分析可以推断出，在所有函数之外进行加减乘除运算、使用 if...else 语句、调用其他函数等都是没有意义的，这些代码位于函数的调用链条之外，永远都不会被执行。C 语言也禁止出现这种情况，否则会报语法错误。请看下面的代码：

```
#include <cstdio>
using namespace std;

int a = 10, b = 20, c;
// 错误：不能出现加减乘除运算
c = a + b;
// 错误：不能出现对其他函数的调用
printf("Hello World!!");

int main() {
    return 0;
}
```

29.2 函数声明及函数原型

C 语言代码由上到下依次执行，原则上函数定义要出现在函数调用之前，否则就会报错。但在实际开发中，经常会在函数定义之前使用它们，这时就需要提前声明。

函数声明的格式非常简单，相当于去掉函数定义中的函数体，并在最后加上分号（;），示例如下：

```
dataType functionName( dataType1 param1, dataType2 param2 ... );
```

也可以不写形参，只写数据类型：

```
dataType functionName( dataType1, dataType2 ... );
```

函数声明给出了函数名、返回值类型、参数列表（重点是参数类型）等，称为函数原型（Function prototype）。函数原型的作用是告诉编译器与该函数有关的信息，让编译器知道函数的存在及其存在的形式，即使函数暂时没有定义，编译器也知道如何使用它。

有了函数声明，函数定义就可以出现在任何地方了，甚至是其他文件、静态链接库、动态链接库等地方。

下面来看一个例子。

定义一个函数 sum()，计算从 m 加到 n 的和，并将 sum() 的定义放到 main() 后面。代码如下：

```cpp
#include <cstdio>
using namespace std;

// 函数声明
int sum(int m, int n); // 也可以写作 int sum(int, int);
int main(){
    int begin = 5, end = 86;
    int result = sum(begin, end);
    printf("The sum from %d to %d is %d\n", begin, end, result);
    return 0;
}
// 函数定义
int sum(int m, int n) {
    int sum = 0;
    for (int i = m; i <= n; i++) {
        sum += i;
    }
    return sum;
}
```

我们在 main() 函数中调用了 sum() 函数，编译器虽然没有在它前面发现函数定义，但是发现了函数声明，这样编译器就知道函数怎么使用了，至于函数体到底是什么，暂时可以不用操心，后续再把函数体补上即可。

我们再来看一个例子。

定义两个函数，计算 $1! + 2! + 3! + ... + (n-1)! + n!$ 的值。代码如下：

```cpp
#include <cstdio>
using namespace std;

// 函数声明
long long factorial(int n); // 也可以写作 long long factorial(int);
long long sum(long long n); // 也可以写作 long long sum(long long);
int main(){
    printf("1!+2!+...+9!+10! = %ld\n", sum(10));
    return 0;
}
// 函数定义
// 求阶乘
long long factorial(int n){
```

```
        long long result = 1;
        for (int i = 1; i <= n; i++) {
            result *= i;
        }
        return result;
    }
    // 求阶乘累加的值
    long long sum(long long n)
    {
        long long result = 0;
        for (int i = 1; i <= n; i++) {
            result += factorial(i);
        }
        return result;
    }
```

运行结果:

```
1!+2!+...+9!+10! = 4037913
```

初学者编写的代码都比较简单，顶多几百行，完全可以放在一个源文件中。对于单个源文件程序，通常将函数定义放到 main() 的后面，将函数声明放到 main() 的前面，这样能使代码结构清晰明了、主次分明。

使用者往往只关心函数的功能和函数的调用形式，很少关心函数的实现细节，将函数定义放在最后，能尽量屏蔽不重要的信息，凸显关键信息。将函数声明放到 main() 的前面，在定义函数时也不用关注它们的定义顺序，哪个函数先定义，哪个函数后定义都没有影响。

然而在实际开发中，代码往往都有几千行、上万行，如果将这些代码都放在一个源文件中，那么简直是灾难，不但检索麻烦，打开文件也很慢，所以必须将这些代码分散到多个文件中。对于多个文件的程序，通常将函数定义放到源文件（.c 文件）中，将函数声明放到头文件（.h 文件）中，使用函数时引入对应的头文件即可，编译器会在链接阶段找到函数体。

前面我们在使用 printf()、puts()、scanf() 等函数时引入了 stdio.h 头文件，很多初学者认为 stdio.h 中包含了函数定义（也就是函数体），只要有头文件就能运行。其实不然，头文件中包含的是函数声明，而不是函数定义，函数定义都放在了源文件中，这些源文件已经提前编译好了，并以动态链接库或静态链接库的形式存在，如果只有头文件没有系统库，则在链接阶段就会报错，程序根本不能运行。

函数原型给出了使用该函数的所有细节，当我们不知道如何使用某个函数时，需要查找的是它的原型，而不是它的定义，我们往往不关心它的实现。

29.3 变量的作用域

所谓作用域（Scope），就是变量的有效范围，明确了变量可以在哪个范围内使用。比如，有些变量可以在所有代码文件中使用，有些变量只能在当前文件中使用，有些变量只能在函数内部使用，有些变量只能在 for 循环内部使用。

29.3.1 局部变量与全局变量

1. 局部变量

定义在函数内部的变量称为局部变量（Local Variable），它的作用域仅限于函数内部，离开函数后就是无效的，再使用就会报错。例如：

```
int f1(int a) {
    int b, c; // a、b、c 仅在函数 f1() 内有效
    return a + b + c;
}
int main() {
    int m, n; // m、n 仅在函数 main() 内有效
    return 0;
}
```

关于以上代码，有几点说明：

（1）在 main() 函数中定义的变量也是局部变量，只能在 main() 函数中使用；同时，在 main() 函数中不能使用在其他函数中定义的变量。main() 函数也是一个函数，与其他函数地位平等。

（2）形参变量、在函数体内定义的变量都是局部变量。实参给形参传值的过程就是给局部变量赋值的过程。

（3）可以在不同的函数中使用相同的变量名，它们表示不同的数据，被分配不同的内存，互不干扰，也不会发生混淆。

（4）在语句块中也可以定义变量，它的作用域只限于当前语句块。

2. 全局变量

在所有函数外部定义的变量称为全局变量（Global Variable），它的作用域默认是整个程序，也就是所有的文件，包括 .c 文件和 .h 文件。例如：

```
int a, b; // 全局变量
void func1() {
    // TODO:
}
float x, y; // 全局变量
int func2() {
    // TODO:
}
int main() {
    // TODO:
    return 0;
}
```

a、b、x、y 都是在函数外部定义的全局变量。C 语言代码是从前往后依次执行的，由于 x、y 定义在函数 func1() 之后，因此其在 func1() 内无效；而 a、b 定义在程序的开头，所以在 func1()、func2() 和 main() 内都有效。

29.3.2 块级变量

所谓代码块，就是由花括号（{}）包裹起来的代码。代码块在 C 语言中随处可见，例如函数体、选择结构、循环结构等。不包含代码块的 C 语言程序根本不能运行，即使最简单的 C 语言程序也要包含代码块。

C 语言允许在代码块内部定义变量，即块级变量，这样的变量具有块级作用域；换句话说，在代码块内部定义的变量只能在代码块内部使用，出了代码块就无效了。

C 语言还允许出现单独的代码块，它也是一个作用域。例如：

```
#include <cstdio>
```

```
using namespace std;

int main(){
    int n = 22;  // 编号 1
    // 由 { } 包裹的代码块
    {
        int n = 40;  // 编号 2
        printf("block n: %d\n", n);
    }
    printf("main n: %d\n", n);

    return 0;
}
```

运行结果：

```
block n: 40
main n: 22
```

这里有两个 n，它们位于不同的作用域，不会产生命名冲突。{ } 的作用域比 main() 更小，{ } 内部的 printf() 使用的是编号为 2 的 n，main() 内部的 printf() 使用的是编号为 1 的 n。

每个 C 语言程序都包含了多个作用域，不同的作用域中可以出现同名的变量，C 语言会按照从小到大的顺序一层一层地去父级作用域中查找变量，如果在顶层的全局作用域中未找到这个变量，就会报错。总结来说，子级作用域的变量会屏蔽父级作用域的变量。

29.4 递归函数

一个函数在它的函数体内调用它自身称为递归调用，这种函数称为递归函数。执行递归函数将反复调用其自身，每调用一次就进入新的一层，当最内层的函数执行完毕后，再一层一层地由里到外退出。

下面我们通过一个求阶乘的例子来看看递归函数到底是如何执行的。阶乘 $n!$ 的计算公式如下：

$$n! = \begin{cases} 1 & (n = 0, 1) \\ n \times (n-1)! & (n > 1) \end{cases}$$

根据公式编写如下代码：

```
#include <cstdio>
using namespace std;

// 求 n 的阶乘
long factorial(int n){
    if (n == 0 || n == 1) {
        return 1;
    } else {
        return factorial(n - 1) * n;  // 递归调用
    }
}
int main() {
    int a;
    printf("Input a number: ");
```

```
        scanf("%d", &a);
        printf("Factorial(%d) = %ld\n", a, factorial(a));
        return 0;
    }
```

运行结果：

```
Input a number: 5
Factorial(5) =  120
```

factorial() 就是一个典型的递归函数。调用 factorial() 后即进入函数体，只有当 n==0 或 n==1 成立时函数才会结束执行，否则就一直调用它自身。

由于每次调用的实参均为 n-1，即把 n-1 的值赋给形参 n，因此每次递归调用实参的值都会减 1，直到 n-1 的值为 1 时再进行递归调用，形参 n 的值也为 1，递归终止，逐层退出。

要想理解递归函数，重点是理解它是如何逐层进入，又是如何逐层退出的，下面我们以 5! 为例进行讲解。

29.4.1 递归的进入

递归的进入过程如下。

（1）求 5!，即调用 factorial(5)。当进入 factorial() 函数体后，因为形参 n 的值为 5，不等于 0 或 1，所以执行 factorial(n-1) * n，即执行 factorial(4) * 5。为了求得这个表达式的结果，必须先调用 factorial(4)，并暂停其他操作。换句话说，在得到 factorial(4) 的结果之前，不能进行其他操作。这就是第一次递归。

（2）调用 factorial(4) 时，实参为 4，形参 n 的值为 4，不等于 0 或 1，所以会继续执行 factorial(n-1) * n，即执行 factorial(3) * 4。为了求得这个表达式的结果，又必须先调用 factorial(3)。这就是第二次递归。

（3）以此类推，进行四次递归调用后，实参的值为 1，会调用 factorial(1)。此时能够直接得到表达式的值为 1，并返回结果，就不需要再次调用 factorial() 函数了，递归结束。

表 29-1 列出了递归逐层进入的过程。

表 29-1

层数	实参/形参	调用形式	需要计算的表达式	需要等待的结果
1	n=5	factorial(5)	factorial(4) * 5	factorial(4) 的结果
2	n=4	factorial(4)	factorial(3) * 4	factorial(3) 的结果
3	n=3	factorial(3)	factorial(2) * 3	factorial(2) 的结果
4	n=2	factorial(2)	factorial(1) * 2	factorial(1) 的结果
5	n=1	factorial(1)	1	无

29.4.2 递归的退出

当递归进入最内层的时候，递归就结束了，接下来要开始逐层退出，也就是逐层执行 return 语句，过程如下。

（1）n 的值为 1 时达到最内层，此时 return 语句的结果为 1，即 factorial(1) 的调用结果为 1。

（2）有了 factorial(1) 的结果，就可以返回上一层计算 factorial(1)* 2 的值了。此时得到的值为 2，return 语句的结果也为 2，即 factorial(2) 的调用结果为 2。

（3）以此类推，当得到 factorial(4) 的调用结果后，就可以返回顶层。经计算，factorial(4) 的结果为 24，那么表达式 factorial(4) * 5 的结果则为 120，此时 return 语句的结果也为 120，即 factorial(5) 的调用结果为 120，这样就得到了 5! 的值。

表 29-2 列出了递归逐层退出的过程。

表 29-2

层次	调用形式	需要计算的表达式	从内层递归得到的结果	表达式的值
5	factorial(1)	1	无	1
4	factorial(2)	factorial(1)* 2	factorial(1) 的返回值，也就是 1	2
3	factorial(3)	factorial(2)* 3	factorial(2) 的返回值，也就是 2	6
2	factorial(4)	factorial(3)* 4	factorial(3) 的返回值，也就是 6	24
1	factorial(5)	factorial(4)* 5	factorial(4) 的返回值，也就是 24	120

至此，我们已经对递归函数 factorial() 的进入和退出过程做了深入的讲解，把看似复杂的调用细节逐一呈献给大家，即使你是初学者，相信你也能解开谜团。

29.4.3 递归的条件

每一个递归函数都应该只进行有限次的递归调用，否则就会进入死胡同，永远也不能退出，这样的程序是没有意义的。

要想让递归函数逐层进入再逐层退出，需要满足两个条件。

- 存在限制条件，当符合这个条件时递归便不再继续。对于 factorial()，当形参 n 等于 0 或 1 时，递归就结束了。
- 每次递归调用后越来越接近这个限制条件。对于 factorial()，每次递归调用的实参为 n - 1，这会使形参 n 的值逐渐减小，越来越趋近于 1 或 0。递归的参数更改是逼向递归结束的条件。

29.5 整体理解函数

从整体上看，C 语言代码是由一个个函数构成的，除了定义和说明类的语句（例如变量定义、宏定义、类型定义等）可以放在函数外部，所有具有运算或逻辑处理能力的语句（例如加减乘除、if...else、for、函数调用等）都要放在函数内部。

在所有的函数中，main() 均是入口函数，有且只能有一个，C 语言程序就是从这里开始运行的。

C 语言不但提供了丰富的库函数，还允许用户定义自己的函数。每个函数都是一个可以重复使用的模块，通过模块间的相互调用有条不紊地实现复杂的功能。可以说，C 语言程序的全部工作都是由各式各样的函数完成的，函数就好比一个个零件，组合在一起构成一台功能强大的机器。

29.6 例题

- 例题 1:转进制

题目描述:
用递归算法将一个十进制数 X 转换成 M 进制数。

数据范围:
$M \leq 16$

输入样例:
31 16

输出样例:
1F

分析:
利用短除法的规律,当商为 0 时,递归结束,并开始输出余数。当余数 ≥ 10 的时候,用 A,B,…来表示余数。

参考代码:

```cpp
#include <bits/stdc++.h>
using namespace std;

void dx(int x, int m) {
    if (x == 0)
        return;

    dx(x / m, m);
    if (x % m >= 10) {
        cout << char(x % m - 10 + 'A');
    } else cout << x % m;
}

int main() {
    int x, m;
    cin >> x >> m;
    dx(x, m);
    return 0;
}
```

- 例题 2:求 $f(x,n)$

题目描述:
已知:

$$f(x,n) = \cfrac{x}{n+\cfrac{x}{(n-1)+\cfrac{x}{(n-2)+\cdots}}}$$

$$+\cfrac{x}{1+x}$$

用递归函数求解，结果保留两位小数。

数据范围：

$1 \leq x, n \leq 10000$

输入格式：

输入两个数，第一数是 x 的值，第二个数是 n 的值。

输入样例：

1 2

输出样例：

0.40

分析：

通过观察可以发现：$f(n, x) = \dfrac{x}{n+f(n-1,x)}$，当 $n = 0$ 时，值为 x，函数结束。

参考代码：

```cpp
#include <bits/stdc++.h>
using namespace std;

double f(int n, int x) {
    if (n == 0) return x;
    return n + f(n - 1, x);
}

int main() {
    int x, n;
    cin >> x >> n;
    printf("%.2f\n", f(x, n));
    return 0;
}
```

29.7 练习

- 练习 1：递归求和

题目描述：

用递归的方法求 $1 + 2 + \cdots + n$ 的值。

输入格式：

一个正整数 n。

输出格式：

一个正整数，即求和结果。

输入样例：

10

输出样例：

55

数据范围：

$n \leq 10^6$

- 练习2：递归求斐波那契数列

题目描述：
用递归函数输出斐波那契数列的第 n 项。

输入格式：
一个正整数 n。

输出格式：
斐波那契数列第 n 项的值。

输入样例：
5

输出样例：
5

数据范围：
$n \leq 100$

- 练习3：字符串逆序输出

题目描述：
输入一串以"!"结束的字符，按逆序输出。

输入样例：
123!

输出样例：
321

数据范围：
字符串长度 $\leq 10^6$

- 练习4：求 $f(x, n)$

题目描述：
设

$$f(x, n) = \sqrt{n + \sqrt{(n-1) + \sqrt{(n-2) + \sqrt{\ldots + \sqrt{2 + \sqrt{1 + x}}}}}}$$

求 $f(x, n)$ 的值。

输入格式：
输入实数 x 和整数 n。

输出格式：
$f(x, n)$ 的值，结果保留两位小数。

输入样例：
4.2 10

输出样例：
3.68

数据范围：
$x, n \leq 100$

第 30 课　函数的综合应用

本课我们通过例题和练习，强化大家对函数的理解。

30.1 例题

- 例题 1：最大值 / 最小值

题目描述：

编写一个程序，从数据中求出最大值、最小值及其相应的序号，并输出结果。要求使用一维数组，并把求 n 个数的最大值、最小值及其相应序号的程序写成一个函数。

输入格式：

输入两行，第一行为一个整数 n，表示有 n 个数，第二行为 n 个整数，意义如上所述。

输出格式：

输出四个数，分别表示最大值、最大值的序号、最小值、最小值的序号。

输入样例：

5

5 4 2 3 1

输出样例：

5 1 1 5

分析：

用传引用的方式，将最大值 / 最小值与其对应的序号传递回主调函数。

参考代码：

```
void fmax(int &x, int &xpos, int n) {
    x = a[1];
    xpos = 1;
    for (int i = 2; i <= n; i++) {
        if (a[i] > x)
            x = a[i], xpos = i;
    }
}

void fmin(int &x, int &xpos, int n) {
    x = a[1];
    xpos = 1;
    for (int i = 2; i <= n; i++) {
        if (a[i] < x)
            x = a[i], xpos = i;
    }
}

int main() {
    int n;
    cin >> n;
    for (int i = 1; i <= n; i++) cin >> a[i];
    int mx, mxpos, mn, mnpos;
```

```
    fmax(mx, mxpos, n);
    fmin(mn, mnpos, n);
    cout << mx << ' ' << mxpos << ' ' << mn << ' ' << mnpos << endl;
    return 0;
}
```

- 例题 2：计算距离

题目描述：

编写程序提示用户输入空间中的两个坐标点，然后调用一个函数计算两点间的距离。

输入格式：

输入四个数，分别代表第一个点的横、纵坐标值，以及第二个点的横、纵坐标值。

输出格式：

输出一个数，表示这两个点间的距离，结果保留两位小数。

输入样例：

2 2 0 0

输出样例：

2.83

分析：

计算两点间的距离，用勾股定理。

参考代码：

```
double dis(double x1, double y1, double x2, double y2) {
    return sqrt((x1 - x2) * (x1 - x2) + (y1 - y2) * (y1 - y2));
}
```

- 例题 3：Pell 数列

题目描述：

描述 Pell 数列 $a_1, a_2, a_3, \cdots$ 的定义是这样的：$a_1 = 1, a_2 = 2, \cdots, a_n = 2a_{n-1} + a_{n-2}$（$n > 2$）。给出一个正整数 k，求 Pell 数列的第 k 项对 32767 取模的结果。

输入格式：

输入一个正整数 $k(1 \leq k < 100)$。

输出格式：

输出一个非负整数。

输入样例：

8

输出样例：

408

分析：

根据 Pell 数列的定义，按递推公式进行计算。需要注意在计算的时候对结果取模。

参考代码：

```
const int M = 32767;
int pell(int n){
    if (n == 1 || n == 2)
```

```
        return n;
    return (2 * pell(n - 1) + pell(n - 2)) % M;
}
```

30.2 练习

- 练习 1：最大公约数

题目描述：

输入两个正整数，利用辗转相除法，编写一个求它们的最大公约数的函数。

输入格式：

输入一行，两个正整数。

输出格式：

输出一行，两个正整数的最大公约数。

输入样例：

24 36

输出样例：

12

- 练习 2：哥德巴赫猜想

题目描述：

哥德巴赫猜想之一是，任何大于 5 的奇数都可以被表示为 3 个素数的和。现在生成了 10 个大于 5 的奇数，请编程验证这一猜想。

输入格式：

输入 10 行，每行一个数，表示随机生成的奇数。

输出格式：

输出 10 行，每行表示随机生成的奇数用素数相加表示的方法，如果有多种表示方法，按字典序输出最小的那个。

输入样例：

7
21
35
19
33
57
91
87
65
71

输出样例：

7=2+2+3
21=2+2+17

35=2+2+31
19=3+3+13
33=2+2+29
57=2+2+53
91=3+5+83
87=2+2+83
65=2+2+61
71=2+2+67

- 练习 3：倒序输出

题目描述：

有一个英文句子，由英文句号（.）结束。编写一个递归函数，倒序输出这个句子。

输入格式：

输入一行，一个长度不超过 1000 个字符的英文句子。

输出格式：

输出一行，倒过来的句子（不用输出句号）。

输入样例：

Nice to meet you.

输出样例：

uoy teem ot eciN

- 练习 4：最小公倍数

题目描述：

输入两个正整数，编写一个递归函数，求它们的最小公倍数。

输入格式：

输入一行，两个正整数。

输出格式：

输出一行，一个数，为输入的两个正整数的最小公倍数。

输入样例：

4 6

输出样例：

12

第 31 课 结构体与联合

31.1 结构体与类

C 语言的结构体（Struct）从本质上讲是一种自定义的数据类型，只不过这种数据类型比较复杂，是由 int、char、float 等基本类型构成的。可以认为结构体是一种聚合类型。

我们可以将一组类型不同的，但是用来描述同一个事物的变量放到结构体中。例如，在校学生有姓名、年龄、身高、成绩等属性，有了结构体后，我们就不需要再定义多个变量了，可以将它们都放到结构体中统一进行操作。

31.1.1 结构体定义

结构体的定义格式如下：

```
struct 结构体名 {
    结构体所包含的变量或数组
};
```

结构体是一个集合，里面包含多个变量或数组，它们的类型可以相同，也可以不同，这样的变量或数组被称为结构体的成员（Member）。

请看下面的示例：

```
struct stu {
    char name[23];  // 姓名
    int num, age;   // 学号、年龄
    double score;   // 成绩
};
```

stu 为结构体名，它包含 4 个成员，分别是 name、num、age、score。结构体成员的定义方式与变量和数组的定义方式相同，只是不能初始化。

注意，花括号后面的分号(;)不能少，这是一条完整的语句。

结构体也是一种数据类型，它由程序员自己定义，可以包含多个其他类型的数据。int、double、char 等是由 C 语言本身提供的数据类型，不能再进行分拆，我们称之为基本数据类型；而结构体可以包含多个基本类型的数据，也可以包含其他的结构体，我们将它称为复杂数据类型或构造数据类型。

31.1.2 结构体变量

既然结构体是一种数据类型，那么就可以用它来定义变量。例如：

```
struct stu stu1, stu2;
```

上述语句定义了两个变量 stu1 和 stu2，它们都是 stu 类型的。在 C 语言标准中，关键字 struct 不能少。在 C++ 标准中，struct 在定义结构体变量的时候可以省略。

stu 就像一个"模板"，定义的变量都具有相同的性质。也可以将结构体比作"图纸"，将结构体变量比作"零件"，根据同一张图纸生产出来的零件的特性都是一样的。

也可以在定义结构体的同时定义结构体变量，将变量放在结构体定义的最后即可：

```
struct stu {
    char name[23];     // 姓名
```

```
    int num, age;           // 学号、年龄
    double score;           // 成绩
} stu1, stu2;
```

如果只需要 stu1、stu2 两个变量，后面不需要再使用结构体名定义其他变量，那么在定义时也可以不给出结构体名，示例如下：

```
struct {  // 没有写 stu
    char name[23];          // 姓名
    int num, age;           // 学号、年龄
    double score;           // 成绩
} stu1, stu2;
```

这样一来书写更加简单，但是因为没有结构体名，后面就没法用该结构体定义新的变量了。

31.1.3 成员的获取和赋值

结构体和数组类似，也是一组数据的集合。数组使用索引获取获取单个元素，结构体使用点号（.）获取单个成员。

在 C++ 中，相同的结构体变量可以相互直接赋值。获取结构体成员的一般格式为：

```
结构体变量名 . 成员名
```

通过这种方式可以获取成员的值，也可以给成员赋值。示例如下：

```
#include <cstdio>
int main() {
    struct {
        char name[23];          // 姓名
        int num, age;           // 学号、年龄
        double score;           // 成绩
    } stu1;

    // 给结构体成员赋值
    stu1.name = "Tom" ;
    stu1.num = 12;
    stu1.age = 18;
    stu1.score = 136.5;
    // 获取结构体成员的值
    printf("%s 的学号是%d, 年龄是%d, 今年的成绩是%.1f!\n", stu1.name, stu1.num, stu1.age,
    return 0;
}
```

运行结果：

```
Tom 的学号是12, 年龄是18, 今年的成绩是 136.5!
```

除了可以对成员逐一赋值，还可以在定义时整体赋值，例如：

```
struct{
    char name[23];          // 姓名
    int num, age;           // 学号、年龄
    double score;           // 成绩
} stu1, stu2 = { "Tom" , 12, 18, 136.5 };
```

整体赋值仅限于定义结构体变量的场景，在使用过程中只能对成员逐一赋值，或者用相

同类型的结构体变量进行赋值（C 语言标准不支持）。

需要注意的是，结构体是一种自定义的数据类型，是创建变量的模板，不占用内存空间；结构体变量才包含实实在在的数据，需要内存空间来存储。

31.1.4 结构体数组

结构体虽然是自定义的类型，包含了很多内容，但它也符合基本类型的概念，可以用来定义数组。

结构体数组包含了若干个相同的结构体类型变量，且这些变量被存放在一块连续的内存空间中。例如，计算全班学生的总成绩、平均成绩及 140 分以下的人数，示例如下：

```
#include <cstdio>
struct {
    char name[23]; // 姓名
    int num, age;  // 学号、年龄
    double score;  // 成绩
}
class[] = {
    {"Li ping", 5, 18, 145.0},
    {"Zhang ping", 4, 19, 130.5},
    {"He fang", 1, 18, 148.5},
    {"Cheng ling", 2, 1-7, 139.0},
    {"Wang ming", 3, 17, 144.5}};

int main() {
    int num_140 = 0;
    float sum = 0;
    for (int i = 0; i < 5; i++) {
        sum += class[i].score;
        if (class[i].score < 140)
            num_140++;
    }
    printf("sum=%.2f\naverage=%.2f\nnum_140=%d\n", sum, sum / 5, num_140);
    return 0;
}
```

运行结果：

```
sum=707.50
average=141.50
num_140=2
```

31.1.5 结构体指针

结构体指针是指向结构体变量的指针，它可以用于访问和修改结构体的成员。使用结构体指针可以减少对结构体变量的复制操作，提高程序的运行效率。

以下是一个结构体指针的使用示例：

```
#include <iostream>
#include <string>
using namespace std;
```

```cpp
struct Person {
    string name;
    int age;
};

int main() {
    Person p1; // 定义一个结构体变量 p1
    p1.name = "Alice";
    p1.age = 25;

    Person *p2; // 定义一个结构体指针 p2

    p2 = &p1; // 让 p2 指向 p1

    cout << "Name: " << p2->name << endl;
    // 通过指针访问结构体成员，使用箭头操作符 ->
    cout << "Age: " << (*p2).age << endl;
    // 通过指针访问结构体成员，使用解引用和点操作符

    p2->name = "Bob"; // 通过指针修改结构体成员
    (*p2).age = 30;   // 通过指针修改结构体成员

    cout << "Modified name: " << p1.name << endl;
    // 结构体变量 p1 的成员已被修改
    cout << "Modified age: " << p1.age << endl;

    return 0;
}
```

在上述示例中，首先定义了一个 Person 结构体，包含姓名和年龄两个成员变量。然后，在 main() 函数中首先定义了一个结构体变量 p1 并对其成员进行初始化，接着定义了一个指向 Person 结构体的指针 p2，让 p2 指向 p1，可以通过指针访问和修改 p1 的成员。

在输出部分，使用 p2->name 和 (*p2).age 分别访问了 p1 的姓名和年龄。然后，通过指针修改了 p1 的成员。最后，输出 p1 的成员，可以看到 p1 的成员已经被修改。

需要注意的是，通过指针修改结构体成员时，可以直接使用箭头操作符 -> 来访问和修改成员，也可以使用解引用和点操作符 (*p2).age。这两种方式的效果是一样的，选择一种更符合个人习惯的方式即可。

结构体指针在 C++ 中非常常用，特别是在处理动态分配的结构体内存时。通过结构体指针，可以方便地访问和修改结构体的成员，在函数间传递结构体的引用时也不需要进行大量的复制操作。

31.1.6 类

C++ 除了支持结构体，还支持类。在工程中，一般用 struct 定义"纯数据"的类型，只包含较少的辅助成员函数，而用 class 定义"拥有复杂行为"的类型。在算法竞赛中一般使用 struct 就足够了，下面介绍的成员变量、成员函数、构造函数等在 C++ 结构体中新增的概念同样适用于类。

举个例子，请看以下代码：

```cpp
#include <iostream>
```

```
using namespace std;

struct Point {
    int x, y;
    Point(int x = 0, int y = 0) : x(x), y(y) {}
};

Point operator+(const Point &A, const Point &B) {
    return Point(A.x + B.x, A.y + B.y);
}

ostream &operator<<(ostream &out, const Point &P) {
    out << "(" << p.x << "," << p.y << ")";
    return out;
}

int main() {
    Point a, b(1, 2);
    a.x = 3;
    cout << a + b << endl;
    return 0;
}
```

关于以上代码，说明如下。

（1）结构体 Point 中定义了一个函数，函数名也是 Point，但没有返回值。这样的函数称为构造函数。构造函数在声明变量时被调用，例如，声明 Point a, b(1, 2) 时，分别调用了 Point() 和 Point(1, 2)。

（2）构造函数的两个参数都取默认值 0。如果没有指明两个参数的值，就按 0 处理，因此 Point() 相当于 Point(0, 0)。

（3）:x(x), y(y) 是一种简单写法，表示"把成员变量 x 初始化为参数 x, 把成员变量 y 初始化为参数 y。也可以写成 Point(int x = 0, int y = 0) { this -> x = x, this -> y = y; }，这里的 this 是指向当前对象的指针。this->x 表示"当前对象的成员变量 x"。

（4）重载加法运算符，可以实现结构体的加法。

（5）重载输出流，可以输出结构体类型。

31.2 联合

在 C++ 中，联合（Union）是一种特殊的数据类型，它允许在相同的内存位置存储不同的数据类型。与结构体不同，联合中的所有成员共享相同的内存空间，只能同时存储其中一个成员的值。这意味着联合的大小将取决于其最大成员的大小。

联合的基本语法格式如下：

```
union UnionName {
    member1_type member1_name;
    member2_type member2_name;

    // ...
};
```

对于以上格式，说明如下。

（1）UnionName：联合的名称，可以根据需要自定义。

（2）member1_type、member2_type：联合成员的数据类型，可以是任何合法的 C++ 数据类型。

（3）member1_name、member2_name：联合成员的名称，可以根据需要自定义。

联合的主要特点如下。

（1）内存共享：联合的成员共享相同的内存空间，只能同时存储其中一个成员的值。修改一个成员的值会影响其他成员。

（2）大小取决于最大成员：联合的大小取决于其最大成员的大小。

（3）只能访问一个成员：在任何给定的时间，只能访问联合中的一个成员。访问其他成员会导致行为未定义的错误。

（4）节省内存：联合可以用于在不同数据类型之间共享内存，节省内存空间。

下面是一个使用联合的示例：

```cpp
#include <iostream>
using namespace std;

union MyUnion {
    int i;
    float f;
    char c;
};

int main() {
    MyUnion u;

    u.i = 42;
    cout << "Value of i: " << u.i << endl;

    u.f = 3.14;
    cout << "Value of f: " << u.f << endl;

    u.c = 'A';
    cout << "Value of c: " << u.c << endl;

    return 0;
}
```

在上面的示例中，我们定义了一个名为 MyUnion 的联合，其中包含一个整数 i、一个浮点数 f 和一个字符 c。可以通过修改联合的成员来存储不同类型的值，并让相应的成员来访问这些值。

需要注意的是，联合的使用需要谨慎，应确保正确地操作或访问联合的成员。如果不正确地访问联合的成员，则可能会导致数据损坏或行为未定义的情况。

31.3 例题

- 例题 1

```cpp
#include <iostream>
```

```
union Number {
    int i;
    float f;
};

int main(){
    Number num;
    num.i = 10;
    cout << "Integer: " << num.i << endl;
    num.f = 3.14;
    cout << "Float: " << num.f << endl;
    cout << "Integer: " << num.i << endl;

    return 0;
}
```

上述代码定义了一个联合 Number，它包含一个整数成员 i 和一个浮点数成员 f。在 main() 函数中，首先将整数成员 i 赋值为 10，并输出该整数。然后将浮点数成员 f 赋值为 3.14，并输出该浮点数。最后再次输出整数成员 i，可以看到它的值发生了改变。这是因为联合的成员共享同一块内存空间，给一个成员赋值会影响其他成员的值。

- 例题 2

```
#include <iostream>

union Shape {
    int width;
    int height;
};

int main(){
    Shape shape;
    shape.width = 10;
    cout << "Width: " << shape.width << endl;
    shape.height = 20;
    cout << "Width: " << shape.width << endl;
    cout << "Height: " << shape.height << endl;

    return 0;
}
```

上述代码定义了一个联合 Shape，它包含一个整型宽度成员 width 和一个整型高度成员 height。在 main() 函数中，首先将宽度成员 width 赋值为 10，并输出该宽度。然后将高度成员 height 赋值为 20，并输出宽度和高度。可以看到，给一个成员赋值会影响另一个成员的值。

- 例题 3

```
#include <iostream>

union Data {
    int i;
```

```
        float f;
        char c;
    };

    int main() {
        Data data;
        data.i = 65;
        cout << "Integer: " << data.i << endl;
        cout << "Float: " << data.f << endl;
        cout << "Char: " << data.c << endl;

        return 0;
    }
```

上述代码定义了一个联合 Data，它包含一个整数成员 i、一个浮点数成员 f 和一个字符成员 c。在 main() 函数中，首先将整数成员 i 赋值为 65，并输出该整数。然后分别输出浮点数成员和字符成员的值。可以看到，联合的成员共享同一块内存空间，当一个成员被赋值后，其他成员的值也可能变得不可预测。

31.4 练习

- 练习 1：按分数排序

题目描述：
对 n 个学生的成绩进行排序，按照分数从高到低的规则。

输入格式：
输入第一行包含一个整数 n，表示学生的数量。接下来的 n 行，每行包含一个学生的姓名和成绩，中间用一个空格分隔。

输出格式：
输出 n 行，每行包含一个学生的姓名和成绩，中间用一个空格分隔。

输入样例：
4
Alice 85
Bob 92
Charlie 78
David 90

输出样例：
Bob 92
David 90
Alice 85
Charlie 78

数据范围：
$1 \leq n \leq 1000$，$0 \leq 成绩 \leq 100$。

- 练习 2：年龄最大的人 1

题目描述：

找出 n 个人中年龄最大的人。输出他的姓名和年龄，中间用一个空格分隔。

输入样例：

4

Alice 85

Bob 92

Charlie 78

David 90

输出样例：

Bob 92

数据范围：

$1 \leqslant n \leqslant 1000$，$0 \leqslant$ 年龄 $\leqslant 100$。

- 练习 3：找矩形

题目描述：

找出 n 个矩形中面积最大的矩形。输入矩形的长和宽，用空格分隔。输出面积最大的矩形的长和宽，用空格分隔。

输入样例：

4 4

4 6

3 8

5 5

2 9

输出样例：

5 5

- 练习 4：年龄最大的人 2

题目描述：

找出 n 个人中年龄最大的人。输入姓名、出生年份、性别、出生月份、出生日，以空格分隔。输出他的姓名和年龄，中间用一个空格分隔。假设今天是 2024 年 1 月 1 日。

输入样例：

4

Alice 1990 F 5 10

Bob 1985 M 3 20

Charlie 1995 F 8 15

David 1988 M 12 5

输出样例：

Bob 38

数据范围：

$1 \leqslant n \leqslant 1000$。

第32课 指针

32.1 指针的概念

指针是一种特殊的变量,它存储了一个内存地址,这个地址可以指向存储在计算机内存中的任何数据。通过指针,我们可以访问和修改存储在该地址上的值。

32.2 指针的定义和使用

32.2.1 指针的定义

指针的定义需要指定指针变量的类型,例如 int* ptr 定义了一个指向整型数据的指针变量 ptr。指针变量可以指向任何类型的数据,包括基本数据类型、数组、结构体等。

32.2.2 指针的引用

指针的引用方法是通过取地址操作符 "&" 来获取变量的地址。例如,int num = 10; int* ptr = # 表示将变量 num 的地址赋值给指针变量 ptr。

以下是使用指针的示例:

```c
int num = 10; int* ptr = &num;
printf("num 的值为: %d\n", num);        // 输出: 10
printf("num 的地址为: %p\n", &num);      // 输出: 0x7ffd8dbababc
printf("ptr 的值为: %p\n", ptr);         // 输出: 0x7ffd8dbababc
```

32.3 指针变量的运算

指针变量可以进行运算,包括指针的加法、减法、比较等操作。这些运算是基于指针所指向的数据类型来实现的。

以下是指针运算的示例:

```c
int arr[] = {1, 2, 3, 4, 5};
int *ptr = arr; // 指针指向数组的第一个元素

// 使用指针访问数组元素
printf(" 第一个元素: %d\n", *ptr); // 输出: 1

// 指针运算
ptr++; // 指针向后移动一位
printf(" 第二个元素: %d\n", *ptr); // 输出: 2

// 指针比较
int *end = arr + 4; // 指针指向数组的最后一个元素
while (ptr <= end) {
    printf("%d ", *ptr);
    ptr++;
}
// 输出: 2 3 4 5
```

32.4 数组指针

数组指针是指向数组的指针变量。通过数组指针,我们可以访问和修改数组中的元素。

数组名本身就是数组中第一个元素的地址,因此可以将数组名赋值给指针变量。

以下是使用数组指针的示例:

```c
int arr[] = {1, 2, 3, 4, 5};
int *ptr = arr; // 指针指向数组的第一个元素

// 使用指针访问数组元素
for (int i = 0; i < 5; i++) {
    printf("%d ", *(ptr + i));
}
// 输出: 1 2 3 4 5
```

32.5 字符串指针

字符串指针是指向字符串的指针变量。字符串在内存中以字符数组的形式存在,因此可以通过字符串指针来访问字符串中的字符。

以下是使用字符串指针的示例:

```c
char *str = "Hello, World!";

// 使用指针访问字符串中的字符
while (*str != '\0') {
    printf("%c ", *str);
    str++;
}
// 输出: H e l l o ,   W o r l d !
```

32.6 二级指针

二级指针是指向指针的指针变量。通过二级指针,我们可以访问和修改指针变量的值。

以下是使用二级指针的示例:

```c
int num = 10;
int *ptr1 = &num;
int **ptr2 = &ptr1;

// 使用二级指针访问指针变量的值
printf("%d\n", **ptr2); // 输出: 10

// 修改指针变量的值
int newNum = 20;
*ptr2 = &newNum;
printf("%d\n", *ptr1); // 输出: 20
```

32.7 指针数组

指针数组是一个数组,其中的每个元素都是指针变量。通过指针数组,我们可以存储多个指针,并且可以通过索引访问和操作这些指针。

以下是使用指针数组的示例:

```c
int num1 = 10, num2 = 20, num3 = 30;
int *arr[] = {&num1, &num2, &num3};
```

```
//  使用指针数组访问指针变量的值
for (int i = 0; i < 3; i++) {
    printf("%d ", *arr[i]);
}
// 输出: 10 20 30
```

32.8 函数指针

函数指针是指向函数的指针变量。通过函数指针，我们可以将函数作为参数传递给其他函数，或者将函数赋值给指针变量，然后通过指针变量调用函数。

以下是使用函数指针的示例：

```
int add(int a, int b) {
    return a + b;
}

int multiply(int a, int b) {
    return a * b;
}

int main() {
    int (*funcPtr)(int, int);         // 函数指针的定义

    funcPtr = add;                    // 函数指针指向 add() 函数
    printf("%d\n", funcPtr(2, 3));    // 输出: 5

    funcPtr = multiply;               // 函数指针指向 multiply() 函数
    printf("%d\n", funcPtr(2, 3));    // 输出: 6

    return 0;
}
```

32.9 练习

- 练习 1：求和与积

题目描述：

输入两个不同的数，通过指针对两个数进行相加和相乘操作，并输出两个数的和与积。

输入格式：

输入两个不同的数，用空格分隔。

输出格式：

输出两个数，分别为输入数据的和与积。

输入样例：

2 3

输出样例：

5 6

提示：

```
int main() {
```

```
        int *p = new int, *q = new int;
        cin >> *p >> *q;
        cout << *p + *q << " " << *p * *q << endl;
        return 0;
}
```

- 练习2：双重指针

题目描述：

指针可以指向其他类型，但其本身也是一种数据类型。C++ 允许递归使用指针，即指向指针的指针——双重指针。

输入格式：

输入一个整数。

输出格式：

输出三个数，分别采用直接输出该数、使用指针输出该数、使用双重指针输出该数的形式。

输入样例：

7

输出样例：

7 7 7

- 练习3：三数排序

题目描述：

编写一个函数，对三个整型变量排序，并将三者中的最小值赋给第一个变量，次小值赋给第二个变量，最大值赋给第三个变量。

输入格式：

输入三个整数。

输出格式：

输出三个排好序的整数。

输入样例：

6 3 5

输出样例：

3 5 6

第 33 课 结构体与指针综合应用

结构体和指针是 C++ 中非常重要的内容，需要通过相关的练习来巩固学习。本课我们通过例题和练习，来加深对结构体和指针的理解。

33.1 例题

- 例题 1：最厉害的学生

题目描述：

现有 N（$1 \leq N \leq 1000$）名学生参加了期末考试，并且获得了每名学生的信息：姓名（不超过 8 个字符的字符串）、语文、数学、英语成绩（均为不超过 150 的自然数）。总成绩最高的学生就是最厉害的，请输出最厉害的学生的各项信息（姓名、各科成绩）。如果有多名总成绩相同的学生，则输出靠前的那位。

输入格式：

第一行输入一个正整数 N，表示学生人数。接下来 N 行，每行首先输入一个字符串表示学生姓名，再输入三个自然数分别表示该生的语文、数学、英语成绩。均用空格分隔。

输出格式：

输出最厉害的学生的各项信息。

输入样例：

3
Senpai 114 51 4
Lxl 114 10 23
Fafa 51 42 60

输出样例：

Senpai 114 51 4

分析：

定义一个结构体，包含姓名、总成绩、语文成绩、数学成绩、英语成绩。然后按题意返回符合要求的结构体成员。

参考代码：

```cpp
#include <bits/stdc++.h>
using namespace std;

struct stu {
    string name;
    int yw, ss, yy, zf;
};

int main() {
    int n;
    cin >> n;
    stu s; s.zf = -1;
    for (int i = 1; i <= n; i++) {
        stu t;
```

```
            cin >> t.name >> t.yw >> t.ss >> t.yy;
            t.zf = t.yw + t.ss + t.yy;
            if (s.zf < t.zf) s = t;
        }
        cout << s.name << " " << s.yw << " " << s.ss << " " << s.yy << endl;
        return 0;
    }
```

- 例题 2：评等级

题目描述：

现有 N（1 ≤ N ≤ 1000）名学生参加了期末考试，并且获得了每名学生的信息：学号、学业成绩和素质拓展成绩。对这 N 名学生评等级：优秀的定义是学业成绩和素质拓展成绩之和大于 140 分。

输入格式：

第一行输入一个正整数 N，表示学生人数。

接下来 N 行，每行输入三个整数，依次代表学号、学业成绩和素质拓展成绩。

输出格式：

输出 N 行，如果学生是优秀的，则输出 Excellent，否则输出 Not excellent。

输入样例：

4
1223 95 59
1224 50 7
1473 32 45
1556 86 99

输出样例：

Excellent
Not excellent
Not excellent
Excellent

分析：

定义一个结构体，包含学号、学业成绩和素质拓展成绩。然后按题意返回符合要求的结构体成员。将实数转化为整数可以避免误差。合理地使用字符串常量可以简化代码实现过程中的条件判断。

参考代码：

```
#include <bits/stdc++.h>
using namespace std;

struct stu {
    int id, dx, dy, sum;
};

const int N = 1007;
stu a[N];
```

```
    string s[] = {"Not excellent", "Excellent"};
    int main() {
        int n;
        cin >> n;
        for (int i = 0; i < n; i++) {
            cin >> a[i].id >> a[i].dx >> a[i].dy;
            cout << s[a[i].dx * 7 + a[i].dy * 3 >= 800 && a[i].dx + a[i].dy > 140] << endl;
        }
        return 0;
    }
```

33.2 练习

- 练习 1：第 k 名

题目描述：

在刚举行的万米长跑活动中，有 n 个人跑完了全程，所用的时间都不相同。颁奖时为了增加趣味性，随机抽了一个数 k，要奖励第 k 名一双跑鞋。现在组委会给你 n 个人的姓名、成绩（全程用时，单位是秒），请你通过编程快速输出第 k 名的姓名。

输入格式：

第一行输入两个整数 n 和 k，数据范围是 $[1 \leq k, n \leq 100]$。下面 n 行，每行先输入一个字符串表示姓名，然后输入一个整数，表示这个人跑完全程的用时（单位是秒）。

输出格式：

输出一行，表示第 k 名的姓名。

输入样例：

5 3
wangxi 2306
xiaoming 3013
zhangfan 3189
chengli 4012
jiangbou 2601

输出样例：

xiaoming

- 练习 2：离散化

题目描述：

假设存在一个包含 n 个元素的无序数列，输出每个元素在该数列中的排名。按从小到大的排序，第一个元素的排名为 1。

输入格式：

第一行输入一个整数 n（$1 \leq n \leq 10000$），第二行输入 n 个整数。注意，有可能有相同的整数，相同的整数排名一致。

输出格式：

依次输出每个数的排名。

输入样例：
5
8 2 6 9 2
输出样例：
3 1 2 4 1

- 练习 3：旗鼓相当的对手

题目描述：

现有 N（N ≤ 1000）名学生参加了期末考试，并且获得了每名学生的信息：姓名（不超过 8 个字符的字符串，没有空格），语文、数学、英语成绩（均为不超过 150 的自然数）。如果某对学生 <i, j> 的每科成绩的分差都不大于 5，且总成绩分差不大于 10，那么这对学生就是"旗鼓相当的对手"。现在我们想知道，在这些学生中，哪些是"旗鼓相当的对手"？请输出他们的姓名。

所有人的姓名都是按照字典序给出的，输出时也应该按照字典序输出所有对手组合。也就是说，这对组合的第一个姓名的字典序应该小于第二个姓名的字典序；如果两个组合中第一个姓名不一样，则第一个姓名字典序小的先输出；如果两个组合的第一个姓名一样但第二个姓名不一样，则第二个姓名字典序小的先输出。

输入格式：

第一行输入一个正整数 N，表示学生人数。从第二行开始，以下 N 行，每行首先输入一个字符串表示学生姓名，再输入三个自然数表示该生的语文、数学、英语成绩。均用空格分隔。

输出格式：

输出若干行，每行输出两个以空格分隔的字符串，表示一组旗鼓相当的对手的姓名。注意题目描述中的输出要求。

输入样例：
3
fafa 90 90 90
lxl 95 85 90
senpai 100 80 91
输出样例：
fafa lxl
lxl senpai

第 34 课　文件操作与单步调试

34.1 文件操作

我们对文件的概念已经非常熟悉了，比如常见的 Word 文档、txt 文件、源文件等。文件是数据源的一种，最主要的作用是保存数据。

在操作系统中，为了统一对各种硬件的操作并简化接口，不同的硬件设备都被看成一个文件。对这些文件的操作，等同于对磁盘上普通文件的操作。例如，通常把显示器称为标准输出文件，printf() 的作用就是向这个文件输出数据；通常把键盘称为标准输入文件，scanf() 的作用就是从这个文件读取数据。

34.1.1 常见硬件设备所对应的文件

常见硬件设备所对应的文件如表 34-1 所示。

表 34-1

硬件设备	文件
stdin	标准输入文件，一般指键盘；scanf()、getchar() 等函数默认从 stdin 读取数据
stdout	标准输出文件，一般指显示器；printf()、putchar() 等函数默认向 stdout 输出数据
stderr	标准错误文件，一般指显示器；perror() 等函数默认向 stderr 输出数据（后续会讲到）
stdprn	标准打印文件，一般指打印机

探讨硬件设备是如何被映射成文件的，大家只需要记住，在 C 语言中，硬件设备可以看成文件，有些输入输出函数不需要指明到底读写哪个文件，系统已经为它们设置了默认的文件。当然，也可以更改默认文件，例如让 printf() 向磁盘上的文件输出数据。

操作文件的正确流程为：打开文件 → 读写文件 → 关闭文件。在进行读写操作之前要先打开文件，使用完毕要关闭文件。

所谓打开文件，就是获取文件的有关信息，例如文件名、文件状态、当前读写位置等。关闭文件就是断开与文件之间的联系，释放结构体变量，同时禁止再对该文件进行操作。

在 C 语言中，文件有多种读写方式，可以一个字符一个字符地读写，也可以读写一整行，还可以读写若干字节。文件的读写位置也非常灵活，可以从文件开头读写，也可以从中间位置读写。

34.1.2 打开文件

使用头文件中的 fopen() 函数即可打开文件，用法如下：

```
FILE fopen(char filename, char *mode);
```

filename 为文件名（包括文件路径），mode 为打开方式，它们都是字符串。

fopen() 会获取文件信息，包括文件名、文件状态、当前读写位置等，并将这些信息保存到一个 FILE 类型的结构体变量中，然后返回该变量的地址。

FILE 是头文件中的一个结构体，专门用来保存文件信息。我们不用关心 FILE 的具体结构，只需要知道它的用法即可。

mode 有很多种，主要用于控制读写权限和打开方式。打开方式需要写在读写权限后面。

整体来说，文件读写权限和打开方式由 r、w、a、t、b、+ 这六个字符构成，各个字符的含义如下。

- r（read）：读。
- w（write）：写。
- a（append）：追加。
- t（text）：文本文件。
- b（binary）：二进制文件。
- +：读和写

例如，FILE *fp = fopen("demo.txt", "r"); 表示以"只读"方式打开当前目录下的 demo.txt 文件，并使用 fp 指向该文件。fp 通常被叫作文件指针。FILE *fp = fopen("D:\demo.txt","rb+"); 表示以二进制方式打开 D 盘下的 demo.txt 文件，允许读和写。

34.1.3 判断文件是否打开成功

打开文件失败时，fopen() 将返回一个空指针，也就是 NULL，可以利用这一点来判断文件是否打开成功。以下是一个示例：

```
FILE *fp;
if ((fp = fopen("D:\\demo.txt", "rb")) == NULL) {
    printf("Fail to open file!\n");
    exit(0); // 退出程序（结束程序）
}
```

通过判断 fopen() 的返回值是否为 NULL 来判断文件是否打开成功：如果 fopen() 的返回值为 NULL，那么 fp 的值也为 NULL，此时 if 的判断条件成立，表示文件打开失败。

34.1.4 关闭文件

文件一旦使用完毕，就应该用 fclose() 函数把文件关闭，以释放相关资源，避免数据丢失。fclose() 的用法为 int fclose(FILE *fp);。其中，fp 为文件指针，例如 fclose(fp);。

文件正常关闭时，fclose() 的返回值为 0，如果返回值不为 0，则表示有错误发生。示例代码如下：

```
#include <cstdio>
#include <cstdlib>
const int N = 100;
int main() {
    FILE *fp;
    char str[N + 1];
    // 判断文件是否打开失败
    if ((fp = fopen("d:\\demo.txt", "rt")) == NULL) {
        puts("Fail to open file!");
        exit(0);
    }
    // 循环读取文件中的每一行数据
    while (fgets(str, N, fp) != NULL) {
```

```
        printf("%s", str);
    }
    
    // 操作结束后关闭文件
    fclose(fp);
    return 0;
}
```

fgets() 函数用来从指定的文件中读取一个字符串,并将其保存到字符数组中。str 为字符数组,N 为要读取的字符数目,fp 为文件指针。

对于返回值,读取成功时返回字符数组首地址,即 str;读取失败时返回 NULL;如果开始读取时文件内部指针已经指向了文件末尾,那么将读取不到任何字符,也返回 NULL。

特别注意,读取到的字符串会在末尾自动添加"\0",要读取的 N 个字符中也包括"\0"。也就是说,实际只读取到了 N-1 个字符,如果希望读取 100 个字符,那么 N 的值应该为 101。

使用文件指针操作文件虽然很灵活,但要操作的信息很多,很复杂。所以在竞赛中只需要掌握文件重定向的用法即可,格式如下:

```
freopen("文件名", "读写方式", "文件流");
```

例如,从 demo.in 中读出数据,向 demo.out 中写入数据的代码如下:

```
freopen("demo.in", "r", stdin);
freoepn("demo.out", "w", stdout);
```

34.2 调试

所谓调试(Dubug),就是跟踪程序的运行过程,从而发现程序的逻辑错误(思路错误),或者隐藏的缺陷(Bug)。

所有人在写代码的过程中都可能出现逻辑错误,但我们只要掌握了调试的方法,就能解决这个问题。下面以 Dev-C++ 为例讲解调试方法。以下是一个实现加法运算的示例:

```
#include <cstdio>

int main() {
    int a, b;
    scanf("%d%d", &a, &b);
    int c = a + b;
    printf("%d\n", c);
}
```

编译及运行后,输入 2 和 5(用空格分隔),输出 7,如图 34-1 所示。

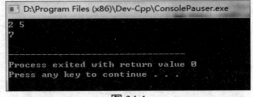

图 34-1

但是如果输入的是 2000000000 和 2000000000,输出的结果则是负数,如图 34-2 所示。当发现程序出错而不知道错在哪里的时候就需要进行单步调试来找出错误了。

图 34-2

第一步：打断点。

在左侧行号上单击鼠标左键，这时候数字上会出现一个"对勾"并对该行进行高亮标记，如图 34-3 所示。

第二步：进入调试模式。

添加好断点后按 F5 或者点击调试进入调试模式，如图 34-4 所示。

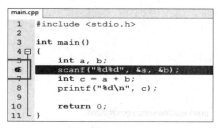

图 34-3

图 34-4

每次修改后都需要先编译再启动调试，否则会调试上次的代码。

第三步：执行。

调试启动后，程序会执行到断点的位置结束。并在左下方出现调试的功能按钮，如图 34-5 所示。

第四步：添加监视变量。

在调试窗口单击鼠标右键可以添加监视变量，也可以单击"命令"按钮。现在就可以看到两个变量当前的值了，如图 34-6 所示。计算机不同，变量的值也可能不同。

图 34-5

图 34-6

第五步：单击"下一步"。

按 F7 或单击"下一步"会发现没有任何反应，这是因为当前需要我们输入数字，当输入完成后会自动向下执行，如图 34-7 所示。

第六步：分析执行结果。

这个过程会发现数据的接收没有问题，而是运算出错了，如图 34-8 所示。

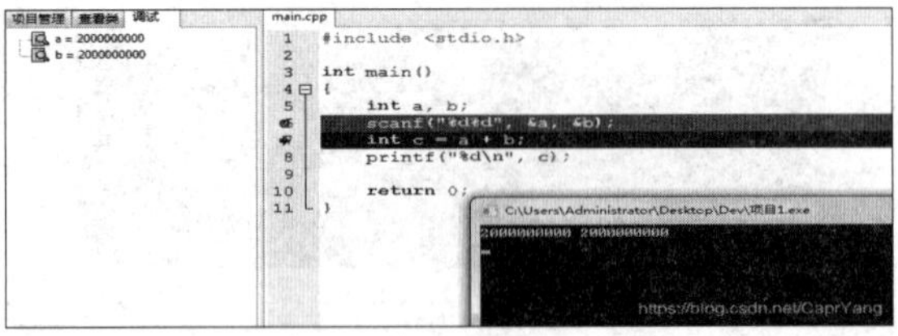

图 34-7

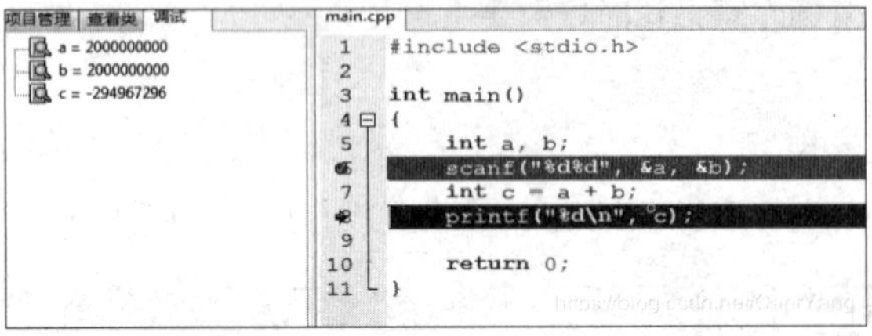

图 34-8

整数有数据范围，在运算的过程中发生了数据溢出，如图 34-9 所示。

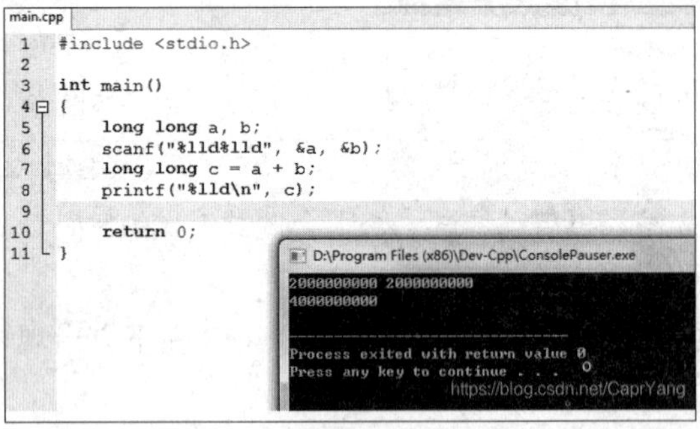

图 34-9

34.3 利用中间结果查找逻辑错误

单步调试比较麻烦，需要一步一步地执行程序，虽然可以设置循环条件，但依然不方便。为了解决这个问题，可以通过在执行过程中打印中间结果迅速定位错误的位置。打印中间结果的调试方法对于查找简单逻辑错误非常方便。

第 35 课　STL 中常用的函数

C 语言是一门很有用的语言，但在算法竞赛中不太流行，因为它太底层，缺少一些"实用"的东西。相比之下，C++ 博大精深，但精通 C++ 是一件很困难的事情。不过不用怕，在算法竞赛中，我们只会用到其中很少的特性。

35.1　结构体的定义和使用

35.1.1　定义与声明

1. 先定义结构体类型再单独定义变量

```
struct Student {
    int Age, Code;
    char Sex, Name[20];
};
struct Student Stu;
struct Student StuArray[10];
struct Student *pStru;
```

结构体类型是 struct Student，因此，struct 和 Student 都不能省略。但实际上，用 C++ 编译，下面变量的定义不加 struct 也是可以的。

2. 紧跟在结构体类型声明之后进行定义

```
struct Student {
    int Age, Code;
    char Sex, Name[20];
} Stu, StuArray[10], *pStu;
```

在这种情况下，后面还可以再定义结构体变量。

3. 在声明一个无名结构体变量的同时直接进行定义

```
struct {
    int Age, Code;
    char Sex, Name[20];
} Stu, Stu[10], *pStu;
```

在这种情况下，后面不能再定义其他结构体变量。

4. 使用 typedef 声明一个结构体变量之后再用新类名来定义变量

```
typedef struct {
    int Age, Code;
    char Sex, Name[20];
} Student;
Student Stu, Stu[10], *pStu;
```

Student 是一个具体的结构体类型，是唯一标识，因此这里不用再加 struct。

5. 使用 new 动态创建结构体变量

使用 new 动态创建结构体变量，必须是指针类型的结构体变量。访问时，普通结构体变量使用"."操作符访问，指针类型的结构体变量使用的成员变量访问符为"->"。

注意：动态创建结构体变量并使用后，要通过 delete 清除。

```cpp
#include <iostream>
using namespace std;

struct Student {
    int Age, Code;
    char Sex, Name[20];
} Stu, StuArray[10], *pStu;

int main() {
    Student *s = new Student();  // 或者 Student *s = new Student;
    s->Code = 1;
    cout << s->Code;
    delete s;
    return 0;
}
```

35.1.2 结构体构造函数

三种使用构造函数进行结构体初始化的方法如下。

（1）使用结构体自带的默认构造函数。

（2）使用带参数的构造函数。

（3）使用默认无参数的构造函数。

什么都不写就表示使用结构体自带的默认构造函数，如果自己重写了带参数的构造函数，那么初始化结构体时如果不传入参数就会出现错误。在建立结构体数组时，如果只写了带参数的构造函数则会出现数组无法初始化的错误。

下面是一个比较安全的使用构造函数的结构体示例：

```cpp
// 结构体数组声明和定义
struct node {
    int data;
    string str;
    char x;
    // 注意构造函数最后这里没有分号
    node() : x(), str(), data() {}  // 无参数的构造函数数组初始化时调用
    node(int a, string b, char c) : data(a), str(b), x(c) {}
    // 初始化列表进行有参数构造
} N[10];
```

35.1.3 结构体嵌套

正如一个类的对象可以嵌套在另一个类中一样，一个结构体的成员也可以嵌套在另一个结构体中。请看以下声明：

```cpp
struct Costs {
    double wholesale, retail;
};

struct Item {
    string partNum, description;
    Costs pricing;
} widget;
```

Costs 结构体有两个 double 类型的成员，wholesale 和 retail。Item 结构体有三个成员，string 类型的 partNum 和 description，以及嵌套的结构体 Costs。嵌套结构体的访问方式如下：

```
widget.partnum = "123A";
widget.description = "iron widget";
widget.pricing.wholesale = 100.0;
widget.pricing.retail = 150.0;
```

35.1.4 结构体赋值与访问

1. 赋值

初始化结构体成员变量最简单的方法是使用初始化列表。初始化列表是用于初始化一组内存位置的值列表，列表中的项目用逗号分隔并用花括号括起来。示例如下：

```
struct Date {
    int day, month, year;
};
```

也可以仅初始化部分结构体成员变量。例如，如果仅知道要存储的生日是 8 月 23 日，但不知道年份，则可以按以下方式定义和初始化变量：

```
Date birthday = {23,8};
```

这里只有 day 和 month 变量被初始化，year 变量未被初始化。但是，如果某个结构体成员变量未被初始化，则所有跟在它后面的变量都需要保留未被初始化的状态。使用初始化列表时，C++ 不提供跳过成员变量的方法。以下语句试图跳过 month 变量的初始化，这是非法的：

```
Date birthday = {23,1983}; // 非法
```

还有一点很重要，不能在结构体声明中初始化结构体成员变量，因为结构体声明只用于创建一个新的数据类型，而此时还不存在这种类型的变量。例如，以下声明是非法的：

```
// 非法的结构体声明
struct Date {
    int day = 23, month = 8, year = 1983;
};
```

2. 访问

定义结构体：

```
struct MyTree {
    MyTree*left, *right;
    int val;
    MyTree(){}
    MyTree(int val):left(NULL),right(NULL),val(val){}
};
```

一般结构体成员变量的访问方式如下：

```
int main() {
    MyTree t;
    t.val = 1;
    cout << t.val;
    return 0;
}
```

可见，结构体成员变量可以直接通过"."操作符来访问。而对于结构体指针，则必须通过"->"操作符来访问指针所指结构体的成员变量。

```cpp
int main() {
    MyTree *t1 = new MyTree(1);
    MyTree *t2;
    t2->val = 2;
    cout << t1->val << " " << t2->val; // 输出：1 2
    t2.val = 3; // error: request for member 'val' in 't2', whitch is of pointer type '
    cout << t2.val; // error: request for member 'val' in 't2', which is of pointer typ    return 0;
}
```

35.1.5 class 与 struct 的区别

C++ 中保留了 C 语言的 struct 关键字，并且对其进行了扩充。在 C 语言中，struct 只能包含成员变量，不能包含成员函数。而在 C++ 中，struct 类似于 class，既可以包含成员变量，又可以包含成员函数。

C++ 中的 struct 和 class 基本是通用的，有几个细节不同，具体如下。

（1）在使用 class 时，类中的成员默认都是 private 属性的；而在使用 struct 时，结构体中的成员默认都是 public 属性的。

（2）class 继承默认是 private 继承，而 struct 继承默认是 public 继承。

（3）class 可以使用模板，而 struct 不能。

C++ 没有抛弃 C 语言中的 struct 关键字，其意义就在于给 C 语言程序开发人员提供一种归属感，并且能让 C++ 编译器兼容以前用 C 语言开发的项目。

在编写 C++ 代码时，强烈建议使用 class 来定义类，使用 struct 来定义结构体，这样能使程序语义更加明确。下面我们来看一个使用 struct 定义类的反面示例：

```cpp
#include <iostream>
using namespace std;
struct Student {
    Student(char *name, int age, float score);
    void show();
    char *m_name;
    int m_age;
    float m_score;
};

Student::Student(char *name, int age, float score): m_name(name), m_age(age), m_score(  void Student::show(){
    cout << m_name << " 的年龄是 " << m_age << ", 成绩是 " << m_score << endl;
}

int main(){
    Student stu(" 小明 ", 15, 92.5f);
    stu.show();
    Student *pstu = new Student(" 李华 ", 16, 96);
```

```
        pstu->show();
        return 0;
}
```

运行结果：

小明的年龄是 15，成绩是 92.5 李华的年龄是 16，成绩是 96

这段代码可以通过编译，说明 struct 的成员默认都是 public 属性的，否则不能通过对象访问成员函数。如果将 struct 关键字替换为 class，就会编译报错。

35.2 运算符重载

所谓重载，就是赋予新的含义。函数重载（Function Overloading）可以让一个函数名有多种含义，在不同情况下进行不同的操作。运算符重载（Operator Overloading）也是一个道理，同一个运算符可以有不同的功能。实际上，我们已经在不知不觉中进行了运算符重载。例如，<< 既是位移运算符，又可以配合 cout 向控制台输出数据。C++ 本身已经对这些运算符进行了重载，也允许程序员自己重载运算符，这给我们带来了很大的便利。

下面的代码定义了一个复数类，通过运算符重载，可以用 "+" 实现复数的加法运算：

```cpp
#include <iostream>
using namespace std;
class complex {
public:
    complex();
    complex(double real, double imag);
public:
    // 声明运算符重载
    complex operator+(const complex &A) const;
    void display() const;
private:
    double m_real; // 实部
    double m_imag; // 虚部
};
complex::complex() : m_real(0.0), m_imag(0.0) {} // 无参数构造函数
complex::complex(double real, double imag) : m_real(real), m_imag(imag) {} // 带参数构造函数
// 实现运算符重载
complex complex::operator+(const complex &A) const {
    complex B;
    B.m_real = this->m_real + A.m_real;
    B.m_imag = this->m_imag + A.m_imag;
    return B;
}
void complex::display() const{
    cout << m_real << " + " << m_imag << "i" << endl;
}
int main(){
    complex c1(4.3, 5.8);
    complex c2(2.4, 3.7);
    complex c3;
    c3 = c1 + c2;
```

```
        c3.display();
        return 0;
}
```

运行结果：

```
6.7 + 9.5i
```

本例中定义了一个复数类 complex，m_real 表示实部，m_imag 表示虚部。代码中声明了运算符重载，又在后面进行了实现（定义）。认真观察这两行代码，可以发现运算符重载的形式与函数非常类似。

运算符重载其实就是定义一个函数，在函数体内实现想要的功能，当用到该运算符时，编译器会自动调用这个函数。也就是说，运算符重载是通过函数实现的，它本质上是函数重载。

运算符重载的定义形式为：

```
返回值类型 operator 运算符名称 (形参表列){
    //TODO:
}
```

operator 是关键字，专门用于定义重载运算符的函数。我们可以将"operator 运算符名称"这一部分看作函数名，对于前面的例子，函数名就是 operator+。

运算符重载函数除了函数名有特定的格式，其他地方和普通函数并没有区别。

在上面的例子中，我们在 complex 类中重载了运算符 +，该重载只对 complex 对象有效。当执行 c3 = c1 + c2; 语句时，编译器检测到 + 左边（+ 具有左结合性，所以先检测左边）是一个 complex 对象，于是就会调用成员函数 operator+()，也就是转换为 c3 = c1.operator+(c2); 的形式，c1 是要调用函数的对象，c2 是函数的实参。

上面的运算符重载还可以有更加简单的定义形式：

```
complex complex::operator+(const complex &A)const{
    return complex(this->m_real + A.m_real, this->m_imag + A.m_imag);
}
```

return 语句中的 complex(this->m_real + A.m_real, this->m_imag + A.m_imag) 会创建一个临时对象，这个对象没有名称，是一个匿名对象。在创建临时对象的过程中调用构造函数，return 语句会将该临时对象作为函数返回值。

运算符重载函数不仅可以作为类的成员函数，还可以作为全局函数。更改上面的代码，在全局范围内重载运算符 +，实现复数的加法运算：

```
#include <iostream>
using namespace std;
class complex {
public:
    complex();
    complex(double real, double imag);
public:
    void display() const;
    // 声明为友元函数
    friend complex operator+(const complex &A, const complex &B);
private:
```

```cpp
        double m_real;
        double m_imag;
    };
    complex operator+(const complex &A, const complex &B);
    complex::complex() : m_real(0.0), m_imag(0.0) {}
    complex::complex(double real, double imag) : m_real(real), m_imag(imag) {}
    void complex::display() const {
        cout << m_real << " + " << m_imag << "i" << endl;
    }
    // 在全局范围内重载 +
    complex operator+(const complex &A, const complex &B) {
        complex C;
        C.m_real = A.m_real + B.m_real;
        C.m_imag = A.m_imag + B.m_imag;
        return C;
    }
    int main() {
        complex c1(4.3, 5.8);
        complex c2(2.4, 3.7);
        complex c3;
        c3 = c1 + c2;
        c3.display();
        return 0;
    }
```

运算符重载函数不是 complex 类的成员函数，但却用到了 complex 类的 private 成员变量，所以必须在 complex 类中将该函数声明为友元函数。

当执行 c3 = c1 + c2; 语句时，编译器检测到 + 两边都是 complex 对象，于是就会转换为类似下面的函数调用：

```cpp
    c3 = operator+(c1, c2);
```

四则运算符（+、-、*、/、+=、-=、*=、/=）和关系运算符（>、<、<=、>=、==、!=）都是数学运算符，它们在实际开发中非常常见，被重载的概率也很大，并且有着相似的重载格式。

示例如下：

```cpp
    #include <iostream>
    #include <cmath>
    using namespace std;
    // 复数类
    class Complex {
    public: // 构造函数
        Complex(double real = 0.0, double imag = 0.0) : m_real(real), m_imag(imag) {}
    public: // 运算符重载
        // 以全局函数的形式重载
        friend Complex operator+(const Complex &c1, const Complex &c2);
        friend Complex operator-(const Complex &c1, const Complex &c2);
        friend Complex operator*(const Complex &c1, const Complex &c2);
```

```cpp
    friend Complex operator/(const Complex &c1, const Complex &c2);
    friend bool operator==(const Complex &c1, const Complex &c2);
    friend bool operator!=(const Complex &c1, const Complex &c2);
    // 以成员函数的形式重载
    Complex &operator+=(const Complex &c);
    Complex &operator-=(const Complex &c);
    Complex &operator*=(const Complex &c);
    Complex &operator/=(const Complex &c);
public: // 成员函数
    double real() const { return m_real; }
    double imag() const { return m_imag; }
private:
    double m_real; // 实部
    double m_imag; // 虚部
};
// 重载 + 运算符
Complex operator+(const Complex &c1, const Complex &c2){
    Complex c;
    c.m_real = c1.m_real + c2.m_real;
    c.m_imag = c1.m_imag + c2.m_imag;
    return c;
}
// 重载 - 运算符
Complex operator-(const Complex &c1, const Complex &c2){
    Complex c;
    c.m_real = c1.m_real - c2.m_real;
    c.m_imag = c1.m_imag - c2.m_imag;
    return c;
}
// 重载 * 运算符
Complex operator*(const Complex &c1, const Complex &c2){
    Complex c;
    c.m_real = c1.m_real * c2.m_real - c1.m_imag * c2.m_imag;
    c.m_imag = c1.m_imag * c2.m_real + c1.m_real * c2.m_imag;
    return c;
}
// 重载 / 运算符
Complex operator/(const Complex &c1, const Complex &c2){
    Complex c;
    c.m_real = (c1.m_real*c2.m_real + c1.m_imag*c2.m_imag) / (pow(c2.m_real, 2) + pow(c
    c.m_imag = (c1.m_imag*c2.m_real - c1.m_real*c2.m_imag) / (pow(c2.m_real, 2) + pow(c
    return c;
}
// 重载 == 运算符
bool operator==(const Complex &c1, const Complex &c2){
    if (c1.m_real == c2.m_real && c1.m_imag == c2.m_imag) {
        return true;
    } else {
        return false;
    }
```

```cpp
    }
    // 重载 != 运算符
    bool operator!=(const Complex &c1, const Complex &c2){
        if (c1.m_real != c2.m_real || c1.m_imag != c2.m_imag) {
            return true;
        } else {
            return false;
        }
    }
    // 重载 += 运算符
    Complex &Complex::operator+=(const Complex &c) {
        this->m_real += c.m_real;
        this->m_imag += c.m_imag;
        return *this;
    }
    // 重载 -= 运算符
    Complex &Complex::operator-=(const Complex &c) {
        this->m_real -= c.m_real;
        this->m_imag -= c.m_imag;
        return *this;
    }
    // 重载 *= 运算符
    Complex &Complex::operator*=(const Complex &c) {
        this->m_real = this->m_real * c.m_real - this->m_imag * c.m_imag;
        this->m_imag = this->m_imag * c.m_real + this->m_real * c.m_imag;
        return *this;
    }
    // 重载 /= 运算符
    Complex &Complex::operator/=(const Complex &c) {
        this->m_real = (this->m_real*c.m_real + this->m_imag*c.m_imag) / (pow(c.m_real, 2));
        this->m_imag = (this->m_imag*c.m_real - this->m_real*c.m_imag) / (pow(c.m_real, 2));
        return *this;
    }
    int main(){
        Complex c1(25, 35);
        Complex c2(10, 20);
        Complex c3(1, 2);
        Complex c4(4, 9);
        Complex c5(34, 6);
        Complex c6(80, 90);

        Complex c7 = c1 + c2;
        Complex c8 = c1 - c2;
        Complex c9 = c1 * c2;
        Complex c10 = c1 / c2;
        cout << "c7 = " << c7.real() << " + " << c7.imag() << "i" << endl;
        cout << "c8 = " << c8.real() << " + " << c8.imag() << "i" << endl;
        cout << "c9 = " << c9.real() << " + " << c9.imag() << "i" << endl;
        cout << "c10 = " << c10.real() << " + " << c10.imag() << "i" << endl;
```

```
        c3 += c1;
        c4 -= c2;
        c5 *= c2;
        c6 /= c2;
        cout << "c3 = " << c3.real() << " + " << c3.imag() << "i" << endl;
        cout << "c4 = " << c4.real() << " + " << c4.imag() << "i" << endl;
        cout << "c5 = " << c5.real() << " + " << c5.imag() << "i" << endl;
        cout << "c6 = " << c6.real() << " + " << c6.imag() << "i" << endl;

        if (c1 == c2) {
            cout << "c1 == c2" << endl;
        }
        if (c1 != c2) {
            cout << "c1 != c2" << endl;
        }

        return 0;
}
```

运行结果：

```
c7 = 35 + 55i
c8 = 15 + 15i
c9 = -450 + 850i
c10 = 1.9 + -0.3i
c3 = 26 + 37i
c4 = -6 + -11i
c5 = 220 + 4460i
c6 = 5.2 + 1.592i
c1 != c2
```

需要注意的是，我们以全局函数的形式重载了 +、-、*、/、==、!=，以成员函数的形式重载了 +=、-=、*=、/=，而且应该坚持这样做，不能都写作成员函数或全局函数。

在 C++ 中，标准库本身已经对位移运算符进行了重载，使其能够用于不同数据的输入输出，但是输入输出的对象只能是 C++ 内置的数据类型（例如 bool、int、double 等）和标准库所包含的类的类型（例如 string、complex、ofstream、ifstream 等）。如果我们自己定义了一种新的数据类型，则需要用输入输出运算符去处理，即必须对它们进行重载。

我们以全局函数的形式重载 >>，使它能够读入两个 double 类型的数据，并分别将它们赋值给复数的实部和虚部：

```
istream & operator >> (istream &in, complex &A) {
    in >> A.m_real >> A.m_imag;
    return in;
}
```

istream 表示输入流，cin 是 istream 类的对象，只不过这个对象是在标准库中定义的。之所以返回 istream 类对象的引用，是为了能够连续读取复数，让代码书写更加漂亮，例如：

```
complex c1, c2;
cin >> c1 >> c2;
```

如果不返回引用，则只能一个一个地读取：

```
complex c1, c2;
cin >> c1;
cin >> c2;
```

另外,运算符重载函数中用到了 complex 类的 private 成员变量,必须在 complex 类中将该函数声明为友元函数:

```
friend istream & operator>>(istream & in , complex &a);
```

可以按照下面的方式使用运算符:

```
complex c;
cin >> c;
```

当输入 1.45 和 2.34 后,这两个小数就分别成了对象 c 的实部和虚部。cin >> c; 语句其实可以理解为 operator >> (cin , c);。

同样地,我们也可以模仿上面的形式对输出运算符进行重载,让它能够输出复数,请看下面的代码:

```
ostream &operator<<(ostream &out, complex &A) {
    out << A.m_real << " + " << A.m_imag << " i ";
    return out;
}
```

ostream 表示输出流,cout 是 ostream 类的对象。由于采用了引用的方式进行参数传递,并且返回了对象的引用,因此重载后的运算符可以实现连续输出。

为了能够直接访问 complex 类的 private 成员变量,同样需要将该函数声明为 complex 类的友元函数:

```
friend ostream & operator<<(ostream &out, complex &A);
```

具体应用请看下面的示例:

```
#include <iostream>
using namespace std;
class complex {
public:
    complex(double real = 0.0, double imag = 0.0) : m_real(real), m_imag(imag){};
public:
    friend complex operator+(const complex &A, const complex &B);
    friend complex operator-(const complex &A, const complex &B);
    friend complex operator*(const complex &A, const complex &B);
    friend complex operator/(const complex &A, const complex &B);
    friend istream &operator>>(istream &in, complex &A);
    friend ostream &operator<<(ostream &out, complex &A);
private:
    double m_real;  // 实部
    double m_imag;  // 虚部
};
// 重载 + 运算符
complex operator+(const complex &A, const complex &B){
    complex C;
```

```cpp
        C.m_real = A.m_real + B.m_real;
        C.m_imag = A.m_imag + B.m_imag;
        return C;
}
// 重载 - 运算符
complex operator-(const complex &A, const complex &B) {
        complex C;
        C.m_real = A.m_real - B.m_real;
        C.m_imag = A.m_imag - B.m_imag;
        return C;
}
// 重载 * 运算符
complex operator*(const complex &A, const complex &B) {
        complex C;
        C.m_real = A.m_real * B.m_real - A.m_imag * B.m_imag;
        C.m_imag = A.m_imag * B.m_real + A.m_real * B.m_imag;
        return C;
}
// 重载 / 运算符
complex operator/(const complex &A, const complex &B) {
        complex C;
        double square = A.m_real * A.m_real + A.m_imag * A.m_imag;
        C.m_real = (A.m_real * B.m_real + A.m_imag * B.m_imag) / square;
        C.m_imag = (A.m_imag * B.m_real - A.m_real * B.m_imag) / square;
        return C;
}
// 重载 >> 运算符
istream &operator>>(istream &in, complex &A) {
        in >> A.m_real >> A.m_imag;
        return in;
}
// 重载 << 运算符
ostream &operator<<(ostream &out, complex &A) {
        out << A.m_real << " + " << A.m_imag << " i ";;
        return out;
}

int main() {
        complex c1, c2, c3;
        cin >> c1 >> c2;
        c3 = c1 + c2;
        cout << "c1 + c2 = " << c3 << endl;
        c3 = c1 - c2;
        cout << "c1 - c2 = " << c3 << endl;
        c3 = c1 * c2;
        cout << "c1 * c2 = " << c3 << endl;
        c3 = c1 / c2;
        cout << "c1 / c2 = " << c3 << endl;
        return 0;
}
```

运行结果：

```
c1 + c2 = 7.2 + 5.3 i
c1 - c2 = -2.4 + 1.9 i
c1 * c2 = 5.4 + 21.36 i
c1 / c2 = 0.942308 + 0.705128 i
```

35.3 sort

sort 函数包含在头文件为 algorithm 的 C++ 标准库中，调用标准库里的排序方法可以实现对数据的排序，但 sort 函数是如何实现的则无须考虑。

sort 函数的模板如下：

```
void sort (RandomAccessIterator first, RandomAccessIterator last,
Compare comp);
```

其中有三个参数：第一个参数 first 是要排序的数组的起始地址；第二个参数 last 是结束地址；第三个参数 comp 是排序方法，可以是升序也可以是降序。如果第三个参数不写，则默认的排序方法是升序。

下面我们来看几个关于 sort 函数的例题。

- 例题 1：对数组用默认方法排序

```cpp
#include <iostream>
#include <algorithm>
using namespace std;
int main() {
    //  sort 函数的第三个参数不写，表示采用默认排序方法
    int a[] = {45, 12, 34, 77, 90, 11, 2, 4, 5, 55};
    sort(a, a + 10);
    for (int i = 0; i < 10; i++)
        cout << a[i] << " ";
    return 0;
}
```

- 例题 2：用自定义函数对数组排序

```cpp
#include <iostream>
#include <algorithm>
using namespace std;
bool cmp(int a,int b);
int main() {
    // sort 函数的第三个参数由自己定义，实现从大到小排序
    int a[] = {45, 12, 34, 77, 90, 11, 2, 4, 5, 55};
    sort(a, a + 10, cmp);
    for (int i = 0; i < 10; i++)
        cout << a[i] << " ";
    return 0;
}
// 自定义函数
bool cmp(int a, int b){
    return a > b;
}
```

- 例题 3：对结构体按自定义函数的规范排序

```cpp
#include <iostream>
#include <algorithm>
#include <cstring>
using namespace std;
char name [20];
typedef struct Student {
    int math, english;
} Student;
bool cmp(Student a, Student b);
int main(){
    // 先按 math 从小到大排序，若 math 相等，则按 english 从大到小排序
    Student a[4] = {{"apple",67,89},{"limei",90,56},{"apple",90,99}};
    sort(a, a+3, cmp);
    for (int i = 0; i < 3; i++)
        cout << a[i].name << " " << a[i].math << " " << a[i].english << endl;
    return 0;
}
bool cmp(Student a, Student b){
    if (a.math > b.math)
        return a.math < b.math; // 按 math 从小到大排序
    else if (a.math == b.math)
        return a.english > b.english; // 若 math 相等，则按 endlish 从大到小排序
}
```

- 例题 4：对内部已定义大小关系的容器数据排序

```cpp
#include <iostream>
#include <algorithm>
#include <vector>
using namespace std;
typedef struct student {
    char name[20];
    int math, english;
} Student;
int main(){
    int s[] = {34, 56, 11, 23, 45};
    vector<int> arr(s, s + 5);
    sort(arr.begin(), arr.end(), greater<int>());
    for (int i = 0; i < arr.size(); i++)
        cout << arr[i] << " ";
    return 0;
}
```

- 例题 5：对自定义类型按自定义比较方式（运算符重载）排序

注意：bool operator<(const className & rhs) const 参数为引用，需要加 const 关键字，这样可以为临时变量赋值；重载运算符 < 为常成员函数，可以被常量调用。

```cpp
#include <iostream>
#include <algorithm>
#include <vector>
```

```
using namespace std;
typedef struct student {
    char name[20];
    int math;
    // 按 math 从大到小排序
    inline bool operator<(const student &x) const {
        return math > x.math;
    }
} Student;
int main(){
    Student a[4] = {{"apple", 67}, {"limei", 90}, {"apple", 90}};
    sort(a, a + 3);
    for (int i = 0; i < 3; i++)
        cout << a[i].name << " " << a[i].math << " " << endl;
    return 0;
}
```

重载运算符 < 也可以定义为如下格式，即 Cmp 仿函数：

```
struct Cmp {
    bool operator()(Info a1, Info a2) const {
        return a1.val > a2.val;
    }
};
```

35.4 vector

vector 是一个不定长数组，它把一些常用操作"封装"在了 vector 类型内部。例如，若 a 是一个 vector，则可以通过 a.size() 读取它的大小，通过 a.resize() 改变大小，通过 a.push_back() 向尾部添加元素，通过 a.pop_back() 删除最后一个元素。

vector 是一个模板类，所以需要用 vector<int> a 或者 vector<double> b 这样的方式来声明一个 vector。vector<int> 是一个类似于 int a[] 的整型数组，而 vector<string> 是一个类似于 string a[] 的字符型数组。vector 可以直接赋值，所以可以直接作为参数或者函数返回值来使用。

35.4.1 vector 初始化

1. 一维数组初始化

```
vector <int> v;
/*
这时候 v 的 size 为 0，如果直接访问，则会报错。
这里可以使用 v.resize(n)，或者 v.resize(n, m) 来初始化。
前者是使用 n 个 0 来初始化，后者是使用n个m来初始化
*/

vector<int> v(n);
vector<int> v(n, m);
vector<int> v(v0);
/*
使用一个已定义的 vector 进行初始化；也可以写作 vector <int> v = v0;
*/
```

```
vector<int> v(*p, *q);
/*
使用另一个数组的起始地址来初始化
*/
```

2. 二维数组初始化

```
vector<vector<int>> v
/*
与 vector < int > v; 类似
*/

vector<vector<int>> v(n, v0);
/*
用 n 个 v0 来初始化 v
*/

/*
也可以使用指针的方式对二维数组初始化
*/
vector<int> v0 = {1, 2, 3};
vector<vector<int>> v1(5, v0);
vector<vector<int>> v(v1.begin() + 1, v1.end() - 1);
// 此时的 v 是 {{1,2,3},{1,2,3},{1,2,3}
```

3. 三维数组初始化

```
vector<vector<vector<int> > > v(i, vector<vector <int> >(j, vector <int>(k)));
```

更多维的数组初始化可以此类推，需要注意 > > 中间应有一个空格。

35.4.2 vector 的方法

vector 的常用方法如表 35-1 所示。

表 35-1

方法	解释
front	访问第一个元素（公开成员函数）
back	访问最后一个元素（公开成员函数）
empty	检查是否为空
size/max_size	返回容纳的元素数 / 返回可容纳的最大元素数
capacity	返回当前存储空间能够容纳的元素数
clear	清除元素
insert	插入元素
erase	擦除元素
operator[]	访问指定的元素（公开成员函数）
push_back	将元素添加到容器末尾
pop_back	移除末尾元素
resize	改变容器中可存储元素的个数
swap	交换元素

35.5 string 类

string 是一个类，具有很多与 STL 容器相似的用法。之所以抛弃 char* 的字符串而选用 C++ 标准库中的 string 类，是因为和前者比较起来，不必担心其内存是否足够、字符串长度是否足够等。而且，作为一个类出现，它集成的操作函数足以满足大多数情况下的需要。我们可以把它看成 C++ 的基本数据类型。

为了在程序中使用 string 类型，必须包含头文件：

```
#include <string>
```

35.5.1 string 声明

```
string s; // 生成一个空字符串 s
string s(str); // 复制构造函数生成 str 的复制品
string s(str, stridx);
// 将字符串 str 内始于位置 stridx 的部分当作字符串的初始值
string s(str, stridx, strlen);
// 将字符串 str 内始于 stridx 且长度为 strlen 的部分当作字符串的初始值
string s(chars, chars_len);// 将字符串 chars 前 chars_len 个字符作为字符串 s
string s(num, 'c');。 // 生成一个字符串，包含 num 个 c 字符
string s("value");  string s ="value";
// 将 s 初始化为一个字符串的字面值副本
string s(begin, end);
// 以区间 begin/end( 不包含 end) 内的字符作为字符串 s 的初始值
s.~string(); // 销毁所有字符，释放内存
```

35.5.2 string 与 C 语言字符数组的比较

要取得 string 串中的某一个字符，和传统的 C 语言字符串一样，可以用 s[i] 的方式实现。比较不一样的是，如果 s 有三个字符，那么传统 C 语言的字符串的 s[3] 是 '\0' 字符，是可以取到的，但是 C++ 的 string 则只能取到 s[2] 字符而已。

1.C 语言字符串

- 用 "" 引起来的字符串常量，C++ 中的字符串常量由编译器在末尾添加一个空字符；
- 末尾添加了 "\0" 的字符数组，可以当作 C 语言的一个字符串。

2.C 语言字符数组与 string 串的区别

```
char ch[ ]={ 'C', '+', '+' };// 末尾无 '\0' 字符
char ch[ ]={ 'C', '+', '+', '\0' }; // 末尾显式添加 '\0' 字符
char ch[ ]="C++";
// 末尾自动添加 '\0' 字符，若 [ ] 内数字大于实际字符数，则将实际字符存入数组
```

3.string 对象的操作

```
s.empty(); // 若 s 为空，则返回 true
s.size();  // 返回 s 中的字符数，类型应为 string::size_type
s[n];      // 从 0 开始，相当于下标访问
s1 + s2;   // 把 s1 和 s2 连接成新串，返回新串
s1 = s2;   // 把 s1 替换为 s2 的副本
s1 == s2;  // 比较，相等则返回 true
```

当进行 string 对象和字符串字面值混合连接操作时，+ 操作符的左右操作数至少应有一个是 string 类型的：

```
string s1("hello");
string s3 = s1 + "world";        // 合法操作
string s4 = "hello" + "world";   // 非法操作：两个字符串字面值相加
```

4. 字符串操作函数

string 类函数的功能如表 35-2 所示。

表 35-2

函数名	功能
=, s.assign()	赋以新值
swap()	交换两个字符串的内容
+=, s.append(), s.push_back()	在尾部添加字符
s.insert()	插入字符
s.erase()	删除字符
s.clear()	删除全部字符
s.replace()	替换字符
+	串联字符串
==,!=,<,<=,>,>=,compare()	比较字符串
size(),length()	返回字符数量
max_size()	返回字符串中可能的最大字符个数
s.empty()	判断字符串是否为空
s.capacity()	返回重新分配之前的字符容量
reserve()	保留一定量内存以容纳一定数量的字符
[ ], at()	存取单一字符
>>, getline()	从 stream 中读取某值
<<	将某值写入 stream
copy()	将某值赋值为一个 C 字符串
c_str()	返回一个指向正规 C 字符串的指针
data()	将内容以字符数组形式返回
s.substr()	返回某个子字符串
begin(), end()	提供类似于 STL 的迭代器支持
rbegin(), rend()	逆向迭代器
get_allocator()	返回配置器

第 36 课　STL 中的容器

STL 中的容器封装了很多算法，让我们可以用更少的代码实现更多的功能。本课将介绍 5 个常用的容器：set、map、queue、stack、priority_queue。

36.1 set

36.1.1 set 概述及初始化

set 就是数学上的集合——每个元素最多只能出现一次。和 sort 一样，自定义类型也可以构造 set，必须定义"小于"运算符，set 中元素的值不能被直接改变。set 内部采用的是一种非常高效的平衡检索二叉树：红黑树，也称为 RB 树（Red-Black Tree）。

set 的初始化方法如下：

```
set<typeName> st;
```

36.1.2 set 的成员函数

set 的成员函数如下：

```
begin()       // 返回 set 容器中的第一个元素
end()         // 返回 set 容器中的最后一个元素
clear()       // 删除 set 容器中的所有元素
empty()       // 判断 set 容器是否为空
max_size()    // 返回 set 容器可能包含的元素最大个数
size()        // 返回当前 set 容器中的元素个数
rbegin        // 返回值和 end() 相同
rend()        // 返回值和 rbegin() 相同
```

begin() 和 end() 函数是不检查 set 容器是否为空的，使用前需要使用 empty() 函数来检查 set 容器是否为空。

36.1.3 set 的应用

下面我们通过一道例题，帮大家掌握 set 容器的应用。

- 例题：安迪的第一个字典

题目描述：

输入一段文本，找出里面所有不同的单词（连续的字母序列），按字典序从小到大输出。单词不区分大小写。

输入样例：

Adventures in Disneyland

Two blondes were going to Disneyland when they came to a fork in the road.

输出样例：

a
adventures
blondes
came
disneyland
fork

going
in
road
the
they
to
two
were
when

分析：

本题没有太多的技巧，只是为了展示 set 的用法：由于 string 已经定义了"小于"运算符，因此直接使用 set 保存单词集合即可。注意，输入时应把所有非字母的字符变成空格，然后利用 stringstream 得到各个单词。

参考代码：

```
#include <iostream>
#include <string>
#include <set>
#include <sstream>
using namespace std;

set<string> dict;       // string 集合

int main() {
    string s, buf;
    while(cin >> s) {
        for(int i = 0; i < s.length(); i++)
            if(isalpha(s[i])) s[i] = tolower(s[i]);
            else s[i] = ' ';
        stringstream ss(s);
        while(ss >> buf) dict.insert(buf);
    }
    for(set<string>::iterator it = dict.begin(); it != dict.end(); ++it)
        cout << *it << endl;

    return 0;
}
```

36.2 map

36.2.1 map 概述及初始化

map 就是从键（key）到值（value）的映射。因为重载了 [] 运算符，因此 map 像数组的"高级版"。例如，可以用一个 map<string, int> month_name 来表示"月份到月份编号"的映射，然后用以下方式赋值：

```
month_name["July"] = 7
```

map 以模板（泛型）方式实现，可以存储任意数据类型，包括使用者自定义的数据类型。

map 主要用于一对一映射的情况，使用 map 得包含 map 类所在的头文件：

```
#include <map>
```

map 对象是模板类，需要关键字和存储对象两个模板参数，其初始化方法如下：

```
map<key, value> mapName;
```

36.2.2 map 的成员函数

map 的常用成员函数如下。

- begin()：返回指向 map 头部的迭代器。
- clear()：删除所有元素。
- count()：返回指定元素出现的次数。
- empty()：如果 map 为空，则返回 true。
- end()：返回指向 map 末尾的迭代器。
- equal_range()：返回特殊条目的迭代器对。
- erase()：删除一个元素。
- find()：查找一个元素。
- get_allocator()：返回 map 的配置器。
- insert()：插入元素。
- key_comp()：返回比较元素键的函数。
- lower_bound()：返回值大于或等于给定元素的第一个元素的位置。
- max_size()：返回可以容纳的最大元素个数。
- rbegin()：返回一个指向 map 尾部的逆向迭代器。
- rend()：返回一个指向 map 头部的逆向迭代器。
- size()：返回 map 中元素的个数。
- swap()：交换两个 map。
- upper_bound()：返回值大于给定元素的第一个元素的位置。
- value_comp()：返回比较元素值的函数。

1. 插入元素

```
// 定义一个 map 对象
map<int, string> myMap;
// 第 1 种：用 insert() 函数插入元素
myMap.insert(pair(int(), string>(0, "str1"));
// 第 2 种：用 insert 函数插入元素
myMap.insert(map<int, string>::value_type(1, "str2"));
// 第 3 种：用 array 方式插入元素
myMap[2] = "str3";
```

2. 查找元素

```
// find 返回指向当前查找元素位置的迭代器，否则返回 map::end()
iter = myMap.find("str1");
if(iter != myMap.end())
    cout << "Find the value is " << iter -> second << endl;
else
    cout << "Do not find" << endl;
```

3. 删除与清空元素

```
// 删除迭代器
iter = myMap.find("str1"); myMap.erase(iter);
// 用关键字删除
int n = myMap.erase("str1");   // 如果删除了则返回 1,否则返回 0
// 用迭代器范围删除,把整个 map 清空
myMap.erase(myMap.begin(), myMap.end());      // 等同于 myMap.clear();
```

4. 返回 map 的大小

```
int nSize = myMap.size();
```

36.2.3 map 的应用

下面我们通过一道例题,帮大家掌握 map 容器的应用。

- 例题:反片语

题目描述:

输入一些单词,找出满足条件的单词:不能通过字母重排得到另一个单词。

在判断是否满足条件时,字母不区分大小写,但在输出的时候保留输入的大小写,按字典序进行排列(大写字母排在小写字母的前面),遇到"#"时结束输入。

输入格式:

一些单词,用空格隔开。

输出格式:

符合题意的单词,每个单词占一行。

输入样例:

ladder came tape soon leader acme RIDE lone Dreis peat ScAlE orb eye Rides dealer NotE derail LaCeS drIed noel dire Disk mace Rob dries #

输出样例:

Disk

NotE

derail

drIed

eye

ladder

soon

分析:

首先将单词标准化(全变为小写,并将字母按从 a 到 z 的顺序排列),再将标准化的单词作为 map 的 key,通过 value 判断是否满足题目要求。

参考代码:

```
#include <bits/stdc++.h>
using namespace std;

map<string, int> cnt;
vector<string> words;
```

```cpp
// 将单词s进行"标准化"
string repr(const string &s) {
    string ans = s;
    for(int i = 0; i < ans.length(); i++)
        ans[i] = tolower(ans[i]);
    sort(ans.begin(), ans.end());
    return ans;
}

int main() {
    int n = 0;
    string s;
    while(cin >> s) {
        if(s[0] = '#') break;
        words.push_back(s);
        string r = repr(s);
        if(!cnt.count(r))
            cnt[r] = 0;
        cnt[r]++;
    }
    vector<string> ans;
    for(int i = 0; i < words.size(); i++)
        // 遍历所有单词，将只出现一次的单词加入答案数组
        if(cnt[repr(words[i])] == 1) ans.push_back(words[i]);
    sort(ans.begin(), ans.end());
    for(int i = 0; i < ans.size(); i++)
        cout << ans[i] << "\n";
    return 0;
}
```

36.3 stack

36.3.1 stack 概述及初始化

stack 是一个封装了序列容器的类模板，它在一般序列容器的基础上提供了一些不同的功能。之所以称其为适配器类，是因为它可以通过适配容器现有的接口来提供不同的功能。

stack 容器适配器中的数据是以 LIFO 的方式组织的，只能访问 stack 顶部的元素，如果不移除 stack 顶部元素，就不能访问下方的元素。

下面展示了如何定义一个用来存放字符串对象的 stack 容器：

```cpp
std::stack<std::string> words;
```

stack 的初始化方法如下：

```cpp
stack<typeName> stk;
```

36.3.2 stack 的成员函数

stack 的成员函数如下。

- top()：返回一个栈顶元素的引用，类型为 T&。如果栈为空，则返回值未定义。
- push(const T& obj)：将对象副本压入栈顶。这是通过调用底层容器的 push_back() 函数完成的。

- push(T&& obj)：以移动对象的方式将对象压入栈顶。这是通过调用底层容器的有右值引用参数的 push_back() 函数完成的。
- pop()：弹出栈顶元素。
- size()：返回栈中元素的个数。
- empty()：当栈中没有元素时，返回 true。
- emplace()：用传入的参数调用构造函数，在栈顶生成对象。
- swap(stack & other_stack)：将当前栈中的元素和参数中的元素交换。参数所包含元素的类型必须和当前栈中元素的类型相同。

36.3.3 stack 的应用

下面我们通过一道例题，帮大家掌握 stack 容器的应用。

- 例题：铁轨

题目描述：

某城市有一座火车站，铁轨铺设如图 36-1 所示。

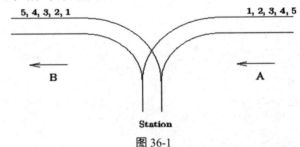

图 36-1

有 n 节车厢从 A 方向驶入车站，按进站的顺序编号为 $1\sim n$。你的任务是，判断是否能让这些车厢按照某种特定的顺序进入 B 方向的铁轨并驶出车站。例如，出站顺序是 54123 是不可能的，但 54321 是可能的。

为了重组车厢，可以借助中转站 C。这是一个可以停放任意多节车厢的车站，但由于末端封顶，因此，驶入 C 站的车厢必须按照相反的顺序驶出。对于每节车厢，一旦从 A 驶入 C，就不能返回 A 了；一旦从 C 进入 B，就不能返回 C 了。也就是说，在任意时刻，只有两种选择：A 到 C、C 到 B。

输入格式：

第一行输入一个正整数 N 表示车厢数，接下来输入若干行，每行输入 N 个不重复的正整数，最后一行输入 0，表示输入结束。

输出格式：

若某行数据满足题面描述的出站顺序，则输出 Yes，否则输出 No。

输入样例：

5
1 2 3 4 5
5 4 1 2 3
5 4 3 2 1
0

输出样例：

Yes

No
Yes

参考代码：

```
#include <cstdio>
#include <stack>
using namespace std;
const int MAXN = 1000 + 10;
int n, target[MAXN];

int main() {
    scanf("%d", &n);
    for(;;) {
        stack<int> s;
        int A = 1, B = 1;      // A是进站顺序，B是出站顺序的id值
        for(int i = 1; i <= n; i++)
            scanf("%d", target + i);
        if(target[1] == 0) break;
        int ok = 1;
        while(B <= n) {
            if(A == target[B]) {A++; B++;}  // 进站后立马出站
            else if(!s.empty() && s.top == target[B]) {s.pop(); B++;}
            else if(A <= n) s.push(A++);    // 不符合出站顺序
            else {ok = 0; break;}           // 超过已有车辆的编号
        }
        printf("%s\n", ok ? "Yes" : "No");
    }
    return 0;
}
```

36.4 queue

36.4.1 queue 概述

许多程序都使用了 queue 容器。queue 容器可以用来表示服务器上等待执行的数据库事务队列。对于任何需要用 FIFO 准则处理的序列来说，使用 queue 容器都是很好的选择。

queue 的生成方式和 stack 相同，下面展示如何创建一个保存字符串对象的 queue：

```
std::queue<std::string> words;
```

也可以使用复制构造函数：

```
std::queue<std::string> copy_words {words};
```

stack、queue 这类容器适配器类都默认封装了一个 deque 容器，也可以通过指定第二个模板类型参数来使用其他类型的容器：

```
std::queue<std::string, std::list<std::string>>words;
```

36.4.2 queue 的成员函数

queue 和 stack 有一些成员函数相似，但在一些情况下，这些函数的工作方式不同。

- front()：返回 queue 中第一个元素的引用。如果 queue 是常量，就返回一个常引用；如果 queue 为空，则返回值是未定义的。

- back()：返回 queue 中最后一个元素的引用。如果 queue 是常量，就返回一个常引用；如果 queue 为空，则返回值是未定义的。
- push(const T& obj)：在 queue 的尾部添加一个元素的副本。这是通过调用底层容器的成员函数 push_back() 来完成的。
- push(T&& obj)：以移动的方式在 queue 的尾部添加元素。这是通过调用底层容器的具有右值引用参数的成员函数 push_back() 来完成的。
- pop()：删除 queue 中的第一个元素。
- size()：返回 queue 中元素的个数。
- empty()：如果 queue 中没有元素，则返回 true。
- emplace()：用传给 emplace() 的参数调用 T 的构造函数，在 queue 的尾部生成对象。
- swap(queue &other_q)：将当前 queue 中的元素和参数 queue 中的元素交换。它们的数据类型应相同。也可以调用全局函数模板 swap() 来完成同样的操作。

和 stack 一样，queue 也没有迭代器。访问元素的唯一方式是遍历容器的元素，并移除访问过的每一个元素。例如：

```
std::deque<double> values {1.5, 2.5, 3.5, 4.5};
std::queue<double> numbers(values);
while (!numbers.empty()) {
    std::cout << numbers.front() << " ";
    numbers.pop();
}
std::cout << std::endl;
```

36.4.3 queue 的应用

下面我们通过一道例题，帮大家掌握 queue 容器的应用。

- **例题：团体队列**

题目描述：

有 t 个队伍的人正在排长队。每次新来一个人，如果有队友正在排队，那么他将插队到最后一个队友的身后。如果没有队友在排队，那么他会排到长队的队尾。

输入每个队伍中所有人的编号，要求支持以下 3 种指令：

- ENQUEUE x：编号为 x 的人进入长队。
- DEQUEUE：排在队首的人出队。
- STOP：停止模拟。

每次执行 DEQUEUE 指令，都需要输出出队的人的编号。

输入格式：

第一行输入一个正整数 N，表示队伍的数量。

接下来 N 行输入队伍的情况。每行第一个整数 M 表示队伍中的人数，接下来 M 个整数表示队伍中每个人的编号。

接下来输入符合题目描述的若干条指令。

输出格式：

按指令输出的出队的人的编号。

输入样例：
2
3 101 102 103
3 201 202 203
ENQUEUE 101
ENQUEUE 201
ENQUEUE 102
ENQUEUE 202
ENQUEUE 103
ENQUEUE 203
DEQUEUE
DEQUEUE
DEQUEUE
DEQUEUE
DEQUEUE
DEQUEUE
STOP

输出样例：
101
102
103
201
202
203

参考代码：

```
#include <cstdio>
#include <queue>
#include <map>
using namespace std;

const int maxt = 1000 + 10;

int main() {
    int t, kase = 0;
    while(scanf("%d", &t) == 1 && t) {
        printf("Scenario #%d\n", ++kase);

        // 记录所有人的编号
        map<int, int> team;   // team[x] 表示编号为 x 的人所在的队伍编号
        for(int i = 0; i < t; i++) {
            int n, x;
            scanf("%d", &n);
            while(n--) scanf("%d", &x), team[x] = i;
```

```
                    // 编号为 x 的人的队伍编号为 i
        }
        // 模拟
        queue<int> q, q2[maxt];
        // q 是队伍队列，q2[i] 是队伍中第 i 名成员的队列
        for(;;) {
            int x;
            char cmd[10];
            scanf("%s", cmd);
            if(cmd[0] == 'S') break;
            else if(cmd[0] == 'D') {
                int t = q.front();
                printf("%d\n",
                q2[t].front()); q2[t].pop();
                if(q2[t].empty()) q.pop(); // 队伍 t 中的人已全部出队
            } else if(cmd[0] == 'E') {
                scanf("%d", &x);
                int t = team[x];
                if(q2[t].empty()) q.push(t);        // 队伍 t 中的人进入队列
                q2[t].push(x);
            }
        }
        printf("\n");
    }
    return 0;
}
```

36.5 priority_queue

36.5.1 priority_queue 概述及初始化

priority_queue 是一种优先队列。普通的队列是一种先进先出的数据结构，元素在队列尾追加，从队列头删除。而在优先队列中，元素被赋予优先级。当访问元素时，具有最高优先级的元素最先被删除。

priority_queue 的初始化方法如下：

```
/* .
Type: 数据类型
Container: 容器类型（必须是 vector、deque 等数组实现的容器）

Functional: 比较方式
*/
priority_queue<Type, Container, Functional>

// 实例
// 升序队列
priority_queue <int,vector<int>,greater<int> > q;
// 降序队列
priority_queue <int,vector<int>,less<int> >q;

// greater 和 less 是 std 实现的两个仿函数
```

```
// 还可以自定义比较方法重载 () 运算符
struct cmp {
    bool operator () (const int a, const int b) const {
        return a % 10 > b % 10;
    }
};
```

36.5.2 priority_queue 的成员函数

priority_queue 的成员函数如下：

- top()：访问队列头。
- empty()：判断队列是否为空。
- size()：返回队列中元素的个数。
- push()：在队列尾插入元素。
- pop()：弹出队列头的元素。
- swap()：交换元素。

36.6 priority_queue 的应用

下面我们通过一道例题，帮大家掌握 priority_queue 容器的应用。

- 例题：丑数

题目描述：

丑数是指不能被 2、3、5 以外的素数整除的数。把丑数从小到大排列起来，结果如下：

1,2,3,4,5,6,8,9,10,12,15,...

求第 n 个丑数。

输入格式：

一个正整数 n，表示需要求的丑数的顺序编号。

输出格式：

第 n 个丑数。

输入样例：

9

输出样例：

10

参考代码：

```
#include <iostream>
#include <vector>
#include <queue>
#include <set>
using namespace std;
typedef long long LL;
const int coeff[3] = {2, 3, 5};

int main() {
    priority_queue<LL, vector<LL>, greater<LL> > pq;      // 升序
    set<LL> s; pq.push(1);
    s.insert(1);
```

```
        for(int i = 1; i < n; i++) {
            LL x = pq.top(); pq.pop();
            for(int j = 0; j < 3; j++) {
                LL x2 = x * coeff[i];
                if(!s.count(x2)) s.insert(x2), pq.push(x2);
            }
        }
        cout << pq.top() << endl;
        return 0;
    }
```

第三单元
简单算法

第 37 课　简单排序

数据在被接收后通常要经过一些处理才能被人们所利用。处理数据的方法大致可以分为 4 种：增、删、查、改。后面要学习的很多算法都是针对这 4 种操作进行的，比如线段树、平衡树、树状数组、二分查找、RMQ（区间最值查询）等。本课我们将学习各种排序方法。

37.1 冒泡排序、选择排序、插入排序

37.1.1 冒泡排序

通过前面的学习，我们已经掌握了如何在区间内查找最大值，也就是每次在找到最大值以后将其放入区间最后的位置，接着缩小区间，重复以上操作，这样整个区间的所有数据就都排好序了。想象这样一个场景：有大小不一的气泡刚开始都被控制在水底，如果每个气泡都根据其大小控制上浮的速度，那么最先浮出水面的气泡就是最大的气泡，最后浮出水面的气泡就是最小的气泡，所有的气泡浮出水面的顺序即为气泡大小的顺序。数据操作与这个过程类似，所以我们将其称为冒泡排序。示例如图 37-1 所示。

```
5 6 3 4 1 2
5 3 6 4 1 2
5 3 4 6 1 2
5 3 4 1 6 2
5 3 4 1 2 6    第一趟结束，6固定下来

5 3 4 1 2 6
3 5 4 1 2 6
3 4 5 1 2 6
3 4 1 5 2 6
3 4 1 2 5 6    第二趟结束，5固定下来

3 4 1 2 5 6
3 1 4 2 5 6
3 1 2 4 5 6    第三趟结束，4固定下来

1 3 2 4 5 6
1 2 3 4 5 6    第四趟结束，3固定下来

1 2 3 4 5 6    第五趟结束，2固定下来
```
图 37-1

经过 5 次区间最值的查找后，6 个元素就完成了排序。

参考代码：

```
// 对 n 个元素从小到大排序
```

```
#include <iostream>
#include <algorithm>
using namespace std;

int main() {
    int n, a[1007];
    cin >> n;
    for (int i = 0; i < n; i++) cin >> a[i];

for(int k = 1; k < n; k++) {
    // 查找 n 个元素中的最大值
    for (int i = 0; i < n - k; i++) {
        if (a[i] < a[i + 1]) {
            swap(a[i], a[i + 1]);
        }
    }
}
for(int i = 0; i < n; i++) {
    cout << a[i] << " ";
}
return 0;
}
```

对一些数据来说，在排序的过程中就已经呈现出有序状态了，这时排序就已经结束了。所以在一趟查找最值的过程中若没有发生交换，循环过程就可以结束了。

改进后的代码如下：

```
#include <iostream>
#include <algorithm>
using namespace std;

int main() {
    int n;
    cin >> n; int a[1007];
    for (int i = 0; i < n; i++) cin >> a[i];
    for (int i = 1; i < n; i++) {
        bool flag = true;
        for (int j = 0; j < n - i; j++) {
            if (a[j] < a[j + 1]) {
                swap(a[j], a[j + 1]);
                flag = false;
            }
        }
        if (flag) break;
    }
    for (int i = 0; i < n; i++)
        cout << a[i] << " ";
    cout << endl;
    return 0;
}
```

- 例题：车厢重组

题目描述：

在一个旧式的火车站旁边有一座桥，其桥面可以绕河中心的桥墩水平旋转。一个车站的职工发现桥的长度最多能容纳两节车厢，如果将桥面旋转180°，则可以把相邻两节车厢的位置交换，用这种方法可以重新排列车厢的顺序。于是他就负责用这座桥将进站的车厢按车厢号从小到大排列。他退休后，车站决定将这一工作自动化，其中一项重要的工作是编写一个程序，输入初始的车厢顺序，计算最少要用多少步（即旋转多少次桥面）才能完成车厢排序。

输入格式：

有两行数据，第一行是车厢总数 N（不大于10000），第二行是 N 个不同的数，表示初始的车厢顺序。

输出格式：

一个数据，表示最少的旋转次数。

输入样例：

4

4 3 2 1

输出样例：

6

参考代码：

```cpp
#include <iostream>
#include <algorithm>
using namespace std;

int main(){
    int n; cin >> n;
    int a[10007];
    int cnt = 0;
    for (int i = 0; i < n; i++) cin >> a[i];
    for (int k = 1; k < n; k++) {
        bool flag = true;
        for (int i = 0; i < n - k; i++) {
            if (a[i] < a[i + 1]) {
                swap(a[i], a[i + 1]);
                flag = false;
                cnt++;
            }
        }
        if (flag) break;
    }
    cout << cnt << endl;
    return 0;
}
```

37.1.2 选择排序

冒泡排序的思想是每次对相邻两个元素进行比较，如果不符合所要求的顺序，就需要做交换，这样会浪费大量的时间。我们可以在每次寻找的过程中只记录当前最大值的下标，在比较完成之后再将其交换至最后的位置。我们将这样的排序方式称为选择排序。

参考代码：

```cpp
#include <iostream>
#include <algorithm>
using namespace std;

int main() {
    int n; cin >> n;
    int a[1007];
    for (int i = 0; i < n; i++)
        cin >> a[i];
    for (int i = 0; i < n; i++) {
        int k = i;
        for (int j = i + 1; j < n; j++) {
            if (a[k] < a[j])
                k = j;
        }
        if (k != i) {
            swap(a[k], a[i]);
        }
    }
    for (int i = 0; i < n; i++) {
        cout << a[i] << " ";
    }
    return 0;
}
```

37.1.3 插入排序

想一想体育课上同学们排队的情况。假设同学们已经按从矮到高的顺序排好队，现在新来一个人要插队，怎样才能保证队伍依然是有序的呢？从第一个人开始比较，如果新来的人比第一个人高，则让他往后站一个位置，再向后进行比较，直到找到身高不低于他的人，然后入队。

例如：设 $n=8$，数组 a 中的 8 个元素是 36, 25, 48, 12, 65, 43, 20, 58，按照从小到大排序，执行插入排序程序后，其数据变动情况：

第 0 步：[36] 25 48 12 65 43 20 58

第 1 步：[25 36] 48 12 65 43 20 58

第 2 步：[25 36 48] 12 65 43 20 58

第 3 步：[12 25 36 48] 65 43 20 58

第 4 步：[12 25 36 48 65] 43 20 58

第 5 步：[12 25 36 43 48 65] 20 58

第 6 步：[12 20 25 36 43 48 65] 58

第 7 步：[12 20 25 36 43 48 58 65]。

参考代码：

```cpp
#include <iostream>
```

```
#include <algorithm>
using namespace std;

int main() {
    int n; cin >> n;
    int a[1007];
    for(int i = 0; i < n; i++) {
        int t; cin >> t;
        int k = i;
        while(k > 0 && a[k - 1] > t) {
            a[k] = a[k - 1];
            --k;
        }
        a[k] = t;
    }
    for(int i = 0; i < n; i++)
        cout << a[i] << " ";
    cout << endl;
    return 0;
}
```

37.1.4 希尔排序

希尔排序（Shell Sort）也被称为缩小增量排序，它由 DL.Shell 于 1959 年提出。希尔排序是插入排序的一种算法，是对直接插入排序的一个优化，它是非稳定排序算法。

希尔排序是基于直接插入排序的以下两点性质而提出的改进方法。

（1）插入排序在对几乎已经排好序的数据进行操作时效率很高，即可达到线性排序的效率。

（2）插入排序通常是低效的，因为它每次只能将数据移动一位。

原理

希尔排序的原理是：将待排序的数组元素首先按下标的一定增量分组，分成多个子序列，然后对各个子序列进行直接插入排序；接着依次缩减增量，再进行排序，直到增量为 1 时，进行最后一次直接插入排序，排序结束。

增量

增量 d 的范围：$1 \leqslant d < $ 待排序数组的长度（d 为 int 值）。

增量的取值：通常情况下，初次取序列（数组）的一半为增量，以后每次减半，直到增量为 1。第一个增量 = 数组的长度 /2，第二个增量 = 第一个增量 /2，第三个增量 = 第二个增量 /2，以此类推，最后一个增量为 1。

希尔排序原理如图 37-2 所示。

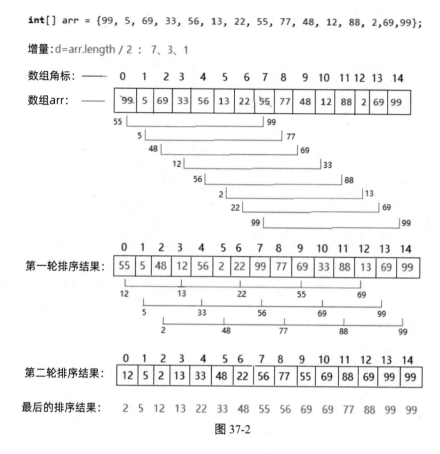

图 37-2

时间复杂度分析

希尔排序是按照不同步长对元素进行插入排序的,当初始元素无序时,步长最大,所以插入排序的元素个数很少,速度很快;当元素基本有序时,步长很小,插入排序对于有序的序列操作效率很高。所以,希尔排序的时间复杂度会比 $O(n^2)$ 好一些。希尔算法的性能与所选取的增量(分组长度)序列有很大关系。若只对特定的待排序记录序列,则可以准确地估算比较次数和移动次数。想要弄清比较次数和记录移动次数与增量选择之间的关系,并给出完整的数学分析,至今仍然是一个数学难题。希尔排序在最坏的情况下和平均情况下执行效率相差不是很多,与此同时,快速排序在最坏的情况下执行的效率会非常低。希尔排序没有快速排序的执行效率高,因此对中等大小规模的数据排序表现良好,对规模非常大的数据排序不是最优选择。

注意:几乎任何排序工作在开始时都可以用希尔排序,若在实际使用中证明它不够快,则可以再改成快速排序这种更高级的排序算法。

时间复杂度情况(n 指待排序序列长度)

最好情况:序列是正序排列,在这种情况下,需要进行的比较操作有 $n-1$ 次。后移赋值操作为 0 次,即 $O(n)$。

最坏情况:$O(n\log^2 n)$。

渐进时间复杂度（平均时间复杂度）：$O(n\log n)$。

稳定性

我们知道，一次插入排序是稳定的，不会改变相同元素的相对顺序，但在不同的插入排序过程中，相同的元素可能在各自的插入排序中移动，最后其稳定性就会被打乱，所以希尔排序是不稳定的。

参考代码：

```
// 错误
for (int d = n / 2; d >= 1; d /= 2) {
    // 若当前元素是 a[i]，那么下一组的对应元素就是 a[i+d]
    for (int i = 0; i + d < n; i++) {
        if (a[i] > a[i + d])
        { // a[i],..., a[i+k*d] 一趟比较不能排序
            swap(a[i], a[i + d]);
        }
    }
}
```

插入排序的写法：

```
for (int d = n / 2; d >= 1; d /= 2) {
    //   当前比较的元素是 a[i],a[i+d],...,a[i+kd]
    for (int i = d; i < n; i++) {
        int j = i - d;
        while (j >= 0 && a[i] < a[j]) {
            a[j + d] = a[j];
            j -= d;
        }
        a[j + d] = a[i];
    }
}
```

冒泡排序的写法：

```
for (int d = n / 2; d >= 1; d /= 2) {
    for (int i = d; i < n; i++) {
        for (int j = i; j - d >= 0; j -= d) {
            if (a[j] < a[j - d]) {
                swap(a[j], a[j - d]);
            }
        }
    }
}
```

37.2 桶排序

假设你有一堆已编好号的小球，需要按编号对它们进行排序，编号在一个明显的范围内。如何快速完成排序任务呢？现在有所有与小球序号对应的小桶，如果要将对应编号的小球放入对应编号的小桶，再按小桶编号从小到大取完所有的小球，这时候取出的小球就是有序的，那么要如何实现呢？

参考代码：

```cpp
#include <iostream>
using namespace std;
const int N = 100007;
int a[N];
int main() {
    int n; cin >> n;
    for (int i = 0; i < n; i++) {
        int t; cin >> t;
        a[t]++;
    }
    for (int i = 0; i < N; i++) {
        while (a[i]) {
            cout << i << " ";
            a[i]--;
        }
    }
    return 0;
}
```

- **例题：明明的随机数（random.cpp）**

题目描述：

明明想在学校请一些同学一起做一项问卷调查，为了实验的客观性，他先用计算机生成了 N 个 1 到 1000 之间的随机整数（$N \leqslant 100$），对于其中重复的数字，只保留一个，删除相同的数字，不同的数对应不同学生的学号。再把这些数从小到大排序，按照排好的顺序去找同学做调查。请你协助明明完成"去重"与"排序"的工作。

输入格式：

输入有两行，第一行为 1 个正整数，表示所生成的随机数的个数：N。

第二行有 N 个用空格隔开的正整数，为所产生的随机数。

输出格式：

输出也是两行，第一行为 1 个正整数 M，表示不相同的随机数的个数。

第二行为 M 个用空格隔开的正整数，为从小到大排好序的不相同的随机数。

输入样例：

10
20 40 32 67 40 20 89 300 400 15

输出样例：

8
15 20 32 40 67 89 300 400

分析：

本题有一个重要的特点，就是每一个数都是介于 0 到 1000 之间的整数，如果开设一个下标为 0～1000 的数组 a，a[0] 记录值为 0 的个数，a[1] 记录值为 1 的个数，……，a[x] 记录值为 x 的个数，那么按从小到大的顺序输出值不为 0 的 a 数组下标值。

参考代码:

```cpp
#include <iostream>
using namespace std;
const int N = 1007;
int a[N];
int main() {
    int n; cin >> n;
    int cnt = 0;
    for(int i = 0; i < n; i++) {
        int t; cin >> t;
        if(!a[t]) a[t]++, cnt++;
    }
    cout << cnt << endl;
    for (int i = 0; i < N; i++) {
        if(a[i]) cout << i << " ";
    }
    cout << endl;
    return 0;
}
```

37.3 练习

- 练习 1: 众数 (masses.cpp)

题目描述:

给出 N 个 1 到 30000 之间的无序正整数, 其中 $1 \leqslant N \leqslant 10000$, 同一个正整数可能会出现多次, 出现次数最多的正整数被称为众数。求出这组无序正整数中的众数及在这组无序正整数中出现的次数。

输入格式:

第一行是正整数的个数 N, 第二行开始为 N 个正整数。

输出格式:

有若干行, 每行两个数, 第 1 个是众数, 第 2 个是众数出现的次数。

输入样例:

12
2 4 2 3 2 5 3 7 2 3 4 3

输出样例:

2 4
3 4

- 练习 2: 军事机密 (Secret.cpp)

题目描述:

军方截获的信息由 $n(n \leqslant 30000)$ 个数字组成, 因为是敌国的高端秘密, 所以一时不能破获。最原始的想法就是对这 n 个数进行从小到大排序, 每个数对应一个序号, 然后输出第 i 个数, 现在要求编程完成。

输入格式:

第一行输入 n, 第二行输入 n 个截获的数字, 第三行输入数字 k, 从第四行开始输入 k 行要输出数的序号。

输出格式：

k 行序号对应的数字。

输入样例：

5

121　1　126　123　7

3

2

4

3

输出样例：

7

123

121

- **练习 3：奖学金（Noip2007）**

题目描述：

某小学最近获得一笔赞助，学校打算拿出其中一部分为学习成绩优秀的前 5 名学生发奖学金。期末，每名学生都有 3 门课的成绩：语文、数学、英语。先按总分从高到低排序，如果两个同学总分相同，再按语文成绩从高到低排序，如果两个同学总分和语文成绩都相同，那么规定学号小的同学排在前面，这样，每名学生的排序是唯一确定的。

任务：首先根据输入的 3 门课的成绩计算总分，然后按上述规则排序，最后按排名顺序输出前 5 名学生的学号和总分。注意，在前 5 名学生中，每个人的奖学金都不相同。因此，你必须严格按上述规则排序。例如，在某个正确答案中，如果前两行的输出数据（每行输出两个数：学号、总分）是：

7　279

5　279

则这两行数据的含义是：总分最高的两名学生的学号依次是 7 号、5 号。这两名学生的总分都是 279（总分等于输入的语文、数学、英语三科成绩之和），但学号为 7 的学生语文成绩更高一些。如果前两名的输出数据是：

5　279

7　279

则按输出错误处理，不能得分。

输入格式：

包含 n+1 行：第一行为一个正整数 n，表示该校参加评选的学生人数。

第二到 n+1 行，每行有 3 个用空格隔开的数字，每个数字都在 0 到 100 之间。第 j 行的 3 个数字依次表示学号为 j-1 的学生的语文、数学、英语的成绩。每名学生的学号按照输入顺序编号为 1~n（恰好是输入数据的行号减 1）。所给的数据都是正确的，不必检验。

输出格式：

共有 5 行，每行是两个用空格隔开的正整数，依次表示前 5 名学生的学号和总分。

输入样例 1：
6 90 67 80 87 66 91 78 89 91 88 99 77 67 89 64 78 89 98
输出样例 1：
6 265
4 264
3 258
2 244
1 237
输入样例 2：
6
90 67 80
87 66 91
78 89 91
88 99 77
67 89 64
78 89 98
输出样例 2：
6 265
4 264
3 258
2 244
1 237
数据范围：
$6 \leqslant n \leqslant 300$

第 38 课　复杂排序

38.1 快速排序

　　快速排序是对冒泡排序的一种改进。它的基本思想是，通过一趟排序将待排记录分割成独立的两部分，如果其中一部分记录的关键字均比另一部分记录的关键字小，则可分别对这两部分记录继续进行排序，以达到整个序列有序。

　　假设待排序的序列为 $a[L], a[L+1], a[L+2], \cdots, a[R]$，首先任意选取一个记录（通常可选中间一个记为枢轴或支点），然后重新排列其余记录，将所有关键字小于它的记录都放在左子序列中，所有关键字大于它的记录都放在右子序列中。由此可以将该"支点"记录所在的位置 mid 作为分界线，将序列分割成两个子序列的和。这个过程被称为一趟快速排序（或一次划分）。

　　一趟快速排序的具体做法是：假设有两个指针 i 和 j，它们的初值分别为 L 和 R，设枢轴记录取 mid，则首先从 j 所指位置起向前搜索找到第一个关键字小于 mid 的记录，然后从 i 所指位置向后搜索，找到第一个关键字大于 mid 的记录，将它们互相交换，重复这两步，直至 i>j。

　　快速排序的时间复杂度是 $O(n\log n)$，排序速度快，但它是不稳定的排序方法。就平均时间而言，快速排序目前被认为是最好的一种内部排序方法。

　　从时间上看，快速排序的平均性能优于前面讨论过的各种排序方法，但快速排序需要一个栈空间来实现递归。若每一趟排序都将记录序列均匀地分割成长度相近的两个子序列，则栈的最大深度为 $\log(n+1)$。

参考代码：

```
void qsort(int L, int R) {
    int mid = a[(L + R) / 2];
    int i = L, j = R;
    while (i <= j) {
        while (a[i] < mid) i++;
        while (a[j] > mid) j--;
        if (i <= j) {
            swap(a[i], a[j]);
            i++, j--;
        }
    }
    if (L < j) qsort(L, j);
    if (R > i) qsort(i, R);
}
```

38.2 归并排序

　　归并排序是建立在归并操作上的一种有效的排序算法，该算法是采用分治法（Divide and Conquer）的一个非常典型的应用。将已经有序的子序列合并，得到完全有序的序列，即先使每个子序列有序，再使子序列段间有序。若将两个有序表合并成一个有序表，则称为二路归并。

　　例如，有 8 个数据需要排序：10 4 6 3 8 2 5 7。

归并排序主要分两大步：分解、合并，如图 38-1 所示。

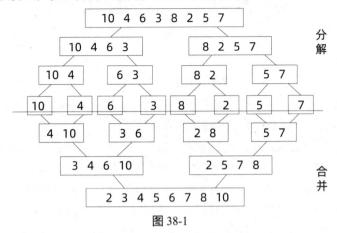

图 38-1

合并过程为：比较 a[i] 和 a[j] 的大小，若 a[i] ≤ a[j]，则将第一个有序表中的元素 a[i] 复制到 r[k] 中，并令 i 和 k 分别加 1；否则将第二个有序表中的元素 a[j] 复制到 r[k] 中，并令 j 和 k 分别加 1，如此循环下去，直到其中一个有序表取完，再将另一个有序表中剩余的元素复制到 r 中从下标 k 到下标 t 的单元。我们通常用递归实现归并排序的算法，即先把待排序区间 [s,t] 以中点二分，接着把左边子区间排序，再把右边子区间排序，最后把左区间和右区间用一次归并操作合并成有序的区间 [s,t]。

参考代码：

```
void mergeSort(int s, int t) {
    if(s < t) {
        int mid = s + t >> 1;
        mergeSort(s, mid);
        mergeSort(mid + 1, t);
        int i = s, j = mid + 1, k = i;
        while(i <= mid && j <= t) {
            if (a[i] < a[j])
                r[k] = a[i++];
            else
                r[k] = a[j++];
            k++;
        }
        while (i <= mid) r[k++] = a[i++];
        while (j <= t)   r[k++] = a[j++];
    }
    for (int i = s; i <= s; i++) {
        a[i] = r[i];
    }
}
```

说明：

归并排序的时间复杂度是 $O(n\log n)$，排序速度快。同时，归并排序是稳定的排序，即相等元素的顺序不会改变，如输入记录 1(1) 3(2) 2(3) 2(4) 5(5)（括号内是记录的关键字）时，输出 1(1) 2(3) 2(4) 3(2) 5(5)，其中 2(3) 和 2(4) 的相对顺序与输入时一致。这对待排序数据包含多个信息而要按其中某个信息排序，要求其他信息尽量按输入的顺序排列时很重要，这也是它相较于快速排序的一个显著优势。

38.3 逆序对

上述提到归并排序是稳定的排序，即相等元素的相对顺序不会改变，这一特性使得它可以被用来解决逆序对的问题。下面我们首先了解一下什么是逆序对。

逆序对：假设 A 为一个有 n 个数字的有序集（$n>1$），其中所有的数字各不相同。如果存在正整数 i 和 j，使得 $1 \leqslant i<j \leqslant n$，而且 $A[i]>A[j]$，则 $<A[i],A[j]>$ 这个有序对称为 A 的一个逆序对，也被称为逆序数。

例如，数组 (3,1,4,5,2) 的逆序对有 (3,1)、(3,2)、(4,2) 和 (5,2) 共 4 个。

所谓逆序对的问题，即对给定的数组序列，求其逆序对的数量。

从逆序对的定义上分析，逆序对就是数列中任意两个数满足大的在前，小的在后的组合。如果将这些逆序对的顺序都调整成小的在前，大的在后，那么整个数列就变得有序，即排序。因而，容易想到冒泡排序的机制正好是利用消除逆序来实现排序的。也就是说，交换相邻两个逆序数，最终实现整个序列有序，那么交换的次数即为逆序对的数量。

冒泡排序可以解决逆序对问题，但是由于冒泡排序的效率不高，时间复杂度为 $O(n^2)$，因此，对于 n 比较大的情况就没有用武之地了。

我们可以这样认为，冒泡排序求逆序对的效率之所以低，是因为其在统计逆序对数量的时候是一对一对地统计的，而对于范围为 n 的序列，逆序对的数量最大可以是 $\frac{(n+1) \times n}{2}$，因此其效率太低。怎样才能一下子统计多个，而不是一个一个地累加呢？这时候，归并排序就可以帮我们解决这个问题了。

在合并操作中，我们假设左右两个区间元素为：

左边：{3 4 7 9}

右边：{1 5 8 10}

那么合并操作的第一步就是比较 3 和 1，然后将 1 取出来，放到辅助数组中，这时我们发现，右边的区间如果是当前比较的较小值，那么其会与左边剩余的数字产生逆序关系。也就是说，1 和 3、4、7、9 都产生了逆序关系，我们可以统计出有 4 对逆序对。接下来，将 3 和 4 取下来放到辅助数组后，5 与左边剩下的 7、9 产生了逆序关系，我们可以统计出 2 对。以此类推，8 与 9 产生 1 对，那么总共有 4+2+1=7 对。这样统计的效率就会大大提高，也可以较好地解决逆序对的问题。

而在算法的实现中，我们只需略微修改原有的归并排序，当右边序列的元素为较小值时，就统计其产生的逆序对数量，即可完成逆序对的统计。

参考代码：

```
void mergeSort(int s, int t) {
    int ans = 0;
    if(s < t) {
        int mid = s + t >> 1;
        mergeSort(s, mid);
        mergeSort(mid + 1, t);
        int i = s, j = mid + 1, k = i;
        while (i <= mid && j <= t) {
```

```
            if(a[i] < a[j])
                r[k] = a[i++];
            else
                ans += mid - i + 1, r[k] = a[j++];
            k++;
        }
        while (i <= mid) r[k++] = a[i++];
        while (j <= t)   r[k++] = a[j++];
    }
    for (int i = s; i <= s; i++) {
        a[i] = r[i];
    }
}
```

其中，代码 ans+=mid-i+1 的作用是统计新增逆序对的数量，ans 作为全局变量，用于统计逆序对的数量，此时 ans 要增加左边区间剩余元素的个数。当归并排序结束后，逆序对问题也得到了解决，ans 即为逆序对的数量。

38.4 各种排序算法的比较

1. 稳定性比较

插入排序、冒泡排序、二叉树排序、二路归并排序及其他线形排序是稳定的。选择排序、希尔排序、快速排序、堆排序是不稳定的。

2. 时间复杂度比较

插入排序、冒泡排序、选择排序的时间复杂度为 $O(n^2)$；快速排序、堆排序、归并排序的时间复杂度为 $O(n\log n)$；桶排序的时间复杂度为 $O(n)$。

若从最好情况考虑，则插入排序和冒泡排序的时间复杂度情况最好，为 $O(n)$，其他算法的最好情况与平均情况相同；若从最坏情况考虑，则快速排序的时间复杂度为 $O(n^2)$，插入排序和冒泡排序虽然平均情况相同，但系数大约增加一倍，所以运行速度将降低一半，最坏情况对选择排序、堆排序和归并排序影响不大。

由此可知，在最好情况下，直接插入排序和冒泡排序最快；在平均情况下，快速排序最快；在最坏情况下，堆排序和归并排序最快。

3. 辅助空间的比较

桶排序、二路归并排序的辅助空间为 $O(n)$，快速排序的辅助空间为 $O(\log n)$，最坏情况为 $O(n)$，其他排序的辅助空间为 $O(1)$。

4. 其他比较

插入、冒泡排序的速度较慢，但参加排序的序列局部或整体有序时，这种排序能达到较快的速度。在这种情况下，快速排序反而慢了。

当 n 较小且对稳定性不作要求时，宜用选择排序，对稳定性有要求时宜用插入排序或冒泡排序。若待排序记录的关键字在一个明显有限的范围内且空间允许，则用桶排序。

当 n 较大且关键字元素比较随机，对稳定性没有要求时，宜用快速排序。

当 n 较大且关键字元素本身可能是有序的，对稳定性没有要求时，宜用堆排序。

快速排序在目前基于比较的内部排序中被认为是最好的方法，当待排序的关键字是随机分布时，快速排序的平均时间最短；堆排序所需的辅助空间少于快速排序，并且不会出现快速排序可能出现的最坏情况。这两种排序都是不稳定的。

38.5 sort 函数的应用

C++ 中的 sort 函数用于对数组或容器中的元素进行排序。它可以按升序或降序排列元素，并支持自定义比较函数以满足特定需求。

（1）sort 函数包含在头文件为 #include<algorithm> 的 C++ 标准库中，调用标准库里的排序方法可以实现对数据的排序，至于 sort 函数是如何实现的，我们不用考虑。

（2）sort 函数的模板有三个参数：

void sort (RandomAccessIterator first, RandomAccessIterator last, Compare comp);

- 第一个参数（first）：是要排序数组的起始地址。
- 第二个参数（last）：是结束的地址（最后一个数据的后一个数据的地址）。
- 第三个参数（comp）：是排序的方法，可按升序，也可按降序。如果第三个参数缺省，则默认的排序方法是从小到大排序。

38.6 例题

- 例题 1：对数组用默认方式排序

```cpp
#include <iostream>
#include <algorithm>
using namespace std;
int main() {
    // sort 函数第三个参数采用默认从小到大
    int a[] = {45, 12, 34, 77, 90, 11, 2, 4, 5, 55};
    sort(a, a + 10);
    for(int i = 0; i < 10; i++)
        cout << a[i] << " ";
    return 0;
}
```

- 例题 2：用自定义函数对数组排序

```cpp
#include <iostream>
#include <algorithm>
using namespace std;
bool cmp(int a, int b);
int main() {
    // sort 函数第三个参数自己定义，实现从大到小
    int a[] = {45, 12, 34, 77, 90, 11, 2, 4, 5, 55};
    sort(a, a + 10, cmp);
    for (int i = 0; i < 10; i++)
        cout << a[i] << " ";
    return 0;
}
// 自定义函数
bool cmp(int a, int b) {
    return a > b;
}
```

- 例题 3：对结构体按自定义函数排序

```cpp
#include <iostream>
```

```cpp
#include <algorithm>
#include <cstring>
using namespace std;

typedef struct student {
    char name[20];
    int math, english;
} Student;

bool cmp(Student a, Student b);

int main() {
    // 先按 math 从小到大排序,若 math 相等,则按 english 从大到小排序
    Student a[4] = {{"apple", 67, 89}, {"limei", 90, 56}, {"apple", 90,
                    99}};
    sort(a, a + 3, cmp);
    for (int i = 0; i < 3; i++)
        cout << a[i].name << " " << a[i].math << " " << a[i].english << endl;
    return 0;
}
bool cmp(Student a, Student b) {
    if (a.math > b.math)
        return a.math < b.math; // 按 math 从小到大排序
    else if (a.math == b.math)
        return a.english > b.english; // 若 math 相等,则按 endlish 从大到小排序
}
```

- 例题 4:对内部已定义关系容器大小的数据排序

  注意:默认情况下,greater<int>() 表示递减,less< int>() 表示递增。

```cpp
#include <iostream>
#include <algorithm>
#include <vector>
using namespace std;

typedef struct student {
    char name[20];
    int math, english;
} Student;

bool cmp(Student a, Student b);

int main() {
    int s[] = {34, 56, 11, 23, 45};
    vector<int> arr(s, s + 5);
    sort(arr.begin(), arr.end(), greater<int>());
    for (int i = 0; i < arr.size(); i++)
        cout << arr[i] << " ";
    return 0;
}
```

- 例题 5：对自定义类型按自定义比较方式（运算符重载）进行排序

注意：bool operator<(const className & rhs) const; 参数为引用，需要加 const，这样临时变量可以赋值；重载 operator< 为常成员函数，可以被常变量调用。

```cpp
#include <iostream>
#include <algorithm>
#include <vector>
using namespace std;

typedef struct student {
    char name[20];
    int math;
    // 按 math 从大到小排序
    inline bool operator<(const student &x) const {
        return math > x.math;
    }
} Student;

int main() {
    Student a[4] = {{"apple", 67}, {"limei", 90}, {"apple", 90}};
    sort(a, a + 3);
    for (int i = 0; i < 3; i++)
        cout << a[i].name << " " << a[i].math << " " << endl;
    return 0;
}
```

重载 < 也可以定义为如下格式，例如 Cmp 仿函数：

```cpp
struct Cmp {
    bool operator()(Info a1, Info a2) const {
        return a1.val > a2.val;
    }
};
```

还可以单独定义结构体之间的比较关系：

```cpp
bool Cmp(const Student stu1, const Student stu2) {
    return stu1.math > stu2.math;
}
```

const 只是标识参数不能在函数内部被更改，从编译器的角度上保证正确。不加 const 也是正确的。

38.7 练习

- 练习 1：统计数字（Noip2007）

题目描述：

某次科研调查时得到 n 个自然数，每个数均不超过 1500000000（即 1.5×10^9）。已知不相同的数不超过 10000 个，现在需要统计这些自然数各自出现的次数，并按照自然数从小到大的顺序输出统计结果。

输入格式：

包含 $n+1$ 行：

第 1 行是整数 n，表示自然数的个数。

第 2~n+1 行中每行一个自然数。

输出格式：

包含 m 行（m 为 n 个自然数中不相同数的个数），按照自然数从小到大的顺序输出。每行输出两个整数，分别是自然数和该数出现的次数，它们中间用一个空格隔开。

输入样例：

8
2
4
2
4
5
100
2
100

输出样例：

3
4 2
5 1
100 2

数据范围：

40% 的数据满足：$1 \leq n \leq 1000$

80% 的数据满足：$1 \leq n \leq 50000$

100% 的数据满足：$1 \leq n \leq 200000$，每个数均不超过 1.5×10^9。

- **练习 2：输油管道问题**

题目描述：

某石油公司计划建造一条由东向西的主输油管道。该管道要穿过一个有 n 口油井的油田，油田中的每口油井都要有一条输油管道沿最短路径（或南或北）与主管道相连。如果给定 n 口油井的位置，即它们的 x 坐标（东西向）和 y 坐标（南北向），应如何确定主管道的最优位置，即：求使各油井到主管道之间的输油管道长度总和最小的位置。证明可以在线性时间内确定主管道的最优位置。给定 n 口油井的位置，编程计算各油井到主管道之间输油管道的最小长度总和。

输入格式：

第一行是油井数 n，$1 \leq n \leq 10000$，接下来是 n 行油井的位置，每行 2 个整数 x 和 y，$-10000 \leq x, y \leq 10000$。

输出格式：

第一行中的数是油井到主管道之间的输油管道最小长度总和。

输入样例：
5
1 2
2 2
1 3
3 -2
3 3
输出样例：
6

- 练习 3：士兵站队问题

题目描述：

在一个划分成网格的操场上，n 名士兵散乱地站在网格点上，网格点由整数坐标 (x,y) 表示。士兵们可以沿网格边上、下、左、右移动一步，但在同一时刻任一网格点上只能有一名士兵。按照军官的命令，士兵们要整齐地列成一个水平队列，即排列成 $(x,y),(x+1,y),\cdots,(x+n-1,y)$。问如何选择 x 和 y 的值才能使士兵们以最少的总移动步数排成一列。计算使所有的士兵排成一行需要的最少移动步数。

输入格式：

第一行是士兵数 n，$1 \leq n \leq 10000$。接下来 n 行是士兵的初始位置，每行 2 个整数 x 和 y，$-10000 \leq x, y \leq 10000$。

输出格式：

第一行中的数是士兵排成一行需要的最少移动步数。

输入样例：
5
1 2
2 2
1 3
3 -2
3 3
输出样例：
8

第 39 课 排序的应用

39.1 中位数

中位数(Median)是一种衡量数据集平均值的指标。中位数是数据集中所有数值的中间值,它将数据集分为两部分,其中一部分包含小于中位数的数值,另一部分包含大于中位数的数值。

- 例题:货仓选址

题目描述:

在一条数轴上有 N 家商店,它们的坐标分别为 $A_1 \sim A_N$。现在需要在数轴上建立一家货仓,每天清晨,从货仓到每家商店都要运送一车商品。为了提高效率,需要求出把货仓建在何处可以使货仓到每家商店的距离之和最小。

输入格式:

第一行输入整数 N。

第二行输入 N 个整数 $A_1 \sim A_N$。

输出格式:

输出一个整数,表示距离之和的最小值。

数据范围:

$1 \leq N \leq 1000000, 0 \leq A_i \leq 40000$

输入样例:

4

6 2 9 1

输出样例:

12

分析:

对数组排序,假设货仓在 x 位置,其左边有 a 个商家,其右边有 b 个商家。如果货仓向左移动 1 个单位距离,则其左边的距离减少 a,右边增加 b。当 a 和 b 相等时,距离之和最小。

因此,货仓的位置为中位数。当 N 为奇数时,货仓的位置为 $A[N/2 + 1]$,当 N 为偶数时,货仓的位置为 $(A[N/2] + A[N/2 + 1])/2$。

```
sort(A + 1, A + N + 1);
cout << A[N / 2 + 1] << enld;
```

39.2 逆序对

对于一个序列 a,若其下标 i < j 且 a[i] > a[j],则称 a[i] 和 a[j] 构成一个逆序对。

冒泡排序是每次交换两个相邻的元素,使较小的元素位于较大的元素之前。故冒泡排序交换的次数就是序列逆序对的对数。

考虑归并排序的合并过程:将两个有序序列合并成一个有序序列。用两个小标值 i 和 j 分别表示左右两边当前比较的元素。当 a[i] > a[j] 时,则 a[i~mid] 都比 a[j] 大,构成逆序对。

```
void merge(int l, int mid, int r) {
```

```
            int i = l, j = mid + 1;
            for (int k = l; k <= r; k++) {
                if (j > r || i <= mid && a[i] <= a[j]) b[k] = a[i++];
                else
                    b[k] = a[j++], cnt += mid - i + 1;
            }
            for (int k = l; k <= r; k++) a[k] = b[k];
        }
```

- 例题：大规模逆序对问题

题目描述：

给出一个序列 $a_1, a_1, \cdots, a_n$，求序列中逆序对的个数。$n \leqslant 200000, 1 \leqslant a_i \leqslant 2 \times 10^5$。

输入样例：

5

1 3 4 2 5

输出样例：

2

39.3 散列表

"离散化"就是把无穷大集合中的若干个元素映射到有限集合中，并保证不重不漏。桶排序就是"离散化"的一种简单应用，其映射关系过于简陋，存在大量空间浪费。利用排序就可以很好地解决这个问题。

首先对集合中的数据进行排序，然后将其按顺序映射到 $1 \sim n$。

```
int k = 0;
void hash(){
    sort(a + 1, a + 1 + n);
    for (int i = 1; i <= n; i++)
        if (i == 1 || a[i] != a[i - 1]) b[++k] = a[i];
}

int query(int x){
    return lower_bound(b + 1, b + m + 1, x) - b;
}
```

- 例题：电影选择

题目描述：

莫斯科正在举办一个大型国际会议，有来自不同国家的 n 个科学家参会，每个科学家都只懂得一种语言。为了方便起见，我们把世界上所有的语言用 $1 \sim 10^9$ 之间的整数编号。

在会议结束后，所有的科学家决定一起去看场电影放松一下。他们去的电影院里一共有 m 部电影正在上映，每部电影的语音和字幕都采用不同的语言。对于观影的科学家来说，如果能听懂电影的语音，他就会很开心；如果能看懂字幕，他就会比较开心；如果全都不懂，他就会不开心。现在科学家们决定看同一场电影。

请你帮忙选择一部电影，让观影很开心的人最多。如果有多部电影满足条件，则在这些电影中挑选观影比较开心的人最多的那一部。

输入格式：

第一行输入一个整数 n，代表科学家的数量。

第二行输入 n 个整数 $a_1, a_2, \cdots, a_n$，其中 a_i 表示第 i 个科学家懂得的语言的编号。

第三行输入一个整数 m，代表电影的数量。

第四行输入 m 个整数 $b_1, b_2, \cdots, b_m$，其中 b_i 表示第 i 部电影的语音采用的语言的编号。

第五行输入 m 个整数 $c_1, c_2, \cdots, c_m$，其中 c_i 表示第 i 部电影的字幕采用的语言的编号。

请注意，对于同一部电影来说，$b_i \neq c_i$。同一行内数字用空格隔开。

输出格式：

输出一个整数，代表最终选择的电影的编号。电影编号为 $1 \sim m$。如果答案不唯一，输出任意一个均可。

数据范围：

$1 \leqslant n, m \leqslant 200000, 1 \leqslant a_i, b_i, c_i \leqslant 10^9$

输入样例：

3

2 3 2

2

3 2

2 3

输出样例：

2

分析：

虽然语言的范围是 10^9，但语言实际的数目不会超过 $2 \times m + n$ 种。我们可以将语言从 1 开始编号，然后用一个数组记录每种语言有多少人懂，从而选择满足题目要求的电影。时间复杂度为 $O((2m+n)\log(2m+n))$。

第 40 课 暴力枚举

40.1 简单枚举

算法世界看起来很复杂,但总逃不开"将所有存在解的可能情况都枚举一遍,然后判断或者统计,找出符合要求的解"。所以,从理论上讲,只要时间足够,就一定能解决问题。但现实情况是,时间耗费过多的解法并不具有实际意义。所以,针对暴力枚举的做法,还需要思考如何减少枚举的次数,让我们的解法更加优雅。

- 例题 1:统计方形

题目描述:

有一个 $n \times m$($n,m \leq 5000$)的棋盘,求其方格有多少个(四边平行于坐标轴)正方形和长方形。

输入样例:

2 3

输出样例:

8 10

样例解释:

正方形为 8 个,长方形为 10 个。正方形:边长为 1 的 6 个,边长为 2 的 2 个。长方形:边长为 1×2 的 4 个,边长为 1×3 的 2 个,边长为 2×1 的 3 个,边长为 2×3 的 1 个。

分析:

根据题意,先考查正方形和长方形的性质,可以得出一个显然的结论:格点上同列不同行的两个点可以确定一个"方形"。至于具体是正方形还是长方形,只需要简单看一下两点的横向距离和纵向距离是否相同即可。但这种算法的时间复杂度是 $O(n^2m^2)$,不能在有限的时间内完成这个题目。所以,算法的思路会直接影响到题目是否能在有限的时间内正确执行。

参考代码:

```
LL rec = 0, squ = 0;
for (LL x1 = 1; x1 <= n; x1++){
    for (LL y1 = 1; y1 <= m; y1++){
        for (LL x2 = x1 + 1; x2 <= n; x2++){
            for (LL y2 = y1 + 1; y2 <= m; y2++){
                if (x2 - x1 == y2 - y1)
                    squ++;
                else
                    rec++;
            }
        }
    }
}
```

我们需要调整思路,减少枚举量。题目的解法和复杂度一般可以通过数据的范围估算出来。这个题目的解法复杂度应该在 $O(nm)$ 以内,每个格点只需枚举 1 次。

思路 1:枚举正方形和长方形的一个顶点。棋盘中的每个点都可以作为方形的一个顶点,以顶点为界分为 4 份。在虚线上的每一个点都可以作为正方形的顶点，剩下的方形为长方形。故正方形的个数为：min(x, y) + min(n-x, y)+ min(x, m-y) + min(n-x, m-y)。可以发现每个方形都有 4 个顶点，所以在统计方形的时候，每个方形都统计了 4 遍。

参考代码：

```
#include <bits/stdc++.h>
using namespace std;

typedef long long LL;

int main(){
    LL n, m, que = 0, rec = 0;
    cin >> n >> m;
    for (LL x = 0; x <= n; x++){
        for (LL y = 0; y <= m; y++){
            LL tmp = min(x, y) + min(n - x, y) + min(x, m - y) + min(n - x, m - y);
            squ += tmp;
            rec += m * n - tmp;
        }
    }
    cout << squ / 4 << " " << rec / 4 << endl;
    return 0;
}
```

思路 2：怎么去掉重复统计的问题呢？答案是确定顶点。在某一个方位上，顶点的数量只有 1 个。只枚举其中一个方位上的顶点，这样就保证了每个方形只被统计了 1 次。

参考代码：

```
for (LL x = 0; x <= n; x++) {
    for (LL y = 0; y <= m; y++) {
        LL tmp = min(x, y);
        squ += tmp;
        rec += x * y - tmp;
    }
}
```

思路 3：我们可以直接枚举边长，这样问题就转化为如何快速统计边长为 $n \times m$ 的大矩形中包含多少个边长为 $a \times b$ 的小矩形。同样，只考虑某个方位上的小矩形数量，比如右上方的小矩形数量。

n 列中选连续的 a 列：$[1, a], [2, a+1], \cdots, [n-a+1, n]$，共有 $n-a+1$ 种可能。

m 行中连续选 b 行构成方形，同理，共有 $m-b+1$ 种可能。

所以，$n \times m$ 中可以容纳 $(n-a+1) \times (m-b+1)$ 个 $a \times b$ 的矩形。

参考代码：

```
for (LL a = 1; a <= n; a++) {
    for (LL b = 1; b <= m; b++) {
        if (a == b)
            squ += (n - a + 1) * (m - b + 1);
        else
```

```
            rec += (n - a + 1) * (m - b + 1);
        }
    }
```

思路 4：继续减少枚举量。这里正方形和长方形有一定数量的关系，我们能不能只枚举正方形的边长，计算出正方形的个数，最后算出矩形的个数呢？我们注意到，每个矩形不是正方形就是长方形，而矩形的数量比较好求。枚举两条横线和两条竖线可知，矩形的总数是 $\frac{1}{2}n(n+1) \times \frac{1}{2}m(m+1)$，即 $n(n+1)m(m+1)/4$。正方形是规则的，可以快速通过枚举其中一条边来统计正方形的数量。

参考代码：

```
for (LL a = 1; a <= min(m, n), a++) // 边长为 a
    squ += (n - a + 1) * (m - a + 1);

rec = n * (n + 1) * m * (m + 1) / 4 - squ;
cout << squ << " " << rec << endl;
```

- 例题 2：除法

题目描述：

输入正整数 n，按从小到大的顺序输出所有形如 abcde/fghij=n 的表达式，其中 a~j 恰好为数字 0~9 的一个排列（可以有前导 0），$2 \leq n \leq 79$。

输入样例：

62

输出样例：

79546/01283=6294736/01528=62

分析：枚举 0~9 的所有排列，这样可以找出所有解。可以优化吗？可以。只需要枚举 fghij，就可以算出 abcde，然后判断是否所有的数字都不相同即可。程序不仅简单，复杂度也从 10!=3628800 降低到不到 10 万。

参考代码：

```
#include <bits/stdc++.h>
using namespace std;

bool check(int b[]){
    for (int i = 0; i <= 9; i++) {
        if (!b[i]) return false;
    }
    return true;
}

int main(){
    int n, b[10]; cin >> n;
    for (int i = 1234; i <= 56789; i++) {
        memset(b, 0, sizeof(b));
        int t = i;
        while (t){
            b[t % 10]++;
            t /= 0;
```

```
            }
            t = i * n;
            while (t) {
                b[t % 10]++;
                t /= 10;
            }
            if (check(b)) {
                printf("%5d/%5d\n", i, i * n);
            }
        }

    return 0;
}
```

- 例题 3：最大乘积

题目描述：

输入 n 个元素组成的序列 S，你需要找出一个乘积最大的连续子序列。如果这个最大的乘积不是正数，应输出 0（表示无解）（$1 \leq n \leq 18$，$-10 \leq S_i \leq 10$）。

输入样例：

3

3 4 -3

4

5 -1 2 -1

输出样例：

12

20

分析：连续子序列有两个要素——起点和终点，因此只需要枚举起点和终点即可。由于每个元素的绝对值都不超过 10 且不超过 18 个元素，最大可能的乘积不会超过 10^{18}，可以用 long long 存储。

- 例题 4：分数拆分

题目描述：

输出正整数 k，找到所有的正整数 $x \geq y$，使得输入样例 $\dfrac{1}{k} = \dfrac{1}{x} + \dfrac{1}{y}$。

输入样例：

2

12

输出样例：

2

1/2 = 1/6 + 1/3

1/2 = 1/4 + 1/4

8

1/12 = 1/156 + 1/13

1/12 = 1/84+1/14

1/12 = 1/60+1/15

1/12= 1/48+1/16
1/12= 1/36+1/18
1/12= 1/30+1/20
1/12= 1/28+1/21
1/12= 1/24+1/24

分析：既然要找出所有的 x 和 y，枚举的对象就是 x、y 了。可问题在于，如何确定枚举的范围呢？从样例 1/12 = 1/156 + 1/13 可以看出，x 可以比 y 大很多。难道要一直枚举下去吗？找关系即可。由于 $x \geq y$，有 $\frac{1}{x} \leq \frac{1}{y}$，因此 $\frac{1}{k} - \frac{1}{y} \leq \frac{1}{y}$，即 $y \leq 2k$。这样，就只需要在 $2k$ 范围内枚举 y，然后根据 y 尝试计算 x 即可。

40.2 枚举排列

两个序列的大小关系等价于从头到尾开始第一个不相等位置处的大小关系。例如, (1, 3, 2) < (2, 1, 3), 字典序最小的排列是 (1, 2, ⋯, n), 字典序最大的排列是 (n, n−1, ⋯, 1)。所以，当 $n = 3$ 时，所有排列的排序结果是 (1, 2, 3), (1,3, 2), (2, 1, 3), (2, 3, 1), (3, 1, 2), (3, 2, 1)。

从 n 个不同元素中每次取出 m（$1 \leq m \leq n$）个不同元素，排成一列，称为从 n 个元素中取出 m 个元素的无重复排列或直线排列，简称排列，记为（或）。

$$P_n^m = A_n^m = n(n-1)(n-2)\cdots(n-m+1) = \frac{n!}{(n-m)!}$$

当 $m = n$ 时，这个排列被称为全排列。

如何生成 1 ~ n 的全排列呢？尝试用递归的思想来解决。先输出所有以 1 开头的排列，再输出以 2 开头的排列，接着输出以 3 开头的排列，……，最后输出以 n 开头的排列。以 1 开头排列的特点是：第一位是 1，后面是 2 ~ 9 的排列。根据字典序的定义，这些 2 ~ 9 的排列也必须按照字典序排列。即设计了一个函数，可以按顺序输出 2 ~ 9 的排列，并在输出的时候在最前面添加一个 1。

参考伪代码：

```
void print_permutation(序列 A, 序列 S){
    if (序列 S 为空) 输出序列 A;
    else
        按从小到大的顺序依次考虑 S 的每个元素 v
        { print_permutation(A + {v}, S - {v})
        }
}
```

因为数据只包含 1 ~ n，所以序列 S 不用考虑如何表达。只需要在生成排列的过程中保留已生成的排列（即序列 A）即可。

参考代码：

```
void print_permutation(int n, int *A, int cur){
    // 有 n 个元素，cur 为当前元素的位置
    if (n == cur) {
        for (int i = 0; i < n; i++) printf("%d ", A[i]);
        printf("\n");
    } else for (int i = 1; i <= n; i++){ // 尝试在 A[cur] 中填入 1~n 中的数字
        int ok = 1;
```

```
                for (int j = 0; j < cur; j++){
                    if (A[cur] == i)
                        ok = 0; // ok == 0 表示 i 已经填入序列 A，不能重复
                }
                if (ok) {
                    A[cur] = i;
                    print_permutation(n, A, cur + 1); // 递归下一个位置
                }
            }
        }
```

一般在集合中判断存在性都用一个标志量来解决。比如判断素数。如何生成可重集排列呢？即给定一个存在相同元素的序列，并按字典序输出其所有的排列。针对以上程序，生成的元素是确定的 $1 \sim n$，我们只需要进行相应的修改即可。即将 i 替换为对应的序列元素即可。

参考代码：

```
void print_permutation(int n, int *A, int *P, int cur){
    // 有 n 个元素，cur 为当前元素的位置
    if (n == cur) {
        for (int i = 0; i < n; i++) printf("%d ", A[i]);
        printf("\n");
    } else for (int i = 0; i < n; i++) {
        // 尝试在 A[cur] 中填入 P[i] 的数字
        int ok = 1;
        for (int j = 0; j < cur; j++) {
            if (A[cur] == P[i])
                ok = 0; // ok == 0 表示 P[i] 已经填入序列 A，不能重复
        }
        if (ok){
            A[cur] = P[i];
            print_permutation(n, A, cur + 1); // 递归下一个位置
        }
    }
}
```

以上程序在序列 P 中存在重复元素的时候不会输出任何内容。一种解决办法是统计 A[0] ~ A[cur-1] 中 P[i] 的出现次数 c1，以及数组 P 中 p[i] 的出现次数 c2。只要 c1 < c2，就可以继续递归调用。

参考代码：

```
void print_permutation(int n, int *A, int *P, int cur){
    // 有 n 个元素，cur 为当前元素的位置
    if (n == cur){
        for (int i = 0; i < n; i++) printf("%d ", A[i]);
        printf("\n");
    } else for (int i = 0; i < n; i++) {
        // 尝试在 A[cur] 中填入 P[i] 的数字
        int c1 = 0, c2 = 0;
        for (int j = 0; j < cur; j++) {
            if (A[cur] == P[i]) c1++;
                // 统计 P[i] 在 A[0] ~ A[cur-1] 中出现的次数
```

```
        }
        for (int j = 0; j < n; j++) {
            if (p[j] == P[i]) c2++;
                // 统计 P[i] 在 P[0] ~ P[n-1] 中出现的次数
        }
        if (c1 < c2){
            A[cur] = P[i];
            print_permutation(n, A, cur + 1); // 递归下一个位置
        }
    }
}
```

以上做法是错误的。它对所有相同的元素都做了相同的处理，即重复生成了排列。因为数组 P 是已排序序列，所以我们只需要考虑 P 的第一个元素和所有 "与前一个不相同" 的元素。

参考代码：

```
void print_permutation(int n, int *A, int *P, int cur){
    // 有 n 个元素, cur 为当前元素的位置
    if (n == cur) {
        for (int i = 0; i < n; i++) printf("%d ", A[i]);
        printf("\n");
    } else for (int i = 0; i < n; i++)
        { // 尝试在 A[cur] 中填入 P[i] 的数字
            if (!i || P[i] != P[i - 1]) {
                int c1 = 0, c2 = 0;
                for (int j = 0; j < cur; j++) {
                    if (A[cur] == P[i]) c1++;
                        // 统计 P[i] 在 A[0] ~ A[cur-1] 中出现的次数
                }
                for (int j = 0; j < n; j++) {
                    if (p[j] == P[i]) c2++;
                        // 统计 P[i] 在 P[0] ~ P[n-1] 中出现的次数
                }
                if (c1 < c2) {
                    A[cur] = P[i];
                    print_permutation(n, A, cur + 1); // 递归下一个位置
                }
            }
        }
}
```

通过以上分析，我们终于可以很好地处理全排列的生成问题了。但 C++ 中其实有一个函数可以直接生成下一个排列——next_permutation()。

参考代码：

```
#include <bits/stdc++.h>
using namespace std;

int main(){
    int n, p[10];
    cin >> n;
    for (int i = 0; i < n; i++) cin >> p[i];
```

```
        sort(p, p + n);  // 从小到大排序，即最小的排列
        do {
            for (int i = 0; i < n; i++) cout << p[i] << " ";
            puts("");
        } while(next_permutation(p, p+n));    // 生成下一个排列，会改变 P 序列
        return 0;
    }
```

- 例题 1：全排列问题

题目描述：

输出自然数 1 到 n 的所有不重复的排列，即 n 的全排列。

参考代码：

```
#include <bits/stdc++.h>
using namespace std;

int main() {
    int n, p[30];
    cin >> n;
    for (int i = 0; i < n; i++) p[i] = i + 1; ;
    do {
        for (int i = 0; i < n; i++) cout << p[i] << " ";
        puts("");
    } while(next_permutation(p, p+n));    // 生成下一个排列，会改变 P 序列
    return 0;
}
```

- 例题 2：排列

题目描述：

对于 n 的全部排列，找出一个给定排列向后的第 m 个排列。

参考代码：

```
#include <bits/stdc++.h>
using namespace std;

int p[10010];
int main(){
    int n, m;
    cin >> n >> m;
    for (int i = 0; i < n; i++) cin >> p[i];
    while (m--)
        next_permutation(p, p + n);  // 生成下一个排列，会改变 P 序列
    for (int i = 0; i <= n; i++) cout << a[i] << ' ';
    return 0;
}
```

- 例题 3：三连击

题目描述：

将 1~9 共 9 个数分成 3 组，分别组成 3 个 3 位数，并且使这 3 个 3 位数的比例是 $A : B : C$（$A<B<C<10^9$）。试求出所有满足条件的 3 个 3 位数，若无解，则输出 "No!"。

分析：

直接枚举这 3 个 3 位数，然后检查是否满足条件。

参考代码：

```cpp
#include <bits/stdc++.h>
using namespace std;
typedef long long LL;
int a[10];
int main(){
    LL A, B, C, cnt = 0; cin >> A >> B >> C;
    for (int i = 1; i <= 9; i++) a[i] = i;
    do {
        LL x = a[1] * 100 + a[2] * 10 + a[3];
        LL y = a[4] * 100 + a[5] * 10 + a[6];
        LL z = a[7] * 100 + a[8] * 10 + a[9];
        if (x * B == y * A && y * C == z * B) {
            cout << x << " " << y << " " << z << endl;
            cnt++;
        }
    } while (next_permutation(a + 1, a + 10));
    if (!cnt) puts("No!");
    return 0;
}
```

40.3 生成子集

1. 增量构造法

参考代码：

```cpp
void print_subset(int n, int *A, int cur) {
    for (int i = 0; i < cur; i++) cout << A[i] << " ";
    puts("");
    int s = cur ? A[cur - 1] + 1 : 0;
    for (int i = s; i < n; i++) {
        A[cur] = i;
        print_subset(n, A, cur + 1); // 递归构造子集
    }
}
```

子集的数量是不确定的，所以每次生成的子集都要输出。生成子集的时候规定生成的顺序可以防止重复生成子集。

2. 位向量法

每个元素只有选择或者不选择两种可能。我们可以考虑把选择情况用数组表示出来。

参考代码：

```cpp
void print_subset(int n, int *B, int cur) {
    if (cur == n) {
        for (int i = 0; i < cur; i++) {
            if (B[i]) cout << i << " ";
        }
        puts("");
```

```
            return;
        }
        B[cur] = 1; // 选择
        print_subset(n, B, cur + 1);
        B[cur] = 0; // 不选择
        print_subset(n, B, cur + 1);
    }
```

3. 二进制法

在位向量法中,可以尝试输出数组 B。可以发现,我们可以直接用一个整数来表示元素的选择情况。

参考代码:

```
void print_subset(int n, int s) {
    for (int i = 0; i < n; i++) {
        if (s & (1 << i)) cout << i << " ";
    }
    puts("");
}

// 枚举子集
for (int i = 0; i < (1 << n); i++)
    print_subset(n, i);
```

- **例题 1:选数**

题目描述:

从 n($n \leq 20$)个整数中任选 k 个整数相加,求有多少种选择情况可以使和为素数。

分析:

生成 n 个整数的所有 k 个元素的子集,计算和,并判断素数,统计次数即可。

参考代码:

```
#include <bits/stdc++.h>
using namespace std;

int a[30];

bool check(int x) {
    for (int i = 2; i * i <= x; i++) {
        if (x % i == 0) return false;
    }
    return true;
}

int count(int s) {
    int x = 0;
    while (s) {
        if (s & 1) x++;
        s >>= 1;
    }
}
```

```
int main(){
    int n, k, ans = 0; cin >> n >> k;
    for (int i = 0; i < n; i++)
        cin >> a[i];
    int U = 1 << n;
    for (int s = 0; s < U; s++) {
        if (count(s) == k) {// builtin_popcount(s) 统计二进制数中 1 的个数
            int sum = 0;
            for (int i = 0; i < n; i++) {
                if (s & (1 << i)) sum += a[i];
            }
            if (check(sum)) ans++;
        }
    }
    cout << ans << endl;
    return 0;
}
```

- 例题 2：组合的输出

题目描述：

从自然数 1,2,…,n 中任选 r（$1 \leq r \leq n \leq 21$）个数作为一个组合，并输出所有的组合情况，每个组合中的数字按从小到大的顺序输出。

分析：

统计组合数的个数，满足 r 个数的要求就可以输出。那么如何按字典序输出呢？倒过来从全集枚举到 0，从高位到低位分别表示元素 1~n，就可以让 1 尽量出现在靠前的位置。

参考代码：

```
#include <bits/stdc++.h>
using namespace std;
int a[30];
int main() {
    int n, r; cin >> n >> r;
    for (int s = (1 << n) - 1; s >= 0; s--) {
        int cnt = 0;
        for (int i = 0; i < n; i++)
            if (s & (1 << i))
                a[cnt++] = i;
        if (cnt == r) {
            for (int i = r - 1; i >= 0; i--)
                cout << n - a[i] << " ";
            puts("");
        }
    }
    return 0;
}
```

第 41 课　高精度数加减法

41.1 定义

高精度计算也被称为大整数（bignum）计算，它是利用一些方法来支持更大整数的运算。

在前面，我们学习过 C++ 中自定义的类型都有一定的表示范围，当需要表示的数据超过这些范围后，C++ 就会产生溢出错误。本课我们将讨论如何表示一个高精度数，以及如何实现高精度数的加减法运算。

41.2 高精度数表示

在常规的实现中，高精度数一般使用字符串表示，每一个字符表示数字的一个十进制位。实际上，高精度数的运算就是对字符串的处理。

根据数据的表示，当以字符串的形式输入数字时，最高位处于字符串的首位，这虽然方便我们阅读，但因为运算需要保持权值位对齐，在运算过程中，数值也会发生变化，所以实现起来并不方便。

通过对列竖式运算的分析，我们发现权值位对齐总是从个位（最低位）开始的。因此，我们在字符串中采用反向存储权值位的方式，将最低位放在字符串的首位。这样可以消除权值位对齐的操作，并且在运算过程中即使数值发生变化，也不会影响计算结果的正确性。

据此，我们可以很容易地读入一个高精度数。

```
void init(int a[]){
    memset(a, 0, sizeof(a));
}

int read_big(int a[]){
    char s[N];
    scanf("%s", s);                    // string s; cin >> s;
    int L = strlen(s) - 1;
    init(a);
    for (int i = 0; i <= L; i++) {     // 反转字符串 s
        a[i] = s[L - i] - '0';         // 存储数值
    }
    return L;
}
```

因为数组中存储的是反转后的值，所以输出顺序应该从后往前。如果数据中存在前导 0，则应在输出数码前进行处理。处理前导 0 时应注意确保至少输出一个数码。

```
void write_big(int a[], int L){
    while (L > 0 && a[L] == 0) L--;
    while (L >= 0) putchar(a[L--] + '0');
    putchar('\n');
}
```

41.3 高精度数加法

下面我们来看如何通过列竖式做加法运算。

```
    356              987
  + 213            +  71
  -------         ---------
    569             1058
```

在做加法的时候，我们都是从最低位开始将两个对应的数码相加的。这里会涉及两个问题：
- 运算过程中产生进位。
- 对应位上只有一个数码。

我们需要在实现的时候处理好上述两个问题。

```
int aplusb(int a[], int b[], int c[]) {
    init(c);
    int L = max(La, Lb); // L 为 a、b 中最长的位数
    for (int i = 0; i <= L; i++) {
        c[i] += a[i] + b[i];
        if (c[i] >= 10) c[i + 1] += 1, c[i] %= 10; // 处理进位
    }
    if (c[L + 1]) L++; // 最高位产生进位
    return L;
}
```

综上，我们可以实现一个大整数加法器。

参考代码：

```
#include <bits/stdc++.h>
using namespace std;

const int N = 10001;

int a[N], b[N], c[N];

void init(int a[]) {
    memset(a, 0, sizeof(a));
}

int read_big(int a[]) {
    char s[N]; scanf("%s", s); // string s; cin >> s;
    int L = strlen(s) - 1;
    init(a);
    for (int i = 0; i <= L; i++) { // 反转字符串 s
        a[i] = s[L - i] - '0';     // 存储数值
    }
    return L;
}

void write_big(int a[], int L) {
    while (L > 0 && a[L] == 0) L--;
    while (L >= 0) putchar(a[L--] + '0');
    putchar('\n');
}
```

```
int aplusb(int a[], int b[], int c[]) {
    init(c);
    int L = max(La, Lb); // L 为 a、b 中最长的位数
    for (int i = 0; i <= L; i++) {
        c[i] += a[i] + b[i];
        if (c[i] >= 10) c[i + 1] += 1, c[i] %= 10; // 处理进位
    }
    if (c[L + 1]) L++; // 最高位产生进位
    return L;
}

int main() {
    int La = read_big(a), Lb = read_big(b);
    write_big(c, aplusb(a, b, c, La, Lb));
    return 0;
}
```

41.4 高精度数减法

下面观察一下减法的竖式求解过程。

```
    567          345          123          999
 -   43       -   63       -   99       - 999
 ------       ------       ------       ------
    524          282           24            0
```

从以上竖式的运算过程可以发现：

- 如果数位够减，则直接得出数位间的差。
- 如果数位不够减，则需要向邻近高位借 1 当 10，邻近高位则减少 1。
- 如果高位被减为 0，则不输出。
- 保证至少输出一个数码。

```
int aminusb(int a[], int b[], int c[], int La, int Lb) {
    init(c);
    int L = max(La, Lb);
    for (int i = 0; i <= L; i++) {
        c[i] += a[i] - b[i]; // 直接相减

        if (c[i] < 0) {
            c[i + 1] -= 1;   // 邻近高位减 1
            c[i] += 10;      // 借 1 当 10
        }
    }
    return L; // 差的位数不会更大
}
```

根据加法原则，我们可以很容易地完成两数相减的程序。但是，这个程序没有考虑 a < b 的情况。实际上，有 a − b = −(b − a)。因此，如果 a < b，则交换 a、b 的值后可以计算出 a 和 b 的绝对值，在输出差之前输出一个符号即可。

41.5 练习

- 练习 1：高精度数加法

题目描述：
输入两个非负整数 a 和 b，求 $a+b$ 的值。
输入格式：
两个数 a 和 b。
输出格式：
一个数，为 $a+b$ 的结果。
输入样例：
1111111111111111111
222222222222222222222
输出样例：
333333333333333333333
数据范围：
两个数的长度小于或等于 5×10^3，并且无多余的前导零。

- 练习 2：高精度数减法

题目描述：
输入两个非负整数 a 和 b，求 $a-b$ 的值。
为了降低题目难度，要求 $a \geq b$。
输入格式：
两个数 a 和 b。
输出格式：
一个数，为 $a-b$ 的结果。
输入样例：
222222222222222222222
1111111111111111111
输出样例：
111111111111111111111
数据范围：
两个数的长度小于或等于 5×10^3，并且无多余的前导零。

- 练习 3：大整数加法

题目描述：
输入两个不超过 200 位的非负整数 a 和 b，求 $a+b$ 的值。
输入格式：
两个数 a 和 b，可能存在前导 0。
输出格式：
一个数，为 $a+b$ 的结果，结果中不含前导 0。
输入样例：

01111111111111111111111
002222222222222222222222
输出样例：
3333333333333333333333
数据范围：
两个数的长度小于或等于 200。

- 练习 4：回文数

题目描述：

若一个数（首位不为零）从左向右读与从右向左读都是一样的，我们就将其称为回文数。

例如：给定一个十进制数 56，将 56 加 65（即把 56 从右向左读），得到 121 是一个回文数。

又如，对于十进制数 87，有：

第 1 步：87 + 78 = 165

第 2 步：165 + 561 = 726

第 3 步：726 + 627 = 1353

第 4 步：1353 + 3531 = 4884

在这里的一步是指进行了一次 N 进制的加法，本例最少用了 4 步得到回文数 4884。

编写一个程序，给定一个 N（$2 \leq N \leq 10$，$N = 16$）进制数 M。求最少经过几步可以得到回文数。

输入格式：

一行，两个数，N 和 M。

输出格式：

一行，一个数，最少经过几步得到回文数，如果在 30 步以内（包含 30 步）不可能得到回文数，则输出 "Impossible!"。

输入样例：

9 87

输出样例：

6

第 42 课 高精度数乘除法

42.1 高精度数乘法

42.1.1 高精度数乘以低精度数

思考以下竖式乘法的运算过程：

```
  12345
×    32
---------
  24690
 37035
---------
 395040
```

其实，我们可以先将高精度数的每一位乘以低精度数，再整理成正常的十进制数表示形式：

```
        12345
   ×       32
     ----------
    (32)(64)(96)(128)(160)
=    395040              从低位向高位整理
```

用这种方式可以很容易地求出乘积，但需要有中间过程。如果乘数比较大，则要考虑中间过程是否会出现整型数溢出的情况。

```
int mul(int a[], int b, int L){
    for (int i = 0; i <= L; i++) a[i] *= b; // 将 b 乘以每一位数
    for (int i = 0; i <= L; i++) a[i + 1] += a[i] / 10, a[i] %= 10; // 进位
    while(a[L+1] > 0) a[L+1] += a[L] / 10, a[L] %= 10, L++;// 最高位进位
    return L;
}
```

42.1.2 高精度数乘以高精度数

如果是两个高精度数相乘，那么我们就没有办法用一个数直接乘以另一个数位各位数。

我们观察本课的第一个竖式可以发现，乘法的每一步实际上是把一个数的数码乘以另一个数的每一个数码，单个数码相乘不会溢出，只需要考虑作为乘数的那个数码权值位是多少即可。更进一步，我们可以分析出每一个数码对应乘积的对应权值位，即 $10^a \times 10^b = 10^{a+b}$。

由此，我们可以得出高精度数乘以高精度数的算法，代码如下：

```
int MUL(int a[], int b[], int c[], int La, int Lb)
    { init(c);
        for (int i = 0; i <= La; i++) {
            for (int j = 0; j <= Lb; j++)
                { c[i] += a[i] * b[j];
                }
        }
        int L = La + Lb - 1; // La 位数乘以 Lb 位数,最少有 La + Lb - 1 位数
        for(int i = 0; i <= L; i++) c[i + 1] += c[i] / 10, c[i] %= 10;
        while(c[L + 1] > 0) C[i + 1] += c[i] / 10, c[i] %= 10, L++;
```

```
        return L;
    }
```

42.2 高精度数除法

42.2.1 高精度数除以低精度数

观察以下竖式：

```
            11
       ----------
   17/ 193
            17
       ----------
            23
            17
       ----------
             6
```

在上式中，可以直接从最高位开始求商，对最终结果处理前导零。注意：除数不能为 0。

```
int div(int a[], int b, int c[], int La) {
    if (b == 0) return -1;  // 除数不为 0
    init(c);
    int x = 0;        // 余数
    for (int i = La; i >= 0; i--) {
        x = x * 10 + a[i];
        c[i] = x / b;
        x %= b;
    }
    int L = La;
    while (L > 0 && c[L] == 0)  L--;
    return L;
}
```

42.2.2 高精度数除以高精度数

想一想：什么是除法？除法就是求一个数是另一个数的多少倍。实际上，除法可以用减法来实现。每减一次，则对应权值位的商加 1。

为了保证被除数每次都够减，我们需要实现一个判断函数，若够减，则返回 true，否则返回 false。

```
bool pd(int a[], int b[], int last, int Lb){
    // last 为当前计算的被除数的最低位，Lb 为除数的长度
    if (a[last + Lb + 1]) return true;
    // 从高位逐位比较
    for (int i = Lb; i >= 0; i--) {
        if (a[last + i] > b[i]) return true;
        if (a[last + i] < b[i]) return false;
    }
    return true;  // 相等的情况
}
```

利用减法实现高精度数除以高精度数，代码如下：

```
int DIV(int a[], int b[], int c[], int La, int Lb) {
```

```
    // c 记录商, 运算完后 a 保存余数
    init(c);
    init(d);
    if (Lb == 0 && b[Lb] == 0)
        return -1;
    for (int i = La - Lb; i >= 0; i--) {
        // 计算商的第 i 位
        while (pd(a, b, i, Lb)) {
            for (int j = 0; j < Lb; j++) {
                a[i + j] -= b[j];
                if (a[i + j] < 0) {
                    a[i + j + 1] -= 1;
                    a[i + j] += 10;
                }
            }
            c[i] += 1;
        }
    }
    int L = La - Lb;
    while (L > 0 && c[i] == 0) L--;
    return L;
}
```

42.3 练习

- 练习 1：高精度数乘法

题目描述：

输入两个非负整数 a 和 b，求 $a \times b$ 的值。

输入格式：

两个数 a 和 b。

输出格式：

一个数，为 $a \times b$ 的结果。

输入样例：

11451419198105211314

36436481089323333333

输出样例：

417249419057674702211813386204824929562

数据范围与提示：

两个数的长度小于或等于 5×10^3，并且无多余的前导零。

- 练习 2：高精度数除以低精度数

题目描述：

输入两个非负整数 a 和 b，求 $\lfloor \frac{a}{b} \rfloor$。

输入格式：

两个数 a 和 b。

输出格式：

一个数，为 $\lfloor \frac{a}{b} \rfloor$ 的结果。

输入样例：

1919191919191919191919

2333

输出样例：

8226283408452289

数据范围与提示：

两个数的长度小于或等于 5×10^3，并且无多余的前导零，$1 \leq b \leq 10^9$。

- 练习 3： 高精度数除以高精度数

题目描述：

输入两个非负整数 a 和 b，求 $a + b$ 的值。

输入格式：

两个数 a 和 b。

输出格式：

一个数，为 $a + b$ 的结果。

输入样例：

1919191919191919191919

23333333333333333333333333333333

输出样例：

822510

数据范围与提示：

两个数的长度小于或等于 5×10^3，并且无多余的前导零，$b > 0$。

第 43 课　二分查找

43.1 二分查找

二分查找法是一种随处可见且非常精妙的算法，它能够帮助我们解决许多问题。例如，在字典中查找一个单词时，我们通常会先从目录中找到对应的字母，然后按照字典序顺序找到目标单词。然而，熟练使用字典的人通常会采取更高效的方法：直接将字典从中间翻开，先比较当前页的单词与目标单词，然后向前或向后翻若干页，直到找到目标单词。这种策略比从头开始逐页查找要快得多，尽管每次翻动的页数不确定，但其核心思想实际上是"二分查找"。

另一个例子是猜数游戏。假设你和小明在玩一个游戏，其中一个人在规定的数据范围内想一个数，另一个人负责猜这个数。如果猜对了，则游戏结束；如果猜错了，则会被告知所猜数字与目标数字的大小关系。在这种情况下，可以先从数据范围的中值开始猜测，然后根据提示决定是向较大的方向继续猜测还是向较小的方向继续猜测。这同样运用了"二分查找"的思想。

需要注意的是，上述两个例子中的数据都是有序的。实际上，"二分查找"只能应用于有序序列。如果序列是无序的，那么在查找过程中就无法直接确定解的位置。因此，"二分查找"通常会与排序算法结合使用，或者在已知有序的序列中查找解。

- **例题 1**：在有序序列中查找元素

输入 n（$n \leq 10^6$）个不超过 10^9 的单调不减的（即后面的数字不小于前面的数字）非负整数 $a_1, a_2, \cdots, a_n$，然后进行 m（$m \leq 10^5$）次询问。对于每次询问，给出一个正整数 q（$q \leq 10^9$），要求输出这个数字在序列中的编号，如果没有找到，则输出"-1"。

输入样例：
3
1 3 3 3 5 7 9 11 13 15 15
1 3 6

输出样例：
1 2 -1

分析：

从数据范围来看，直接从头到尾查找目标数值是不可行的。对于每一个目标值，查找的时间复杂度是 $O(n)$，那么 m 个数的时间复杂度是 $O(nm)$，显然会超时。题目给出的序列是具有单调性的，类似于"翻字典"和"猜数游戏"，可以用"二分查找"法。首先确定查找范围，然后从中间取一个值，判断其与目标值的关系，如果找到了，就直接输出，否则调整查找范围，继续从中间取值，直到找到目标值或者查找范围为空时为止。

参考代码：

```
#include <bits/stdc++.h>
using namespace std;
const int maxn = 1000010;
int a[maxn], m, n, q;

int find(int x){
    int l = 1, r = n;
    while (l <= r) {
```

```
        int mid = (l + r) / 2; // 取中值
        if (a[mid] == x) return mid; // 找到目标位置
        else if (a[mid] > x) r = mid - 1; // 若比目标值大，则区间调整到前半部分
        else l = mid + 1; // 若比目标值小，则区间调整到后半部分
    }
    return -1; // 找不到 x
}

int main() {
    cin >> n >> m;
    for (int i = 1; i <= n; i++) cin >> a[i]; // 若数据量很大，则输入会超时
    for (int i = 1; i <= m; i++) {
        cin >> q;
        cout << find(q) << " ";
    }
    return 0;
}
```

上面这个"二分"写法很容易被理解，但它只能判定序列中某个数值的存在性。当序列中出现重复数值，并要求输出最先出现的值位置，或者要求在找不到目标值时输出与目标值最接近的值时，上面的"二分"就是错的。实际上，要完美处理"二分"并不容易，关键点在于处理好"二分"的循环边界和查找范围。

参考代码：

```
int find(int x){
    int l = 1, r = n + 1;
    while (l < r) { // l == r 时，循环结束
        int mid = l + (r - l) / 2; // 避免 l + r 溢出 int
        if (a[mid] >= x) r = mid;
        else l = mid + 1;
    }
    if (a[l] == x) return l;
    else return -1;
}
```

以上只是一种"二分查找"的写法，其他写法只要能够处理好边界即可。需要注意的是，我们将区间规定为左闭右开的，即 [l,r)。如果序列中有多个待查找的数字，需要找最大的编号，那么代码要写成如下形式：

```
int find(int x) {
    int l = 1, r = n + 1;
    while (l < r) { // l == r 时，循环结束
        int mid = l + (r - l) / 2; // 避免 l + r 溢出 int
        if (a[mid] <= x) l = mid + 1;
        else r = mid;
    }
    if (a[l - 1] == x)  reutrn l - 1;
    else return -1;
}
```

由于每轮二分区间的长度都会减少一半，因此二分查找的时间复杂度是 $O(\log n)$，相比于直接枚举的 $O(n)$ 有了很大进步。

- 例题 2：A-B 数对

题目描述：

给出一个数列和一个数字 C，要求计算出所有 $A - B = C$ 的数对的个数（A 和 B 都取自这个数列。不同位置但数字一样的数对算作不同的数对）。数字个数不超过 200000，数列值域和 C 的值域不超过 $2^{31} - 1$。

输入样例：

4 1
1 1 2 3

输出样例：

3

分析：

朴素的做法是首先分别在序列中枚举 A 和 B 的值，然后判断是否满足 $A-B = C$。时间复杂度是 $O(n^2)$，显然会超时。

转变一下思路。A 是序列中的值，$A = B + C$。问题首先转化为枚举 B，然后在序列中查找 $B+C$ 的值是否存在。在有序序列中查找元素的时间复杂度是 $O(\log n)$。所以整体的时间复杂是 $O(n\log n)$。因为是统计 A 和 B 的数对，所以需要找到 $B+C$ 在序列中连续出现的起点和终点。

标准库（STL）中提供了两个函数：lower_bound() 和 upper_bound()。它们都是用二分查找法实现的。

- lower_bound(begin, end, val): 在有序序列 [begin,end) 中找到第一个大于或等于 val 的位置。
- upper_bound(begin, end, val): 在有序序列 [begin,end) 中找到第一个大于 val 的位置。

lower_bound() 可以找到某数第一次出现的位置，upper_bound() 可以找到某数最后一次出现的下一个位置。某数出现的次数则可以由 upper_bound() - lower_bound() 求出。

参考代码：

```
#include <bits/stdc++.h>
using namespace std;

const int N = 200010;
typedef long long LL;
LL a[N], n, c;
int main() {
    cin >> n >> c;
    for(int i = 0; i < n; i++) cin >> a[i];
    sort(a, a + n);
    LL tot = 0;
    for(int i = 0; i < n; i++) {
        tot += upper_bound(a, a + n, a[i] + c) - lower_bound(a, a + n, a[i] + c);
    }
    cout << tot << endl;
}
```

本题还有一种双指针的做法。维护要查找值 a[i] + c 的起点位置和终点位置，随着查找值的不断增加，这两个指针也会逐渐增大。通过这种方式，我们将查找的时间复杂度优化到了 $O(n)$。

参考代码：

```cpp
#include <bits/stdc++.h>
using namespace std;
const int N = 200010;
typedef long long LL;
LL a[N], n, c, tot;
int main() {
    cin >> n >> c;
    for(int i = 0; i < n; i++)  cin >> a[i];
    sort(a, a + n);
    for(int i = 0, L = 0, R = 0; i < n; i++) {
        while(L < n && a[L] < a[i] + c) L++; // 等价于 lower_bound()
        while(R < n && a[R] <= a[i] + c) R++; // 等价于 upper_bound()
        tot += R - L;
    }
    cout << tot << end;
}
```

43.2 练习

- 练习 1： 搜索旋转排序数组

题目描述：

假设按照升序排序的数组在预先未知的某个点上进行了旋转。例如，数组 [0,1,2,4,5,6,7] 可能变为 [4,5,6,7,0,1,2]。搜索一个给定的目标值，如果数组中存在这个目标值，则返回它的索引，否则返回 -1。

注意：

- 保证数组中不存在重复的元素。
- 算法的时间复杂度必须是 $O(\log n)$ 级别。

输入格式：

第一行输入一个正整数 n，表示数组中元素的个数。第二行输入 n 个整数，这些整数表示给定的数组。第三行输入一个整数 x，表示要查找的目标值。

输出格式：

输出 x 的索引，如果不存在，则输出 -1。索引值从 0 开始编号。

输入样例：

```
7
4 5 6 7 0 1 2
0
```

输出样例：

```
4
```

- 练习 2： 在排序数组中查找元素的第一个和最后一个位置

题目描述：

给定一个按照升序排列的整数数组 nums 和一个目标值 target。找出给定目标值在数组中的开始位置和结束位置。

注意：

- 算法的时间复杂度必须是 O(log$n$) 级别。
- 如果数组中不存在目标值，则返回 [-1, -1]。

输入格式：
第 1 行输入一个正整数 n，表示数组中元素的个数。第 2 行输入 n 个整数，这些整数表示给定的数组。第 3 行输入一个整数 x，表示要查找的目标值。

输出格式：
输出 x 的开始索引和结束索引，用空格隔开；如果不存在，则输出 -1。索引值从 0 开始编号。

输入样例：
7
5 7 7 8 8 10
8

输出样例：
3 4

- 练习 3：搜索二维矩阵

题目描述：
编写一个高效的算法来判断 $m×n$ 的矩阵 A 中，是否存在一个目标值 x。该矩阵具有如下特性：
- 每行中的整数从左到右按升序排列。
- 每行的第一个整数大于前一行的最后一个整数。

输入格式：
第 1 行输入两个正整数 n 和 m，表示矩阵有 n 行 m 列。接下来 n 行中，每行输入 m 个整数，表示给定的矩阵。最后一行输入一个整数 x，表示要查找的目标值。

输出格式：
判断 x 是否存在，如果存在，则输出 Yes，如果不存在，则输出 No。

输入样例 1：
3 4
1 2 5 7
10 11 16 20
23 3 0 34 50
3

输出样例 1：
Yes

输入样例 2：
3 4
1 2 5 7
10 15 17 20
23 30 34 50
11

输出样例 2：
No

第 44 课 二分答案与三分答案

利用二分法（包括二分查找和二分答案）不仅可以在有序序列中快速查找元素，还可以高效地解决一些基于单调性判断的问题。例如，当我们需要在一个单调区间内寻找一个最优化问题的解时，我们可以将这个问题转化为一个判定问题：在该单调区间内找到一个值，并判断这个值是否满足题目要求的解。

- 例题 1：书的最大厚度

题目描述：

有 N 本书排成一行，已知第 i 本书的厚度是 A_i。把它们分成连续的 M（$M \le N$）组，使 T 最小化。其中 T 表示厚度之和最大的一组厚度。

输入样例：

5 4
42 40 26 46

输出样例：

46

分析：

题目实际上描述的是"最大值最小"问题，这是答案具有单调性，可用二分法判定的最常见、最典型的特点之一。我们假定最大的厚度为 T，能把 N 本书分成 m 组。如果 $m < M$，则说明 T 的值偏大；如果 $m = M$，因为我们要求 T 尽量大，所以还可以尝试将 T 的值增大；如果 $m > M$，则说明 T 的值偏小，应增加 T 的值来使 m 的值减小。

参考代码：

```cpp
const int N = 1000010;
int a[N], n, m;
// 把书分成 M 组，最大厚度为 T
bool valid(long long T, int M) {
    int g = 1;
    long long p = 0;

    for(int i = 1; i <= n; i++) {
        if (p + a[i] <= T) p +=a[i];
        else g++, p = a[i];
    }
    return g <= M;
}

int main() {

    cin >> n >> m;
    long long sum = 0;
    for (int i = 1; i <= n; i++)
        scanf("%d", a + i), sum += a[i];
    long long l = 0, r = sum, ans = sum;
    while (l < r) {
```

```
            long long mid = (l + r) / 2;
            if (valid(mid, m)) ans = mid, r = mid; // 缩小值，使其能分更多的组
            else l = mid + 1; // 分的组比 m 多，增大值且 mid 不是解
        }
        cout << ans << endl;
    }
```

如果按传统的做法，就需要先找到所有的 M 分组，再找到最大的 T 输出。显然，这样做会很麻烦，并且时间不能保证。

- 例题 2：砍树

题目描述：

n 棵树的高度分别为 $a_1, a_2, \cdots, a_n$，对于一棵高度为 H 的树，可以从每棵树上锯下高度高于 h 的部分作为木材。求最大的整数高度 h，使得能够收集到长度为 m 的木材。其中，$N \leq 10^6$，树高不超过 10^9。

输入样例：

5 20
4 42 40 26 46

输出样例：

36

样例解释：

假设 $n = 5$，$m = 20$，a[] = {4, 42, 40, 26, 46}，$h = 36$。收集到的木材为 {6, 4, 10}，如果 $h = 37$，就收集不到 20 的木材。

分析：

如果 h 的值很小，那么收集到的木材数量 m 就会很大，超过要求的数量。这时我们调整 h 的大小就会发现，当 h 的值增大时，m 的值就会变小，h 的值减小时，m 的值就会增大。当 h 继续增大到使 m 的值不再满足要求时，就找到了我们的答案。

我们可以从 1 开始枚举 h 的值，直到找到解。对于每一个 h 值，我们都需要计算所有的树能收集的木材数量。时间复杂度是 $O(N)$，h 的范围是 $O(10^9)$。显然不能在有效的时间内解决问题。但我们从 h 逐渐增大的过程中可以发现，它的变化值具有单调性，并且值也会呈现单调性。所以，可以利用二分的思想去选择 h 的值，h 的区间是 $[0, 10^9]$。

参考代码：

```
#include <bits/stdc++.h>
using namespace std;
const int maxn = 1000010;
typedef long long LL;
LL a[maxn], n, m;
bool P(int h) {
    LL tot = 0;
    for (int i = 1; i <= n; i++) {
        if (a[i] > h) {
            tot += a[i] - h; // 能收集到的木材数量
        }
    }
    return tot >= m; // 如果收集的木材数量大，则说明 h 的值可以更大
```

```
}
int main() {
    cin >> n >> m;
    for (int i = 1; i <= n; i++)  cin >> a[i];
    int L = 0, R = 1e9, ans; // h 的最小值是 0, 最大值是 1e9
    while (L <= R) { int mid = L + (R - L) / 2;
        if (P(mid)) { // 注意判定条件，以及 L 和 R 的值，防止出现死循环
            ans = mid, L = mid + 1; // mid 可以是答案，并且答案可能更大
        } else {
            R = mid - 1; // h = mid, 收集的木材数量小于要求的 m, mid 不可能是解
        }
    }
    cout << ans << endl;
}
```

R 的值也可以设为 a 中的最大值，h 的高度不可能比最高的树还高。

P 的复杂度是 $O(n)$，二分的时间复杂度是 $O(\log A)$。故总的时间复杂度是 $O(n\log A)$。

一般来说，题目中出现或者能够归纳出"最大值最小"或者"最小值最大"的时候，都能使用二分答案的方法将查找问题转化为判定问题来优化程序的时间复杂度。

- 例题 3：进击的奶牛

题目描述：

一个牛棚有 n 个隔间，这些隔间分布在一条直线上，坐标是 $x_1, x_2, \cdots, x_n$。现在需要把 c 头牛安置在某些隔间，使得所有的牛中相邻两头的最近距离越大越好，求这个最大的最近距离。

输入样例：

5 3
1 2 8 4 9

输出样例：

3

样例解释：

有 5 个隔间、3 头牛，隔间的位置是 $\{1, 2, 8, 4, 9\}$。可以将牛安置在 $\{1, 4, 9\}$ 隔间中，最近的距离是 3。如果距离大于 3，就选不出 3 个位置安置牛。

分析：

根据题目可以分析，间隔距离越小，安置的牛就会越多，同理，间隔距离越大，安置的牛就会越少。这符合单调性，并且题目中可以归纳出"最大值最小"的概念，可以用"二分答案"的方法。

参考代码：

```
#include <bits/stdc++.h>
using namespace std;
const int N = 1000010;
typedef long long LL;
int n, c;
int a[N];
bool valid(int d) {
```

```
        int k = 0, last = -1e9;
        // k 为已安置的牛的数量，last 是上一头牛的位置，第一个位置一定可以安置
        for (int i = 1; i <= n; i++) {
            if (a[i] - last >= d)
                last = a[i], k++; // 若能安置，则立刻安置
        }
        return k >= c;
    }
    int main() {
        cin >> n >> c;
        for (int i = 1; i <= n; i++) cin >> a[i];
        sort(a + 1, a + 1 + n);
        int L = 0, R = 1e9, ans;
        while (L <= R) {
            int mid = L + (R - L) / 2;
            if (valid(mid)) {
                ans = mid; L = mid + 1; // 求最大值，所以答案肯定在右半部分
            } else {
                R = mid - 1; // mid 不可能是答案
            }
        }
        cout << ans << endl;
        return 0;
    }
```

- 例题 4：一元三次方程求解

题目描述：

有形如：$ax^3 + bx^2 + cx + d = 0$ 这样一个一元三次方程。给出该方程中各项系数（a、b、c、d 均为实数），并约定该方程存在三个不同的实根（根的范围在 -100 至 100 之间），且根与根之差的绝对值大于或等于 1。

要求由小到大依次在同一行输出这三个实根（根与根之间留有空格），并精确到小数点后两位。

提示：记方程 $f(x) = 0$，若存在两个数 x_1 和 x_2，且 $x_1 < x_2$，$f(x_1) \times f(x_2) < 0$，则在 (x_1, x_2) 之间一定有一个根。

输入样例：

1 -5 -4 20

输出样例：

-2.00 2.00 5.00

分析：

这是一道有趣的解方程题。为了便于求解，设方程 $f(x) = ax^3 + bx^2 + cx + d = 0$，设根的值域（在 -100 至 100 之间）中有 x，其左右两边相距 0.0005 的地方有 x_1 和 x_2 两个数，即 $x_1 = x - 0.0005$，$x_2 = x + 0.0005$。x_1 和 x_2 之间的距离（0.001）满足精度要求（精确到小数点后两位）。若出现如图 44-1 所示的两种情况之一，则确定 x 为 $f(x)=0$ 的根。

有两种方法计算 $f(x) = 0$ 的根 x。

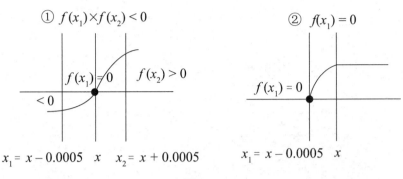

图 44-1

- **方法 1：枚举法**

根据根的值域和根与根之间的间距要求（大于或等于 1），我们不妨将根的值域扩大 100 倍（$-10000 \leq x \leq 10000$），依次枚举该区间的每一个整数值 x，并在题目要求的精度内设定区间：$x_1 = a$，$x_2 = a + 1$。若区间端点的函数值 $f(x_1)$ 和 $f(x_2)$ 异号或者在区间端点 x_1 的函数值 $f(x_1) = 0$，则确定为 $f(x) = 0$ 的一个根。由此得出算法：

```
// 输入方程中各项的系数 a, b, c, d
for (x = -10000; x <= 10000; x++){  // 枚举当前根乘以 100 的可能范围
    x1 = (x - 0.05) / 100; x2 = (x + 0.05) / 100;
                                     // 在题目要求的精度内设定区间
    if (f(x1) * f(x2) < 0 || f(x1) == 0)
    // 若在区间两端的函数值异号或在 x1 处的函数值为 0，则确定 x / 100 为根
        printf("% .2f", x / 100);
}
```

其中，函数 $f(x)$ 计算 $ax^3 + bx^2 + cx + d$：

```
double f(double x) {
    f = a * x * x * x + b * x * x + c * x + d;
}                                    // f 函数
```

- **方法 2：分治法**

枚举根的值域中的每一个整数 x（$-100 \leq x \leq 100$）。由于根与根之差的绝对值大于或等于 1，因此设定搜索区间 $[x_1, x_2]$，其中 $x_1 = x$，$x_2 = x + 1$。

（1）若 $f(x_1) = 0$，则确定 x_1 为 $f(x)$ 的根。

（2）若 $f(x_1) \times f(x_2) > 0$，则确定根 x 不在区间 $[x_1, x_2]$ 内，设定 $[x_2, x_{2+1}]$ 为下一个搜索区间。

（3）若 $f(x_1) \times f(x_2) < 0$，则确定根 x 在区间 $[x_1, x_2]$ 内。

如果确定根 x 在区间 $[x_1, x_2]$ 内（$f(x_1) \times f(x_2) < 0$），那么如何在该区间找到根的确切位置？答案是采用二分法，将区间 $[x_1, x_2]$ 分成左右两个子区间：左子区间 $[x_1, x]$ 和右子区间 $[x, x_2]$。

如果 $f(x_1) \times f(x) \leq 0$，则确定根在左区间 $[x_1, x]$ 内，将 x 设为该区间的右指针（$x_2 = x$），继续对左区间进行对分；如果 $f(x_1) \times f(x) > 0$，则确定根在右区间 $[x, x_2]$ 内，将 x 设为该区间的左指针（$x_1 = x$），继续对右区间进行对分。

上述对分过程一直进行到区间的间距满足精度要求（$x_2 - x_1 < 0.001$）为止。此时确定 x_1 为 $f(x)$ 的根。

由此得出算法：

```
//  输入方程中各项的系数 a, b, c, d
{
    for x=-100;x<=100;x++) {            // 枚举每一个可能的根
        x1=x;x2=x+1;                    // 确定根的可能区间
        if (f(x1)==0) printf("%.2f  ",x1); // 若 x1 为根, 则输出
        else if (f(x1)*f(x2)<0) { // 若根在区间 [x1, x2] 中
            while (x2-x1>=0.001) { // 若区间 [x1, x2] 不满足精度要求, 则循环
                xx=(x2+x1)/2;  // 计算区间 [x1, x2] 的中间位置
                if ((f(x1)*f(xx))<=0)// 若根在左区间, 则调整右指针
                    x2=xx;
                else x1=xx;     // 若根在右区间, 则调整左指针
            }
            printf("%.2f ",x1); // 区间 [x1, x2] 满足精度要求, 确定 x1 为根
        }
    }
    cout<<endl;
}
double f(double x) { // 将 x 代入函数
    return (x*x*x*a+b*x*x+x*c+d);
}
```

第 45 课　位运算

45.1 位运算

所谓位运算，就是对 1 比特（Bit）位进行操作。比特（Bit）是信息量的最小单位，8 比特构成 1 字节（Byte），比特是最小的可操作单元。

C 语言提供了 6 种位运算符：按位与（&）、按位或（|）、按位异或（^）、取反（~）、左移（<<）、右移（>>）。

45.1.1 按位与（&）运算

1 比特（Bit）位只有 0 和 1 两个取值，只有参与 & 运算的两个位都为 1 时，结果才为 1，否则为 0。例如，1 & 1 为 1，0 & 0 为 0，1 & 0 也为 0，这与逻辑运算符 && 类似。

在 C 语言中，不能直接使用二进制数，& 两边的操作数可以是十进制数、八进制数、十六进制数，它们在内存中最终都是以二进制数形式存储的，& 就是对这些内存中的二进制位进行运算。其他的位运算符也是相同的道理。

例如，9 & 5 可以转换成如下运算：

```
  0000 0000 -- 0000 0000 -- 0000 0000 -- 0000 1001   （9 在内存中的存储）
& 0000 0000 -- 0000 0000 -- 0000 0000 -- 0000 0101   （5 在内存中的存储）
-----------------------------------------------------
  0000 0000 -- 0000 0000 -- 0000 0000 -- 0000 0001   （1 在内存中的存储）
```

也就是说，按位与运算会对参与运算的两个数的所有二进制位进行 & 运算。所以，9 & 5 的结果为 1。

又如，-9 & 5 可以转换成如下运算：

```
  1111 1111 -- 1111 1111 -- 1111 1111 -- 1111 0111   （-9 在内存中的存储）
& 0000 0000 -- 0000 0000 -- 0000 0000 -- 0000 0101   （5 在内存中的存储）
-----------------------------------------------------
  0000 0000 -- 0000 0000 -- 0000 0000 -- 0000 0101   （5 在内存中的存储）
```

-9 & 5 的结果是 5。

数据在内存中都是以补码形式存在的。正数的补码是原码，负数的补码为保持符号位不变，其他数位按位取反后加 1。

位运算就是对数据在内存中保存的形式进行的运行。按位与运算通常用来对某些位清 0，或者保留某些位。

例如，要把 n 的高 16 位清 0，保留低 16 位，可以进行 n & 0XFFFF 运算（0XFFFF 在内存中的存储形式为 0000 0000 -- 0000 0000 -- 1111 1111 -- 11111111）。

编写程序检测上面例子的结果。

参考代码：

```c
#include <stdio.h>
int main() {
    int n = 0X8FA6002D;
```

```
        printf("%d, %d, %X\n", 9 & 5, -9 & 5, n & 0XFFFF);
        return 0;
}
```

运行结果：1, 5, 2D

45.1.2 按位或（|）运算

当参与 | 运算的两个二进制位有一个为 1 时，结果就为 1，两个都为 0 时，结果才为 0。例如，1|1 为 1，0|0 为 0，1|0 为 1，这与逻辑运算中的 || 类似。

例如，9|5 可以转换成如下运算：

```
  0000  0000 -- 0000  0000 -- 0000  0000 -- 0000  1001   （9 在内存中的存储）
| 0000  0000 -- 0000  0000 -- 0000  0000 -- 0000  0101   （5 在内存中的存储）
---------------------------------------------------------
  0000  0000 -- 0000  0000 -- 0000  0000 -- 0000  1101   （13 在内存中的存储）
```

9|5 的结果为 13。

又如，-9|5 可以转换成如下运算：

```
  1111  1111 -- 1111  1111 -- 1111  1111 -- 1111  0111   （-9 在内存中的存储）
| 0000  0000 -- 0000  0000 -- 0000  0000 -- 0000  0101   （5 在内存中的存储）
---------------------------------------------------------
  1111  1111 -- 1111  1111 -- 1111  1111 -- 1111  0111   （-9 在内存中的存储）
```

-9|5 的结果是 -9。

按位或运算可以用来将某些位置 1，或者保留某些位。例如，要把 n 的高 16 位置 1，保留低 16 位，可以进行 n|0XFFFF0000 运算（0XFFFF0000 在内存中的存储形式为 1111 1111 -- 1111 1111 – 0000 0000 -- 0000 0000）。

编写程序检测上面例子的结果。

参考代码：

```
#include <stdio.h>
int main() {
    int n = 0X2D;
    printf("%d, %d, %X\n", 9 | 5, -9 | 5, n | 0XFFFF0000);
    return 0;
}
```

运行结果：13, -9, FFFF002D

45.1.3 按位异或（^）运算

当参与 ^ 运算的两个二进制位不同时，结果为 1，相同时结果为 0。例如，0^1 为 1，0^0 为 0，1^1 为 0。

例如，9 ^ 5 可以转换成如下运算：

```
  0000  0000 -- 0000  0000 -- 0000  0000 -- 0000  1001   （9 在内存中的存储）
^ 0000  0000 -- 0000  0000 -- 0000  0000 -- 0000  0101   （5 在内存中的存储）
---------------------------------------------------------
  0000  0000 -- 0000  0000 -- 0000  0000 -- 0000  1100   （12 在内存中的存储）
```

9 ^ 5 的结果为 12。

又如，-9^5 可以转换成如下运算：

```
  1111 1111 -- 1111 1111 -- 1111 1111 -- 1111 0111   （-9 在内存中的存储）
^ 0000 0000 -- 0000 0000 -- 0000 0000 -- 0000 0101   （5 在内存中的存储）
---------------------------------------------------------------
  1111 1111 -- 1111 1111 -- 1111 1111 -- 1111 0010   （-14 在内存中的存储）
```

-9^5 的结果是 -14。

按位异或运算可以用来将某些二进制位反转。例如，要把 n 的高 16 位反转，保留低 16 位，可以进行 n^0XFFFF0000 运算（0XFFFF0000 在内存中的存储形式为 1111 1111 -- 1111 1111 -- 0000 0000 -- 0000 0000）。

编写程序检测上面例子的结果。

```
#include <stdio.h>
int main() {
    unsigned n = 0X0A07002D;
    printf("%d, %d, %X\n", 9 ^ 5, -9 ^ 5, n ^ 0XFFFF0000);
    return 0;
}
```

运行结果： 12, -14, F5F8002D

45.1.4 取反（~）运算

取反运算符（~）为单目运算符，具有右结合性，其作用是对参与运算的二进制位取反。例如，~1 为 0，~0 为 1，这与逻辑运算中的 ! 类似。

例如，~9 可以转换为如下运算：

```
~ 0000 0000 -- 0000 0000 -- 0000 0000 -- 0000 1001   （9 在内存中的存储）
---------------------------------------------------------------
  1111 1111 -- 1111 1111 -- 1111 1111 -- 1111 0110   （-10 在内存中的存储）
```

所以 ~9 的结果为 -10。

又如，~-9 可以转换为如下运算：

```
~ 1111 1111 -- 1111 1111 -- 1111 1111 -- 1111 0111   （-9 在内存中的存储）
---------------------------------------------------------------
  0000 0000 -- 0000 0000 -- 0000 0000 -- 0000 1000   （8 在内存中的存储）
```

所以 ~-9 的结果为 8。

编写程序检测上面例子的结果。

```
#include <stdio.h>
int main(){
    printf("%d, %d\n", ~9, ~-9);
    return 0;
}
```

运行结果：-10, 8

45.1.5 左移（<<）运算

左移运算符（<<）用来把操作数的各个二进制位全部左移若干位，高位丢弃，低位补 0。

例如，9<<3 可以转换为如下运算：

<< 0000 0000 -- 0000 0000 -- 0000 0000 -- 0000 1001　（9 在内存中的存储）

　　0000 0000 -- 0000 0000 -- 0000 0000 -- 0100 1000　（72 在内存中的存储）

所以 9<<3 的结果为 72。

又如，(-9)<<3 可以转换为如下运算：

<< 1111 1111 -- 1111 1111 -- 1111 1111 -- 1111 0111　（-9 在内存中的存储）

　　1111 1111 -- 1111 1111 -- 1111 1111 -- 1011 1000　（-72 在内存中的存储）

所以 (-9)<<3 的结果为 -72。

如果数据较小，被丢弃的高位不包含 1，那么左移 n 位相当于乘以 2 的 n 次方。

编写程序检测上面例子的结果。

```c
#include <stdio.h>
int main(){
    printf("%d, %d\n", 9 << 3, (-9) << 3);
    return 0;
}
```

运行结果：72, -72

45.1.6 右移（>>）运算

右移运算符（>>）用来把操作数的各个二进制位全部右移若干位，低位丢弃，高位补 0 或 1。如果数据的最高位是 0，则补 0；如果最高位是 1，则补 1。

例如，9>>3 可以转换为如下运算：

>> 0000 0000 -- 0000 0000 -- 0000 0000 -- 0000 1001　（9 在内存中的存储）

　　0000 0000 -- 0000 0000 -- 0000 0000 -- 0000 0001　（1 在内存中的存储）

所以 9>>3 的结果为 1。

又如，(-9)>>3 可以转换为如下运算：

>> 1111 1111 -- 1111 1111 -- 1111 1111 -- 1111 0111　（-9 在内存中的存储）

　　1111 1111 -- 1111 1111 -- 1111 1111 -- 1111 1110　（-2 在内存中的存储）

所以 (-9)>>3 的结果为 -2。

如果被丢弃的低位不包含 1，那么右移 n 位相当于除以 2 的 n 次方（但被移除的位中经常会包含 1）。

编写程序检测上面例子的结果。

```c
#include <stdio.h>
int main() {
    printf("%d, %d\n", 9 >> 3, (-9) >> 3);
    return 0;
}
```

运行结果：1, -2

45.2 位运算练习

- 练习 1：

题目描述：

编写一个函数，接收一个整数作为参数，并判断该整数是否为奇数，若是，则返回 true，否则返回 false。

输入样例：

5

输出样例：

true

- 练习 2：

题目描述：

编写一个函数，接收一个整数作为参数，并判断该整数是否为 2 的幂次方，若是，则返回 true，否则返回 false。

输入样例：

16

输出样例：

true

- 练习 3：

题目描述：

编写一个函数，接收两个整数作为参数，并交换它们的值。

输入样例：

a = 5, b = 10

输出样例：

a = 10, b = 5

- 练习 4：

题目描述：

编写一个函数，接收一个整数作为参数，并将该整数的二进制数表示中的第 n 位设置为 1。

输入样例：

num = 5, n = 2

输出样例：

7

- 练习 5：

题目描述：

编写一个函数，接收一个整数作为参数，并将该整数的二进制数表示中的第 n 位设置为 0。

输入样例：

num = 7, n = 1

输出样例：

5

- 练习 6：

题目描述：

编写一个函数，接收一个整数作为参数，并将该整数的二进制数表示中的第 n 位取反。

输入样例：

num = 10, n = 3

输出样例：

14

- 练习 7：

题目描述：

编写一个函数，接收一个整数作为参数，并将该整数的二进制数表示中的所有位取反。

输入样例：

num = 5

输出样例：

–6

- 练习 8：

题目描述：

编写一个函数，接收一个整数作为参数，并判断该整数是否为负数，若是，则返回 true，否则返回 false。

输入样例：

–10

输出样例：

true

- 练习 9：

题目描述：

编写一个函数，接收一个整数作为参数，返回该整数的绝对值。

输入样例：

–5

输出样例：

5

- 练习 10：

题目描述：

编写一个函数，接收一个整数作为参数，返回该整数的二进制数表示中 1 的个数。

输入样例：

15

输出样例：

4

45.3 C++ 参考代码

1. 判断奇偶性

```cpp
bool isOdd(int num) {
    return (num & 1) != 0;
}
```

2. 判断是否是 2 的幂次方

```cpp
bool isPowerOfTwo(int num) {
    return (num & (num - 1)) == 0 && num != 0;
}
```

3. 交换两个整数的值

```cpp
void swapIntegers(int& a, int& b) {
    a = a ^ b;
    b = a ^ b;
    a = a ^ b;
}
```

4. 将整数的第 n 位设置为 1

```cpp
int setBit(int num, int n) {
    return num | (1 << n);
}
```

5. 将整数的第 n 位设置为 0

```cpp
int clearBit(int num, int n) {
    return num & ~(1 << n);
}
```

6. 将整数的第 n 位取反

```cpp
int toggleBit(int num, int n) {
    return num ^ (1 << n);
}
```

7. 将整数的所有位取反

```cpp
int flipBits(int num) {
    return ~num;
}
```

8. 判断整数是否为负数

```cpp
bool isNegative(int num) {
    return (num & (1 << 31)) != 0;
}
```

9. 返回整数的绝对值

```cpp
int absoluteValue(int num) {
    return num < 0 ? -num : num;
}
```

10. 返回整数的二进制数表示中 1 的个数

```
int countOnes(int num) {
    int count = 0;
    while (num != 0) {
        count++;
        num = num & (num - 1);
    }
    return count;
}
```

第 46 课　倍增

倍增的字面意思就是"成倍增长"，是指当我们在进行递推时，如果状态空间很大，通常的线性递推无法满足时间和空间复杂度的要求，那么我们可以通过成倍增长的方式，只递推状态空间中在 2 的整数次幂位置上的值作为代表。当需要其他位置上的值时，我们可以通过"任意整数可以表示成若干个 2 的次幂项的和"这一性质，使用之前求出的代表值拼成所需的值。所以使用倍增算法也要求我们递推问题的状态空间关于 2 的次幂具有可划分性。

"倍增"与"二进制划分"两个思想互相结合，降低了求解很多问题的时间与空间复杂度。我们之前学习的快速幂其实就是"倍增"与"二进制划分"思想的一种体现。

在本课，我们将研究序列上的倍增问题。

46.1 例题

- 例题 1：在线询问

题目描述：

给定一个长度为 N 的正整数数组 A，对其进行若干次询问，每次给定一个整数 T，求出最大的 k，满足 $\sum_{i=1}^{k} A[i] \leqslant T$。你的算法必须是在线的（必须即时回答每一次询问，不能等待收到所有的询问后再统一处理），假设 $0 \leqslant T \leqslant \sum_{i=1}^{N} A[i]$。

分析：

最朴素的做法当然是从前向后枚举 k，每次询问花费的时间与答案的大小有关，最坏的情况是 $O(N)$。

如果我们能够先花费 $O(N)$ 的时间预处理数组 A 的前缀和数组 S，就可以二分 k 的位置，比较 $S[k]$ 与 T 的大小来确定二分上下界的变化，每次询问花费的时间都是 $O(\log n)$。这个算法在平均情况下表现很好，但是它的缺点是如果每次询问给定的整数 T 都非常小，造成答案 k 也非常小，那么该算法可能还不如从前向后枚举更优。

我们可以设计这样一种倍增算法。

（1）令 p = 1, k = 0, sum = 0。

首先比较"数组 A 中 k 之后的 p 个数的和"与 T 的关系。也就是说，如果 sum + S[k + p] − S[k] ⩽ T，则令 sum+= S[k + p] − S[k]，k+=p，p*= 2，即累加上这 p 个数的和。然后把 p 的跨度增长一倍。如果 sum + S[k + p] − S[k] > T，则令 p /= 2。重复上一步，直到 p 的值变为 0 为止，此时 k 就是答案。

这个算法始终在答案大小的范围内实施"倍增"与"二分制划分"思想，通过若干长度为 2 的次幂的区间拼成最后的 k，时间复杂度级别为答案的对数，能够应对 T 的各种大小情况。

参考代码：

```
#include <bits/stdc++.h>
using namespace std;
typedef long long ll;

const int N = 100010;
```

```
int n, A[N], S[N], T;

int bz(int T) {
    int p = 1, k = 0, sum = 0;
    while (p) {
        if (sum + S[k + p] - S[k] <= T) {
            sum += S[k + p] - S[k]; // 前缀和求 [k+1, k+p] 的和
            k += p;
            p <<= 1;
        } else p >>= 1;
    }
    return k;
}

int main() {
    scanf("%d%d", &n, &p);
    for (int i = 1; i <= n; i++) {
        scanf("%d", &A[i]);
        S[i] = S[i - 1] + A[i];
    }
    cin >> t;
    while (t--) {
        int T; scanf("%d", &T);
        cout << bz(T) << endl;
    }
    return 0;
}
```

- 例题 2：Genius ACM

题目描述：

给定一个整数 M，对于任意一个整数集合 S，定义"校验值"如下：

从集合 S 中取出 M 对数（即 $2M$ 个数，不能重复使用集合中的数，如果 S 中的整数不够 M 对，就取到不能取为止），使得"每对数的差的平方"之和最大，这个最大值就称为集合 S 的"校验值"。

现在给定一个长度为 N 的数列 A 以及一个整数 T。我们把 A 分成若干段，使得每一段的"校验值"都不超过 T。

求最少需要分成几段。

输入格式：

第一行输入整数 K，代表有 K 组测试数据。

对于每组测试数据，第一行包含三个整数 N、M 和 T。第二行包含 N 个整数，表示数列 $A_1, A_2, \cdots, A_N$。

输出格式：

对于每组测试数据，输出其答案，每个答案占一行。

数据范围：

$1 \leq K \leq 12$

$1 \leq N, M \leq 500000$

$0 \leq T \leq 10^{18}$

$0 \leq A_i \leq 2^{20}$

输入样例：

2	//	测试数据组数 k
5 1 49	//	$N\ M\ T$
8 2 17 9	//	数列 A
5 1 64		
8 2 17 9		

输出样例：

2

1

分析：

首先，对于一个集合 S，其中最大的 M 个数和最小的 M 个数应该构成一对，次大和次小构成一对……这样求出的"校验值"最大。而为了让数列 A 分成的段数最少，每一段都应该在"校验值"不超过 T 的前提下，尽量包含更多的数。所以我们从头开始对 A 进行分段，让每一段尽量长，到达结尾时分成的段数就是答案。

于是，需要解决的问题为：当确定一个左端点 L 之后，右端点 R 在满足 $A[L]\sim A[R]$ 的"校验值"不超过 T 的前提下，最大能取到多少。

求长度为 N 的一段"校验值"需要排序配对，时间复杂度为 $O(N\log N)$。当"校验值"上限 T 比较小时，如果在整个 $L\sim N$ 的区间上二分右端点 R，二分的第一步就要检验长度为 $(N-L)/2$ 的一段，最终右端点 R 可能只扩展了一点儿，浪费了很多时间。

与例题 1 一样，我们需要一个与右端点 R 扩展的长度相适应的算法——倍增。

可以采用与例题 1 类似的倍增过程，具体如下：

（1）初始化 p = 1，R = L。

（2）求出 [L, R + p] 这一段区间的"校验值"，若"校验值"小于或等于 T，则 R += p，p *= 2，否则 p /= 2。

（3）重复上一步，直到 p 的值变为 0 为止，此时 R 即为所求。

时间复杂度分析：

上面这个过程至多循环 $O(\log N)$ 次，每次循环对长为 $O(R-L)$ 的一段进行排序，完成整个题目的求解累计扩展长度为 N，所以总体时间复杂度为 $O(N\log^2 N)$。实际上，我们每次求"校验值"时可以不用快速排序，而是采用类似归并排序的方法，只对新增的长度部分排序，然后合并新旧两段，这样总体时间复杂度可以降低到 $O(N\log N)$。

参考代码：

```
#include <bits/stdc++.h>
using namespace std;
typedef long long ll;

const int N = 500007;
int n, m, w;
ll t, a[N], b[N], c[N];
```

```
// 数列 a
// 数组 b 存放已分段数列
// 数组 c 是归并的辅助数组

void gb(int l, int mid, int r) { // 归并 [l, mid], [mid+1, r]
    int i = l, j = mid + 1;
    for (int k = l; k <= r; k++)
        if (j > r || (i <= mid && b[i] <= b[j])) c[k] = b[i++];
        else c[k] = b[j++];
}

ll f(int l, int r) { // 求 [l, r] "差的平方和"
    if (r > n) r = n;                      // 边界
    int t = min(m, (r - l + 1) >> 1); // 最多取 t 对数
    for (int i = w + 1; i <= r; i++) b[i] = a[i];
    sort(b + w + 1, b + r + 1); // 排序 [w+1, r]
    gb(l, w, r);                    // 归并 [l, w]、[w+1, r]，使 [l, r] 有序
    ll ans = 0;
    for (int i = 0; i < t; i++) // 配对求 "差的平方和"
        ans += (c[r - i] - c[l + i]) * (c[r - i] - c[l + i]);
    return ans;
}

void Genius_ACM() {
    cin >> n >> m >> t; // n 数列长度，"校验值"取 m 对数，差的平方和小于或等于 t
    for (int i = 1; i <= n; i++)
        scanf("%lld", &a[i]); // 输入量大
    int ans = 0, l = 1, r = 1; // ans 分段的数量，l 为左端点，r 为右端点
    w = 1;
    b[1] = a[1];
    while (l <= n) {
        int p = 1;
        while (p) { // 增量 p 不为 0
            ll num = f(l, r + p);
            if (num <= t) {
                w = r = min(r + p, n); // 当前分段右端点
                for (int i = l; i <= r; i++)
                    b[i] = c[i]; // 归并辅助数组内容写回
                if (r == n) break; // 数列中的值用完了
                p <<= 1;       // 倍增 p
            } else p >>= 1; // p 减半
        }
        ans++;
        l = r + 1; // 下一段
    }
    cout << ans << endl;
}

int main() {
    int k;
```

```
        cin >> k;
        while (k--) Genius_ACM();
        return 0;
}
```

46.2 ST 算法

RMQ 问题又称区间最值问题，即给定一个长度为 N 的数列 A，多次询问区间 $[l, r]$ 的最大值或者最小值是多少的问题。

如果通过朴素的算法查找，则时间上很难接受。

ST 算法就是利用倍增的思想，以 $O(1)$ 的时间求出区间中的最值。

一个序列显然有 $O(N^2)$ 个子区间。如果要计算并保存这些区间的最值，那么时间和空间复杂度都无法接受。因此，我们考虑只记录其中一部分区间的代表最值，其他子区间的最值可以通过这些代表最值求出。

那么，我们记录哪些位置的值作为代表值呢？

根据倍增的思想，我们只记录 2 的整数次幂的位置作为代表最值。

设 $F[i][j]$ 表示数列 A 中下标在子区间 $[i, i + 2^j - 1]$ 里数的最大值，也就是从 i 开始的 2^j 个数的最大值。

显然，$F[i][0] = A[i]$，即数列 A 在子区间 $[i, i]$ 里的最大值。

因为元素个数为 2^j 个，所以可以从中间平均分成两部分，每一部分的元素个数刚好为 2^{j-1} 个，即把 $F[i][j]$ 平均分为 $F[i][j-1]$ 和 $F[i + 2^{j-1}, j-1]$，如图 46-1 所示。

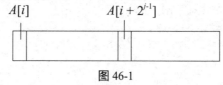

图 46-1

整个区间的最大值一定是左右两部分中最大值的较大者。即 $F[i][j] = \max(F[i][j-1], F[i + 2^{j-1}][j-1])$。

根据倍增的思想，我们可以计算数组 F 的复杂度是 $O(n\log n)$。

计算数组 F 的参考代码：

```
void ST_F() {
    for (int i = 1; i <= n; i++) F[i][0] = A[i];
    int t = log(n) / log(2) + 1; // t 是以 2 为底 n 的对数
    for (int j = 1; j < t; j++) { // 最大右边界值为 i + 2^(t-1) - 1
        for (int i = 1; i <= n - (1 << j) + 1; i++)
            F[i][j] = max(F[i][j - 1], F[i + (1 << (j - 1))][j - 1]);
    }
}
```

cmath 库中 log() 函数的效率较高，对程序的运行效率影响不大。通过 log() 函数可以求出任意对数值。例如：求以 m 为底 n 的对数。

double k = log(n) / log(m);

另一种更高效的方式是设定一个数组，用于保存所有 1 ~ N 这 N 种区间长度各自对应的 k 值，在使用的时候就可以直接使用 $O(1)$。

```
// 2 ^ log[n] <= n < 2 ^ (log[n] + 1)
log[1] = 1;
for(int i = 2; i <= n; i++) {
    log[i] = log[i >> 1] + 1;
}
```

查询：

假设我们要查询区间 $[l, r]$ 的最大值，那么应先计算出一个 k 值，满足 $2^k < r - l + 1 \leq 2^{k+1}$，也就是 2 的 k 次幂小于区间长度的前提下 k 值尽可能大。

$F[l][k]$ 表示"从 l 开始的 2^k 个数"。

$F[r - 2^{k+1}][k]$ 表示"以 r 结尾的 2^k 个数"。

这两段一定覆盖了整个区间 $[l, r]$，其最大值就是二者值中的较大者。

因为我们只是求区间中的最值，所以只要保证所求区间刚好覆盖 $[l, r]$ 即可。即使存在重叠区域，也不影响最终结果。

查询的参考代码：

```
int ST_Q(int l, int r) {
    int k = log(r - l + 1) / log(2);
    return max(F[l][k], f[r - (1 << k) + 1][k]);
}
```

- **例题 1**：数列区间最大值

题目描述：

输入一串数字，给出 M 次询问，每次询问就给出两个数字，即 l 和 r，要求说出 l~r 这段区间的最大值。

数据范围：

$1 \leq N \leq 10^5$，$1 \leq M \leq 10^6$，$1 \leq l \leq r \leq N$

输入样例：

10 2

3 2 4 5 6 8 1 2 9 7

1 4

3 8

输入样例：

5

8

分析：

RMQ 模板题。

参考代码：

```
#include <bits/stdc++.h>
using namespace std;

const int N = 1e5 + 7;
int F[N][25], A[N];
```

```cpp
void ST_F(int n) { // 预处理数组 F
    for (int i = 1; i <= n; i++) F[i][0] = A[i];
    int t = log(n) / log(2) + 1;
    for (int j = 1; j < t; j++) {
        for (int i = 1; i <= n - (1 << j) + 1; i++) { // i 的边界
            F[i][j] = max(F[i][j - 1], F[i + (1 << (j - 1))][j - 1]);
        }
    }
}

int ST_Q(int l, int r) {
    int k = log(r - l + 1) / log(2); // 2^k <= r - l + 1 <= 2^(k+1)
    return max(F[l][k], F[r - (1 << k) + 1][k]);
    // 从 l 开始的 2^k 元素
    // 从 r - (1 << k) + 1 开始的 2^k 个元素
}

int main() {
    int n, m;
    scanf("%d%d", &n, &m);
    for (int i = 1; i <= n; i++) scanf("%d", A + i);
    ST_F(n);
    for(int i = 1; i <= m; i++) {
        int l, r;
        scanf("%d%d", &l, &r);
        printf("%d\n", ST_Q(l, r));
    }
    return 0;
}
```

- 例题 2：最敏捷的机器人

题目描述：

Wind 设计了 n 个机器人，这些机器人都想知道谁是最敏捷的，于是它们进行了一场比赛：首先，n 个机器人排成一排，然后比赛看谁最先把每连续 k 个数中的最大值和最小值写下来。当然，这些机器人的运算速度都很快，它们比赛的是谁写得最快。

Wind 也想知道答案，你能帮助他吗？

输入样例：

5 3
1 2 3 4 5

输出样例：

3 1
4 2
5 3

分析：

RMQ 求最值问题。

参考代码：

```cpp
#include <bits/stdc++.h>
using namespace std;

const int N = 1e5 + 7, p = log(N) / log(2) + 3;

int A[N], F1[N][p], F2[N][p];

void ST_Fmax(int n) {
    for (int i = 1; i <= n; i++) F1[i][0] = A[i];
    int t = log(n) / log(2);
    for (int j = 1; j <= t; j++) {
        for (int i = 1; i + (1 << j) - 1 <= n; i++) {
            F1[i][j] = max(F1[i][j - 1], F1[i + (1 << (j - 1))][j - 1]);
        }
    }
}

void ST_Fmin(int n) {
    for (int i = 1; i <= n; i++)
        F2[i][0] = A[i];
    int t = log(n) / log(2);
    for (int j = 1; j <= t; j++) {
        for (int i = 1; i + (1 << j) - 1 <= n; i++) {
            F2[i][j] = min(F2[i][j - 1], F2[i + (1 << (j - 1))][j - 1]);
        }
    }
}

int ST_Qmax(int l, int r) {
    int k = log(r - l + 1) / log(2);
    return max(F1[l][k], F1[r - (1 << k) + 1][k]);
}

int ST_Qmin(int l, int r) {
    int k = log(r - l + 1) / log(2);
    return min(F2[l][k], F2[r - (1 << k) + 1][k]);
}

int main() {
    int n, k;
    scanf("%d%d", &n, &k);
    for (int i = 1; i <= n; i++) {
        scanf("%d", A + i);
    }

    ST_Fmax(n);
    ST_Fmin(n);

    for(int i = 1; i + k - 1 <= n; i++) {
        printf("%d %d\n", ST_Qmax(i, i + k - 1), ST_Qmin(i, i + k - 1));
```

```
        }
        return 0;
}
```

46.3 快速幂

如果要求 (a^b) mod p 的值，那么我们可以使用 b 次循环语句进行计算。在每一次循环后对 p 取模运算，其复杂度是 $O(n)$。

参考代码：

```
int s = 1;
for(int i = 1; i <= b; i++) {
    s *= a;
    s %= p;
}
```

当 b 的取值很大时，程序执行非常慢。比如 $b = 10^9$，计算机要在 1s 内完成一次求解已经很难了，如果还需要计算多次，则必然会超时。所以我们需要思考如何加快幂运算。

分析：

对于线性求解问题，如果需要优化，则通常会考虑将其转化为树形结构，或者使用分治的思想。这样我们就可以将时间复杂度从 $O(n)$ 降低到 $O(\log n)$。

对于 a^b，我们分类讨论一下。

（1）如果 b 是偶数，那么 $a^b = a^{b/2} \times a^{b/2}$。

（2）如果 b 是奇数，那么 $a^b = a^{b/2} \times a^{b/2} \times a$。$b / 2$ 向下取整。所以我们只需要求出 $a^{b/2}$，再通过一次乘法，就可以求出 a^b 的值。

通过以上分析，我们可以继续对 $b/2$ 进行分解，即继续求 $b/4$ 和 $b/8$ 的值。

参考代码：

```
// 通过分治的思想，求 a ^ b % p 的结果
int quick_pow(int a, int b, int p) {
    if (b == 1) return a;
    if (b % 2 == 0) {
        int t = quick_pow(a, b / 2, p);
        return t * t % p;
    } else {
        int t = quick_pow(a, b / 2, p);
        t = t * t % p;
        return t * a % p;
    }
}
```

简化的代码：

```
// 通过分治的思想，求 a ^ b % p 的结果
int quick_pow(int a, int b, int p) {
    if (b == 1) return a;
    if (b % 2 == 0) return quick_pow(a, b / 2, p) * quick_pow(a, b / 2, p);
    return quick_pow(a, b - 1, p) * a;
}
```

也可以写成非递归的形式：

```
int quick_pow(int a, int b, int p) {
    int S = 1;
    while (b)  {
        if (b % 2 == 1) S = S * a % p;
        a = a * a % p;
        b /= 2;
    }
    return S;
}
```

每一个正整数都可以唯一表示为若干指数不重复的 2 的次幂的和。也就是说，b 表示成二进制数后有 k 位有效数字，其中第 i（$0 \leq i < k$）位的数字是 c_i，则有

$$b = c_{k-1}2^{k-1} + c_{k-2}2^{k-2} + \cdots + c_0 2^0$$

于是有

$$a^b = a^{c_{k-1}2^{k-1}} \times a^{c_{k-2}2^{k-2}} + \cdots + a^{c_0 2^0}$$

因为 $k = \lceil \log_2(b+1) \rceil$，所以上面公式中的乘积项数量不会多余 $\lceil \log_2(b+1) \rceil$。又因为有

$$a^{2^i} = (a^{2^{i-1}})^2$$

所以，我们可以通过 k 次循环求出 a^b 的值。当 $c_i = 1$ 时，把该乘积项累积到答案中。通过位运算 b & 1 可以很容易地取出数据最低位的值。b >> 1 可以去掉最低位。

参考代码：

```
int quick_pow(int a, int b, int p) {
    int S = 1;
    while (b) {
        if (b & 1) S = S * a % p;
        a = a * a % p;
        b >>= 1;
    }
    return S;
}
```

- 练习 1：a^b

题目描述：

求 a 的 b 次方后对 p 取模的值。

数据范围：

$1 \leq a, b, p \leq 10^9$

输入样例：

2 3 7

输出样例：

1

- 练习 2：求序列的第 k 个数

题目描述：

BSNY 在学习等差数列和等比数列，已知前三项，就可以知道是等差数列还是等比数列。现在给出序列的前三项，这个序列要么是等差序列，要么是等比序列，能求出第 k 项的值吗？如果第 k 项的值太大，则对 200907 取模。

数据范围：

$1 \leq T \leq 100$，$1 \leq a \leq b \leq c \leq 10^9$，$1 \leq k \leq 10^9$

输入样例：

2

1 2 3 5

1 2 4 5

输出样例：

5

16

- 练习 3：转圈游戏

题目描述：

n 个小伙伴（编号从 0 到 $n-1$）围成一个圆圈玩游戏，按照顺时针方向从 0 到 $n-1$ 给 n 个位置编号。最初，第 0 号小伙伴在第 0 号位置，第 1 号小伙伴在第 1 号位置，……，以此类推。游戏规则如下：

每一轮第 0 号位置的小伙伴顺时针走到第 m 号位置，第 1 号位置的小伙伴走到第 $m+1$ 号位置，……，以此类推，第 $n-m$ 号位置的小伙伴走到第 0 号位置，第 $n-m+1$ 号位置的小伙伴走到第 1 号位置，……，第 $n-1$ 号位置的小伙伴顺时针走到第 $m-1$ 号位置。

现在，一共进行了 10^k 轮，请问第 x 号小伙伴最后走到了第几号位置。

数据范围：

$1 < n < 10^6$，$0 < m < n$，$1 \leq x \leq n$，$0 < k < 10^9$

输入样例：

10 3 4 5

输出样例：

5

- 练习 4：越狱

题目描述：

监狱有连续编号为 1 到 n 的 n 个房间，每个房间关押一个犯人。有 m 种宗教，每个犯人可能信仰其中一种。如果相邻房间的犯人信仰的宗教相同，就可能发生越狱的情况。求有多少种状态可能发生越狱情况。

数据范围

$1 \leq m \leq 10^8$，$1 \leq n \leq 10^{12}$

输入样例：

2 3

输出样例：

6

46.4 矩阵快速幂

46.4.1 矩阵乘法

在数学中，矩阵是一个按长方形阵列排列的复数或实数的集合。

主对角线上全部为 1，其他位置为 0 的矩阵被称为单位矩阵。用单位矩阵乘以任意矩阵的值都是原矩阵，相当于数字 1。

例如，一个 3×3 的单位矩阵。

$$\begin{bmatrix} 1 & 0 & 0 \\ 0 & 1 & 0 \\ 0 & 0 & 1 \end{bmatrix}$$

矩阵相乘只有在第一个矩阵的列数（column）和第二个矩阵的行数（row）相同时才有意义。如图 46-2 和图 46-3 所示，设 A 为 $m \times p$ 的矩阵，B 为 $p \times n$ 的矩阵，那么称 $m \times n$ 的矩阵 C 为矩阵 A 与矩阵 B 的乘积，其中矩阵 C 中第 i 行第 j 列的元素可以表示为：

$$(AB)_{ij} = \sum_{k=1}^{p} a_{ik} b_{kj} = a_{i1} b_{1j} + a_{i2} b_{2j} + \cdots + a_{ip} b_{pj}$$

图 46-2

$$A = \begin{bmatrix} a_{1,1} & a_{1,2} & a_{1,3} \\ a_{2,1} & a_{2,2} & a_{2,3} \end{bmatrix}$$

$$B = \begin{bmatrix} b_{1,1} & b_{1,2} \\ b_{2,1} & b_{2,2} \\ b_{3,1} & b_{3,2} \end{bmatrix}$$

$$C = AB = \begin{bmatrix} a_{1,1}b_{1,1} + a_{1,2}b_{2,1} + a_{1,3}b_{3,1} & a_{1,1}b_{1,2} + a_{1,2}b_{2,2} + a_{1,3}b_{3,2} \\ a_{2,1}b_{1,1} + a_{2,2}b_{2,1} + a_{2,3}b_{3,1} & a_{2,1}b_{1,2} + a_{2,2}b_{2,2} + a_{2,3}b_{3,2} \end{bmatrix}$$

图 46-3

参考代码：

```
#include <bits/stdc++.h>
using namespace std;

int main() {
    // 输入矩阵 A
    for (int i = 1; i <= n; i++)
        for (int j = 1; j <= p; j++)
            cin >> A[i][j];

    // 输入矩阵 B
    for (int i = 1; i <= p; i++)
        for (int j = 1; j <= m; j++)
```

```
            cin >> B[i][j];

    memset(C, 0, sizeof(C));

    for (int i = 1; i <= n; i++)
        for (int j = 1; j <= m; j++)
            for (int k = 1; k <= p; k++)
                C[i][j] += A[i][k] * B[k][j];

    return 0;
}
```

也可以写成:

```
#include <bits/stdc++.h>
using namespace std;

int main() {
    // 输入矩阵 A
    for (int i = 1; i <= n; i++)
        for (int j = 1; j <= p; j++)
            cin >> A[i][j];

    // 输入矩阵 B
    for (int i = 1; i <= p; i++)
        for (int j = 1; j <= m; j++)
            cin >> B[i][j];

    memset(C, 0, sizeof(C));

    for (int i = 1; i <= n; i++)
        for (int k = 1; k <= p; k++)
            for (int j = 1; j <= m; j++)
                C[i][j] += A[i][k] * B[k][j];

    return 0;
}
```

所以矩阵乘法的时间复杂度是 $O(nmp)$。如果 n、m 和 p 相等，则时间复杂度是 $O(n^3)$。若 A 是一个 $N \times N$ 的矩阵，A^p 的时间复杂度是 $O(pN^3)$，时间开销极大。

矩阵乘法满足结合律，所以我们可以使用快速幂算法求解矩阵的幂次方。将求矩阵的幂次方的时间复杂度降为 $O(\log_2 p N^3)$。

46.4.2 矩阵快速幂算法实现

结构体:

```
const int N = 13;
const int MOD = 9077;

struct Matrix {
    int mat[N][N];
};
```

构造单位矩阵：

```
Matrix create_Matrix(Matrix E, int n) {
    for (int i = 1; i <= n; i++)
        for (int j = 1; j <= n; j++)
            if (i == j) E.mat[i][j] = 1;
            else        E.mat[i][j] = 0;
    return E;
}
```

矩阵乘法：

```
Matrix mat_Mul(Matrix A, Matrix B, int n) {
    Matrix C;
    memset(C.mat, 0, sizeof(C.mat));

    for (int i = 1; i <= n; i++)
        for (int k = 1; k <= n; k++)
            for (int j = 1; j <= n; j++)
                C.mat[i][j] += A.mat[i][k] * B.mat[k][j] % MOD;
                C.mat[i][j] %= MOD; // 一般会溢出
    return C;
}
```

矩阵快速幂求 A^p：

```
Matrix quick_PowM(Matrix A, int p, int n) {
    Matrix C = create_Matrix(A, n); // 单位矩阵
    while(p > 0) {
        if (p & 1) C = mat_Mul(C, A, n);
        A = mat_Mul(A, A, n);
        p >>= 1;
    }
    return C;
}
```

输入矩阵：

```
void input_Matrix(Matrix A, int n, int m){
    for (int i = 1; i <= n; i++)
        for (int j = j <= m; j++)
            cin >> A.mat[i][j];
}
```

输出矩阵：

```
void print_Matrix(Matrix A, int n, int m) {
    for (int i = 1; i <= n; i++) {
        for (int j = 1; j <= m; j++) {
            cout << A.mat[i][j] << ' ';
        }
        cout << endl;
    }
}
```

主函数:

```
int main() {
    Matrix A, C;
    int n, k; cin >> n >> k;

    input_Mat(A, n, n);
    C = quick_PowM(A, k, n);
    print_Matrix(C, n, n);

    return 0;
}
```

在函数中,参数是传值调用,参数传递的时候会有一个赋值操作,其时间复杂度是 $O(N^2)$。所以可以使用传引用的方式减少时间开销。

```
quick_PowM(Matrix &A, int p, int A) {
    ...
}
```

46.4.3 练习

- 练习1:

题目表述:

A 为一个方阵,则 Tr(A) 表示 A 的迹(即主对角线上各项的和),现在要求 Tr(A^k) % 9973。

输入格式:

第一行输入正整数 n 和 k,表示求 $n×n$ 矩阵的 k 次幂。接下来的 n 行中,每行有 n 个范围为 [0, 9] 的整数,表示矩阵中的值。

输出格式:

输出 Tr(A^k) % 9973 的值。

输入样例:

2 2
1 0
0 1

输出样例:

2

矩阵快速幂求斐波那契数列:

```
if n == 0, f(1) = 0;
if n == 1, f(1) = 1;
if n >= 2, f(n) = f(n-1) + f(n-2)
```

通过递推的方式,我们很容易求出 $f(n)$ 的值,时间复杂度是 $O(n)$。如果 n 的值很大呢?例如 $n \leq 10^{18}$,递推就不能解决了。

通过前面的分析,我们可以构造以下矩阵运算等式:

$$\begin{bmatrix} f(n) \\ f(n-1) \end{bmatrix} = \begin{bmatrix} 1 & 1 \\ 1 & 0 \end{bmatrix} \begin{bmatrix} f(n-1) \\ f(n-2) \end{bmatrix}$$

所以可以得出：

$$\begin{bmatrix} f(n) \\ f(n-1) \end{bmatrix} = \begin{bmatrix} 1 & 1 \\ 1 & 0 \end{bmatrix}^{n-1} \begin{bmatrix} f(1) \\ f(0) \end{bmatrix}$$

所以 $f(n) = A_{1,1} \times f(1) + A_{1,2} \times f(0)$。

根据以上推导式，我们还可以有以下构造方法：

$$\begin{bmatrix} f(n+1) & f(n) \\ f(n) & f(n-1) \end{bmatrix} = \begin{bmatrix} 1 & 1 \\ 1 & 0 \end{bmatrix}^{n-1} \begin{bmatrix} f(2) & f(1) \\ f(1) & f(0) \end{bmatrix} = \begin{bmatrix} 1 & 1 \\ 1 & 0 \end{bmatrix}^{n}$$

需要注意：

$$\begin{bmatrix} a_{1,1} & a_{1,2} \\ a_{2,1} & a_{2,2} \end{bmatrix}^0 = \begin{bmatrix} 1 & 1 \\ 1 & 0 \end{bmatrix}$$

即任意矩阵的 0 次方都是单位矩阵。

- 练习 2：

题目描述：

$f(0) = 0$；$f(1) = 1$。求斐波那契数列的第 n 项（$n \leq 10^{18}$）。

- 练习 3：

题目描述：

Lele 在思考一个数学函数 $f(x)$。如果 $x < 10$，则 $f(x) = x$；如果 $x \geq 10$，则 $f(x) = a_0 \times f(x-1) + a_1 \times f(x-2) + \cdots + a_9 \times f(x-10)$。$a_i$（$0 \leq i \leq 9$）的值是 0 或 1。

给定所有 a_i 的值及 k 和 m，求 $f(k) \% m$ 的值。

输入样例：

10　9999

1 1 1 1 1 1 1 1 1 1

输出样例：

45

第 47 课 前缀和与差分

47.1 前缀和

对于一个给定的数列 A,它的前缀和数列 S 是通过递推能求出的基本信息之一:

$$S[i] = \sum_{j=1}^{i} A[j]$$

部分和即数列 A 某个下标区间内数的和,可以表示为前缀和相减的形式:

$$\text{sum}(l,r) = \sum_{j=l}^{i} A[j] = S[r] - S[l-1]$$

在二维数组(矩阵)中,可类似地求出二维前缀和,并进一步计算出二维部分和。

- 例题 1:一维前缀和

题目描述:

给定 n 个数 $a_1, a_2, \cdots, a_n$,求 q 次询问区间 $[l, r]$ 的和。

输入样例:

5 3
1 1 2 1 2
1 5
3 4
1 2

输出样例:

7
3
2

分析:

题目要求的是区间 $[l, r]$ 的和。朴素的做法是循环计算和,但是 q 的值太大了。从前面介绍的概念可以知道 $\text{sum}(l, r) = S_r - S_{l-1}$,$S$ 是数列的前缀和,可以直接在输入数据的过程中计算 $S_i = S_{i-1} + a[i]$。

参考代码:

```
#include <bits/stdc++.h>
using namespace std;
const int maxn = 1e6 + 5;
int n, q, sum[maxn];

int main() {
    scanf("%d%d", &n, &q);
    int x, y;
    for(int i = 1; i <= n; ++i) scanf("%d", &x), sum[i] = sum[i - 1] + x;
    while (q--) {
        scanf("%d%d", &x, &y);
        printf("%d\n", sum[y] - sum[x - 1]);
    }
}
```

}
```

输入数据量很大，注意输入/输出（I/O）弧线过优化问题。

- 例题 2：二维前缀和

**题目描述：**

给定 $n$ 行 $m$ 列的一个矩阵。求 $q$ 次询问左上角为 $(x_1, y_1)$、右下角为 $(x_2, y_2)$ 的子矩阵中数的和（$1 \leq n, m \leq 10^3$，$1 \leq q \leq 10^6$，$1 \leq x_1 \leq x_2 \leq n$，$1 \leq y_1 \leq y_2 \leq m$）。

**输入样例：**

3 3 2
0 0 1
1 1 0
1 0 1
1 1 3 3
2 1 2 3

**输出样例：**

5
2

**分析：**

二维数组的前缀和 $S[x, y]$ 表示从左上角 $[1,1]$ 到右下角 $[x, y]$ 的子矩阵中所有元素的和，即 $S[i, j] = \sum_{x=1}^{i} \sum_{y=1}^{j} A[x, y]$。朴素的求法是通过两个循环将所有的值加起来，就是 S 的值。但是询问次数 $q$ 太大了，直接计算每个子矩阵的和时，时间复杂度是 $O(qnm)$，即 $10^{12}$，显然不能解决这个问题。

观察图 47-1，可以得出以下关系式：

$$S[i, j] = S[i-1, j] + S[i, j-1] - S[i-1][j-1] + A[i][j]$$

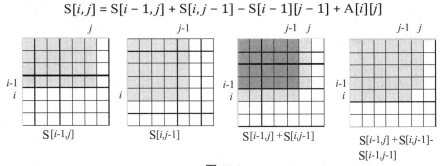

图 47-1

如果要求边长为 $R$ 的任意一个正方形矩阵的和，那么用同样的方法可以推出以下公式：

$$\sum_{x=i-R+1}^{i} \sum_{y=j-R+1}^{j} A[x, y] = S[i, j] - S[i-R, j] - S[i, j-R] + S[i-R, j-R]$$

这样，我们就可以在输入数据的时候计算出 S 的值，复杂度是 $O(N^2)$，然后通过公式在 $O(1)$ 的时间复杂度下求出子矩阵的和。

**参考代码：**

```
#include <bits/stdc++.h>
```
```

```
    using namespace std;
    typedef long long ll;

    int read() { // 快读
        int x = 0;

        char ch = getchar();
        while (ch < '0' || ch > '9') ch = getchar();
        while (ch >= '0' && ch <= '9') x = x * 10 + ch - '0', ch = getchar();
        return x;
    }

    int n, m, q;
    int sum[1001][1001];

    int main() {
        scanf("%d%d%d", &n, &m, &q);
        int x1, y1, x2, y2;
        for (int i = 1; i <= n; ++i)
            for (int j = 1; j <= m; ++j) {
                x1 = read();
                sum[i][j] = sum[i - 1][j] + sum[i][j - 1] - sum[i - 1][j - 1]
                    + x1;
            }
        while (q--) {
            x1 = read(), y1 = read(), x2 = read(), y2 = read();
            printf("%d\n", sum[x2][y2] - sum[x1 - 1][y2] - sum[x2][y1 - 1] + sum[x1 - 1][y1 - 1]);
        }
    }
```

输入数据量很大，注意 I/O 优化问题。

- 例题 3：激光炸弹

题目描述：

一种新型的激光炸弹可以摧毁边长为 R 的一个正方形内所有的目标。现在地图上有 N（$N \leq 10^4$）个目标，用整数 X_i 和 Y_i（其值为闭区间 $[0,5000]$）表示目标在地图上的位置，每个目标都有一个价值 W_i。

激光炸弹的投放是通过卫星定位来实现的，它有一个缺点，就是其爆破范围（即边长为 R 的正方形的边）必须与 x 轴和 y 轴平行。若目标位于爆破正方形的边上，则该目标将不会被摧毁。

求一颗炸弹最多能炸掉地图上总价值为多少的目标。

输入样例：

2 1

0 0 1

1 1 1

输出样例:

1

分析:

用 $S[x,y]$ 保存从左上角 $[1,1]$ 到右下角 $[x,y]$ 为顶点的子矩阵中所有元素的和。

因为要求的是边长为 R 的正方形子矩阵的和,所以我们先枚举右下角的顶点,再通过公式计算出对应子矩阵的和,最后记录这个过程中的最大值。

公式:$\sum_{x=i-R+1}^{i}\sum_{y=j-R+1}^{j} A[x,y] = S[i,j] - S[i-R,j] - S[i,j-R] + S[i-R,j-R]$

参考代码:

```
#include <bits/stdc++.h>
using namespace std;
const int N = 5007;
int n, r, s[N][N];

int main() {
    memset(s, 0, sizeof(s));
    cin >> n >> r;
    while (n--) {
        int x, y, z;
        scanf("%d %d %d", &x, &y, &z);
        s[x][y] = z;
    }
    for (int i = 0; i <= 5000; i++)
        for (int j = 0; j <= 5000; j++)
            if (!i && !j) continue;
            else if (!i) s[i][j] += s[i][j - 1];
            else if (!j) s[i][j] += s[i - 1][j];
            else s[i][j] += s[i - 1][j] + s[i][j - 1] - s[i - 1][j - 1];
    int ans = 0;
    for (int i = r - 1; i <= 5000; i++)
        for (int j = r - 1; j <= 5000; j++)
            if (i == r - 1 && j == r - 1) ans = max(ans, s[i][j]);
            else if (i == r - 1) ans = max(ans, s[i][j] - s[i][j - r]);
            else if (j == r - 1) ans = max(ans, s[i][j] - s[i - r][j]);
            else ans = max(ans, s[i][j] - s[i - r][j] - s[i][j - r] + s[i - r][j - r]);
    cout << ans << endl;
    return 0;
}
```

47.2 差分

对于一个给定的数列 A,它的差分数列 B 定义为:

$B[1] = A[1], B[i] = A[i] - A[i-1]$($2 \leq i \leq n$)

我们很容易发现,"前缀和"与"差分"是一对互逆运算,差分数列 B 的前缀和数列就是原数列 A,前缀和数列 S 的差分数列也是原数列 A。

将数列 A 的区间 $[l, r]$ 中所有的元素加 d(即把 $A_l, A_{l+1}, \cdots, A_r$ 都加上 d),其对应的差

分数列 B 的变化为：B_l 增加 d，B_{r+1} 减少 d，其他位置保持不变。这种方法有助于我们在很多问题中将原数列上的"区间操作"转换为差分数列上的"单点操作"，从而简化计算过程，降低求解难度。

- 例题 1：IncDec Sequence

题目描述：

给定一个长度为 n 的数列 $a_1, a_2, \cdots, a_n$，每次可以选择一个区间 $[l,r]$，使这个区间内的数都加 1 或者都减 1。求至少需要多少次操作才能使数列中的所有数都一样，并求出在保证最少次数的前提下，最终得到的数列有多少种。

$n \leqslant 100000$，$0 \leqslant a_i < 2147483648$。

输入样例：

4
1
1
2
2

输出样例：

1
2

分析：

求出 a 的差分数列 b，其中 $b_1 = a_1$，$b_i = a_i - a_{i-1}$（$2 \leqslant i \leqslant n$）。令 $b_{n+1} = 0$。题目对数列 a 的操作相当于每次可以选出 $b_1, b_2, \cdots, b_{n+1}$ 中的任意两个数，一个加 1，另一个减 1，目标是把 $b_2, b_3, \cdots, b_n$ 变为 0，最终得到的数列 a 就是由 n 个 b_1 构成的。

从 $b_1, b_2, \cdots, b_{n+1}$ 中任选两个数的方法可分为 4 类。

（1）选 b_i 和 b_j，其中 $2 \leqslant i, j \leqslant n$。这种操作会改变 $b_2, b_3, \cdots, b_n$ 中两个数的值。应该在保证 b_i 和 b_j 一正一负的前提下，尽量多地采取这种操作，以便更快地接近目标。

（2）选 b_1 和 b_j，其中 $2 \leqslant j \leqslant n$。

（3）选 b_i 和 b_{n+1}，其中 $2 \leqslant i \leqslant n$。

（4）选 b_1 和 b_{n+1}。这种情况没有意义，因为它不会改变 $b_2, b_3, \cdots, b_n$ 的值，相当于浪费了一次操作。一定不是最优解。

设 $b_2, b_3, \cdots, b_n$ 中正数总和为 p，负数总和的绝对值为 q。首先以正负数配对的方式尽量执行第（1）类操作，可执行 $\min(p, q)$ 次。剩余 $|p - q|$ 个未配对，每个可以与 b_1 或者 b_{n+1} 配对，即执行第（2）类或者第（3）类操作，共需 $|p - q|$ 次。

综上所述，最少的操作次数为 $\min(p, q) + |p - q| = \max(p, q)$ 次。根据 $|p - q|$ 次第（2）类和第（3）类操作的选择情况，能产生 $|p - q| + 1$ 种不同的 b_1 的值，即最终得到的数列 a 可能有 $|p - q| + 1$ 种。

参考代码：

```
#include <bits/stdc++.h>
using namespace std;
typedef long long ll;
```

```
const int N = 100006;
ll a[N], b[N];

int main() {
    int n;
    cin >> n;
    for (int i = 1; i <= n; i++) scanf("%lld", &a[i]);
    b[1] = a[1];
    for (int i = 2; i <= n; i++)  b[i] = a[i] - a[i - 1];
    ll p = 0, q = 0;
    for (int i = 2; i <= n; i++)
        if (b[i] > 0) p += b[i];
        else if (b[i] < 0) q -= b[i];
    cout << max(p, q) << endl << abs(p - q) + 1 << endl;
    return 0;
}
```

- 例题 2：Tallest Cow

题目描述：

有 N 头牛排成一排，并且两头牛之间能够互相看见，当且仅当它们中间的牛的身高都比它们矮。现在，我们只知道其中最高的牛是第 P 头，它的身高是 H，不知道剩余 $N-1$ 头牛的身高。但是，我们还知道 M 对关系，每对关系都指明了某两头牛 A_i 和 B_i 之间可以互相看见。求每头牛的身高最大可能是多少（$1 \leq N, M \leq 10^4$，$1 \leq H \leq 10^6$）。

输入样例：

9 3 5 5
1 3
5 3
4 3
3 7
9 8

输出样例：

5
4
5
3
4
4
5
5
5

分析：

题目中的 M 对关系带给我们的信息实际上是牛之间身高的相对大小关系。具体地说，我

们建立一个数组 C，数组的初始值均为 0。若一条关系指明 A_i 和 B_i 可以互相看见（不妨设 $A_i < B_i$），则把数组 C 中下标为 $A_i + 1$ 到 $B_i - 1$ 的数都减去 1，意思是在 A_i 和 B_i 中间的牛，其身高至少要比它俩小 1。因为第 P 头牛是最高的，所以最终 $C[P]$ 一定为 0。其他的牛与第 P 头牛的身高差就体现在数组 C 中。换言之，最后第 i 头牛的身高就等于 $H + C[i]$。

如果我们用朴的方法将数组 C 中下标为 $A_i + 1$ 和 $B_i - 1$ 的数都减去 1，那么整个算法的时间复杂度为 $O(NM)$，复杂度过高。一个简单且高效的做法是，额外建立一个数组 D，对于每对 A_i 和 B_i，令 $D[A_i + 1] - 1$，$D[B_i - 1] + 1$。

其含义是："身高减小 1" 的影响从 A_i+1 开始，持续到 B_i-1，在 B_i 结束。最后，C 就等于 D 的前缀和，即 $C[i]=\sum_{j=1}^{i} D[j]$。

上面的优化方法用到了差分的性质。它将对一个区间的操作转换为对左右两个端点的操作，再通过前缀和得到原问题的解，时间复杂度是 $O(N+M)$。

在给出的数据中，会多次输入 (A_i, B_i)，并且大小关系不确定。

参考代码：

```cpp
#include <bits/stdc++.h>
using namespace std;
map<pair<int, int>, bool> v;
const int N = 10006;

int s[N];

int main(){
    int n, p, h, t;
    cin >> n >> p >> h >> t;
    memset(s, 0, sizeof(s));
    while (t--) {
        int a, b;
        scanf("%d %d", &a, &b);
        if (a > b) swap(a, b);
        if (v[make_pair(a, b)]) continue;
        s[a + 1]--;
        s[b]++;
        v[make_pair(a, b)] = 1;
    }
    int ans = 0;
    for (int i = 1; i <= n; i++) {
        ans += s[i];
        printf("%d\n", h + ans);
    }
    return 0;
}
```

第 48 课　贪心算法

贪心算法（又称贪婪算法）是一种在每一步选择中都计算当前状态下最优解的算法。贪心算法通常用来求最大值或最小值的问题，其基本思路是首先将问题分解为若干个子问题，然后在每个子问题中计算当前状态下的最优解，最后，将所有子问题的最优解组合成问题的最优解。通常，利用贪心算法后，一轮迭代就可以找到最优解。

贪心算法的基本步骤如下：
（1）将问题分解为若干个子问题。
（2）对每个子问题计算当前状态下的最优解。
（3）将所有子问题的最优解组合成问题的最优解。
（4）优化算法，寻找更高效的方法来解决问题。

注意，并不是所有的问题利用贪心算法都能得到整体最优解，关键是贪心策略的选择，选择的贪心策略必须具备无后效性，即某个状态以前的状态不会影响以后的状态，只与当前状态有关。

首先要证明贪心策略是正确的，才可以考虑使用贪心算法解决该问题。在很多情况下，贪心的合理性并不是显然的。

如何才能找到一个范例证明选择的贪心策略是不正确的呢？贪心策略一种重要的证明方法是"反证法"。

48.1 例题

- 例题 1：部分背包问题

题目描述：

阿里巴巴走进了装满宝藏的藏宝洞，洞里有 N（$N \leq 1000$）堆金币，第 i 堆金币的总重量和总价值分别为 m_i 和 v_i（$1 \leq m_i, v_i \leq 100$）。阿里巴巴有一个承重为 T（$T \leq 1000$）的背包无法将全部金币都装进去，但他又想装尽可能多的金币。所有的金币都可以随意分割，分割完的金币重量价值比（单位价值）不变。

请问：阿里巴巴最多可以带走价值多少的金币。

输入样例：

4　50
10　60
20　100
30　120
15　45

输出样例：

240.00

分析：

因为包的承重有限，所以，如果能拿走相同重量的金币，就要拿走单价最贵的金币。正确的做法是首先将金币的单价从高到低排序，然后按照顺序将整堆金币都放入背包中。如果整堆放不进去，则分割出能放进去的那一部分。这种思路虽然是对的，但还需要证明选择的贪心策略是正确的。

- 所有东西的价值都是正的，因此只要能放，背包就不留空。
- 反证法。假设没有按价值从大到小的顺序放金币，则可以用更大价值的金币替换已放入背包中较小价值的金币，总价值会更高。与假定的和最优矛盾。故贪心策略正确。

参考代码：

```
#include <bits/stdc++.h>
using namespace std;

struct coin {
    int m, v; // 金币的重量和价值
} a[1010];

bool cmp(coin x, coin y) { // x 的价值大于 y 的价值，则返回真
    return x.v * y.m > y.v * x.m; // x.v/x.m > y.v/y.m，避免浮点数的计算和比较
}

int main() {
    int n, t, c, i;
    float ans = 0;
    cin >> n >> t;

    c = t; // c 为背包的剩余空间
    for (int i = 0; i < n; i++)
        cin >> a[i].m >> a[i].v;
    sort(a, a + n, cmp); // 对价值按从大到小的顺序排序

    for (i = 0; i < n; i++)
    {
        if (a[i].m > c) break; // 若不能完整装下，就跳出
        c -= a[i].m;
        ans += a[i].v;
    }

    if (i < n) { // 背包可能还有剩余空间
        ans += 1.0 * c * a[i].v / a[i].m;
    }

    printf("%.2f\n", ans);

    return 0;
}
```

为了方便排序，定义了 coin 结构体来存储金币的重量和价值。

反证法的策略一般是先假设另一种策略，接着只要证明换成当前的贪心策略后，结果会更好（至少不会更差）即可。

大家思考一下：如果藏宝洞里的金币是不能分割的，那么还能使用上面介绍的贪心策略吗？

比如：背包承重是 50，有 4 块金币。重量和价值分别是 (10,60), (20,100), (30,120) 和

(15,45)。

- 例题2：排队接水

题目描述：

有 n 个人在一个水龙头前排队接水，假如每个人接水的时间为 T_i。请编程找出这 n 个人排队的一种顺序，使得 n 个人的平均等待时间最短。

输入样例：

10

56 12 1 99 1000 234 33 55 99 812

输出样例：

2 7 8 1 4 9 6 10 5

291.90

分析：

求最短平均时间就是求所有人的最短等待时间之和。由于排队接水是一个接一个的，也就是同一时间只允许最多一个人接水，所以某个人接水的时候，其身后的人等待时间总和就是每个人接水时间的和。

第一个人不需要等待，第二个人需要等待第一个人接水的时间，第三个人需要等待第一个和第二个人接水时间的和，以此类推。

假设 S_i 是第 i 个人的等待时间，t_i 是第 i 个人的接水时间，那么 $S_i = t_1 + t_2 + \cdots + t_{i-1}$。所有的等待时间为 $\sum_{i=1}^{n} S_i = S_1 + S_2 + \cdots + S_n$。

可以发现，t_1 的系数较大，t_n 的系数较小。所以可以猜测将 t_1 到 t_n 从小到大排序，可以使时间总和最小。当然，我们需要证明这个策略是正确的。

在假设的最佳方案中，t_1 到 t_n 不是按照从小到大的顺序排列的，当存在 $i < j$ 时，$t_i > t_j$。这两项贡献的接水时间是 $s_1 = at_i + bt_j$，其中 $a > b$。若将 t_i 和 t_j 调换，那么贡献的总时间变为 $s_2 = at_j + bt_i$。

$s_1 - s_2 = a(t_i - t_j) + b(t_j - t_i) = (a - b)(t_i - t_j) > 0$，说明调换后总时间会缩短，这与原来认为是"最佳方案"矛盾，所以贪心策略成立。

参考代码：

```cpp
#include <bits/stdc++.h>
using namespace std;

struct water {
    int num, time;
} p[1010];

bool cmp(water a, water b) {
                    // 如果耗时相同，则保持原排队顺序，否则，耗时短的排在前面
    if (a.time != b.time) return a.time < b.time;
    return a.num < b.num;
}
int n, sum = 0;
int main() {
```

```
    cin >> n;
    for (int i = 1; i <= n; i++) {
        cin >> p[i].time;
        p[i].num = i;
    }

    sort(p + 1, p + 1 + n, cmp);

    for (int i = 1; i <= n; i++) {
        cout << p[i].num << "";
        sum += i * p[n - i].time;
    }

    printf("\n%.2f\n", 1.0 * sum / n);

    return 0;
}
```

在参考代码中使用了结构体来存储每个人的信息，并按照接水时间从短到长排序，如果时间相同，则编号小的人优先。最后计算耗时总长，并输出平均时长。

- 例题 3：线段覆盖

题目描述：

已知有 n 场模拟比赛，以及每场比赛的开始时间和结束时间点（a_i, b_i）。每场比赛必须完整参加，并且在同一时间只能参加一场。请问：最多可以参加多少场比赛。

数据范围：

$1 \leq n \leq 10^6$，$0 \leq a_i < b_i \leq 10^6$

输入样例：

3
0 2
2 4
1 3

输出样例：

2

分析：

如果所有的比赛时间不冲突，那么就可以全部参加。但如果存在时间冲突的比赛，就需要分情况考虑。

（1）如果比赛 2 的时间包含比赛 1 的时间，则应该选择参加比赛 1。因为比赛 1 结束后，还有时间参加后续的比赛。

（2）如果两场比赛的时间有冲突，则依然选择结束时间早的比赛，保证后面有更多的时间参加比赛。

所以我们对所有的比赛按结束时间排序。

参考代码：

```
#include <bits/stdc++.h>
using namespace std;
```

```
const int maxn = 1000010;

struct contest {
    int a, b;
} con[maxn];

bool cmp(contest x, contest y) {
    return x.b <= y.b;
}

int n, ans = 0, finish = 0; // finish 是上一场比赛的结束时间

int main() {
    cin >> n;
    for (int i = 1; i <= n; i++) cin >> con[i].a >> con[i].b;
    sort(con + 1, con + 1 + n, cmp);
    for (int i = 1; i <= n; i++) {
        if (finish <= con[i].a) { // 下一场开始时间晚于上一场的结束时间
            ans++;
            finish = con[i].b;
        }
    }
    cout << ans << endl;
    return 0;
}
```

贪心策略：如果能够参加这场比赛，就参加，否则就放弃，要及时更新参加完比赛的结束时间。

- 例题4：合并果子

题目描述：

在一个果园里，多多已经将所有的果子都打了下来，并且按照果子的不同种类分成了不同的堆。多多决定把所有的果子合并成一堆，每一次合并时，多多可以选择任意两堆果子合并到一起，消耗的体力等于这两堆果子的重量之和。可以看出，所有的果子经过 $n-1$ 次合并后，就只剩下一堆了。多多在合并果子时总共消耗的体力等于每次合并所耗体力之和。

因为还要花大力气把这些果子搬回家，所以多多在合并果子时要尽可能地节省体力。假定每个果子重量都为1，并且已知果子的种类数和每种果子的数目。你的任务是设计出合并次序的方案，使多多耗费的体力最少，并输出这个最小的体力耗费值。

例如，有3种果子，数目依次为1、2、9。可以先将1、2堆合并，新堆数目为3，耗费体力为3。接着，将新堆与原先的第三堆合并，又得到新的堆，数目为12，耗费体力为12。所以多多总共耗费体力为 3+12=15。可以证明，15为最小的体力耗费值。

输入样例：

3
1 2 9

输出样例：
15

分析：

贪心策略是每次将两个最小的果堆合并成一个新堆即可。但每次都要找最小值，这样比较麻烦，用朴素做法的时间复杂度不能满足要求。

一种方法是：建立两个数组，一个数组存储每堆果子的重量，并按照从小到大的顺序排序，另一个数组存放合并之后的果子重量。因为每次都取出最小的两个数求和后放入新数组中，所以新数组也是有序的。

怎样选择最小的两个数呢？比较两个数组的第一个值，取较小的那个，并从原数组中删除即可。每次会消除 1 个值，这个过程会执行 $n-1$ 次。

参考代码：

```cpp
#include <bits/stdc++.h>
using namespace std;
const int maxn = 10010;

int a[maxn], b[maxn];
int main() {
    memset(a, 0x3f, sizeof(a));
    memset(b, 0x3f, sizeof(b)); // 两个数组中的初值为极大值

    int n, sum = 0;
    cin >> n;
    for (int i = 1; i <= n; i++) cin >> a[i];
    sort(a + 1, a + 1 + n);

    int i = 1, j = 1, m = 1; // m 为新数组待加入数存放的位置

    for (int k = 1; k < n; k++) { // 执行 n - 1 次
        int w = a[i] < b[j] ? a[i++] : b[j++];
        w += a[i] < b[j] ? a[i++] : b[j++];
        b[m++] = w;
        sum += w;
    }
    cout << sum << endl;
    return 0;
}
```

排序的时间复杂度是 $O(nlogn)$，贪心策略的时间复杂度是 $O(n)$，所以总的时间复杂度是 $O(nlogn)$。

- **例题 5：国王游戏**

题目描述：

恰逢 H 国国庆，国王邀请 n 位大臣来玩一个有奖游戏。首先，他让每位大臣分别在左、右手上写下一个整数，国王自己也在左、右手上各写一个整数。然后，让这 n 位大臣排成一排，国王站在队伍的最前面。排好队后，所有的大臣都会获得国王奖赏的若干金币，每位大臣获得的金币数是：排在该大臣前面的所有人左手上的数的乘积除以他自己右手上的数，然后向

下取整得到的结果。

国王不希望某个大臣获得特别多的奖赏，所以他想请你帮他重新安排一下队伍的顺序，使得获得奖赏最多的大臣所获奖赏尽可能少。注意，国王的位置始终在队伍的最前面。

输入样例：
3
1 1
2 3
7 4
4 6

输出样例：
2

分析：

按照每位大臣左、右手上数的乘积从小到大排序，就是最优方案。

证明：

对于任意一种顺序，设 n 位大臣左、右手上的数分别是 $A[1] \sim A[n]$ 与 $B[1] \sim B[n]$，国王手里的数是 $A[0]$ 和 $B[0]$。

如果我们交换相邻两位大臣 i 与 $i+1$，那么在交换前，这两位大臣获得的奖励是：

$$\frac{1}{B[i]} \times \prod_{j=0}^{i-1} A[j] \quad \text{与} \quad \frac{1}{B[i+1]} \times \prod_{j=0}^{i} A[j]$$

交换之后的奖励是：

$$\frac{1}{B[i+1]} \times \prod_{j=0}^{i-1} A[j] \quad \text{与} \quad \frac{A[i+1]}{B[i]} \times \prod_{j=0}^{i-1} A[j]$$

其他大臣获得的奖励显然都不变，因此我们只需要比较上面两组式子中最大值的变化即可。

提取公因式 $\prod_{j=0}^{i-1} A[j]$ 后，实际上需要比较的是下面两个式子：

$$\max(\frac{1}{B[i]}, \frac{A[i]}{B[i+1]}) \text{与} \max(\frac{1}{B[i+1]}, \frac{A[i+1]}{A[i]})$$

两边同时乘以 $B[i] \times B[i+1]$，变为比较：

$\max(B[i+1], A[i] \times B[i])$ 与 $\max(B[i], A[i+1] \times B[i+1])$

注意，大臣手上的数都是整数，故 $B[i+1] \leq A[i+1] \times B[i+1]$，且 $A[i] \times B[i] \geq B[i]$。于是，当 $A[i] \times B[i] \leq A[i+1] \times B[i+1]$ 时，交换前更优；当 $A[i] \times B[i] \geq A[i+1] \times B[i+1]$ 时，交换后更优。

这种证明方法是贪心策略证明的另一种方法，叫作微扰。即对局部最优策略的微小改变都会造成整体结果变差。通常用于以"排序"为贪心策略的证明。

参考代码：

```
#include <bits/stdc++.h>
using namespace std;
const int maxn = 10007;
struct node {
    int a, b;
```

```cpp
        bool operator<(const node p) const {
            return a * b < p.a * p.b;
        }
} H[maxn];
int p[maxn], b[maxn], ans[maxn], L;

void multi(int x) {
    for (int i = 0; i < L; i++) p[i] *= x;
    for (int i = 0; i < L; i++) p[i + 1] += p[i] / 10, p[i] %= 10;
    while (p[L]) {
        ++L;
        p[L] += p[L - 1] / 10;
        p[L - 1] %= 10;
    }
}

void div(int x) {
    memset(b, 0, sizeof b);
    int r = 0;
    for (int i = 10000; i >= 0; i--) {
        r = r * 10 + p[i];
        b[i] = r / x;
        r %= x;
    }
    int flag = 0;

    for (int i = 10000; i >= 0; i--) if (b[i] > ans[i]) { flag = 1;break;}
    if (flag) for (int i = 10000; i >= 0; i--) ans[i] = b[i];
}

int main() {
    int n; cin >> n;
    for (int i = 0; i <= n; i++) cin >> H[i].a >> H[i].b;
    sort(H + 1, H + 1 + n);
    p[0] = 1, L = 1;
    for (int i = 1; i <= n; i++) {
        multi(H[i - 1].a);
        div(H[i].b);
    }
    L = 10000; while (L > 0 && ans[L] == 0) L--;
    for (int i = L; i >= 0; i--)  cout << ans[i];
    cout << endl;
    return 0;
}
```

48.2 练习

- 练习 1：删数问题

题目描述：

通过键盘输入一个高精度的正整数 N（不超过 250 位），去掉其中任意 k 个数字后剩下的数字按原左右次序将组成一个新的非负整数。编程实现：对给定的 N 和 k 寻找一种方案，使得剩下的数字组成的新数最小。

输入格式：

输入两行正整数。第一行输入一个高精度的正整数 N；第二行输入一个正整数 k，表示需要删除的数字个数。

输出格式：

输出一个整数，最后剩下的最小数。

输入样例：

175438

4

输出样例：

13

- 练习2：纪念品分组

题目描述：

元旦节快到了，校学生会让乐乐负责新年晚会的纪念品发放工作。为了使参加晚会的同学所获得的纪念品价值相对均衡，他要把购买的纪念品根据价格进行分组，但每组最多只能包括两件纪念品，并且每组纪念品的价格之和不能超过一个给定的整数。为了保证在尽量短的时间内发完所有的纪念品，乐乐希望分组的数目最少。

你的任务是编写一个程序，找出所有的分组方案中分组数最少的一种，输出最少的分组数目。

输入格式：

共 $n+2$ 行：第一行包括一个整数 w，表示每组纪念品价格之和的上限。第二行为一个整数 n，表示购买的纪念品的总件数 G。在第 3~n+2 行中，每行包含一个正整数 P_i，表示所对应纪念品的价格。

输出格式：

一个整数，即最少的分组数目。

输入样例：

100

9

90

20

20

30

50

60

70

80

90

输出样例：

6

数据范围：

50% 的数据满足：$1 \leq n \leq 15$

100% 的数据满足：$1 \leq n \leq 3 \times 10^4$，$80 \leq w \leq 200$，$5 \leq P_i \leq w$

- **练习 3：丑数 Humble Numbers**

题目描述：

对于给定的一个素数集合 $S = \{p_1, p_2, \cdots, p_k\}$，考虑一个正整数集合，该集合中任一元素的质因数全部属于 S。这个正整数集合包括 p_1、$p_1 \times p_1$、$p_1 \times p_2$、$p_1 \times p_2 \times p_3$，等等。该集合被称为 S 集合的"丑数集合"。注意：我们认为 1 不是一个丑数。

你的任务是对输入的集合 S，寻找"丑数集合"中第 n 个"丑数"。

补充：丑数集合中每个数按从小到大的顺序排列，每个丑数都是素数集合中数的乘积，第 n 个"丑数"就是在能由素数集合中的数相乘得来的（包括它本身）第 n 小的数。

输入格式：

输入的第一行是两个整数，分别代表集合 S 的大小 k 和给定的参数 n。第二行是 k 个互不相同的整数，第 i 个整数代表 p_i。

输出格式：

输出一行一个整数，代表答案。

输入样例：

4 19

2 3 5 7

输出样例：

27

数据范围：

对于 100% 的数据，满足以下条件：

- $1 \leq k \leq 100$。
- $1 \leq n \leq 10^5$。
- $2 \leq p_i < 2^{31}$，且 p_i 一定为素数。

第 49 课 哈希表

49.1 哈希表（Hash Table）

哈希表（Hash Table 或 Hash 表）又被称为散列表，通常由 Hash 函数（哈希函数）和链表结构共同实现。类似于离散化思想，当我们要对复杂信息进行统计时，可以用 Hash 函数把这些复杂信息映射到一个易于管理的值域内。由于值域变得简单且范围缩小，可能会出现两个不同的原始信息被 Hash 函数映射为相同值的情况，因此我们需要处理这种冲突。

有一种被称为"开散列"的解决方案可以解决上述冲突：建立一个邻接表结构，以 Hash 函数的值域作为表头数组 head。所有映射到相同值的原始信息会被分配到同一类别，并形成一个链表，连接在对应的表头之后。链表的每个节点可以保存原始信息和一些统计数据。

Hash 表包括以下两个基本操作。

- 计算 Hash 函数的值。
- 定位到对应链表中依次遍历和比较。

无论是检查任意一个给定的原始信息在 Hash 表中是否存在，还是更新其统计数据，都需要依赖两个基本操作：查找和更新。

当 Hash 函数设计良好时，原始信息会被均匀地分配到各个表头之后，从而使得每次查找和统计的时间降低到"原始信息总数除以表头数组长度"。如果原始信息总数与表头数组长度均为 $O(N)$，并且 Hash 函数能够均匀分布且不产生冲突，那么每次查找和统计的时间复杂度期望为 $O(1)$。

例如，假设我们需要在一个长度为 N 的随机整数数列 A 中统计每个数字出现的次数。

当数列 A 中的值较小时，我们可以直接使用一个数组来进行计数（即建立一个大小等于值域的数组用于统计和映射，这实际上是 Hash 思想最简单的应用）。然而，当数列 A 中的值非常大时，我们可以先对 A 进行排序，再扫描并统计。这里我们采用另一种思路，尝试使用 Hash 表来实现这一目标。

设计 Hash 函数为 $H(x) = (x \bmod P) + 1$，其中 P 是一个比较大的素数，但不超过 N。显然，这个 Hash 函数把数列 A 分成 P 类，我们可以依次考虑数列中的每个 $A[i]$，定位到 head[$H(A[i])$] 表头所指向的链表。如果该链表中不包含 $A[i]$，那么我们就在表头后插入一个新节点 $[i]$，并在该节点上记录 $A[i]$ 出现了 1 次，否则我们就直接找到已经存在的 $A[i]$ 节点，并将其出现次数加 1。因为整数数列 A 是随机的，所以最终所有的 $x[i]$ 会比较均匀地分散在各个表头之后，整个算法的时间复杂度可以近似达到 $O(N)$。

上面的例子是一个非常简单的 Hash 表的直观应用。对于非随机的数列，我们可以设计更好的 Hash 函数来保证其时间复杂度。同样，如果我们需要维护的是比大整数复杂得多的信息的某些性质（如是否存在、出现次数等），也可以用 Hash 表来解决。字符串就是一种非常常见且应用广泛的信息形式。下面我们将介绍一种在程序设计竞赛中常用的字符串 Hash 算法。

- 例题：收集雪花

题目描述：

有 N 片雪花，每片雪花由六个角组成，每个角都有长度。第 i 片雪花六个角的长度从某个角开始顺时针依次记为 $a_{i,1}, a_{i,2}, \cdots, a_{i,6}$。

因为雪花的形状是封闭的环形，所以从任何一个角开始顺时针或逆时针往后记录长度，得到的六元组都代表形状相同的雪花。例如，$a_{i,1}, a_{i,2}, \cdots, a_{i,6}$ 和 $a_{i,2}, a_{i,3}, \cdots, a_{i,6}, a_{i,1}$ 就是形状相同的雪花，$a_{i,1}, a_{i,2}, \cdots, a_{i,6}$ 和 $a_{i,6}, a_{i,5}, \cdots, a_{i,1}$ 也是形状相同的雪花。我们称两片雪花形状相同，当且仅当它们各自从某一个角开始顺时针或逆时针记录长度，得到两个相同的六元组。

求这 N 片雪花中是否存在两片形状相同的雪花。如果存在相同的雪花，则输出

Twin snowflakes found.

否则输出

No two snowflakes are alike.

数据范围：

$n \leq 10^5$

输入样例：

2
1 2 3 4 5 6
4 3 2 1 6 5

输出样例：

Twin snowflakes found.

分析：

定义 Hash 函数 $H(a_{i,1}, a_{i,2}, \cdots, a_{i,6}) = (\sum_{j=1}^{6} a_{i,j} + \prod_{j=1}^{6} a_{i,j}) \bmod P$，其中，$P$ 是我们选取的一个较大的素数。显然，对于两片形状相同的雪花，它们六个角的长度之和、长度之积都相等。因此它们的 Hash 函数值也相等。

建立一个 Hash 表，把 N 片雪花依次插入。对于每片雪花 $a_{i,1}, a_{i,2}, \cdots, a_{i,6}$，我们直接扫描表头 $H(a_{i,1}, a_{i,2}, \cdots, a_{i,6})$ 对应的链表，检查是否存在与 $a_{i,1}, a_{i,2}, \cdots, a_{i,6}$ 形状相同的雪花即可。对于随机数据，期望的时间复杂度为 $O(N^2/P)$；取 P 为最接近 N 的素数，期望的时间复杂度为 $O(N)$。

参考代码：

```
const int SIZE = 100010;
int n, tot, P = 99991, snow[Size][6], head[SIZE], next[SIZE];

int H(int *a) {
    int sum = 0, mul = 1;
    for (int i = 0; i < 6; i++) {
        sum = (sum + a[i]) % P;
        mul = (long long)mul * a[i] % P;
    }
    return (sum + mul) % P;
}

bool equal(int *a, int *b) {
    for (int i = 0; i < 6; i++ {
        for (int j = 0; j < 6; j++) {
            bool eq = 1;
            for(int k = 0; k < 6; k++) {
```

```
                if (a[(i + k) % 6] != b[(j + k) % 6]) eq = 0;
            }
            if (eq) return 1; // 两片雪花相同
            eq = 1;
            for (int k = 0; k < 6; k++) {
                if (a[(i + k) % 6] != b[(j - k + 6) % 6]) eq = 0;
            }
            if (eq) return 1; // 逆时针方向相同
        }
    }
    return 0;
}

bool insert(int *a) {
    int val = H(a); // 遍历表头 Head[val] 指向的链表,寻找形状相同的雪花
    for (int i = head[val]; i; i = next[i]) {
        if (equal(snow[i], a)) return 1; // 存在相同的两片雪花
    }

    //   未找到形状相同的雪花,则执行插入操作
    ++tot; // 雪花编号
    memcpy(snow[tot], a, 6 * sizeof(int));
    next[tot] = head[val];
    head[val] = tot;
    return 0;
}

int main() {
    cin >> n;
    for (int i = 1; i <= n; i++) {
        int a[10];
        for (int j = 0; j < 6; j++) scanf("%d", &a[j]);
        if (insert(a)) {
            puts("Twin snowflakes found.");
            return 0;
        }
    }
    puts("No two snowflakes are alike.");
}
```

49.2 字符串 Hash

合理地设计 Hash 函数可以把一个任意长度的字符串映射成一个非负整数,并且其冲突概率几乎为零。

取一个固定值 P,把字符串看作 P 进制数,并分配一个大于 0 的数值,代表每种字符。一般来说,我们分配的数值都远小于 P。例如,对于小写字母构成的字符串,可以令 $a = 1, b = 2$,$\cdots, z = 26$。取一个固定值 M,求出该 P 进制数对 M 的余数,作为该字符串的 Hash 值。

一般来说,我们取 $P = 131$ 或 $P = 13331$,此时 Hash 值产生冲突的概率极低,只要 Hash 值相同,我们就可以认为原字符串是相等的。通常取 $M = 2^{64}$,即直接使用 unsigned long long

类型存储这个 Hash 值，在计算时不处理算术溢出问题，产生溢出时相当于自动对 2^{64} 取模，这样可以避免低效的取模（mod）运算。

除了在极特殊构造的数据上，上述 Hash 算法很难产生冲突，一般情况下，上述 Hash 算法完全可以出现在题目的标准解答中。我们还可以多取一些恰当的 P 和 M 值（如大素数），多进行几组 Hash 运算，当结果都相同时，原字符串才被认为是相等的，这样就更加难以构造出使这个 Hash 产生错误的数据。

对字符串的各种操作都可以直接对 P 进制数进行算术运算并反映到 Hash 值上。

如果已知字符串 S 的 Hash 值为 $H(S)$，那么在 S 后添加一个字符 c 构成的新字符串 $S+c$ 的 Hash 值就是 $H(S + c) = (H(S) \times P + value[c]) \bmod M$。其中，乘以 P 就相当于 P 进制数下的左移运算，$value[c]$ 是 c 选定的代表数值。

如果已知字符串 S 的 Hash 值为 $H(S)$，字符串 $S+T$ 的 Hash 值为 $H(S+T)$，那么字符串 T 的 Hash 值 $H(T) = (H(S+T) - H(S) \times P^{length(T)}) \bmod M$。这就相当于通过 P 进制数下在 S 后补 0 的方式，把 S 左移到与 $S+T$ 的左端对齐，然后二者相减，得到 $H(T)$。

例如，S = "abc"，c = "d"，T = "xyz"，则 S 的 P 进制数为：123。

$H(S) = 1 \times P^2 + 2 \times P + 3 \times H(S+c) = 1 \times P^3 + 2 \times P^2 + 3 \times P + 4 = H(S) \times P + 4$

$S + T$ = "abcxyz"，　P 进制数为：1 2 3 24 25 26。

$H(S + T) = 1 \times P^5 + 2 \times P^4 + 3 \times P^3 + 24 \times P^2 + 25 \times P + 26$

S 在 P 进制数下左移 $length(T)$ 位：

1 2 3 0 0 0

二者相减就是 T，P 进制数为：

24 25 26

$H(T) = H(S+T) - H(S) \times P^3 = 24 \times P^2 + 25 \times P + 26$

通过上面两种操作，我们可以通过 $O(N)$ 的时间预处理字符串所有的前缀 Hash 值，并在 $O(1)$ 的时间内查询其任意子串的 Hash 值。

- 例题 1：兔子与兔子

题目描述：

很久以前，森林里住着一群兔子。有一天，兔子们想要研究自己的 DNA 序列。首先选取一个很长的 DNA 序列（小兔子是外星生物，DNA 序列可能包含 26 个小写英文字母），然后每次选择两个区间，询问如果用两个区间里的 DNA 序列分别生产出两只兔子，这两只兔子是否一模一样。注意，两只兔子一模一样只可能是它们的 DNA 序列一模一样。

第一行为一个 DNA 字符串 S，第二行为一个数字 Q，表示 Q 次询问。接下来的 Q 行中，每行 4 个数字 l_1、r_1、l_2、r_2，分别表示此次询问的两个区间。注意，字符串的位置从 1 开始编号。

数据范围：

$1 \leqslant length(S)$，$Q \leqslant 10^6$

输入样例：

aabbaabb

3

1　3　5　7

```
1 3 6 8
1 2 1 2
```
输出样例：

Yes

No

Yes

分析：

记选取的 DNA 序列为 S，根据刚才提到的字符串 Hash 算法，设 $F[i]$ 表示前缀子串 $S[1\sim i]$ 的 Hash 值，有 $F[i] = F[i-1] \times 131 + (S[i] - 'a' + 1)$。

于是可以得到任一区间 $[l, r]$ 的 Hash 值为 $F[r] - F[l-1] \times 131^{r-l+1}$。当两个区间的 Hash 值相同时，我们就认为对应的两个子串相等。整个算法的时间复杂度为 $O(|S| + Q)$。

参考代码：

```
char s[1000010];
unsigned long long f[1000010], p[1000010];

int main() {
    scanf("%s", s + 1);
    int n = strlen(s + 1), q; cin >> q;
    p[0] = 1; // 131^0

    for (int i = 1; i <= n; i++) {
        f[i] = f[i - 1] * 131 + (s[i] - 'a' + 1);
        p[i] = p[i - 1] * 131; // 131^i
    }

    for (int i = 1; i <= 1; i++) {
        int l1, r1, l2, r2;
        scanf("%d%d%d%d", &l1, &r1, &l2, &r2);
        if (f[r1] - f[l1 - 1] * p[r1 - l1 + 1] == f[r2] - f[l2 - 1] * p[r2 - l2 + 1]) {
            puts("Yes");
        } else {
            puts("No");
        }
    }
    return 0;
}
```

- **例题 2：回文子串**

题目描述：

如果一个字符串正着读和倒着读都是一样的，则称它是回文串。现在给定一个长度为 N 的字符串 S，求它最长的回文子串。

输入样例：

abcbabcbabcba

abacacbaaaab

输出样例：

Case 1: 13

Case 2: 6

分析：

写几个回文串观察它们的性质，我们可以发现回文串分为两类。

（1）奇回文串 $A[1 \sim M]$，长度 M 为奇数，并且 $A[l \sim M/2+1]$ =reverse($A[M/2+1 \sim M]$)，它的中心点是一个字符。其中 reverse(A) 表示把字符串 A 倒过来。

（2）偶回文串 $B[1 \sim M]$，长度 M 为偶数，并且 $B[l \sim M/2]$ = reverse($B[M/2+1 \sim M]$)，它的中心点是两个字符之间的夹缝。

于是在本题中，我们可以枚举 S 的回文子串的中心位置 $i=1 \sim N$，看看从这个中心位置出发向左右两侧最长可以扩展出多长的回文串。也就是说：

（1）求出一个最大的整数 p，使得 $S[i-p \sim i]$ = reverse($S[i \sim i+p]$)，那么以 i 为中心的最长奇回文子串的长度就是 $2 \times P+1$。

（2）求出一个最大的整数 q，使得 $S[i-q \sim i-1]$ = reverse($S[i \sim i+q-1]$)，那么以 $i-1$ 和 i 之间的夹缝为中心的最长偶回文子串的长度就是 $2 \times q$。

根据本节例题 1 的题目我们已经知道，在完成 $O(N)$ 时间复杂度的前缀 Hash 值预处理后，可以在 $O(1)$ 时间复杂度内计算任意子串的 Hash 值。类似地，我们倒着做一遍预处理，就可以在 $O(1)$ 时间复杂度内计算任意子串倒着读的 Hash 值。

于是我们可以对 p 和 q 进行二分答案，用 Hash 值 $O(1)$ 比较一个正着读的子串和一个倒着读的子串是否相等，从而在 $O(\log N)$ 时间复杂度内求出最大的 p 和 q，如图 49-1 所示。

奇回文子串：a a b b c a |b| a c b a b

Hash(4,7)== HashReverse(7,10)

偶回文子串：a c a b c d |d c b a b c

Hash(3,6)== HashReverse(7,10)

图 49-1

在枚举过的所有中心位置对应的奇、偶回文子串长度中取 max，就是本题的答案，时间复杂度为 $O(N\log N)$。

参考代码：

```
const int N = 1000006, P = 13331;
char s[N];
ull f1[N], f2[N], p[N];

ull H1(int i, int j) {
    return (f1[j] - f1[i - 1] * p[j - i + 1]);
}

ull H2(int i, int j) {
    return (f2[i] - f2[j + 1] * p[j - i + 1]);
}

int main() {
```

```
        int id = 0;
        p[0] = 1;
        for (int i = 1; i < N; i++) p[i] = p[i - 1] * P;
        while (scanf("%s", s + 1) && !(s[1] == 'E' && s[2] == 'N' && s[3]
== 'D')) {
            ++id;
            int ans = 0, len = strlen(s + 1);
            f2[len + 1] = 0;

            for (int i = 1; i <= len; i++) f1[i] = f1[i - 1] * P + s[i];
            for (int i = len; i; i--) f2[i] = f2[i + 1] * P + s[i];
            for (int i = 1; i <= len; i++) {
                int l = 1, r = min(i - 1, len - i);
                while (l < r) {
                    int mid = (l + r + 1) >> 1;
                    if (H1(i - mid, i - 1) == H2(i + 1, i + mid)) l = mid;
                    else r = mid - 1;
                }
                ans = max(l * 2 + 1, ans);
                l = 1, r = min(i - 1, len - i + 1);
                while (l < r) {
                    int mid = (l + r + 1) >> 1;
                    if (H1(i - mid, i - 1) == H2(i, i + mid - 1)) l = mid;
                    else r = mid - 1;
                }
                ans = max(l * 2, ans);
            }
            printf("Case %d: %d\n", id, ans);
        }
        return 0;
    }
```

49.3 练习

- 练习1：图书管理

题目描述：

图书管理是一项十分繁杂的工作，在一个图书馆中每天都会有许多新书加入。为了更方便地管理图书（便于想要借书的人快速查找到他们需要的书），我们需要设计一个图书查找系统。该系统需要支持以下两种操作。

- add(s) 表示新加入一本书名为 s 的图书。
- find(s) 表示查询是否存在一本书名为 s 的图书。

输入格式：

第一行包括一个正整数 n（$n \leqslant 30000$），表示操作数。在接下来的 n 行中，每行给出两种操作中的某一条指令，指令格式为：

add s

find s

在书名 s 与指令（add,find）之间有一个空格隔开，我们要保证所有书名的长度都不超过200。这里假设读入数据是准确无误的。

输出格式：

对于每个 find(s) 指令，我们必须对应输出一行 yes 或 no，表示当前所查询的书是否存在于图书馆内。

注意： 图书馆内一开始是没有图书的，并且，对于相同字母不同大小写的书名，我们认为它们是不同的。

输入样例：

```
4
add Inside C#
find Effective Java
add Effective Java
find Effective Java
```

输出样例：

```
no
yes
```

- **练习 2：可怕的诗**

题目描述：

给出一个由小写英文字母组成的字符串 S，再给出 q 次询问，要求回答 S 某个子串的最短循环节。如果字符串 B 是字符串 A 的循环节，那么 A 可以由 B 重复若干次得到。

输入格式：

第一行是一个正整数 n，表示 S 的长度。第二行是 n 个小写英文字母，表示字符串 S。第三行是一个正整数 q，表示询问次数。下面 q 行中每行有两个正整数 a 和 b，表示询问字符串 $S[a \cdots b]$ 的最短循环节长度。

输出格式：

依次输出 q 行正整数，第 i 行的正整数对应第 i 次询问的答案。

输入样例：

```
8
aaabcabc
3
1 3
3 8
4 8
```

输出样例：

```
1
3
5
```

数据范围：

$1 \leqslant a \leqslant b \leqslant n \leqslant 5 \times 10^5$，$q \leqslant 2 \times 10^6$

第 50 课　递归算法

50.1 函数概念

在程序设计中,我们会发现一些程序段在程序的不同地方会反复出现,此时可以将这些程序段作为相对独立的整体,并用一个标识符给它起一个名字,凡是程序中出现该程序段的地方,只要简单地写上其标识符即可。这样的程序段被称为子程序。

子程序的使用不仅缩短了程序,节省了内存空间,减少了编译时间,而且有利于结构化程序设计。通过将复杂问题分解为多个子问题,并进一步分解,直至每个子问题成为独立的任务模块,可以使程序结构更加清晰,逻辑关系更加明确。这种结构化的编程方式在编写、阅读、调试和修改时都能带来极大的便利。

在一个程序中,可以只有主程序,没有子程序(本章以前都是如此),但不能没有主程序。也就是说,不能单独执行子程序。

在此之前,我们已经介绍并使用了 C++ 提供的各种标准函数,如 abs()、sqrt() 等,这些系统提供的函数为我们编写程序提供了很大的方便。例如:求 sin(1) + sin(2) + ⋯ + sin(100) 的值。然而,这些函数只是常用的基本函数,编程时通常需要自定义一些函数。

例如:求 1! + 2! + 3! + ⋯ + 10!。

假如 C++ 为我们提供了求阶乘的函数,那么我们直接用一个一层循环就可以求出这个式子的结果。但是系统并没有提供,所以就要根据需求写一个相应的函数,在主函数中直接调用,只需要改变调用函数的参数即可。

函数的定义如下:

```
数据类型    函数名(形式参数表)    {
函数体      // 执行语句
}
```

关于函数的定义,有如下说明:
- 函数的数据类型是函数的返回值类型(若数据类型为 void,则无返回值)。
- 函数名是标识符,在一个程序中除了主函数名必须为 main,其余函数的名字按照标识符的取名规则可以任意选取,不过最好取有助于记忆的名字。
- 形式参数(简称形参)表可以是空的(即无参函数),也可以有多个形参,形参之间用逗号隔开,不管有无参数,函数名后的圆括号都必须有。形参必须有类型说明,它可以是变量名、数组名或指针名,其作用是实现主调函数与被调函数之间的关系。
- 在函数中最外层一对花括号"{ }"括起来的若干个说明语句和执行语句组成了一个函数的函数体。由函数体内的语句决定该函数功能。函数体实际上是一个复合语句,它可以没有任何类型说明,而只有语句,也可以两者都没有,即空函数。
- 函数不允许嵌套定义。在一个函数内定义另一个函数是非法的。但允许嵌套使用。
- 函数在没有被调用的时候是静止的,此时的形参只是一个符号,它标志着在形参出现的位置应该有一个什么类型的数据。函数在被调用时才执行,也就是在被调用时才由主调函数将实际参数(简称实参)值赋予形参。这与数学中的函数概念相似,如数学函数:$f(x) = x^2 + x + 1$,这样的函数只有当自变量被赋值以后,才能计算出函数的值。

例如：

```
int max(int x, int y) {
    return x > y ? x : y;
}
```

该函数返回值是整型，有两个整型的形参，用来接受实参传递的两个数据，函数体内的语句是求两个数中的较大者，并将其返回主调函数。

50.2 函数的形式

从结构上看，函数的形式可以分为 3 种：无参函数、有参函数和空函数。它们的定义形式都相同。

- 无参函数：即没有参数传递的函数。无参函数一般不需要带回函数值，所以函数类型说明为 void。
- 有参函数：即有参数传递的函数，一般需要带回函数值。例如，int max(int x,int y) 函数。
- 空函数：即函数体只有一对花括号，并且花括号内没有任何语句。例如：

```
函数名 ()
{ 函数体 ; }
```

- 空函数不完成任何工作，只占据一个位置。在大型的程序设计中，空函数用于扩充函数功能。
- 例题：编写阶乘函数

参考代码：

```
int jc(int n) {
    int s = 1;
    for(int i = 1; i <= n;i++) {
        s *= i;
    }
    return s;
}
```

在以上程序中，函数名叫 jc，只有一个 int 型的自变量 n，函数 jc 属于 int 型。在本函数中，要用到两个变量 i 和 s。在函数体中，是一个求阶乘的语句，n 的阶乘的值在 s 中，最后由 return 语句将计算结果 s 值带回，jc() 函数执行结束，在主函数中，jc() 值就是 s 的值。

在这里，函数的参数 n 是一个接口参数，说得更明确一点，就是入口参数。如果我们调用函数 jc(3)，那么在程序里所有有 n 的地方，n 被替代成 3 来计算。在这里，3 就被称为实参。又如：sqrt(4) 和 ln(5)，这里的 4 和 5 叫实参。而 ln(x) 和 sqrt(x) 中的 x 和 y 叫形参。

50.3 函数的声明与调用

1. 声明

函数声明的形式如下：

```
类型说明符  被调函数名 (含类型说明的形参表);
```

如果在所有的函数定义之前声明了函数原型，那么该函数原型在整个程序文件中都有效。也就是说，在本程序文件的任何地方都可以依照该原型调用相应的函数。如果在某个主调函数内部声明了被调用函数的原型，那么该原型仅在这个主调函数内部有效。

下面是 jc() 函数原型声明的合法示例：

```
int  jc(int n);
```

也可以为：

```
int  jc(int);
```

可以看到，函数原型声明与函数定义时的第一行类似，只多了一个分号，成为一个声明语句而已。

2. 调用

函数调用的形式如下：

```
函数名（实参列表） // 例题中语句 sum+=js(i);
```

在函数调用时，实参列表中应给出与函数原型中形参个数相同且类型相符的实参。这些实参一般应具有确定的值，它可以是常量、表达式，也可以是已有确定值的变量、数组或指针。函数调用可以作为独立的语句，这时函数可以没有返回值；也可以作为表达式的一部分，这时函数必须有一个明确的返回值。

3. 返回值

返回值的表示形式如下：

```
return（表达式）;// 例题中语句 return s;
```

其功能是把程序流程从被调函数转向主调函数，并把表达式的值带回主调函数，实现函数的返回。所以，在圆括号中表达式的值实际上就是该函数的返回值，其返回值的类型即为它所在函数的函数类型。当一个函数没有返回值时，函数中可以没有 return 语句，直接利用函数体的右花括号"}"作为没有返回值的函数返回。也可以有 return 语句，但 return 后没有表达式。返回语句的另一种形式是：

```
return;
```

这时函数没有返回值，只把流程转向主调函数。

50.4 函数的参数传递

函数传值调用的特点是将调用函数的实参表中的实参值依次传递给被调用函数的形参表中的相应形参。要求函数的实参与形参个数相等，并且类型相同。函数的调用过程实际上是对栈空间的操作过程，因为调用函数是使用栈空间来保存信息的。当函数返回时，如果有返回值，则将它保存在临时变量中。接着恢复主调函数的运行状态，释放被调用函数的栈空间，并按其返回地址返回到调用函数。

在 C++ 语言中，函数的调用方式分传值调用、传址调用和传引用调用。

1. 传值调用

这种调用方式是将实参的数据值传递给形参，即将实参值复制一个副本存放在被调用函数的栈区中。在被调用的函数中，形参值可以改变，但不影响主调函数的实参值。参数传递方向只是从实参到形参（简称单向值传递）。

2. 传址调用

这种调用方式是将实参变量的地址值传递给形参，此时形参实际上是指针，即让形参的指针指向实参的地址。这种方式不再是将实参复制一个副本给形参，而是让形参直接指向实参，从而提供了一种可以改变实参变量值的方法。

3. 传引用调用

这种调用方式是将实参变量以别名的形式传递参数，即在函数中使用的变量就是主函数中的变量。

50.5 全局变量、局部变量及它们的作用域

在函数外部定义的变量被称为外部变量或全局变量，在函数内部定义的变量被称为内部变量或局部变量。

1. 全局变量

定义在函数外部且没有被花括号括起来的变量被称为全局变量，全局变量的作用域从变量定义的位置开始到文件结束。由于全局变量是在函数外部定义的，因此对所有的函数而言都是外部的，可以在文件中位于全局变量定义后面的任何函数中使用。

2. 局部变量

局部变量的作用域在定义该变量的函数内部。换句话说，局部变量只在定义它的函数内有效。函数的形参也是局部变量。局部变量的存储空间是临时分配的，当函数执行完毕，局部变量的空间就会被释放，其中的值无法保留到下次使用。比如，在 for 循环的括号 "()" 中定义的变量只作用于这个 for 循环中，循环结束后，变量的空间就被释放了，其中的值也不再被保存。由于局部变量的作用域仅局限于本函数内部。所以，在不同的函数中，变量名可以相同，它们分别代表不同的对象，在内存中占据不同的内存单元，互不干扰。一个局部变量和一个全局变量是可以重名的，在相同的作用域内局部变量有效时，全局变量无效。即局部变量可以屏蔽全局变量。这里需要强调的是，主函数 main 中定义的变量也是局部变量。全局变量初始值为 0，局部变量值是随机的，要初始化初值，局部变量受栈空间大小限制，全局变量受堆空间限制。

50.6 递归概念

递归程序设计是 C++ 语言编程中的一种重要方法，它使得许多复杂问题变得更加简单，并且更容易得到解决。递归的主要特点是：函数或过程调用自身。其中，直接调用自身被称为直接递归；而 A 函数调用 B 函数，B 函数再调用 A 函数的递归方式被称为间接递归。

- 例题 1：计算 $1 + 2 + \cdots + (n - 1) + n$ 的值

分析：

本题是累加和问题，因为已知 n，所以是有限次递归调用，结束条件是 $n = 1$，则值为 1。

参考代码：

```
#include<iostream>
using namespace std;
int fac(int);        // 函数声明
int main() {
    int t;
    cin >> t;                          // 输入 t 的值
    cout << "s=" << fac(t) << endl;    // 计算 1 到 t 的累加和，输出结果
}

int fac(int n) {
```

```
        if (n==1) return 1;
        return     fac(n-1)+n;          // 调用下一层递归
}
```

运行程序，当 t=5 时，输出结果：s=15，其递归调用执行过程如图 50-1 所示（设 t=3）。

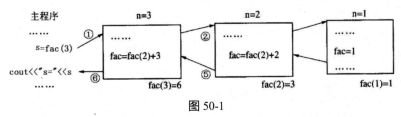

图 50-1

递归调用过程本质上是不断地调用函数或过程的过程。在递归调用过程中，每次调用的所有子程序的变量（包括局部变量、变参等）和地址在计算机内部采用特殊的数据结构——栈（先进后出）进行管理。一旦递归调用结束，计算机会根据栈中存储的地址逐步返回各个子程序变量的值，并执行相应的操作。

- 例题 2：二分查找

题目描述：

设有 N 个数已经按从大到小的顺序排列，现在输入 x，判断它是否在这 N 个数中，如果存在，则输出：YES，否则输出：NO。

分析：

本题属于数据查找的问题。数据查找有多种方法，通常有顺序查找和二分查找。当 N 个数排好序时，用二分查找方法会大大加快查找速度。

（1）设有 N 个数存放在数组 A 中，待查找数为 x，用 L 指向数据的左端点，用 R 指向数据的右端点，mid 指向中间。

（2）若 x = A[mid]，则输出 YES。

（3）若 x < A[mid]，则 L = mid + 1。

（4）若 x > A[mid]，则 R = mid–1。

（5）若 L > R，都没有找到，则输出 NO。

该算法符合递归程序设计的基本规律，可以用递归方法设计。

参考代码：

```
#include <bits/stdc++.h>
using namespace std;
const int N = 107;
int a[N];
void search(int, int, int); // 函数声明
int main() { // 主程序
    int x, n; cin >> n;
    for (int i = 1; i <= n; i++)
        cin >> a[i];
    cin >> x;
    search(x, 1, n);
}
void search(int x, int L, int R) { // 在区间 [L, R] 中查找 x 的值
```

```
        if (L <= R) {
            int mid = (L + R) / 2; // 求中间数的位置
            if (x == a[mid]) cout << "YES" << endl; // 找到就输出
            else if (x < a[mid]) search(x, mid + 1, R);
                                          // 判断在前半段还是后半段查找
            else search(x, L, mid - 1);
        } else cout << "NO" << endl;
    }
```

- **例题 3：Hanoi 问题**

题目描述：

有 n 个圆盘，按照半径大小（半径都不同）自下而上地套在 A 柱上，每次只允许移动最上面一个盘子到另外的柱子上（除 A 柱外，还有 B 柱和 C 柱，开始时这两根柱子上无盘子），但绝不允许发生柱子上出现大盘子在上、小盘子在下的情况。现要求设计将 A 柱子上的 n 个盘子搬移到 C 柱上的方法。

分析：

本题是典型的递归程序设计题。

（1）当 $n = 1$ 时，只有一个盘子，只需要移动一次：A→C。

（2）当 $n = 2$ 时，则需要移动三次：A→B，A→C，B→C。

（3）当 $n = 3$ 时，则具体的移动步骤如图 50-2 所示。

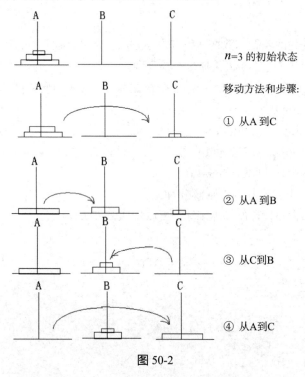

图 50-2

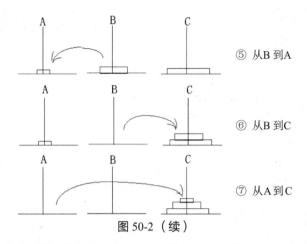

⑤ 从B到A

⑥ 从B到C

⑦ 从A到C

图 50-2（续）

假设把第③、④步和第⑦步抽出来，就相当于 $n=2$ 的情况，移动步骤如图 50-3 所示。

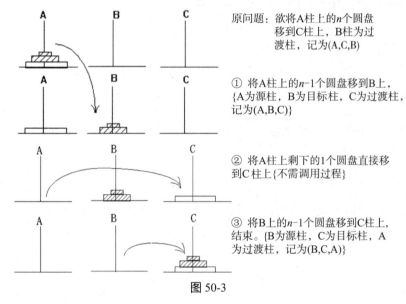

原问题：欲将A柱上的 n 个圆盘移到C柱上，B柱为过渡柱，记为(A,C,B)

① 将A柱上的 $n-1$ 个圆盘移到B上，{A为源柱，B为目标柱，C为过渡柱，记为(A,B,C)}

② 将A柱上剩下的1个圆盘直接移到C柱上{不需调用过程}

③ 将B上的 $n-1$ 个圆盘移到C柱上，结束。{B为源柱，C为目标柱，A为过渡柱，记为(B,C,A)}

图 50-3

所以可按 $n=2$ 的移动步骤设计，具体如下：

（1）如果 $n=0$，则退出，即结束程序，否则继续往下执行。

（2）用C柱协助过渡，将A柱上的 $n-1$ 个圆盘移到B柱上，调用过程为 mov(n-1, a, b, c)。

（3）将A柱上剩下的1个圆盘直接移到C柱上。

（4）用A柱协助过渡，将B柱上的 $n-1$ 个圆盘移到C柱上，调用过程为 mov(n-1,b,c,a)。

其中，mov(n, a, b, c) 表示将A柱上的 n 个圆盘借助C柱移到B柱上。

参考代码：

```
#include <bits/stdc++.h>
using namespace std;
int k;
void mov(int n, char a, char c, char b) {
    // 用B柱协助过渡，将A柱上的 n 个圆盘移到 C柱上
    if (n == 0) return;    // 如果 n = 0,则退出,即结束程序
```

```
        mov(n - 1, a, b, c);
                          // 用C柱协助过渡,将 A 柱上的n-1个圆盘移到B柱上
        k++;
        cout << "step " << k << ": from " << a << " --> " << c << endl;
        // 若超时,则改为 printf
        mov(n - 1, b, c, a);  // 用A柱协助过渡,将B柱上的n-1个圆盘移到C柱上
}

int main() {
    int n; cin >> n;
    mov(n, 'A', 'C', 'B');
}
```

- 例题 4:斐波那契数列第 N 项

题目描述:
用递归的方法求斐波那契数列中的第 N 个数。

$$f_n = \begin{cases} 0 &, n = 0 \\ 1 &, n = 1 \\ f_{n-1} + f_{n-2} &, n > 1 \end{cases}$$

参考代码:

```
#include <bits/stdc++.h>
using namespace std;
const int N = 107;
int a[N];
int fib(int n) {
    if (n < 2) return n;              // 若满足边界条件,则递归返回
    return fib(n - 1) + fib(n - 2);   // 利用递归公式,进一步递归
}
int main() {
    int m;
    cin >> m;
    cout << "fib(" << m << ")=" << fib(m) << endl;
}

// 输入 15
// 输出 fib(15) = 610
```

- 例题 5:集合划分

题目描述:
设 S 是一个具有 n 个元素的集合,$S = a_1, a_2, \cdots, a_n$,现将 S 划分成 k 个满足下列条件的子集合 $S_1, S_2, \cdots, S_k$,且满足:
① $S_i \neq \emptyset$
② $S_i \cap S_j = \emptyset$ $\quad\quad (1 \leq i, j \leq k, i \neq j)$
③ $S_1 \cup S_2 \cup S_3 \cup \cdots \cup S_k = S$

则称 $S_1, S_2, \cdots, S_k$ 是集合 S 的一个划分。它相当于把 集合 S 中的 n 个元素 $a_1, a_2, \cdots, a_n$ 放入 k 个($0 < k \leq n < 30$)无标号的盒子中,使得任何一个盒子都不为空。请确定 n 个元素 a_1,

$a_2,\cdots,a_n$ 放入 k 个无标号盒子中的划分数 $S(n,k)$。

输入样例：

23 7

输出样例：

4382641999117305

分析：

先举一个例子，设 $S=\{1, 2, 3, 4\}$，$k = 3$，不难得出，S 有 6 种不同的划分方案，即划分数 $S(4, 3)=6$，具体方案为：

$\{1, 2\}\cup\{3\}\cup\{4\}$　　$\{1, 3\}\cup\{2\}\cup\{4\}$　　$\{1, 4\}\cup\{2\}\cup\{3\}$

$\{2, 3\}\cup\{1\}\cup\{4\}$　　$\{2, 4\}\cup\{1\}\cup\{3\}$　　$\{3, 4\}\cup\{1\}\cup\{2\}$

考虑一般情况，对于任意含有 n 个元素 $a_1, a_2,\cdots,a_n$ 的集合 S，放入 k 个无标号的盒子中，划分数为 $S(n,k)$，我们很难凭直觉和经验计算划分数和枚举划分的所有方案，必须归纳出问题的本质。

其实对于任何一个元素 a_n，必然会出现以下两种情况：

- a_n 是 k 个子集中的一个，于是我们只要把 $a_1, a_2,\cdots,a_n$ 划分为 $k - 1$ 个子集，便解决了本题，这种情况下的划分数共有 $S(n-1, k-1)$ 个。

- 由于 a_n 不是 k 个子集中的一个，因此 a_n 必然与其他元素构成一个子集，问题就相当于先把 $a_1, a_2,\cdots,a_n$ 划分成 k 个子集，这种情况下的划分数共有 $S(n-1, k)$ 个；再把元素 a_n 加入 k 个子集中的任一，共有 k 种加入方式，这样对于 a_n 的每一种加入方式，都可以使集合划分为 k 个子集。因此，根据乘法原理，划分数共有 $k\times S(n-1, k)$ 个。

综合上述两种情况，应用加法原理，得出 n 个元素的集合 $a_1, a_2,\cdots, a_n$ 划分为 k 个子集的划分数为以下递归公式：$S(n, k) = S(n - 1, k - 1) + k\times S(n-1,k)$（$n>k$，$k>0$）。

确定边界条件：

- n 个元素都必须属于至少一个集合，即 $k=0$ 时，$S(n, k) = 0$。

- 不可能在不允许空盒的情况下把 n 个元素放进多于 n 的 k 个集合中，即当 $k>n$ 时，$S(n,k) = 0$。

- 把 n 个元素放进一个集合或把 n 个元素放进 n 个集合，方案数显然都是 1，即 $k = 1$ 或 $k = n$ 时，$S(n,k) = 1$。

因此，我们可以得出划分数 $S(n,k)$ 的递归关系式为：

$S(n,k)=S(n-1,k-1)+k\times S(n-1,k)$　（$n>k$ 且 $k>0$）

$S(n,k)=0$　　（$n<k$）或（$k=0$）

$S(n,k)=1$　　（$k=1$）或（$k=n$）

参考代码：

```
#include <bits/stdc++.h>
using namespace std;

int s(int n, int k) { // 数据还有可能越界，请用高精度数计算
    if ((n < k) || (k == 0)) return 0;        // 满足边界条件则退出
    if ((k == 1) || (k == n)) return 1;
    return s(n - 1, k - 1) + k * s(n - 1, k); // 调用下一层递归
```

```
    }
    int main() {
        int n, k;
        cin >> n >> k;
        cout << s(n, k);
        return 0;
    }
```

- 例题 6：数的计数

题目描述：

给出正整数 n，要求按如下方式构造数列：

① 只有一个数字 n 的数列是一个合法的数列。

② 在一个合法数列的末尾加入一个正整数，但是这个正整数不能超过该数列最后一项的一半，可以得到一个新的合法数列。

请求出一共有多少个合法的数列。两个合法数列 a 和 b 不同，当且仅当两数列长度不同或存在一个正整数 $i \leq |a|$，使得 $a_i \neq b_i$。

输入格式：

输入只有一行，一个整数，表示 n。

输出格式：

输出一行，一个整数，表示合法的数列个数。

输入样例：

6

输出样例：

6

解释样例：

满足条件的数列为：

6

6, 1

6, 2

6, 3

6, 2, 1

6, 3, 1

数据规模与约定：

对于全部的测试点，保证 $1 \leq n \leq 10^3$。

方法 1：

用递归，$f(n) = 1 + f(1) + f(2) + \cdots + f(n/2)$，当 n 较大时，就会超时，时间应该为指数级。

参考代码：

```
#include <iostream>
using namespace std;
int ans;
void dfs(int m) {                              // 统计 m 所扩展出的数据个数
```

```
        ans++;                          // 每出现一个原数，累加器加1
        for (int i = 1; i <= m / 2; i++)
                                        // 左边添加不超过原数一半的自然数，作为新原数
            dfs(i);
}
int main() {
    int n;
    cin >> n;
    dfs(n);
    cout << ans;
    return 0;
}
```

方法2：

用记忆化方法搜索，实际上是对方法1的改进。设 $h[i]$ 表示自然数 i 满足题意3个条件的个数。如果用递归求解，会重复求一些子问题。例如，在求 $h[4]$ 时，需要求 $h[1]$ 和 $h[2]$ 的值。现在我们用数组 h 记录在记忆求解过程中得出的所有子问题的解，当遇到重叠子问题时，直接使用前面记忆的结果。

参考代码：

```
#include <iostream>
using namespace std;
int h[1001];
void dfs(int m) {
    if (h[m] != -1) return;
                    // 说明前面已经求得 h[m] 的值，直接引用即可，不需要再递归
    h[m] = 1;       // 将 h[m] 置为 1，表示 m 本身为一种情况

    for(int i = 1; i <= m / 2; i++) {
        dfs(i);
        h[m] += h[i];
    }
}
int main() {
    int n;
    cin >> n;
    for (int i = 1; i <= n; i++)
        h[i] = -1;          // 数组 h 初始化为 -1
    dfs(n);                 // 由顶向下记忆化递归求解
    cout << h[n];
    return 0;
}
```

方法3：

用递推，用 $h[n]$ 表示自然数 n 所能扩展的数据个数，则 $h[1]=1$，$h[2]=2$，$h[3]=2$，$h[4]=4$，$h[5]=4$，$h[6]=6$，$h[7]=6$，$h[8]=10$，$h[9]=10$。

分析以上数据，可得递推公式：$h[i] = 1 + h[1] + h[2] + \cdots + h[i/2]$。

此算法的时间复杂度为 $O(n^2)$。设 $h[i]-i$ 是按照规则扩展出的自然数个数（$1 \leq i \leq n$）。表50-1列出了 $h[i]$ 值及其方案。

表 50-1

i	$h[i]$	自然数序列
1	1	1
2	2	2 12
3	2	3 13
4	4	4 14 24 124
5	4	5 15 25 125
……	……	……
i	$1+\sum_{k=1}^{[\frac{i}{2}]} h[k]$	1 1i 2i 12i …

在表 50-1 中，由于 1 为最小自然数，因此 1 无法扩展出其他自然数。自然数 i ($2 \leq i \leq n$) 按照规则扩展出的自然数包括自然数 i；i 左边加上 1；i 左边加上 2，按规则扩展出 $h[2]$ 个自然数……；由于 i 左邻的自然数不超过 $[\frac{i}{2}]$，因此直至 i 左边加上 $h[\frac{i}{2}]$ 个自然数（这些自然数由 $[\frac{i}{2}]$ 按规则扩展出）为止。由此得出递推的计数公式：

$h[1]=1$

$h[i]=1+\sum_{k=1}^{[\frac{i}{2}]} h[k]$ ($2 \leq i \leq n$)

从 1 出发，按照上述公式递推至自然数 n，便可得出 n 按规则扩展出的自然数个数 $h[n]$。

参考代码：

```
#include <iostream>
using namespace std;
int h[10001];
int main() {
    int n;
    cin >> n;
    for (int i = 1; i <= n; i++) {  // 按照递增顺序计算扩展出的自然数个数
        h[i] = 1;                    // 扩展出的自然数包括 i 本身
        for (int j = 1; j <= i / 2; j++)
                                     // i 左边分别加上 1……按规则扩展出的自然数
            h[i] += h[j];
    }
    cout << h[n];
    return 0;
}
```

方法 4：

本方法是对方法 3 的改进，我们定义数组 s[]，s[x] = h[1] + h[2] + … + h[x]，h[x] =s[x] − s[x − 1]，此算法的时间复杂度可降到 $O(n)$。

参考代码：

```
#include <iostream>
using namespace std;
int h[1001],s[1001];
int main()
{
```

```
    int n;
    cin >> n;
    for (int i = 1; i <= n; i++) {
        h[i] = 1 + s[i / 2];
        s[i] = s[i - 1] + h[i];        // s 是 h 的前缀累加和
    }
    cout << h[n];
    return 0;
}
```

- 方法 5：

还是用递推，只要仔细分析，我们就可以得到以下递推公式。

（1）当 i 为奇数时，$h(i) = h(i-1)$。

（2）当 i 为偶数时，$h(i) = h(i-1)+h(i/2)$。

参考代码：

```
#include <iostream>
using namespace std;
int h[1001];
int main() {
    int n;
    cin >> n;
    h[1] = 1;
    for (int i = 2; i <= n; i++) {
        h[i] = h[i - 1];
        if (i % 2 == 0)
            h[i] = h[i - 1] + h[i / 2];
    }
    cout << h[n];
    return 0;
}
```

50.7 练习

- 练习 1：阿克曼（Ackmann）函数

在阿克曼（Ackmann）函数 Ack(x, y) 中，x 和 y 定义域是非负整数，函数值定义为：

$$\mathrm{Ack}(m, n) = \begin{cases} n+1 & , m = 0 \\ \mathrm{Ack}(m-1, 1) & , m \neq 0, n = 0 \\ \mathrm{Ack}(m-1, \mathrm{Ack}(m, n-1)) & , m \neq 0, n \neq 0 \end{cases}$$

写出计算 Ack(m, n) 的递归算法程序。

输入样例：

2 3

输出样例：

9

- 练习 2：2 的幂次方表示

题目描述：

任何一个正整数都可以用 2 的幂次方表示。例如，$137 = 2^7 + 2^3 + 2^0$。同时约定次方用括号来表示，即 a^b 可表示为 $a(b)$。

由此可知，137 可表示为 2(7) + 2(3) + 2(0)。

进一步有：

$7 = 2^2 + 2 + 2^0$（2^1 用 2 表示），并且 $3 = 2 + 2^0$。

所以 137 可表示为 2(2(2) + 2 + 2(0)) + 2(2 + 2(0)) + 2(0)。

又如，$1315 = 2^{10} + 2^8 + 2^5 + 2 + 1$，所以 1315 最后可表示为 2(2(2 + 2(0)) + 2) + 2(2(2 + 2(0))) + 2(2(2) + 2(0)) +2 + 2(0)。

输入格式：

一行，一个正整数 n（$1 \leq n \leq 2 \times 10^4$）。

输出格式：

符合约定的 n 的 0 次方和 2 次方表示方式（在表示中不能有空格）。

输入样例：

1315

输出样例：

2(2(2+2(0))+2)+2(2(2+2(0)))+2(2(2)+2(0))+2+2(0)

- 练习 3：FBI 树

题目描述：

我们可以把由 0 和 1 组成的字符串分为 3 类：全 0 串称为 B 串；全 1 串称为 I 串；既含 0 又含 1 的串则称为 F 串。

FBI 树是一种二叉树，它的节点类型也包括 F 节点、B 节点和 I 节点。由一个长度为 2^N 的 01 串 S 可以构造出一棵 FBI 树 T，递归的构造方法如下：

（1）T 的根节点为 R，其类型与串 S 的类型相同。

（2）若串 S 的长度大于 1，则将串 S 从中间分开，分为等长的左右子串 S_1 和 S_2；由左子串 S_1 构造 R 的左子树 T_1，由右子串 S_2 构造 R 的右子树 T_2。

现在给定一个长度为 2^N 的 01 串，请用上述构造方法构造出一棵 FBI 树，并输出它的后序遍历序列。

输入格式：

第一行是一个整数 N（$0 \leq N \leq 10$）。第二行是一个长度为 2^N 的 01 串。

输出格式：

一个字符串，即 FBI 树的后序遍历序列。

输入样例：

3

10001011

输出样例：

IBFBBBFIBFIIIFF

第 51 课　递推算法

递推算法是一种重要的计算方法，它通过不断利用已知信息来推导出未知的结果，就像是一条蜿蜒向前的路径，每一步都依赖于前一步的结果。递推算法常用于处理具有重复性结构的问题，如数列、图形、动态规划等。下面通过一个具体的例子来更好地理解递推算法的原理。

假设你的数学老师给你布置了一个任务：计算一个数的阶乘。具体地说，你需要编写一个程序来计算给定正整数 n 的阶乘。阶乘的定义是将一个正整数 n 与比它小的所有正整数相乘，直到 n 为 1。例如，5 的阶乘表示为 5!，计算过程为 5×4×3×2×1，结果为 120。

现在，你需要思考如何解决这个问题。你可能会发现，计算一个数的阶乘可以通过递推算法来实现。递推算法的基本思想是，利用已知的阶乘结果来推导出未知的结果，每一步都依赖于前一步的计算结果。具体地说，你可以按照以下步骤来计算阶乘：

（1）确定初始条件：阶乘的初始条件是 0! = 1，这是一个已知的结果。

（2）建立递推关系：根据阶乘的定义我们知道，$n! = n \times (n-1)!$，其中 $(n-1)!$ 表示比 n 小的数的阶乘。这个关系有助于我们将问题规模缩小，从而逐步推导出最终结果。

（3）重复迭代：从初始条件开始，利用递推关系，依次计算 n 的阶乘，直到达到问题的结束条件为止（在这个例子中，结束条件是 $n = 1$）。

（4）输出结果：得到问题的最终解，即给定数 n 的阶乘。

通过以上步骤，我们可以编写一个计算给定数阶乘的函数。

```
int fac(int n)
{
    int p = 1;
    for (int i = 1; i <= n; i++) {
        p = p * i; // 当前 p 的值为 1 × 2 × … × i, 即 i!
    }
    return p;
}
```

51.1 递推算法的基本原理

递推算法基于迭代的思想，通过不断利用已知信息来推导出未知的结果。所以，递推算法最重要的就是建立递推关系式。

通过计算阶乘的例子，我们可以总结出递推算法的基本步骤。

（1）确定初始条件：给定问题的初始状态或已知条件。

（2）建立递推关系：通过已知条件和递推关系，推导出问题的下一个状态。

（3）重复迭代：利用递推关系，不断迭代，直到满足问题的结束条件为止。

（4）输出结果：得到问题的最终解。

51.2 递推关系式的建立

- 例题 1：数楼梯

题目描述：

楼梯有 N 阶，上楼时可以一步上 1 阶，也可以一步上 2 阶。编写一个程序，计算共有多少种不同的走法。

输入格式：

一个数字，楼梯数。

输出格式：

输出走的方法总数。

输入样例：

4

输出样例：

5

数据范围：

$N \leq 50$

分析：

考虑上到第 N 阶时前一步的状态是什么。一次只能上 1 阶或者 2 阶。所以，前一步的状态只能处于第 $N-1$ 阶或者 $N-2$ 阶。

假设上到第 N 阶的方案数为 $F[N]$，那么上到第 $N-1$ 阶和 $N-2$ 阶的方案数分别为 $F[N-1]$ 和 $F[N-2]$。

我们可以得出递推关系式：$F[N] = F[N-1] + F[N-2]$。

从第 0 阶上到第 1 阶的方法数是 1 种，从第 0 阶上到第 2 阶的方法数是 2 种。这就是我们的初值。然后，利用递推关系式，就可以逐步求解出第 N 的值。

由此，我们就可以写出实现代码：

```
void fib(int n) {
    F[1] = 1; F[2] = 2;
    for(int i = 3; i <= n; i++)
    F[i] = F[i-1] + F[i-2];
}
```

从代码中可以观察到，我们在求解过程中只涉及 3 个值，所以可以优化空间，代码如下：

```
int fib(int n) {
    if (n <= 2) return n;
    int a = 1, b = 2;
    for (int i = 3; i <= n; i++) {
        c = a + b;      // 前两项的和
        a = b;
        b = c;          // 交换前两项的值
    }
    return c;
}
```

- **例题 2：过河卒**

题目描述：

如图 51-1 所示的棋盘上 A 点有一个过河卒，需要走到目标 B 点。卒行走的规则可以向下或者向右，同时在棋盘上 C 点有一个对方的马，该马所在的点和所有跳跃一步可达的点被称为对方马的控制点。因此称之为"马拦过河卒"。棋盘用坐标表示，即 A(0,0)、B(n, m)，同样，马的位置坐标是需要给出的。

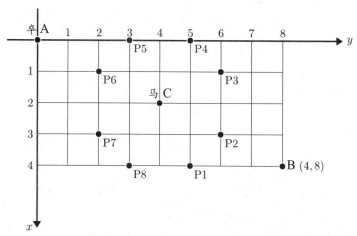

图 51-1

现在要求计算出卒从 A 点能够到达 B 点的路径条数，假设马的位置固定不动，并不是卒走一步，马再走一步。

输入格式：

一行 4 个正整数，分别表示 B 点坐标和马的坐标。

输出格式：

一个整数，表示所有的路径条数。

输入样例：

6 6 3 3

输出样例：

6

数据范围：

$1 \leqslant n, m \leqslant 20$，$0 \leqslant$ 马的坐标 $\leqslant 20$

分析：

这是一个在二维数组中找路径的题目，我们可以通过深度优先搜索（DFS）与回溯方法来解决，还需要配合一些优化方法。这里可以使用递推的方法来实现。

与数楼梯类似，考虑到达终点的前一步的状态。设到达终点的方案数为 $F[N][M]$，那么其前一步只能是终点的上方位置和左方位置。方案数分别为 $F[N-1][M]$ 和 $F[N][M-1]$。

由此可以得出递推式 $F[N][M] = F[N-1][M] + F[N][M-1]$。

被马控制的点的方案数为 0，第 1 行的点只能从其左侧到达，方案数为 1；第 1 列的点只能从其上方到达，方案数为 1。

综上，我们可以写出实现代码：

```
#include <bits/stdc++.h>
using namespace std;
const int N = 23;

long long F[N][N], ctrl[N][N];
int dx[] = {0, -2, -1, 1, 2, 2, 1, -1, -2};
```

```cpp
int dy[] = {0, 1, 2, 2, 1, -1, -2, -2, -1};

int main() {
    int n, m, hx, hy;
    cin >> n >> m >> hx >> hy;
    for (int i = 0; i < 9; i++) {
        int x = hx + dx[i], y = hy + dy[i];
        ctrl[x][y] = 1;
    }

    for (int i = 0; i <= n; i++) F[i][0] = 1 - ctrl[i][0];
    for (int i = 0; i <= m; i++) F[0][i] = 1 - ctrl[0][i];
    for (int i = 1; i <= n; i++) {
        for (int j = 1; j <= m; j++) {
            if (ctrl[i][j]) continue;
            F[i][j] = F[i - 1][j] + F[i][j - 1];
        }
    }
    cout << F[n][m] << endl; // 输出答案
    return 0;
}
```

51.3 练习

- 练习 1：蜜蜂爬行路线

题目描述：

一只蜜蜂在如图 51-2 所示的数字蜂房上爬行，已知：它只能从标号小的蜂房爬到标号大的相邻蜂房。请问：蜜蜂从蜂房 m 开始爬到蜂房 n（$m<n$），有多少种爬行路线？

图 51-2

输入格式：

输入 m 和 n 的值。

输出格式：

有多少种爬行路线。

输入样例：

1 14

输出样例：

377

提示：

$1 \leqslant m, n \leqslant 1000$。

- 练习 2：栈

题目描述：

宁宁在考虑这样一个问题：一个操作数序列 $1, 2, \cdots, n$（见图 51-3 中 1~3 的情况），栈

A 的深度大于 n。

现在可以进行以下两种操作。
- 将一个数从操作数序列的头端移到栈的头端（对应数据结构栈的 push 操作）。
- 将一个数从栈的头端移到输出序列的尾端（对应数据结构栈的 pop 操作）。

使用这两种操作，由一个操作数序列就可以得到一系列的输出序列，图 51-4 为由 1 2 3 生成序列 2 3 1 的过程。

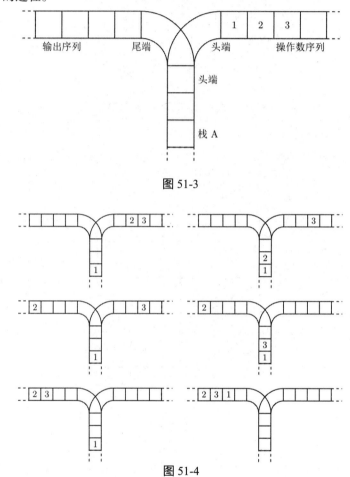

图 51-3

图 51-4

程序将对给定的 n 计算并输出由操作数序列 1, 2, …, n 经过操作可能得到的输出序列的总数。

输入格式：
输入文件只含一个整数 n（$1 \leq n \leq 18$）。

输出格式：
输入文件只有一行，即可能输出序列的总数目。

输入样例：
3

输出样例：
5

- 练习 3：骑士游历

题目描述：

设有一个 $n \times m$ 的棋盘（$2 \leq n \leq 50$，$2 \leq m \leq 50$），如图 51-5 所示，在棋盘的左下角有一个中国象棋马，马走的规则为：马走日字；马只能向右走，如图 51-6 所示。

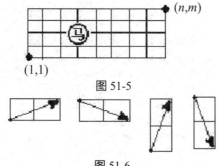

图 51-5

图 51-6

已知 n 和 m，以及马的起点坐标和终点坐标，试找出从起点到终点的所有路径的数目。例如：$n=10$，$m=10$，起点为（1,5），终点为（3,5），则由（1,5）到（3,5）共有两条路径，如图 51-7 所示。

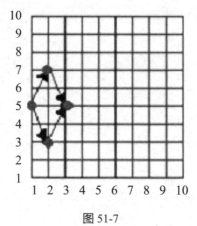

图 51-7

输入格式：

第一行两个数：n 和 m；第二行 4 个数：x_1、y_1、x_2 和 y_2（分别表示马的起点坐标和终点坐标）。

输出格式：

一行，一个数，路径数目（若不存在，则从起点到终点的路径输出 0）。

输入样例：

10 10 1 5 3 5

输出样例：

2

第52课 广度优先搜索

广度优先搜索（BFS）算法又称宽度优先搜索算法，是最简单的图形搜索算法，它使用队列的思想实现。

广度优先搜索算法的核心思想是：首先从初始节点开始，访问所有未访问的相邻节点，然后以这些节点为初始节点，访问所有的相邻节点，以此类推，直到图中所有的节点都被访问到为止。具体地说，可以分以下步骤：

（1）设图中的某一顶点 V_0 为初始节点，并将其加入队列 q。
（2）访问所有与队头节点相邻的未访问顶点 $V_1,V_2,\cdots,V_t$，并加入队列中。
（3）重复第（2）步，直到队列为空。

算法描述：

```
int bfs(){
    初始化，初始状态存入队列；
    队列首指针 head = 0;
    尾指针 tail = 1;
    初始节点入队；
    while (head < tail) {
        取出队头节点；
        for (int i = 1; i <= N; ++i) { // N 为产生子节点的规则数
            if (子节点符合条件) { // 符合题目中的规则
                if(是目标) 输出结果，并结束程序
                tail 指针增1,把新节点存入列尾；
            }
        }
        指针 head 后移一位，指向待扩展节点；
    } // 队列为空
}
```

也可以使用 STL 中的 queue 来实现。

注意：

- 一条路径除了第一个节点，其他每个节点都仅有一个父节点。因此，可以通过记录父节点的编号来反向输出一条路径。
- 对扩展的节点进行标记，防止节点被重复访问。
- 广度优先搜索会访问当前步数能到达的所有节点，因此会很方便地求解最少步数问题。
- 广度优先搜索的效率有赖于目标节点所在位置的情况，如果目标节点的深度处于较深层，则需搜索的节点数基本上呈指数级增长。

52.1 例题

- 例题1：奇怪的电梯

题目描述：

电梯可以在大楼的每一层楼停，而且第 i 层楼（$1 \leq i \leq N$）上有一个数字 K_i（$0 \leq K_i \leq N$）。电梯只有4个按钮：开、关、上和下。上下的层数等于当前楼层上的那个数字。当然，如果不能满足要求，那么相应的按钮就会失灵。例如：3 3 1 2 5 代表 K_i（$K_1=3$, $K_2=3$），从1

楼开始,在1楼按"上"按钮可以到4楼,按"下"按钮则不起作用,因为没有-1楼。那么,从 A 楼层到 B 楼层至少要按几次按钮呢?

输入格式:

共有2行。第1行为3个用空格隔开的正整数,表示 N、A、B($1 \leq N \leq 200$,$1 \leq A$,$B \leq N$);第2行为 N 个用空格隔开的正整数,表示 K_i。

输出格式:

一行,即最少按键次数,若无法到达,则输出 -1。

输入样例:

5 1 5
3 3 1 2 5

输出样例:

3

分析:

一般情况下,由于对每个楼层可以向上或向下移动,因此可以扩展出两个节点,其起始节点为1。

参考代码:

```
#include <bits/stdc++.h>
using namespace std;
const int N = 207;
int q[N], step[N], K[N];

int main() {
    memset(step, -1, sizeof(step)); // 将初始步数设置为-1
    // 没走到的楼层步数为-1
    int n, a, b;
    cin >> n >> a >> b;
    step[a] = 0;
    for (int i = 1; i <= n; i++) cin >> K[i];
    int h = 0, t = 0;
    q[t++] = a;
    while (h < t) {
        int x = q[h]; h++;
        if (x == b) {
            cout << step[x] << endl;
            return 0;
        }
        int p;
        // 往上
        p = x + K[x];
        if (p <= n && step[p] == -1)
            q[t++] = p, step[p] = step[x] + 1; // 往下
        p = x - K[x];
        if (p >= 1 && step[p] == -1)
            q[t++] = p, step[p] = step[x] + 1;
```

```
        }
        cout << -1 << endl;
        return 0;
    }
```

- 例题 2：最少城市路线

题目描述：

图 52-1 表示的是从城市 A 到城市 H 的交通图。从图中可以看出，从城市 A 到城市 H 要经过若干个城市。现在要找出从城市 A 到城市 H 所经过的城市最少的一条路线。

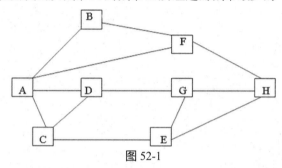

图 52-1

分析：

通过图 52-1 可以很容易想到用邻接矩阵来表示，0 表示能走，1 表示不能走。

考虑用队列的思想。数组 a 是存储扩展节点的队列，a[i] 记录经过的城市，b[i] 记录前趋城市，这样就可以倒推出最短线路。具体过程如下：

（1）将城市 A 入队，队首为 0，队尾为 1。

（2）首先将队首所指城市所有可直通的城市入队（如果这个城市在队列中出现过，就不入队，可用布尔数组 s[i] 来判断），将入队城市的前趋城市保存在 b[i] 中。然后将队首加 1，得到新的队首城市。重复以上步骤，直到搜到城市 H 时，搜索才结束。利用 b[i] 可倒推出最少的城市线路，如图 52-2 所示。

	A	B	C	D	E	F	G	H
A	1	0	0	0	1	0	1	1
B	0	1	1	1	1	0	1	1
C	0	1	1	0	0	1	1	1
D	0	1	0	1	1	1	0	1
E	1	1	0	1	1	1	0	0
F	0	0	1	1	1	1	1	0
G	1	1	1	0	0	1	1	0
H	1	1	1	1	0	0	0	1

图 52-2

参考代码：

```
#include <bits/stdc++.h>
using namespace std;

int mat[9][9]={{0,0,0,0,0,0,0,0,0},
    {0, 1, 0, 0, 0, 1, 0, 1, 1},
    {0, 0, 1, 1, 1, 1, 0, 1, 1},
```

```cpp
        {0, 0, 1, 1, 0, 0, 1, 1, 1},
        {0, 0, 1, 0, 1, 1, 1, 0, 1},
        {0, 1, 1, 0, 1, 1, 1, 0, 0},
        {0, 0, 0, 1, 1, 1, 1, 1, 0},
        {0, 1, 1, 1, 0, 0, 1, 1, 0},
        {0, 1, 1, 1, 1, 0, 0, 0, 1}};
int a[107], b[107];
bool s[11];

// void print(int d) {
//     while(b[d]) {
//         cout << char(d + 64);
//         d = b[d];
//     }
//     cout << char(d + 64) << endl;
// }
// 递归打印路径
void print(int d, int first) {
    if (d == 0)
        return;
    print(b[d], 1);
    cout << char(d + 64);
    if (first) cout << "->";
}

void bfs() {
    int head = 0, tail = 0;
    a[tail++] = 1;
    b[1] = 0;
    s[1] = true;
    while (head < tail) {
        int x = a[head];
        for (int i = 1; i <= 8; i++) {
            if (mat[x][i] == 0 && !s[i]) { // 可以通过,但暂未经过
                a[tail++] = i;             // 经过当前节点并入队
                s[i] = true;               // 标记该节点
                b[i] = x;                  // 记录当前节点的父节点
                if(i == 8) {
                    print(i, 0);
                }
            }
        }

        head++;                            // 出队
    }
}

int main() {
    memset(s, false, sizeof(s));
    bfs();
    return 0;
}
```

52.2 练习

- 练习 1：产生数

题目描述：

给出一个整数 n（$n \leq 2000$）和 k 个变换规则（$k \leq 15$），变换规则为

- 一个数字可以变换成另一个数字。
- 右边的数字不能为零。

例如：$n=234$，$k=2$，变换规则为

$2 \to 5$

$3 \to 6$

上面的整数 234 经过变换后可能生成的整数为（包括原数）234、534、264 和 564 共 4 种。求经过任意次变换后（0 次或多次），能产生多少种不同的整数，仅要求输出不同整数的个数。

输入格式：

第一行两个整数 n（$n \leq 2000$）和 k。第二行 k 个整数 $a_1, a_2, \cdots, a_k$，表示变换规则。

输出格式：

输出一个整数，表示不同整数的个数。

输入样例：

234 2

2 5

3 6

输出样例：

4

- 练习 2：连通块

题目描述：

有一个 $n \times m$ 的方格图，其中一些格子被涂成了黑色，并在方格图中将其标为 1，没有涂色的白色格子标为 0。问有多少个四连通的黑色格子连通块。

四连通的黑色格子连通块指的是由黑色格子组成的一片区域，其中的每个黑色格子只能通过四连通的走法（上、下、左、右），到达该连通块中其他黑色格子。

输入格式：

第一行两个整数 n 和 m（$1 \leq n, m \leq 100$），表示一个 $n \times m$ 的方格图。

接下来 n 行，每行 m 个整数，分别为 0 或 1，表示这个格子是黑色还是白色。

输出格式：

一个整数，表示图中黑色格子连通块的数量。

输入样例：

3 3

1 1 1

0 1 0

1 0 1

输出样例：

3

- 练习 3：最少步数

题目描述：

在各种棋中，棋子的走法总是一定的，如中国象棋中马走"日"。有一位小学生就想，如果马能有两种走法，那么将增加其趣味性。因此，他规定马既能按"日"走，也能如象一样走"田"字。他的同桌平时喜欢下围棋，知道这件事后觉得很有趣，就想试一试，在一个 100×100 的围棋盘上任选两点 A、B，A 点放上黑子，B 点放上白子，代表两匹马。棋子可以按"日"字走，也可以按"田"字走，两人中，一个走黑马，另一个走白马。谁用最少的步数走到左上角坐标为 (1,1) 的点时，谁就获胜。现在他请你帮忙，已知 A、B 两点的坐标，想知道两个位置到 (1,1) 点可能的最少步数。

输入格式：

A、B 两点的坐标。

输出格式：

最少步数。

输入样例：

12 16
18 10

输出样例：

8
9

第 53 课　广度优先搜索练习

广度优先搜索（BFS）的概念相对简单，但要熟练掌握相关内容，还需要更多地练习。

53.1 例题

- 例题 1：细胞

题目描述：

一个矩形阵列由数字 0～9 组成，其中数字 1～9 表示细胞。细胞的定义为：如果一个细胞的上下左右相邻位置也是细胞数字，则它们属于同一个细胞。请计算给定矩形阵列中细胞的数量。如阵列：

4 10
0234500067
1034560500
2045600671
0000000089

输入格式：

第一行为矩阵的行 n 和列 m（$n, m \leqslant 500$）。

下面为一个 $n \times m$ 的矩阵。

输出格式：

细胞个数。

输入样例：

4 10
0234500067
1034560500
2045600671
0000000089

输出样例：

4

分析：

如果两个细胞同属于一个大的细胞，那么这两个细胞一定是连通的。因此，每一个未标记的细胞都可作为起点进行广度优先搜索，将所有搜索到的细胞标记为已访问，这样就找到了一个大的细胞。起点的数量即为细胞的数量。

参考代码：

```
#include <bits/stdc++.h>
using namespace std;

const int N = 107, M = 10007;
int dx[] = {-1, 0, 1, 0}, dy[] = {0, 1, 0, -1};
int bz[N][N], num = 0, n, m;
int h[M][2]; // 记录入队的坐标
```

```cpp
void bfs(int p, int q) { // 起点 (p, q)
    memset(h, 0, sizeof(h));
    int head = 0, tail = 0;
    bz[p][q] = true;
    h[tail][0] = p, h[tail][1] = q;
    ++tail;
    while (head < tail) {
        int x = h[head][0], y = h[head][1];
        for (int i = 0; i < 4; i++) {
            int xx = x + dx[i], yy = y + dy[i];
            if (xx >= 0 && xx < m && yy >= 0 && yy < n && bz[xx][yy]) {
                bz[xx][yy] = true;
                h[tail][0] = xx, h[tail][1] = yy;
                tail++;
            }
        }
        head++;
    }
}

int main() {
    cin >> m >> n;
    memset(bz, true, sizeof(bz));
    for (int i = 0; i < m; i++) {
        string str;
        cin >> str;
        for (int j = 0; j < str.length(); j++) {
            if (str[j] == '0') bz[i][j] = false;
        }
    }

    for (int i = 0; i < m; i++) {
        for (int j = 0; j < n; j++) {
            if (bz[i][j]) {
                cnt++;
                bfs(i, j);
            }
        }
    }
    cout << cnt << endl;
    return 0;
}
```

- 例题 2：迷宫问题

题目描述：

如图 53-1 所示，给出一个 N × M 的迷宫图，以及一个入口和一个出口，打印一条从迷宫入口到出口的路径。在图 53-1 中，黑色方块的单元表示走不通（用 –1 表示），白色方块的单元表示可以走（用 0 表示）。它们只能往上、下、左、右这 4 个方向走。如果无路，则输出 "no way."。

入口→	0	-1	0	0	0	0	0	-1	
	0	0	0	0	-1	0	0	-1	
	-1	0	0	0	0	-1	-1	-1	
	0	0	-1	-1	0	0	0	0	→出口
	0	0	0	0	0	0	-1	-1	

图 53-1

输入格式：

一个 5×5 的二维数组，表示一个迷宫。数据保证有唯一解。

输出格式：

从左上角到右下角的最短路径，格式如样例所示。

输入样例：

0 1 0 0 0

0 1 0 1 0

0 0 0 0 0

0 1 1 1 0

0 0 0 1 0

输出样例：

(0, 0)

(1, 0)

(2, 0)

(2, 1)

(2, 2)

(2, 3)

(2, 4)

(3, 4)

(4, 4)

分析：

已知起点和终点，使用广度优先搜索，从起点开始，每次搜索4个方向，直到找到终点为止。因为需要打印路径，所以还需要记录路径上节点的父节点。

参考代码：

```
#include <bits/stdc++.h>
using namespace std;
int u[] = {0, 0, 1, 0, -1}, w[] = {0, 1, 0, -1, 0};
int a[51], b[51], pre[51], mp[51][51];
bool f;
int print(int d) {
    if (pre[d] != 0)
        print(pre[d]);                    // 递归输出路径
    cout << "(" << a[d] - 1 << "," << b[d] - 1 << ")" << endl;
}
int main() {
```

```cpp
    int n, m, qx, qy, dx, dy;
    n = m = 5;                          // n 行 m 列的迷宫
    for (int i = 1; i <= n; i++) {      // 读入迷宫，0 表示通，-1 表示不通
        for (int j = 1; j <= m; j++) {
            cin >> mp[i][j];
        }
    }
    //   cin >> qx >> qy;        // 入口
    //   cin >> dx >> dy;        // 出口

    qx = qy = 1;
    dx = dy = 5;
    f = 0;                              // 当 f=0 时，表示无解；当 f=1 时，表示找到一个解
    int head = 0, tail = 1;
    mp[qx][qy] = -1;
    a[tail] = qx;
    b[tail] = qy;
    pre[tail] = 0;
    while (head < tail) {               // 队列不为空
        head++;
        for (int i = 1; i <= 4; i++) {  // 4 个方向
            int x = a[head] + u[i], y = b[head] + w[i];
            if ((x > 0) && (x <= n) && (y > 0) && (y <= m) && (mp[x][y] == 0)) {   // 本方向上可以走
                tail++;
                a[tail] = x;
                b[tail] = y;
                pre[tail] = head;
                mp[x][y] = -1;
                if ((x == dx) && (y == dy)) { // 扩展出的节点为目标节点
                    f = 1;
                    print(tail);
                    break;
                }
            }
        }
        if (f) break;
    }
    if (!f) cout << "no way." << endl;
    return 0;
}
```

当然，这个题目也可以用深度优先搜索算法解决，我们在后面会继续讲解相关解法。

53.2 练习

- 练习 1：抓住那头牛

题目描述：

农夫知道一头牛的位置，想要抓住它。农夫和牛都位于数轴上，农夫的起始位置位于点 N，牛位于点 K。农夫有两种移动方式：

- 从 x 移动到 $x-1$ 或 $x+1$，每次移动花费一分钟。

- 从 x 移动到 $2x$，每次移动花费一分钟。

假设牛没有意识到农夫的行动，站在原地不动，那么农夫最少要花多长时间才能抓住牛？

输入格式：

两个整数，N 和 K（$1 \leq N, K \leq 10^6$）。

输出格式：

一个整数，农夫抓到牛所要花费的最小分钟数。

输入样例：

5 17

输出样例：

4

- **练习 2：水洼**

题目描述：

有一块 $N \times M$ 的土地，雨后积起了水，有水就标记为 W，干燥则标记为点（.）。八连通的积水被认为是连接在一起的。请计算院子里共有多少水洼？

输入格式：

第一行为 N 和 M（$1 \leq N, M \leq 110$）。

接下来 N 行，每行 M 个字符，代表这一行的情况。

输出格式：

一行，共有的水洼数。

输入样例：

10 12

W....................WW.
.WWW.........WWW
....WW.............WW.
...........................WW.
........................W..
..W..................W..
.W.W...............WW.
W.W.W................W.
.W.W................W.
..W.................W.

输出样例：

3

- **练习 3：走出迷宫**

题目描述：

当你站在一个迷宫里的时候，往往会被错综复杂的道路弄得失去方向感。如果你能得到迷宫地图，事情就会变得非常简单。假设你已经得到了一个 $n \times m$ 的迷宫图纸，请找出从起点到出口的最短路径。

输入格式：

第一行是两个整数 n 和 m（$1 \leq n, m \leq 100$），表示迷宫的行数和列数。

接下来 n 行，每行有一个长为 m 的字符串，表示整个迷宫的布局。字符（.）表示空地，# 表示墙，S 表示起点，T 表示出口。

输出格式：

输出从起点到出口最少需要走的步数。

输入样例：

3 3
S#T
.#.
...

输出样例：

6

第 54 课　广度优先搜索优化与变形

54.1 广度优先搜索优化

在进行广度优先搜索的过程中，我们通常是对所有可扩展的节点进行扩展，即不考虑可扩展节点的可行性，由此导致搜索的状态空间呈指数级增长。对于大多数问题来说，搜索的状态空间是相当大的，因此，在搜索过程中，需要对可扩展节点进行筛选，以减少搜索的状态空间。

例如，对于八数码难题，在搜索过程中，我们通常会扩展所有可扩展的节点，即扩展所有空格可以移动到的位置。然而，对于某些空格无法移动到的位置，无须进行扩展，可以在搜索过程中将它们排除。

下面通过几个例子来介绍广度优先搜索的优化技巧。

- 例题：立体推箱子

题目描述：

立体推箱子是一个风靡世界的小游戏。游戏的地图是一个 N 行 M 列的矩阵（$3 \leq N$, $M \leq 500$），每个位置可能是硬地（用"."表示）、易碎地面（用"E"表示）、禁地（用"#"表示）、起点（用"X"表示）或终点（用"O"表示）。你的任务是操作一个 $1\times1\times2$ 的长方体。这个长方体在地面上有两种放置形式，"立"在地面（1×1 的面接触地面）或者"躺"在地面（1×2 的面接触地面）。在每一步操作中，可以按上、下、左、右这 4 个键之一。按下按键之后，长方体向对应的方向沿着棱滚动 $90°$。任意时刻，长方体不能有任何部位接触禁地（否则就会掉下去），并且不能立在易碎地面上（否则会因为压强太大掉下去）。字符"X"表示长方体的起始位置，地图上可能有一个"X"或者两个相邻的"X"。地图上唯一的一个字符"O"表示目标位置。求把长方体移动到目标位置（即立在"O"上）所需要的最少步数。如果无解，则输出"Impossible"。在移动过程中，"X"和"O"标识的位置都可以看作硬地被利用。

分析：

这是一道典型的"走地图"类问题，也就是形如"给定一个矩形地图，控制一个物体在地图中按要求移动，求最少步数"的问题。利用广度优先搜索可以非常方便地解决这类问题——地图的整体形态是固定不变的，只有少数个体或特征随着每一步操作发生改变。我们只需要把这些变化的部分提取为状态，把起始状态加入队列，使用广度优先搜索不断取出队头状态，沿着分支扩展、入队即可。广度优先搜索是逐层遍历搜索树的算法，所有的状态按照入队的先后顺序具有层次单调性（也就是步数单调性）。如果每一次扩展恰好输赢一步，那么当一个状态第一次被访问（入队）时，就得到了从起始状态到达该状态的最少步数。

在本题中，不变的是整个地图，变化的部分有长方体的位置和放置形态。我们可以用一个三元组 (x, y, lie) 代表一个状态（搜索树中的一个节点），其中 lie = 0 表示长方体的位置在 (x, y)；lie = 1 表示长方体横向躺着，左半部分位置在 (x, y)；lie = 2 表示长方体纵向躺着，上半部分在 (x, y)，并用数组 d[x][y][lie] 记录从起始状态到达每个状态的最少步数。然后执行广度优先搜索即可。为了程序实现方便，我们用数字 0~3 分别代指左、右、上、下 4 个方向。

参考代码：

```cpp
#include <bits/stdc++.h>
using namespace std;

const int N = 505;
struct rec { int x, y, lie;};                               // 状态
char s[N][N];                                                // 地图
rec st, ed;                                                  // 起点和终点
int n, m, d[N][N][3];                                        // 最少步数记录数组
queue<rec> q;                                                // 队列
const int dx[] = {0, 0, -1, 1}, dy[] = {-1, 1, 0, 0};        // 方向数组

bool valid(int x, int y) { // (x, y) 是否在地图内
    return x >= 1 && y >= 1 && x <= n && y <= m;
}
// 函数名相同，参数不同，函数重载
bool valid(rec next) { // 滚动是否合法
    if(!valid(next.x, next.y)) return 0;   // 出界
    if(s[next.x][next.y] == '#') return 0; // 禁区
    if (next.lie == 0 && s[next.x][next.y] != '.') return 0; // 立着
    if (next.lie == 1 && s[next.x][next.y + 1] == '#') return 0;
                                                                // 横向躺
    if (next.lie == 2 && s[next.x + 1][next.y] == '#') return 0;
                                                                // 纵向躺
    return 1;
}

void parse_st_ed() {
    for (int i = 1; i <= n; i++) {
        for (int j = 1; j <= m; j++) {
            if (s[i][j] == 'O') { // 终点
                ed.x = i, ed.y = j, ed.lie = 0, s[i][j] = '.';
            }
            if (s[i][j] == 'X') {
                for (int k = 0; k < 4; k++) {
                    int x = i + dx[k], y = j + dy[k];
                    if (valid(x, y) && s[x][y] == 'X') {
                        st.x = min(i, x), st.y = min(j, y);
                        st.lie = k < 2 ? 1 : 2;
                        s[i][j] = s[x][y] = '.';
                        break;
                    }
                }
                // s[i][j] 在循环中没有被改变
                if (s[i][j] == 'X')
                    st.x = i, st.y = j, st.lie = 0;
            }
        }
    }
}
```

```cpp
// next_x[i][j] 表示在 lie = i 时朝方向 j 滚动后 x 的变化情况
const int next_x[3][4] = {{0, 0, -2, 1}, {0, 0, -1, 1}, {0, 0, -1, 2}};

// next_y[i][j] 表示在 lie = i 时朝方向 j 滚动后 y 的变化情况
const int next_y[3][4] = {{-2, 1, 0, 0}, {-1, 2, 0, 0}, {-1, 1, 0, 0}};

// next_lie[i][j] 表示在 lie = i 时朝方向 j 滚动后 lie 的新值
const int next_lie[3][4] = {{1, 1, 2, 2}, {0, 0, 1, 1}, {2, 2, 0, 0}};

// 广度优先搜索
int bfs() {
    for (int i = 1; i <= n; i++)
        for (int j = 1; j <= m; j++)
            for (int k = 0; k < 3; k++) d[i][j][k] = -1;
    while (q.size()) q.pop(); // 清空队列

    d[st.x][st.y][st.lie] = 0;
    q.push(st);

    while (q.size()) {
        rec now = q.front();
        q.pop(); // 取出队头
        for (int i = 0; i < 4; i++) { // 向 4 个方向滚动
            rec next;
            next.x = now.x + next_x[now.lie][i];
            next.y = now.y + next_y[now.lie][i];
            next.lie = next_lie[now.lie][i];
            if (!valid(next)) continue; // next 位置非法
            if (d[next.x][next.y][next.lie] == -1) { // next 未访问过
                d[next.x][next.y][next.lie] = d[now.x][now.y][now.lie] + 1;
                q.push(next);
                if (next.x == ed.x && next.y == ed.y && next.lie ==
                    ed.lie) // 达到目标
                    return d[next.x][next.y][next.lie];
            }
        }
    }
    return -1;
}

int main()
{
    while (cin >> n >> m && n) {
        for (int i = 1; i <= n; i++) scanf("%s", s[i] + 1);
        parse_st_ed();
        int ans = bfs();
        if (ans == -1) puts("Impossible");
        else           cout << ans << endl;
    }
```

```
        return 0;
}
```

提示：

在参考代码中，我们使用 next_x、next_y、next_lie 等常数数组预先保存了长方体沿 4 个方向滚动的变化情况，避免了使用大量 if 语句造成的混乱。这是广度优先搜索程序实现的一个常见技巧。

54.2 广度优先搜索变形

根据广度优先搜索的性质，我们可以对搜索过程进行一些变形，其中包括双端队列、优先队列、双向队列等搜索方式。

54.2.1 双端队列

在最基本的广度优先搜索中，每次沿着分支的扩展都记为"一步"，我们通过逐层搜索，解决了求从起始状态到每个状态的最少步数的问题。这其实等价于在一张边权均为 1 的图中执行广度优先遍历，求出每个点相对于起点的最短距离（层次）。队列中状态的层数满足两端性和单调性。所以，每个状态在第一次被访问并入队时，计算出的步数即为所求。

然而，如果图中的边权不全是 1 呢？换句话说，如果每次扩展都有各自不同的"代价"，我们想求出起始状态到每个状态的最小代价应该怎么办？

下面不妨先来讨论一下边权要么是 1，要么是 0 的情况。

- **例题：电路维修**

题目描述：

达达是来自异世界的魔女，当她在漫无目的地四处漂流的时候，遇到了善良的少女翰翰，并被翰翰收留在地球上。翰翰的家里有一辆飞行车。一天，飞行车的电路板突然出现了故障，导致无法启动。电路板的整体结构是一个 R 行 C 列的网格（$R,C \leq 500$），如图 54-1 所示。每个格点都是电线的接点，并且每个格子都包含一个电子元件。

电子元件的主要部分是一个可旋转的、连接一条对角线上的两个点的短电缆。在旋转之后，它就可以连接另一条对角线的两个点。电路板左上角的点接入直流电源，右下角的点接入飞行车的发动装置。达达发现因为某些元件的方向不小心发生了改变，电路板可能处于断路的状态。她准备通过计算，旋转最少数量的元件，使电源与发动装置通过若干条短电缆相连。不过，电路的规模实在是太大了，达达并不擅长编程，希望你能够帮她解决这个问题。

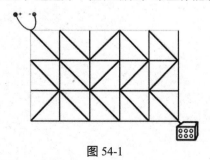

图 54-1

注意：只能走斜向的线段，水平和竖直线段不能走。

分析：

我们可以把电路板上的每个格点（横线与竖线的交叉点）看作无向图中的节点。若两个节点 x 和 y 是某个小方格的两个对角，则在 x 与 y 之间连边。若该方格中的标准件（对角线）与从 x 到 y 的线段重合，则边权为 0；若垂直相交，则边权为 1（说明需要旋转 1 次才能连上）。然后，我们在这个无向图中求出从左上角到右下角的最短距离，就得到了答案。

这是一张边权要么是 0，要么是 1 的无向图。在这种图中，我们可以通过双端队列广度优先搜索来计算。算法的整体框架与一般的广度优先搜索类似，只是在每个节点上沿着分支扩展时稍作改变。

如果这条分支是边权为 0 的边，就把沿该分支到达的新节点从队头入队；如果这条分支是边权为 1 的边，就像一般的广度优先搜索一样从队尾入队（0 表示这条边可以直接通过，1 表示标准件需要旋转一次，求最少的旋转次数）。

这样一来，我们仍然能保证任意时刻广度优先搜索队列中的节点对应的距离值都具有两端性和单调性，每个节点虽然可能被更新（入队）多次，但是它第一次被扩展（出队）时，就能得到从左上角到该节点的最短距离，之后再被取出可以直接忽略。

时间复杂度为 $O(RC)$。

参考代码：

```cpp
#include <bits/stdc++.h>
using namespace std;

const int N = 506;
int r, c, d[N][N];
bool v[N][N];
char s[N][N];
vector<pair<pair<int, int>, int>> p[N][N];  // 节点 (i,j) 连通的节点数组
deque<pair<int, int>> q;                     // 双端队列

void add(int x1, int y1, int x2, int y2, int z) {
    p[x1][y1].push_back(make_pair(make_pair(x2, y2), z));
}

void dlwx() {
    cin >> r >> c;
    for (int i = 1; i <= r; i++) cin >> (s[i] + 1); // 电路图输入
    // 因为是对角线移动，所以 r 和 c 的奇偶性必须相同才能走到右下角
    if ((r & 1) != (c & 1)) cout << "NO SOLUTION" << endl;
    for (int i = 0; i <= r; i++) // 清空 p 数组
        for (int j = 0; j <= c; j++)
            p[i][j].clear();
    // 遍历整个地图，如果是 '/'，则从右上到左下双向连通，否则，从左上到右下双向连通
    for (int i = 1; i <= r; i++)
        for (int j = 1; j <= c; j++)
            if (s[i][j] == '/') {
                add(i - 1, j - 1, i, j, 1);
                add(i, j, i - 1, j - 1, 1);
```

```cpp
                    add(i, j - 1, i - 1, j, 0);
                    add(i - 1, j, i, j - 1, 0);
                } else {
                    add(i - 1, j - 1, i, j, 0);
                    add(i, j, i - 1, j - 1, 0);
                    add(i, j - 1, i - 1, j, 1);
                    add(i - 1, j, i, j - 1, 1);
                }
    memset(d, 0x3f, sizeof(d));    // 距离数组赋最大值，表示刚开始都不可达
    d[0][0] = 0;                                             // 起点
    memset(v, 0, sizeof(v));                                 // 标记数组清空
    q.clear();                                               // 队列清空
    q.push_back(make_pair(0, 0));                            // 起点入队
    while (q.size()) {
        int x = q.front().first, y = q.front().second;      // 队头节点
        q.pop_front();
        v[x][y] = 1;
        if (x == r && y == c)  { // 第一次到达终点即为结果
            cout << d[r][c] << endl;
            return;
        }
        for (unsigned int i = 0; i < p[x][y].size(); i++) {
            int nx = p[x][y][i].first.first;    // (x, y) 可到达节点的横坐标
            int ny = p[x][y][i].first.second;   // (x, y) 可到达节点的纵坐标
            int nz = p[x][y][i].second;
            // 是否需要旋转，1 表示需要旋转 1 次，0 表示已经连通
            if (v[nx][ny]) continue;         // 要扩展的节点已经扩展过
            if (nz) {                        // nz = 1，需要旋转1次才能连通
                if (d[nx][ny] > d[x][y] + 1) {
                // 当前节点旋转 1 次后距离更短，从队尾插入
                    d[nx][ny] = d[x][y] + 1;
                    q.push_back(make_pair(nx, ny));
                }
            } else {
                if (d[nx][ny] > d[x][y]) {
                // 当前节点不旋转时距离更短，从队头插入
                    q.push_front(make_pair(nx, ny));
                    d[nx][ny] = d[x][y];
                }
            }
        }
    }
}

int main() {
    int t;
    cin >> t;
    while (t--) dlwx();
    return 0;
}
```

54.2.2 优先队列

对于更加具有普适性的情况，也就是每次扩展都有各自不同的"代价"时，求出从起始状态到每个状态的最小代价，相当于在一张带权图中求出从起点到每个节点的最短路径，此时，我们有以下两个解决方案。

方案 1：

仍然使用一般的广度优先搜索，采用一般的队列。这时我们不再能保证每个状态第一次入队时就能得到最小代价，所以只能允许一个状态被多次更新、多次进出队列。我们不断执行搜索，直至队列为空。

整个广度优先搜索算法通过反复遍历和更新搜索树，直至"收敛"到最优解，这实际上体现了"迭代"的思想。在最坏情况下，该算法的时间复杂度会从一般广度优先搜索的 $O(N)$ 增加到 $O(N^2)$。在最短路径问题中，这种思想体现在以后我们要学习的 SPFA 算法中。

方案 2：

改用优先队列进行广度优先搜索。这里的"优先队列"相当于一个二叉堆。我们每次可以从队列中取出当前代价最小的状态进行扩展（该状态一定已经是最优的，因为队列中其他状态的当前代价都不小于它，所以以后就不可能再更新它了），沿着各条分支把到达的新状态加入优先队列。不断执行搜索，直到队列为空。

在优先队列广度优先搜索中，每个状态也会被多次更新、多次进出队列，一个状态也可能以不同的代价在队列中同时存在。不过，当每个状态第一次从队列中被取出时，就得到了从起始状态到该状态的最小代价。之后若再被取出，则可以直接忽略，不进行扩展。

所以，在优先队列广度优先搜索中，每个状态只扩展一次，时间复杂度只多了维护二叉堆的代价。若一般广度优先搜索的复杂度为 $O(N)$，则优先队列广度优先搜索的复杂度为 $O(N\log N)$。对应在最短路径问题中，就是后面要学习的堆优化的 Dijkstra 算法。

图 54-2 就展示了优先队列广度优先搜索的详细过程，每条边上的数值标明了每个状态向下扩展所需的代价，节点中的数值标明了每个状态上求出的"当前代价"，黑色节点标明了每个时刻在堆中出现至少一次的节点。

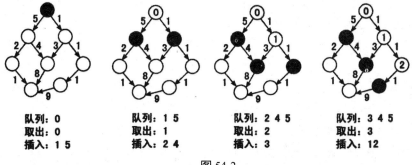

图 54-2

至此，我们就可以对广度优先搜索的形式按照对应在图中的边权情况进行分类总结。

（1）只计算最少步数，等价于在边权都为 1 的图中求最短路径。使用普通的广度优先搜索，时间复杂度为 $O(N)$。每个状态只访问（入队）一次，第一次入队时即为该状态的最少步数。

（2）每次扩展的代价可能是 0 或 1，等价于在边权只有 0 和 1 的图中求最短路径。使用双端队列广度优先搜索，时间复杂度为 $O(N)$。每个状态被更新（入队）多次，只扩展一次，第一次出队时即为该状态的最小代价。

（3）每次扩展的代价是任意数值，等价于一般的最短路径问题。使用优先队列广度优先搜索，时间复杂度为 $O(N\log N)$。每个状态被更新（入队）多次，只扩展一次，第一次出队时即为该状态的最小代价。使用迭代思想 + 普通的广度优先搜索，时间复杂度为 $O(N^2)$。每个状态被更新（入队）、扩展（出队）多次，最终完成搜索后，记录数组中保存了最小代价。如图 54-3 所示。

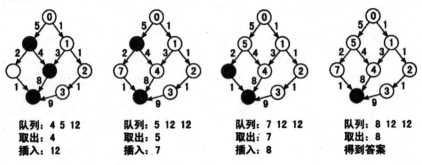

图 54-3

- 例题：Full Tank

题目描述：

由 N（$1 \leq N \leq 1000$）座城市和 M（$1 \leq M \leq 10000$）条道路构成一张无向图。在每座城市里都有一个加油站，不同加油站中汽油的价格不一样。汽车通过一条路所需油耗就是该道路的边权。现在你需要回答不超过 100 个问题，在每个问题中，请计算出一辆油箱容量为 C（$1 \leq C \leq 100$）的汽车从起点 S 开到终点 T 至少要花多少油钱？

分析：

我们使用二元组 (city, fuel) 来表示每个状态，其中 city 为城市编号，fuel 为油箱中剩余的油量，并使用记录数组 d[city][fuel] 存储最少花费。

对于每个问题，我们都单独进行一次优先队列广度优先搜索。起始状态为 $(S, 0)$，每个状态 (city, fuel) 的分支有以下两种情况。

- 若 fuel < C，则可以加 1 升油，扩展到新状态 (city, fuel + 1)，花费在城市 city 加 1 升油的钱。
- 对于每条从 city 出发的边 (city, fuel)，若边权（到下一座城市的花费）大小 w 不超过 fuel，则可以开车前往下一座相连的城市 next，扩展到新状态 (next, fuel − w)。

我们不断取出优先队列中"当前花费最少"的状态（堆顶）进行扩展，更新扩展到的新状态在记录数组 d 中存储的值，直到终点 T 的某个状态第一次被取出，即可停止优先广度搜索，输出答案。

参考代码：

```
#include <bits/stdc++.h>
using namespace std;

const int N = 1006, C = 106;
int n, m, p[N], d[N][C]; // 代价数组
```

```cpp
    bool v[N][C];
    vector<pair<int, int>> e[N];    // 城市 i 可以到达若干座其他城市, 剩余油量不同
    priority_queue<pair<int, pair<int, int>>> q;  // 城市和剩余油量构成一个状态

    void Full_Tank() {
        int c, st, ed;
        scanf("%d %d %d", &c, &st, &ed);                // 油箱c, 起点st, 终点ed
        priority_queue<pair<int, pair<int, int>>> empty; // 默认大根堆
        swap(q, empty);                                  // 清空当前队列
        memset(d, 0x3f, sizeof(d));
        q.push(make_pair(0, make_pair(st, 0))); // 起点代价为0
        d[st][0] = 0;                           // 起点 st, 剩余油量 0
        memset(v, 0, sizeof(v));                // 标记状态, 防止重复访问
        while (q.size()) {
            int city = q.top().second.first;    // 当前所处城市 city
            int fuel = q.top().second.second;   // 当前剩余油量
            q.pop();
            if (city == ed) {                   // 第一次到达目标城市
                cout << d[city][fuel] << endl;

                return;
            }
            if (v[city][fuel]) continue;
                                    // 该状态已扩展过, 后续再到达该状态一定不会更优
            v[city][fuel] = 1; // 标记当前状态
            // 油箱还有空间, 且加1升油的代价比在当前city加1升油的代价更优
            if (fuel < c && d[city][fuel + 1] > d[city][fuel] + p[city]) {
                d[city][fuel + 1] = d[city][fuel] + p[city]; // 更新状态
                // 入队, 默认大根堆, 所以加入负值
                q.push(make_pair(-d[city][fuel] - p[city], make_pair(city, fuel + 1)));
            }
            for (unsigned int i = 0; i < e[city].size(); i++) {
                // y是city 能到达的下一座城市, z是y <-> city 的花费
                int y = e[city][i].first, z = e[city][i].second;
    // 当前的油足够汽车到下一座城市 y, 到城市 y 不会增加费用, 用当前代价更新下一个状态
                if (z <= fuel && d[y][fuel - z] > d[city][fuel])    {
                    d[y][fuel - z] = d[city][fuel];
                    q.push(make_pair(-d[city][fuel], make_pair(y, fuel - z)));
                }
            }
        }
        cout << "impossible" << endl; // 不能到达终点
    }

    int main() {
        cin >> n >> m;
        // 城市从0开始编号
        for (int i = 0; i < n; i++) scanf("%d", &p[i]);
        for (int i = 1; i <= m; i++) { // u <-> v 的代价是 d
```

```
        int u, v, d;
        scanf("%d %d %d", &u, &v, &d);
        e[u].push_back(make_pair(v, d));
        e[v].push_back(make_pair(u, d));
    }

    int q;
    cin >> q; // q次询问
    while (q--) Full_Tank();
    return 0;
}
```

第 55 课 启发式搜索

55.1 A* 算法（BFS + 估价函数）

在探讨 A* 算法之前，我们先来回顾一下 BFS 算法。该算法维护了一个优先队列（通常是二叉堆），不断从堆中取出"当前代价最小"的状态（堆顶）进行扩展，当每个状态第一次从堆中被取出时，就得到了从初始状态到该状态的最小代价。

然而，如果给定一个"目标状态"，需要求出从初始状态到目标状态的最小代价，那么 BFS 算法的"优先策略"显然是不完善的。一个状态的当前代价最小，只能说明从初始状态到该状态的代价很小，而在未来的搜索过程中，从该状态到目标状态可能会花费很大的代价。对于另外一些状态，虽然当前代价略大，但是未来从该状态到目标状态的代价可能会很小，因此从初始状态到目标状态的总代价反而更优。BFS 算法会优先选择前者的分支，导致求出最优解的搜索量增大。例如，在介绍 BFS 算法的示意图中，产生最优解的搜索路径 5+2+1 的后半部分就很晚才得以扩展。

为了提高搜索效率，我们可以考虑对未来可能产生的代价进行预估。详细地讲，我们设计一个"估价函数"，以任意"状态"为输入，计算出从该状态到目标状态所需代价的估值。在搜索过程中，仍然维护一个堆，不断从堆中取出"当前代价 + 未来估价"最小的状态进行扩展。

为了保证第一次从堆中取出目标状态时得到的就是最优解，我们设计的估价函数需要满足以下基本准则：

- 设初始状态 state 到目标状态所需代价的估值为 $f(\text{state})$。
- 设在未来的搜索中，实际求出的从初始状态 state 到目标状态的最小代价为 $g(\text{state})$。
- 对于任意的状态 state，应该有 $f(\text{state}) \leq g(\text{gtate})$。

也就是说，估价函数的估值不能大于未来的实际代价，这样估值就比实际代价更优。

为什么要遵守这个准则呢？我们不妨看看估值大于未来的实际代价会发生什么情况。

假设我们的估价函数 f 在每个状态上的值如图 55-1 所示，根据"每次取出当前代价 + 未来估价最小的状态"策略，其计算过程如图 55-2 所示。

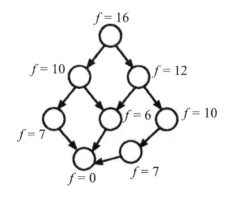

图 55-1

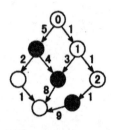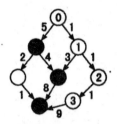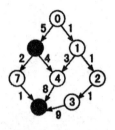

图 55-2

我们可以看到,本来在最优解搜索路径上的状态被错误地估计为较大的代价,被压在堆中无法取出,从而导致非最优解搜索路径上的状态不断扩展,直至在目标状态上产生错误答案。

如果我们在设计估价函数时遵循上述准则,保证估值不大于未来的实际代价,那么即使估值不太准确,导致非最优解搜索路径上的状态 s 先被扩展,但是随着"当前代价"的不断累加,在目标状态被取出之前的某个时刻:

- 根据 s 并非最优,s 的"当前代价"就会大于从初始状态到目标状态的最小代价。
- 对于最优解搜索路径上的状态 t,因为 $f(t) \leq g(t)$,所以 t 的"当前代价"加上 $f(t)$ 必定小于或等于 t 的"当前代价"加上 $g(t)$,而后者的含义就是从初始状态到目标状态的最小代价。

结合以上两点可知,"t 的当前代价加上 $f(t)$"小于 s 的当前代价。因此,t 就会被从堆中取出进行扩展,最终更新到目标状态上,产生最优解。

这种带有估价函数的 BFS 算法被称为 A* 算法。只要保证对于任意状态 state,都有 $f(state) \leq g(state)$,A* 算法就一定能在目标状态第一次被取出时得到最优解,并且每个状态在搜索过程中只需要被扩展一次(之后再被取出就可以直接忽略)。估值 $f(state)$ 越准确、越接近 $g(state)$,A* 算法的效率就越高。如果估值始终为 0,则等价于普通的 BFS 算法。

A* 算法提高搜索效率的关键在于能否设计出一个优秀的估价函数。估价函数在满足上述基本准则的前提下,应尽可能地反映未来实际代价的变化趋势和相对的大小关系,这样搜索才会较快地逼近最优解。

接下来,我们以例题形式来体会一下 A* 算法。

- 例题 1:第 K 短路径

题目描述:

给定由 N 个点(编号 1, 2, ⋯, N)、M 条边组成的一张有向图,求从起点 S 到终点 T 的第 K 短路径的长度,路径允许重复经过点或边。

注意:每条最短路径中至少要包含一条边。

数据范围:

$1 \leq S, T \leq N \leq 1000$

$0 \leq M \leq 10^5$

$1 \leq K \leq 1000$

$1 \leqslant L \leqslant 100$

输入样例：

2 2

1 2 5

2 1 4

1 2 2

输出样例：

14

分析：

一个比较直接的想法是使用 BFS 算法求解。在优先队列（堆）中保存一些二元素 (x, dist)，其中 x 为节点编号，dist 表示从 S 沿着某条路径到 x 的距离。

起初，堆中只有 $(S, 0)$。我们首先不断地从堆中取出 dist 值最小的二元组 (x, dist)，然后沿着从 x 出发的每条边 (x, y) 进行扩展，把新的二元组 $(y, \text{dist} + \text{length}(x, y))$ 插入堆中（无论堆中是否已经存在一个节点编号为 y 的二元组）。

前面我们已经学习过，在 BFS 算法中，某个状态第一次从堆中被取出时，就得到了从初始状态到它的最小代价。用数学归纳法很容易得到一个推论：对于任意正整数 i 和任意节点 x，当第 i 次从堆中取出包含节点 x 的二元组时，对应的 dist 值就是从 S 到 x 的第 i 短路径。所以当扩展到节点 y 已经被取出 K 次时，就没有必要再插入堆中了。最后当节点 T 第 K 次被取出时，就得到了从 S 到 T 的第 K 短路径。

使用 BFS 算法在最坏情况下的复杂度为 $O(K(N+M) \log(N+M))$。这道题给定了起点和终点，求长度最短（代价最小）的路径，可以考虑使用 A* 算法提高搜索效率。

根据估价函数的设计准则，在第 K 短路径中从 x 到 T 的估计距离 $f(x)$ 应该不大于第 K 短路径中从 x 到 T 的实际距离 $g(x)$。于是，我们可以把估价函数 $f(x)$ 定为从 x 到 T 的最短路径长度，这样不但能保证 $f(x) \leqslant g(x)$，还能顺应 $g(x)$ 的实际变化趋势。

最终得到以下 A* 算法：

（1）预处理从各节点 x 到终点 T 的最短路径长度 $f(x)$ —— 这等价于在反向图上以 T 为起点求解单源最短路径问题，可以在 $O((N+M)\log(N+M))$ 的时间复杂度内完成。

（2）建立一个二叉堆，存储一些二元组 $(x, \text{dist} + f(x))$，其中 x 为节点编号，dist 表示从 S 到 x 当前走过的距离。起初堆中只有 $(S, 0 + f(0))$。

（3）从二叉堆中取出 $\text{dist} + f(x)$ 值最小的二元组 $(x, \text{dist} + f(x))$，并沿着从 x 出发的每条边 (x, y) 进行扩展。如果节点 y 被取出的次数尚未达到 K，就把新的二元组 $(y, \text{dist} + \text{length}(x, y) + f(y))$ 插入堆中。

（4）重复第（2）、（3）步，直至第 K 次取出包含终点 T 的二元组，此时二元组中的 dist 值就是从 S 到 T 的第 K 短路径。

A* 算法的复杂度上界与 BFS 算法的复杂度相同。但是，因为有估价函数的作用，图 55-1 中很多节点的访问次数都远小于 K，上述 A* 算法已经能够比较快速地求出结果。

参考代码：

```
#include <bits/stdc++.h>
using namespace std;
```

```cpp
const int N = 1006;
int n, m, st, ed, k, f[N], cnt[N];
bool v[N];
vector<pair<int, int>> e[N], fe[N];
priority_queue<pair<int, int>> pq;  // 默认大根堆

void dijkstra() { // 求反向的最短路径
    memset(f, 0x3f, sizeof(f));
    memset(v, 0, sizeof(v));
    f[ed] = 0;
    pq.push(make_pair(0, ed));
    while (pq.size()) {
        int x = pq.top().second;
        pq.pop();
        if (v[x]) continue;
                // 已经从 x 扩展过节点,再从 x 扩展节点的距离一定不会更优

        v[x] = 1;
        for (unsigned int i = 0; i < fe[x].size(); i++) {
            // x 和 y 连通,代价为 z
            int y = fe[x][i].first, z = fe[x][i].second;
            if (f[y] > f[x] + z) {
                // 松弛操作,从起点到 y 点的距离大于从 x 点到 y 点的距离
                f[y] = f[x] + z; // f 记录从终点到 y 点的最短路径长度
                pq.push(make_pair(-f[y], y));
            }
        }
    }
}

// f[x] 记录了从 x 点到终点的最短距离
void A_star() {
    if (st == ed) ++k;                  // 从终点出发,至少含有一条边
    pq.push(make_pair(-f[st], st));
                    // 从起点入队,f[st] 表示从 st 出发到终点的最短距离径
    memset(cnt, 0, sizeof(cnt));
    while (pq.size()) {
        int x = pq.top().second;
        int dist = -pq.top().first - f[x];
                    // 当前距离减去从 x 点出发到终点的估价函数值
        pq.pop();
        ++cnt[x];
        if (cnt[ed] == k) { // 次数
            cout << dist << endl; return;
        }
        for (unsigned int i = 0; i < e[x].size(); i++) {
            // x 和 y 连通,代价为 z
            // 压入优先队列的代价为:从 y 点到终点的最短距离(估价函数)+ 从 st
            // 到 x 点的距离 + 从 x 点到 y 点的距离
            int y = e[x][i].first, z = e[x][i].second;
```

```
            if (cnt[y] != k)
                pq.push(make_pair(-f[y] - dist - z, y));
        }
    }

    cout << "-1" << endl; // 不存在第 k 短路径
}

int main() {
    cin >> n >> m; // n 个节点, m 条边
    for (int i = 1; i <= m; i++) {
        int x, y, z;
        scanf("%d %d %d", &x, &y, &z);
        e[x].push_back(make_pair(y, z));    //    x -> y
        fe[y].push_back(make_pair(x, z));   //    y -> x
    }
    cin >> st >> ed >> k;
    dijkstra();
    A_star();
    return 0;
}
```

- 例题 2：八数码

题目描述：

在一个 3×3 的网格中，1～8 这 8 个数字和一个 X 恰好不重不漏地分布在这个 3×3 的网格中。例如：

1 2 3
X 4 6
7 5 8

在游戏过程中，可以把 X 与其上、下、左、右 4 个方向之一的数字交换（如果存在），目的是通过交换，使网格变为如下排列（称为正确排列）：

1 2 3
4 5 6
7 8 X

例如，题目中的图形就可以通过让 X 先后与右、下、右三个方向的数字交换成功得到正确排列。交换过程如下：

1 2 3　　　1 2 3　　　1 2 3　　　1 2 3
X 4 6 → 4 X 6 → 4 5 6 → 4 5 6
7 5 8　　　7 5 8　　　7 X 8　　　7 8 X

把 X 与上、下、左、右方向的数字交换的行动记录为 u、d、l、r。

现在，给你一个初始网格，请你通过最少的移动次数，得到正确的排列。

分析：

首先进行可行性判定。我们在奇数码问题中已讨论过，把除空格外的所有数字排成一个序列，求出该序列的逆序对数。如果初始状态和最终状态的逆序对数奇偶性相同，那么这两

个状态互相可达，否则一定不可达（当空格左右移动时，写成的序列不变；当空格上下移动时，相当于某个数与它后（前）边的 $n-1$ 个数交换了位置，因为 $n-1$ 是偶数，所以逆序对数的变化也只能是偶数）。

若问题有解，我们就采用 A* 算法搜索一种移动步数最少的方案。经过观察可以发现，每次移动只能把一个数字空格交换位置，这样至多把一个数字向它在目标状态中的位置移近一步。即使每一步的移动都是有意义的，从任何一个状态到目标状态的移动步数也不可能小于所有数字当前位置与目标位置的曼哈顿距离之和。

于是，对于任意状态 state，我们可以把估价函数设计为所有数字在 state 中的位置与目标状态 end 中的位置的曼哈顿距离之和。即：

$$f(\text{state}) = \sum_{\text{num}=1}^{9} (|\text{state\_x}_{\text{num}} - \text{end\_x}_{\text{num}}| + |\text{state\_y}_{\text{num}} + \text{state\_y}_{\text{num}} - \text{end\_y}_{\text{num}}|)$$

其中，$\text{state\_x}_{\text{num}}$ 表示在状态 state 下数字 num 的行号，$\text{state\_y}_{\text{num}}$ 为列号。

我们不断从堆中取出"从初始状态到当前状态 state 已经移动的步数 + $f(\text{state})$"最小的状态进行扩展，当最终状态第一次被从堆中取出时，就得到了答案。

在 A* 算法中，为了保证效率，每个状态只需要在第一次被取出时扩展一次。因为本题中的状态是一个八数码，并非一个简单的节点编号，所以需要使用 Hash 方法来记录每个八数码是否已经被取出并扩展过一次。我们可以选择取模配合开散列处理冲突，或者使用 STL map 等 Hash 方法。另外，有一种名为"康托展开"的 Hash 方法，可以对全排列进行编码和解码，把 1~N 排列成序列与 1~N! 之间的整数建立一一映射关系，非常适合八数码的 Hash。

参考代码：

```cpp
#include <bits/stdc++.h>
using namespace std;
// state: 八数码的状态 （3×3 的九宫格压缩为一个整数）
// dist: 当前代价 + 估价
struct rec {
    int state, dist;
    rec() {}
    rec(int s, int d) { state = s, dist = d; }
};

int a[3][3];

map<int, int> d, f, go;
priority_queue<rec> q; // 默认大根堆
const int dx[4] = {-1, 0, 0, 1}, dy[4] = {0, -1, 1, 0};
char dir[4] = {'u', 'l', 'r', 'd'};

bool operator<(rec a, rec b) { // 运算符重载
    return a.dist > b.dist;
}

// 把 3×3 的九宫格压缩为一个整数（9 进制）
int calc(int a[3][3]) {
    int val = 0;
    for (int i = 0; i < 3; i++)
```

```cpp
            for (int j = 0; j < 3; j++) {
                val = val * 9 + a[i][j];
            }
    return val;
}

// 从一个 9 进制数复原出 3×3 的九宫格，以及空格位置
pair<int, int> recover(int val, int a[3][3]) {
    int x, y;
    for (int i = 2; i >= 0; i--)
        for (int j = 2; j >= 0; j--) {
            a[i][j] = val % 9;
            val /= 9;
            if (a[i][j] == 0) x = i, y = j;
        }
    return make_pair(x, y);
}

// 计算估价函数
int value(int a[3][3]) {
    int val = 0;
    for (int i = 0; i < 3; i++)
        for (int j = 0; j < 3; j++) {
            if (a[i][j] == 0) continue;
            int x = (a[i][j] - 1) / 3; // 计算 a[i][j] 在目标状态的位置
            int y = (a[i][j] - 1) % 3;
            val += abs(i - x) + abs(j - y);
                    // 每一步移动有效，移到目标状态的最少步数，即曼哈顿距离
        }
    return val;
}

// A* 算法
int astar(int sx, int sy, int e) { // 起点 (sx, sy)，目标状态对应的整数值为 e
    d.clear();
    f.clear();
    go.clear();
    while (q.size()) q.pop();
    int start = calc(a); // 初始状态对应的整数值
    d[start] = 0;
    q.push(rec(start, 0 + value(a)));
    while (q.size()) {
        // 取出堆顶
        int now = q.top().state; q.pop();
        // 第一次取出目标状态时，得到答案
        if (now == e) return d[now];
        int a[3][3];
        // 复原九宫格
        pair<int, int> space = recover(now, a);
        int x = space.first, y = space.second;
        // 枚举空格的移动方向（上下左右）
```

```
            for (int i = 0; i < 4; i++) {
                int nx = x + dx[i], ny = y + dy[i];
                if (nx < 0 || nx > 2 || ny < 0 || ny > 2) continue;
                swap(a[x][y], a[nx][ny]);
                int next = calc(a);
                // next 状态没有被访问过，或者能被更新
                if (d.find(next) == d.end() || d[next] > d[now] + 1) {
                    d[next] = d[now] + 1;
                    // f 和 go 记录移动的路线，以便输出方案
                    f[next] = now;
                    go[next] = i;
                    // 入堆
                    q.push(rec(next, d[next] + value(a)));
                }
                // 还原状态
                swap(a[x][y], a[nx][ny]);
            }
        }
        return -1;
    }

    void print(int e) {
        if (f.find(e) == f.end()) return;
        // 倒序输出路径
        print(f[e]);
        putchar(dir[go[e]]);
    }
    int main() {
        // 计算目标状态对应的整数值
        int end = 0;
        for (int i = 1; i <= 8; i++) end = end * 9 + i;
        end *= 9; // 最后一个位置是 0
        int x, y;
        for (int i = 0; i < 3; i++)
            for (int j = 0; j < 3; j++) {
                char str[2];
                scanf("%s", str);
                if (str[0] == 'x') a[i][j] = 0, x = i, y = j; // 起点
                else a[i][j] = str[0] - '0';
            }
        int ans = astar(x, y, end);
        if (ans == -1) puts("unsolvable");
        else             print(end);
    }
```

康托展开优化：

康托展开用于求一个排列在所有 $1 \sim n$ 的排列中的字典序排名，其原理很简单。设有排列 $p = a_1 a_2 \cdots a_n$，那么对任意字典序比 p 小的排列，一定存在 i，使其前 $i - 1$（$1 \leq i < n$）位与 p 的对应位相同，第 i 位比 p_i 小，后续位随意。于是对于任意 i，满足条件的排列数就是从后 $n-i+1$ 位中选一个比 a_i 小的数，并将剩下的 $n - i$ 个数进行任意排列的方案数，即 $A_i \times (n-i)!$

（A_i 表示后面比 a_i 小的数的个数）。遍历所有的 i，得到总方案数 $\sum_{i=1}^{n-1} A_i \times (n-i)!$，再加 1，即为该排列的字典序排名。

例如，若 p=4 1 3 2，则可以求得 A = [3, 0, 1, 0]，第一位比 p_1 小的排列数为 $3 \times 3!$ = 18，第一位与 p_i 相等，第二位比 p_2 小的排列没有；第一、二位分别等于 p_1、p_2，第三位比 p_3 小的排列数为 $1 \times 1! = 1$。所以 p 的排名是 $18 + 1 + 1 = 20$。

康托展开参考代码：

```cpp
ll fact[MAXN] = {1}, P[MAXN], A[MAXN]; // fact 需要在外部初始化
ll cantor(int P[], int n)              // 这里传入的 P 是 1-index 数组
{
    ll ans = 1;
    for (int i = 1; i <= n; i++)
        for (int j = i + 1; j <= n; j++)
            if (P[j] < P[i])
                A[i]++;
    for (int i = 1; i < n; i++)
        ans += A[i] * fact[n - i];
    return ans;
}
```

康托展开优化后的参考代码：

```cpp
#include <bits/stdc++.h>
using namespace std;

const int N = 362886;
int fa[N], f[N];
bool v[N];
int dx[4] = {-1, 0, 1, 0};
int dy[4] = {0, -1, 0, 1};
int jc[10] = {1, 1, 2, 6, 24, 120, 720, 5040, 40320, 362880};
// 0!, 1!, ..., 9!

struct P {
    int i, x, y;
    string s;
    
    bool operator<(const P a) const {
        return x + y > a.x + a.y;
    }
};

priority_queue<P> q;

// 康托展开
int cantor(string st) {
    int len = st.size();
    for (int i = 0; i < len; i++)
        if (st[i] == 'x') {
```

```cpp
                st[i] = '0';
                break;
            }
        int ans = 1;
        for (int i = 0; i < len; i++) {
            int num = 0;
            for (int j = 0; j < i; j++) if (st[j] < st[i]) ++num;
            ans += (st[i] - '0' - num) * jc[len - i - 1];
        }
        return ans;
    }

    int S(string s) {
        int ans = 0;
        for (unsigned int i = 0; i < s.size(); i++) {
            int r = i / 3, c = i % 3;
            if (s[i] == 'x') ans += abs(r - 2) + abs(c - 2);
            else {
                int k = s[i] - '1';
                ans += abs(r - k / 3) + abs(c - k % 3);
            }
        }
        return ans;
    }

    bool bfs(string st) {
        string ed = "12345678x";
        memset(v, 0, sizeof(v));
        memset(fa, -1, sizeof(fa));
        memset(f, -1, sizeof(f));
        int k;
        for (int i = 0; i < 10; i++)
            if (st[i] == 'x') {
                k = i;
                break;
            }
        P p;
        p.i = k;        // 起点的位置
        p.x = 1;
        p.y = S(st);    // 估价函数
        p.s = st;       // 初始状态
        q.push(p);
        v[cantor(st)] = 1;
        while (q.size()) {
            p = q.top();
            if (p.s == ed) return 1;
            q.pop();
            int r = p.i / 3, c = p.i % 3;  // 起点坐标
            for (int i = 0; i < 4; i++) {
                int nx = r + dx[i], ny = c + dy[i];
                if (nx < 0 || nx > 2 || ny < 0 || ny > 2) continue;
```

```cpp
                string s = p.s;
                swap(s[p.i], s[nx * 3 + ny]);
                if (v[cantor(s)]) continue;
                v[cantor(s)] = 1;
                fa[cantor(s)] = cantor(p.s);
                f[cantor(s)] = i; // 数组 f 记录移动方向，cantor(s) 只访问一次
                P np;
                np.i = nx * 3 + ny;
                np.x = p.x + 1;
                np.y = S(s);
                np.s = s;
                q.push(np);
            }
    }
    return 0;
}

int main() {
    string st = "";
    for (int i = 1; i < 10; i++) {
        char s[2];
        cin >> s;
        st += s[0];
    }
    // 计算逆序对
    int cnt = 0;
    for (unsigned i = 0; i < st.size(); i++)
        if (st[i] != 'x')
            for (unsigned int j = 0; j < i; j++)
                if (st[j] != 'x' && st[j] > st[i]) ++cnt;

    if (cnt & 1) { // 逆序对为计数，无解
        cout << "unsolvable" << endl;
        return 0;
    }

    vector<int> ans;
    if (bfs(st)) {
        int k = cantor("12345678x");
        while (k != -1) { // ans 存储路径
            ans.push_back(f[k]);
            k = fa[k];
        }
        for (unsigned int i = ans.size() - 1; i < ans.size(); i--)
            if (ans[i] == 0) putchar('u');
            else if (ans[i] == 1) putchar('l');
            else if (ans[i] == 2) putchar('d');
            else if (ans[i] == 3) putchar('r');
    } else puts("unsolvable");
    return 0;
}
```

55.2 IDA* 算法（迭代加深 + 估价函数）

A* 算法本质上是带有估价函数的 BFS 算法。故 A* 算法有一个显而易见的缺点，就是需要维护一个二叉堆（优先队列）来存储状态及其估价，这不仅耗费空间较大，而且对堆进行一次操作也要花费 $O(\log N)$ 的时间。此外，A* 算法的关键在于设计估价函数。

既然估价函数与 BFS 算法结合可以产生 A* 算法，那么估价函数能否与深度优先搜索（Depth First Search，DFS）结合呢？当然，DFS 也有一个缺点，就是估价一旦出现失误，就容易向下递归深入一个不能产生最优解的分支，从而浪费大量时间。

结合以上讨论，我们最终选择把估价函数与迭代加深的 DFS 算法相结合。该算法限定一个搜索深度，在不超过该深度的前提下执行 DFS，若找不到解，就扩大搜索限制，重新进行搜索。

我们首先设计一个估价函数，估算从每个状态到目标状态需要的步数。当然，与 A* 算法一样，估价函数需要遵守"估值不大于未来的实际步数"的准则。然后，以迭代加深的 DFS 算法搜索框架为基础，把原来简单的深度限制加强为：若当前深度 + 未来估计步数 > 深度限制，则立即从当前分支回溯。

这就是 IDA* 算法（即迭代加深的 A* 算法）。IDA* 算法在许多场景下表现出色，具有较高的效率，并且程序实现的难度低于 A* 算法。

- 例题 1：Booksort

题目描述：

给定 n（$1 \leq n \leq 15$）本书，编号为 $1 \sim n$。在初始状态下，书是任意排列的。在每一次操作中，可以抽取其中范围连续的一部分图书，再把这部分范围连续的图书插入其他某个位置。我们的目标状态是把书按照 $1 \sim n$ 的顺序依次排列。求最少需要多少次操作。若操作次数大于或等于 5，则直接输出字符串 "5 or more" 即可。

我们先来估算一下每个状态的分支数量。在每个状态下，我们可以抽取范围连续的图书，并将其移动到另一个位置。对于任意整数 i，当抽取长度为 i 时，有 $n-i+1$ 种选择方法，有 $n-i$ 个可插入的位置。另外，把这部分图书移动到更靠前的某个位置，等价于把"跳过"的那部分书移动到靠后的某个位置，所以上面的计算方法把每种情况算了两遍。每个状态的分支数量约为：$\sum_{i=1}^{n}(n-i) \times (n-i+1) \leq (15 \times 14 + 14 \times 13 + \cdots + 2 \times 1)/2 = 560$。

根据题目要求，我们只需要考虑操作次数在 4 次以内能否实现目标，也就是我们只需要考虑搜索树的前 4 层。4 层搜索树的规模能够达到 560^4，无法承受。

第一种解法采用双向 BFS 算法，从初始状态、目标状态开始各搜索两步，看能否到达相同的状态进行衔接，复杂度降低为 560^2。

第二种解法采用 IDA* 算法。

在目标状态下，第 i 本书后应该是第 $i+1$ 本书，我们称 $i+1$ 是 i 的正确后继。

对于任意状态，考虑整个排列中书的错误后继的总数（记为 tot），可以发现，每次操作至多更改 3 本书的后继。即使在最理想的情况下，每次操作都能把某 3 个错误后继全部改对，消除所有错误后继的操作数也至少需要 [tot/3]（其中 [ ] 表示向上取整）次。

因此，我们把一个状态 s 的估价函数设计为 $f(s) = [\text{tot}/3]$，其中，tot 表示在状态 s 下书的错误后继总数。

我们采用迭代加深的方法,首先从 1 到 4 依次限制搜索深度,然后从初始状态出发进行 DFS（深度优先搜索）操作。在进行 DFS 操作过程中,每个状态直接枚举抽取哪部分以及移动到更靠后的哪个位置,并沿着该分支深入。注意,在进入任何状态 s 后,我们先进行判断,如果当前操作次数加上 $f(s)$ 已经大于深度限制,则直接从当前分支回溯。

在实际的测试中,上述 IDA* 算法能够比双向 BFS 算法更快地求出答案。

参考代码:

```cpp
#include <bits/stdc++.h>
using namespace std;

const int N = 20;
int n, a[N], dep;

//  统计错误后继的数量
int gj() {
    int cnt = 0;
    for (int i = 1; i < n; i++)
        if (a[i] + 1 != a[i + 1]) cnt++;
    if (a[n] != n) return cnt + 1;
    return cnt;
}

// 将 (l,r) 移动到 t 之后
void work(int l, int r, int t) {
    int b[N], p = r;
    for (int i = 1; i <= t; i++) {
        b[i] = a[++p];
        if (p == t) p = l - 1;
    }
    for (int i = 1; i <= t; i++) a[i] = b[i];
}

bool dfs(int now) {
    int cnt = gj();
    if (!cnt) return 1; // 没有错误后继
    if (3 * now + cnt > 3 * dep) return 0;
    int c[N];

    memcpy(c, a, sizeof(c));
    for (int l = 1; l <= n; l++)         // 枚举起点
        for (int r = l; r <= n; r++)     // 枚举终点
            for (int t = r + 1; t <= n; t++) { // 枚举靠后的位置
                work(l, r, t); // 移动
                if (dfs(now + 1)) return 1;
                memcpy(a, c, sizeof(a)); // 状态还原
            }
    return 0;
}
```

```
void Booksort() {
    cin >> n;
    for (int i = 1; i <= n; i++) scanf("%d", &a[i]);
    for (dep = 0; dep <= 4; dep++)
        if (dfs(0)) {
            cout << dep << endl;
            return;
        }
    puts("5 or more");
}

int main() {
    int t;
    cin >> t;
    while (t--) Booksort();
    return 0;
}
```

- 例题 2：The Rotation Game

题目描述：

图 55-3 是一个 # 字形的棋盘，棋盘中有 1、2 和 3 三种数字各 8 个。给定 8 种操作，分别为图中的 A ~ H。这些操作会按照图中字母和箭头所指的方向，把一条长为 8 的序列循环移动 1 个单位。

例如，在图 55-3 最左边的 # 字形棋盘中执行操作 A 后，会变为图 55-3 中间的 # 字形棋盘，再执行操作 C 后会变成图 55-3 最右边的 # 字形棋盘。

给定一个初始状态，请使用最少的操作次数，使 # 字形棋盘最中间的 8 个格子里的数字相同。

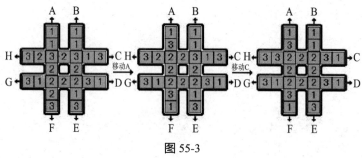

图 55-3

输入样例：

1 1 1 1 3 2 3 2 3 1 3 2 2 3 1 2 2 2 3 1 2 1 3 3
1 1 1 1 1 1 1 1 2 2 2 2 2 2 2 2 3 3 3 3 3 3 3 3
0

输出样例：

AC
2
DDHH
2

分析：

可以使用 IDA* 算法求解。首先确定 DFS 的框架——在每个状态下枚举执行哪种操作，然后沿着该分支深入即可。这里有一个很明显的剪枝是记录上一次的操作，不执行上一次操作的逆操作，避免来回搜索。

接下来我们设计估价函数。通过仔细观察可以发现，在每个状态下，如果中间 8 个格子里出现次数最多的数字是 k，而中间 8 个格子里剩下的数字有 m 个与 k 不同，那么把中间 8 个格子里的数字都变为 k 至少需要 m 次操作。因此，我们就以这个 m 为估价。

总之，我们采取迭代加深，由 1 开始从小到大依次限制操作次数（搜索深度），在DFS 的每个状态下，若当前操作次数 + 估值大于深度限制，则从当前分支回溯。

参考代码：

```cpp
#include <bits/stdc++.h>
using namespace std;

int a[9][9], dep;
vector<char> ans;

void work(int k) {
    if (k == 1) {
        for (int i = 1; i < 8; i++) a[i - 1][3] = a[i][3];
        a[7][3] = a[0][3];
    } else if (k == 2) {
        for (int i = 1; i < 8; i++) a[i - 1][5] = a[i][5];
        a[7][5] = a[0][5];
    } else if (k == 3) {
        for (int i = 7; i; i--) a[3][i + 1] = a[3][i];
        a[3][1] = a[3][8];
    } else if (k == 4) {
        for (int i = 7; i; i--) a[5][i + 1] = a[5][i];
        a[5][1] = a[5][8];
    } else if (k == 5) {
        for (int i = 7; i; i--) a[i + 1][5] = a[i][5];
        a[1][5] = a[8][5];
    } else if (k == 6) {
        for (int i = 7; i; i--) a[i + 1][3] = a[i][3];
        a[1][3] = a[8][3];
    } else if (k == 7) {
        for (int i = 1; i < 8; i++) a[5][i - 1] = a[5][i];
        a[5][7] = a[5][0];
    } else {
        for (int i = 1; i < 8; i++) a[3][i - 1] = a[3][i];
        a[3][7] = a[3][0];
    }
}

// 估价函数，与最多的数字 k 不同数字的数量
int gj() {
    int num[4];
    num[1] = num[2] = num[3] = 0;
```

```cpp
        for (int i = 3; i < 6; i++)
            for (int j = 3; j < 6; j++) {
                if (i == 4 && j == 4) continue;
                ++num[a[i][j]];
            }
        return 8 - max(num[1], max(num[2], num[3]));
}

bool dfs(int now) {
    int cnt = gj();
    if (!cnt) return 1; // 剩余步数为 0, 搜索成功
    if (now + cnt > dep) return 0; // 超过限定搜索深度
    int b[9][9];
    memcpy(b, a, sizeof(b)); // 临时记录状态
    for (int i = 1; i < 9; i++) {
        if (ans.size()) { // 排除上一操作的逆操作
            int k = ans.back();
            if (k - 'A' + 1 == 1 && i == 6) continue;
            if (k - 'A' + 1 == 2 && i == 5) continue;
            if (k - 'A' + 1 == 3 && i == 8) continue;
            if (k - 'A' + 1 == 4 && i == 7) continue;
            if (k - 'A' + 1 == 5 && i == 2) continue;
            if (k - 'A' + 1 == 6 && i == 1) continue;
            if (k - 'A' + 1 == 7 && i == 4) continue;
            if (k - 'A' + 1 == 8 && i == 3) continue;
        }
        ans.push_back(i + 'A' - 1);       // 执行操作
        work(i);                          // 执行第 i 个操作
        if (dfs(now + 1)) return 1;       // 返回成功
        ans.pop_back();                   // 弹出操作
        memcpy(a, b, sizeof(a));          // 恢复状态
    }
    return 0;
}

void The_Rotation_Game() {
    // 数据输入
    cin >> a[1][5] >> a[2][3] >> a[2][5];
    for (int i = 1; i < 8; i++) cin >> a[3][i];
    cin >> a[4][3] >> a[4][5];
    for (int i = 1; i < 8; i++) cin >> a[5][i];
    cin >> a[6][3] >> a[6][5] >> a[7][3] >> a[7][5];
    ans.clear(); // 多组数据,清空答案数组
    dep = 0;     // 限定搜索深度
    while (!dfs(0)) ++dep;
    if (!dep) puts("No moves needed"); // dep == 0, 不需要移动
    else { // 输出移动路径
        for (unsigned int i = 0; i < ans.size(); i++)
            putchar(ans[i]);
        puts("");
    }
}
```

```
        cout << a[3][3] << endl;
}

int main()
{
    while (cin >> a[1][3] && a[1][3]) The_Rotation_Game();
    return 0;
}
```

- 例题 3：Square Destroyer

题目描述：

图 55-4 左侧显示了一个由 24 根火柴构成的 3×3 的完整网格，其中所有火柴的长度都是 1。你可以在网格中找到许多不同大小的正方形。在图 55-4 左图所示的网格中，有 9 个边长为 1 的正方形，4 个边长为 2 的正方形和 1 个边长为 3 的正方形。组成完整网格的每一根火柴都有唯一编号，该编号从 1 开始从上到下，从左到右，按顺序分配。

如果你将一些火柴从完整的网格中取出，形成一个不完整的网格，则一部分正方形将被破坏。图 55-4 右图为移除编号为 12、17 和 23 三根火柴后不完整的 3×3 的网格。这次移除破坏了 5 个边长为 1 的正方形，3 个边长为 2 的正方形和 1 个边长为 3 的正方形。此时，网格不具有边长为 3 的正方形，但仍然具有 4 个边长为 1 的正方形和 1 个边长为 2 的正方形。

现在给定一个（完整或不完整）$n \times n$（n 不大于 5）的网格，求至少再去掉多少根火柴，可以使网格内不再含有任何尺寸的正方形。

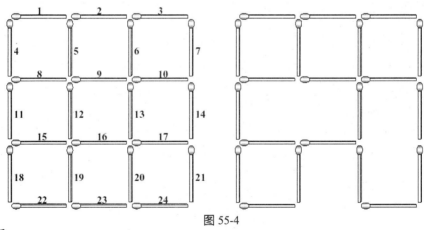

图 55-4

分析：

DFS 框架：首先在每个状态下找出一个最小的正方形，然后枚举去掉它边界上的那一根火柴，最后沿着该分支深入。

估价函数设计：不断从当前图形中任选一个还没有被破坏的正方形，去掉它边界上的所有火柴，但是只记一次操作。按照上述方法统计出破坏所有的正方形需要多少次操作，作为"从当前图形到不含有正方形的图形需要去掉的火柴数量"的估值。这个估值显然不会大于未来实际需要去掉的火柴数量。

最后执行迭代加深的 A*（即 IDA* 算法），即可快速求出答案。

注意： 本题的参考代码实现细节有很多，需要格外注意。

参考代码：

```cpp
#include <bit/stdc++.h>
using namespace std;

const int N = 66;
int n, k, s, tot, id[16][16], dep, tmp;
vector<int> e[N], g[N];
bool v[N];

// 估价函数
int gj() {
    bool w[N];
    memcpy(w, v, sizeof(w));
    int ans = 0;
    for (int i = 1; i <= tot; i++)
        if (w[i]) {
            if (!ans) tmp = i;
            ++ans;
            for (unsigned int j = 0; j < g[i].size(); j++)
                for (unsigned int x = 0; x < e[g[i][j]].size(); x++)
                    w[e[g[i][j]][x]] = 0;
        }
    return ans;
}

// DFS
bool dfs(int now) {
    int cnt = gj();
    if (!cnt) return 1;
    if (now + cnt > dep) return 0;
    bool w[N];
    memcpy(w, v, sizeof(w));
    int tmp0 = tmp;
    for (unsigned int i = 0; i < g[tmp0].size(); i++) {
        int st = g[tmp0][i];
        for (unsigned int j = 0; j < e[st].size(); j++)
            v[e[st][j]] = 0;
        if (dfs(now + 1)) return 1;
        memcpy(v, w, sizeof(v));
    }
    return 0;
}

void Square_Destroyer() {
    // n 表示网格的规模
    // k 表示缺少的火柴数量，后有 k 个整数，表示缺少的火柴编号
    cin >> n >> k;
    s = 2 * n + 1;
    // 计算火柴的编号
    tot = 0;
    for (int i = 1; i <= s; i++)
        for (int j = 1; j <= s; j++)
```

```cpp
                if ((i & 1) != (j & 1)) id[i][j] = ++tot;

    // 清空每一根火柴的数组
    for (int i = 1; i <= tot; i++) e[i].clear();

    int z = n * (n + 1) * (2 * n + 1) / 6;
    for (int i = 1; i <= z; i++) g[i].clear();

    tot = 0;
    for (int a = 1; a < s; a += 2)
        for (int i = 2; i + a <= s; i += 2)
            for (int j = 2; j + a <= s; j += 2) {
                ++tot;
                for (int x = 0; x < a; x += 2) {
                    e[id[x + i][j - 1]].push_back(tot);
                    e[id[x + i][j + a]].push_back(tot);
                    e[id[i - 1][x + j]].push_back(tot);
                    e[id[i + a][x + j]].push_back(tot);
                    g[tot].push_back(id[x + i][j - 1]);
                    g[tot].push_back(id[x + i][j + a]);
                    g[tot].push_back(id[i - 1][x + j]);
                    g[tot].push_back(id[i + a][x + j]);
                }
            }
    memset(v, 1, sizeof(v));
    for (int i = 1; i <= k; i++) {
        int a;
        cin >> a;
        for (unsigned int j = 0; j < e[a].size(); j++)
            v[e[a][j]] = 0;
    }
    dep = 0;
    while (!dfs(0)) ++dep;
    cout << dep << endl;
}

int main() {
    int t;
    cin >> t;
    while (t--) Square_Destroyer();
    return 0;
}
```

第 56 课 深度优先搜索

利用计算机解题时，通常先穷举所有可能的结果，其中可能会有一系列操作，然后从中找出符合要求的结果进行输出。但在查找结果的过程中，可能存在多种情况都能得到正确的结果，这就需要逐一尝试，而且每一次对结果的尝试都必须保持状态一致。搜索与回溯就是处理这种问题常用的算法。

回溯是搜索算法中的一种控制策略，其基本思想是：为了求得问题的解，先选择某一种可能的情况向前探索。在探索过程中，一旦发现原来的选择是错误的，就退回到上一状态重新选择，接着继续向前探索，如此反复进行，直至得到解或证明无解。

例如迷宫问题。进入迷宫后，先随机选择一个前进方向，再一步步地向前试探，如果碰到"死胡同"，则说明前进方向已无路可走，这时，首先看其他方向是否还有路可走，如果有路可走，则沿该方向再向前试探；如果也无路可走，则返回一步，再看其他方向是否还有路可走，如此反复。按此原则不断搜索回溯，再搜索，直到找到新的出路，或者从原路返回入口处确定无解为止。

探索过程的参考代码模板如下。

（1）先查询种数。

```
int dfs(int k) {
    for (int i = 1; i <= 算符种数; i++) {
        if (满足条件) {
            保存结果;
            if (找到解) 输出解;
            else dfs(k + 1);
            恢复:保存结果之前的状态  // 回溯到上一步
        }
    }
}
```

（2）先判断解。

```
int dfs(int k) {
    if (找到解) 输出解;
    else for (int i = 1; i <= 算符种数; i++) {
        if (满足条件) {
            保存结果;
            dfs(k + 1);
            恢复:保存结果之前的状态  // 回溯到上一步
        }
    }
}
```

56.1 例题

- **例题 1：素数环**

题目描述：

将 1~20 这 20 个数摆成一个环，要求相邻的两个数之和是一个素数。

分析：

从 1 开始，每个空位有 20 种可能，要求填入的数合法，即与前面的数不相同，并且与左边相邻数的和是一个素数。另外，还要判断第 20 个数与第 1 个数的和是否为素数，若不是，则需要尝试下一个数。这种解题思路符合回溯算法的基本思想。

参考代码：

```cpp
#include <bits/stdc++.h>
using namespace std;

bool is_used[23];   // 标记数字是否用过
int p[20];          // 存放数据

void print() {
    for (int i = 1; i <= 20; i++) {
        cout << p[i] << " ";
    }
}

bool is_prime(int x) {
    if (x == 1) return false;
    for (int i = 2; i * i <= x; i++) {
        if (x % i == 0)
            return false;
    }
    return true;
}

void dfs(int cur) {
    if (cur > 20 && is_prime(p[1] + p[cur - 1])) {
        print(cur);
    } else for (int i = 1; i <= 20; i++) {
        if (!is_used[i]) {
            p[cur] = i;
            is_used[i] = true;
            if (cur == 1 || is_prime(p[cur] + p[cur - 1])) dfs(cur + 1);
            is_used[i] = false;
        }
    }
}

int main(){
    dfs(1);
    return 0;
}
```

- 例题 2：排列

题目描述：

设有 n 个整数的集合 $\{1,2,\cdots,n\}$，从中取出任意 r 个数进行排列（$r < n \leq 20$），试列出所有这样的排列。

分析：

从所有还能选的数中按设定规则取一个，如果已经取了 r 个数，并且是一个符合要求的排列，则输出。

参考代码：

```cpp
#include <bits/stdc++.h>
using namespace std;
bool is_used[23];
int p[23];

void print(int cur) {
    for(int i = 1; i <= cur; i++) {
        cout << p[i] << " ";
    }
}

void dfs(int cur, int n, int r) {
    if (cur > r) print(cur);
    else for (int i = 1; i <= n; i++) {
        if (!is_used[i]) {
            p[cur] = i;
            is_used[i] = true;
            dfs(cur + 1, n, r);
            is_used[i] = false;
        }
    }
}

int main() {
    int n, r;
    cin >> n >> r;
    dfs(1, n, r);
    return 0;
}
```

- **例题 3：自然数之和**

题目描述：

任何一个大于 1 的自然数 n（$n \leq 10000$）总可以拆分成若干个小于 n 的自然数之和。

当 n=7 时，共 14 种拆分方法：

7=1+1+1+1+1+1+1

7=1+1+1+1+1+2

7=1+1+1+1+3

7=1+1+1+2+2

7=1+1+1+4

7=1+1+2+3

7=1+1+5

7=1+2+2+2

7=1+2+4

7=1+3+3

7=1+6

7=2+2+3
7=2+5
7=3+4

分析：

按一定规则从小于 n 的自然数中选出一个，若刚好构成了 n，则输出，否则，如果大于 n，则退回到上一步；如果小于 n，则继续查找下一个。

参考代码：

```cpp
#include <bits/stdc++.h>
using namespace std;

bool is_used[10007];
int p[10007];

void print(int cur, int n) {
    cout << n << "=";
    for (int i = 1; i < cur; i++) {
        cout << p[i] << "+";
    }
    cout << p[cur] << endl;
}

void dfs(int n, int cur, int sum) {
    if (sum == n) print(n, cur);
    else if (sum < n)
        for (int i = p[cur - 1]; i <= n; i++) {
            if (!is_used[i]) {
                is_used[i] = true;
                p[cur] = i;
                dfs(n, cur + 1, sum + i);
                is_used[i] = false;
            }
        }
}

int main() {
    int n;
    cin >> n;
    dfs(n, 1, 0);
    return 0;
}
```

56.2 练习

- **练习：八皇后问题**

题目描述：

要在国际象棋棋盘中放 8 个皇后，使任意两个皇后之间不能互相吃。请输出所有可能的情况，只输出列的值（提示：皇后能吃同一行、同一列、同一对角线的任意棋子）。

第 57 课 深度优先搜索优化

57.1 概述

深度优先搜索（DFS）简称"深搜"，就是按照深度优先的顺序对"问题状态空间"进行搜索的算法。该算法与"递归"和"栈"密切相关。

我们倾向于认为"递归"是一种与递推相对的单一的遍历方法。除搜索外，还有许多算法都可以通过递归实现。而"深搜"是包括遍历形式、状态记录与检索、剪枝优化等在内的整体算法设计的统称。

对于在搜索过程中产生的"搜索树"，当访问到某一个状态 x 时，与之关联的下一个未访问状态 y 应当被加入搜索路径中。为了避免重复访问，我们需要对状态进行记录。为了使程序运行时更加高效，我们还会对状态加以判断，以便提前结束对状态的遍历，从而实现剪枝优化。

深度优先搜索的代码模板在第 56 课已经介绍过，大家可参考第 56 课的内容。

- 例题 1：小猫下山

题目描述：

Freda 和 Rainbow 准备租用索道上的缆车运送 N 只小猫下山，缆车的最大承重量为 W，而 N 只小猫的重量分别是 $C_1, C_2, \cdots, C_N$。当然，每辆缆车上小猫的重量之和不能超过 W。每租用一辆缆车，Freda 和 Rainbow 就要支付 1 美元，所以他们想知道，最少需要支付多少美元才能把这 N 只猫都运送下山？

数据范围：

$1 \leq N \leq 18, 1 \leq C_i \leq W \leq 10^8$

输入样例：

5 1996
1
2
1994
12
29

输出样例：

2

分析：

任意只小猫都可以进行组合，只要满足一辆缆车上小猫的重量不超过 W 即可。本题可以使用深度优先搜索算法来解决。在搜索过程中，我们尝试一次把每一只小猫分配到一辆已经租用的缆车上，或者新租一辆缆车安置这只小猫。于是，我们实时关心的状态有：已经运送的小猫数量、已经租用的缆车数量，以及每辆缆车上当前搭载的小猫重量之和。

编写函数 dfs(now,cnt) 处理第 now 只小猫的分配过程（前 now-1 只已经分配好），并且当前已经租用了 cnt 辆缆车。对于已经租用的这 cnt 辆缆车的当前搭载重量可以记录在一个全局数组 cab[] 中。

now、cnt 和 cab[] 共同标识当前分配的小猫的状态。从这个状态出发，我们最多有 cnt+1 个可能的状态。即当前这只小猫可以分配进已经租的 cnt 辆缆车中的某一辆或者需要新租一辆缆车。

（1）尝试将第 now 只小猫分配到已经租用的第 i（$1 \leq i \leq$ cnt）辆缆车上。如果第 i 辆缆车还能安置小猫，那么我们就在 cab[i] 中先累加 C_{now}，再递归 dfs(now+ 1, cnt)。

（2）已经租的 cnt 辆缆车不适合安置当前这只小猫，需要新租一辆缆车。cab[cnt+1] = C_{now}。递归计算 dfs(now+1, cnt+1)。当 now =N+1 时，说明小猫已经运送完成。用 cnt 更新答案。

为了让搜索过程更加高效，我们可以进行优化：如果在搜索的任何时刻发现 cnt 大于或者等于已经搜到的答案，那么当前分支就可以立即回溯。另外，重量较大的小猫显然比重量较小的小猫更"难"运送，我们还可以在搜索前把小猫按照重量递减排序，优先搜索重量较大的小猫，减少搜索状态的数量。

参考代码：

```
#include <bits/stdc++.h>
using namespace std;
int c[20], cab[20], n, w, ans;
void dfs(int now, int cnt) {
    if (cnt >= ans) return; // 提前结束
    if (now == n + 1) {
        ans = min(ans, cnt);
        return;
    }
    for (int i = 1; i <= cnt; i++) {     // 分配到已租用的缆车上
        if (cab[i] + c[now] <= w) {      // 可以装
            cab[i] += c[now];            // 增加重量
            dfs(now + 1, cnt);           // 下一个状态
            cab[i] -= c[now];            // 还原现场，换一辆缆车
        }
    }
    cab[cnt + 1] = c[now];               // 新租一辆车
    dfs(now + 1, cnt + 1);
    cab[cnt + 1] = 0;                    // 还原现场
}

int main() {
    cin >> n >> w;
    for (int i = 1; i <= n; i++) cin >> c[i];
    sort(c + 1, c + n + 1, greater<int>());
    ans = n;                             // 最多用 n 辆缆车，每只猫一辆
    dfs(1, 0);                           // 当前第 1 只猫，租用了 0 辆缆车
    cout << ans << endl;
    return 0;
}
```

- **例题 2：Sudoku**

题目描述：

数独是一种传统的益智游戏，你需要把一个 9×9 的数独（如图 57-1 所示）补充完整，使得图中每行、每列、每个 3×3 的九宫格内数字 1~9 均恰好出现一次。请编写一个程序填写数独。

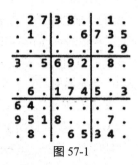

图 57-1

分析：

数独问题的搜索框架非常简单，我们关心的"状态"就是九宫格的每个位置上填了什么数。在每个状态下，我们找出一个还没填的位置，检查有哪些合法的数字可以填。这些合法的数字就构成该状态向下继续递归的"分支"。

搜索边界有以下两种。

（1）如果所有的位置都被填满，就找到了一个解。

（2）如果存在某个未填的位置没有合法数字，就说明当前搜索分支失败，应当回溯尝试其他分支。

使用"深搜"方法的搜索过程如图 57-2 所示。在任意状态下，我们都只需要考虑 1 个未填写的位置应该填入的值，其他未填写的位置就会在后续搜索过程中被访问到。然而，数独问题的规模很大，直接盲目地搜索会导致效率太低。

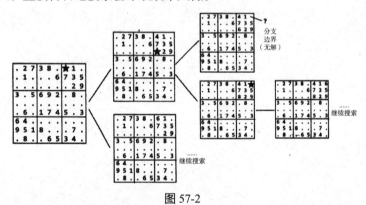

图 57-2

试想一下：如果是你玩数独游戏，那么策略一定是"先填上已经能够唯一确定的位置，再从那些填得比较满、选项比较少的位置开始尝试"。所以，在搜索算法中，也应当采取类似的策略。

在每一个状态下，从所有未填的位置选择"能填的合法数字"最少的位置，考虑该位置填什么数，而不是任意找出一个位置。

在搜索过程中，影响时间效率的因素除了搜索树的规模（影响算法的时间复杂度），还有在每个状态上记录、检索、更新的开销（影响程序运行的"常数"时间）。我们可以使用位运算来代替数组执行"对九宫格的各个位置所填数字的记录"，以及"可填性的检查与统计"。这就是我们所说的程序"常数优化"。具体地说：

（1）对于每行、每列、每个九宫格，分别用一个 9 位二进制数（全局整数变量）保存哪些数字还可以填。

（2）对于每个位置，把它所在行、列、九宫格的 3 个二进制数进行与（&）运算，就可以得到该位置能填哪些数，用 lowbit 运算就可以把能填的数字取出。

（3）当一个位置填入某个数后，把该位置所在行、列、九宫格记录的二进制数的对应位改为 0，即可更新当前状态；回溯时改回 1，即可还原现场。

参考代码：

```cpp
#include <bits/stdc++.h>
using namespace std;
char str[10][10];
int row[9], col[9], grid[9], cnt[512], num[512], tot;

inline int g(int x, int y) { // (x, y) 的九宫格编号
    return ((x / 3) * 3) + (y / 3);
}

// flip 计算哪些数字已被使用
inline void flip(int x, int y, int z) { // z 为当前要使用的数
    row[x] ^= 1 << z;
    col[y] ^= 1 << z;
    grid[g(x, y)] ^= 1 << z;
}

bool dfs(int now) {
    if (now == 0) return true;     // 已填入所有的数
    int temp = 10, x, y;           // temp 表示最少 1 的个数
    for (int i = 0; i < 9; i++)
        for (int j = 0; j < 9; j++) {
            if (str[i][j] != '0') continue; // (i, j) 已有数字
            int val = row[i] & col[j] & grid[g(i, j)];
                                  // 计算合法的数字
            if (!val) return false; // val == 0, 表示没有合法的数字
            if (cnt[val] < temp) {  // 从能填入最少数字的位置开始
                temp = cnt[val];
                x = i, y = j;
            }
        }
    int val = row[x] & col[y] & grid[g(x, y)];
    for (; val; val -= val & -val) { // for 循环执行 val 中 1 的个数
        int z = num[val & -val];    // z 是能填入的数字
        str[x][y] = '1' + z;         // 填入数字
        flip(x, y, z);
        if (dfs(now - 1)) return true;
        flip(x, y, z);              // 还原现场
        str[x][y] = '0';
    }
    return false;
}

int main() {
    for (int i = 0; i < 1 << 9; i++)
        for (int j = i; j; j -= j & -j) cnt[i]++; // 统计 i 中 1 的个数
```

```cpp
    for (int i = 0; i < 9; i++)
        num[1 << i] = i; // 初始化 num 数组
    char s[100];

    for (int i = 0; i < 9; i++)
        for (int j = 0; j < 9; j++) cin >> str[i][j];
    for (int i = 0; i < 9; i++)
        row[i] = col[i] = grid[i] = (1 << 9) - 1;
    tot = 0;
    for (int i = 0; i < 9; i++)
        for (int j = 0; j < 9; j++)
            if (str[i][j] != '0')
                flip(i, j, str[i][j] - '1');
                // 填入的数字是 1 ~ 9，二进制数表示的位置是 0 ~ 8
            else tot++; // tot 是未填数字的个数
    dfs(tot);
    for (int i = 0; i < 9; i++) {
        for (int j = 0; j < 9; j++) {
            cout << str[i][j] << " ";
        }
        cout << endl;
    }
}
```

57.2 剪枝

剪枝就是缩小搜索树的规模，尽早排除搜索树中不必要的分支的一种手段。形象地看，剪枝就好像剪掉了搜索树的枝条。

在深度优先搜索中，有以下几类常见的剪枝方法。

（1）优化搜索顺序。

在一些搜索问题中，搜索树的各个层次和各个分支之间的顺序不是固定的。不同的搜索顺序会产生不同的搜索树形态，其规模相差甚远。例如：

① 在"小猫下山"问题中，按小猫重量递减的顺序进行搜索。

② 在"Sudoku"问题中，优先搜索"能填的合法数字"最少的位置。

（2）排除等效冗余。

在搜索过程中，如果我们能够判定从搜索树的当前节点上沿着某几条不同分支到大的子树是等效的，那么只需要对其中一条分支执行搜索即可。

另外，我们也应该避免重叠或混淆"层次"与"分支"，避免遍历若干棵覆盖同一状态空间的等效搜索树。

（3）可行性剪枝。

在搜索过程中，及时对当前状态进行检查，如果发现分支已经无法到达递归边界，就执行回溯。这就好比我们在道路上行走时，远远看到前方是一个"死胡同"，就应该立即折返绕路，而不是走到路的尽头再返回。

某些题目条件的范围限制是一个区间，此时可行性剪枝也被称为"上下界剪枝"。

（4）最优性剪枝。

在最优化问题的搜索过程中，如果当前花费的代价已经超过了当前搜索到的最优解，那么无论采取多么优秀的策略到达递归边界，都不可能更新答案，此时可以停止对当前分支的搜索，执行回溯。

（5）记忆化。

利用记忆化方法可以记录每个状态的搜索结果，在重复遍历一个状态时直接检索并返回。由于我们的搜索算法遍历的状态空间是树形的，不会重复访问，因此不需要记录。

- 例题 1：Sticks

题目描述：

乔治拿来一组等长的木棒，首先将它们随机截断，得到若干根小木棍，这些木棍的长度都不超过 50 个长度单位。然后他又想把这些木棍拼接起来，恢复到裁剪前的状态，但他忘记了初始时有多少根木棒以及木棒的初始长度。

请你设计一个程序，帮助乔治计算木棒可能的最小长度。每一根木棒的长度都用大于零的整数表示。

输入包含多组数据，每组数据有两行：第一行是一个不超过 64 的整数，表示截断之后共有多少根木棍。第二行是截断以后所得到的各根木棍的长度。在最后一组数组之后是一个零。对于每组数据，分别输出原始木棒可能的最小长度。

输入样例：

9
5 2 1 5 2 1 5 2 1
4
1 2 3 4
0

输出样例：

6
5

分析：

我们可以按从小到大的顺序枚举原始木棒的长度 len（也就是枚举答案）。当然，len 应该是所有木棍长度的总和 sum 的约数，并且原始木棒的根数 cnt 等于 sum / len。

对于枚举的每个 len，我们可以一次搜索每根原始木棒由哪些小木棍拼成。具体地说，搜索所面对的状态包括：已经拼好的原始木棒根数，正在拼的原始木棒的当前长度，每根木棍的使用情况。在每个状态下，我们从尚未使用的木棍中选择一根，尝试拼到当前的原始木棒里，然后递归到新的状态。递归边界就是成功拼好 cnt 根原始木棒，或者因无法继续拼接而宣告失败。

这个算法的效率很低，我们依次考虑以下几类剪枝。

（1）优化搜索顺序。

把木棍长度按从大到小的顺序排序，优先尝试较长的木棍。

（2）排除等效冗余。

① 可以限制先后加入一根原始木棒的长度是递减的。这是因为先拼上一根长度为 x 的木棍，再拼上一根长度为 y 的木棍（$x < y$），与先拼上 y，再拼上 x 显然是等效的，所以只需要搜索其中一种即可。

② 对于当前原始木棒，记录最近一次尝试拼接的木棍长度。如果分支搜索失败，则回溯，不再尝试向该木棒中拼接其他相同长度的木棍（必定也会失败）。

③ 如果在当前原始木棒中"尝试拼入的第一根木棍"的递归分支就返回失败，那么直接判定当前分支失败，立即回溯。这是因为在拼入这根木棍前，面对的原始木棒都是"空"的（还没有进行拼接），这些木棒是等效的。木棍拼在当前的木棒中失败，拼在其他木棒中一样会失败。

④ 如果在当前原始木棒中拼入一根木棍后，木棒恰好被拼接完整，并且"接下来拼接剩余的原始木棒"的递归分支返回失败，那么直接判定当前分支失败，立即回溯。该剪枝可以用贪心策略来解释，"再用一根木棍恰好拼完当前的原始木棒"必然比"再用若干根木棍拼完当前的原始木棒"更好。

上述 ①~④ 分别利用"同一根木棒上木棍顺序的等效性"、"等长木棍的等效性"、"空木棒的等效性"和"贪心策略"，剪掉了搜索树上诸多分支，使得搜索的效率大大提升。

参考代码：

```cpp
#include <bits/stdc++.h>
using namespace std;

int a[100], v[100], n, len, cnt;

// 正在拼第 stick 根原始木棒（已经拼好了 stick - 1 根）
// 第 stick 根木棒的当前长度为 cab
// 拼接到第 stick 根木棒中的上一根小木棍编号为 last

bool dfs(int stick, int cab, int last) {
    // 所有的原始木棒已经全部拼好，搜索成功
    if (stick > cnt) return true;
    // 第 stick 根木棒已经拼好，接着拼下一根
    if (cab == len) return dfs(stick + 1, 0, 1);

    int fail = 0; // 剪枝 2: 记录上一根木棍的长度
    // 剪枝 1: 小木棍长度递减（从编号 last 开始枚举）
    for (int i = last; i <= n; i++) {
        if (!v[i] && cab + a[i] <= len && fail != a[i]) {
            v[i] = 1; // 第 i 根木棍是否使用
            if(dfs(stick, cab + a[i], i + 1)) return true;
            fail = a[i];    // 表示当前尝试失败
            v[i] = 0;       // 还原现场
            if (cab == 0 || cab + a[i] == len)
                return false; // 剪枝 3、剪枝 4
        }
    }
    return false; // 所有分支都尝试过，搜索失败
}

int main() {
    while (cin >> n && n) {
        int sum = 0, val = 0;
        for (int i = 1; i <= n; i++) {
            scanf("%d", &a[i]);
            sum += a[i];
```

```
            val = max(val, a[i]);
        }
        sort(a + 1, a + n + 1, greater<int>()); // 逆序排

        for (len = val; len <= sum; len++) {
            if (sum % len) continue;
            cnt = sum / len;              // 原始木棒长度为 len, 共 cnt 根
            memset(v, 0, sizeof(v)); // 标记
            if (dfs(1, 0, 1)) break; // 找到了最小的 len
            // 当前拼第 1 根木棒, 当前长度为 0, 从第 1 根木棍开始
        }
        cout << len << endl;
    }
    return 0;
}
```

- 例题 2：生日蛋糕

题目描述：

7 月 17 日是 Mr.W 的生日, ACM-THU 为此要制作一个体积为 $N\pi$ 的 M 层生日蛋糕, 每层都是一个圆柱体。

设从下往上数第 i ($1 \leq i \leq M$) 层蛋糕是半径为 R_i、高度为 H_i 的圆柱体。当 $i < M$ 时, 要求 $R_i > R_{i+1}$ 且 $H_i > H_{i+1}$, 如图 57-3 所示。

由于要在蛋糕上抹奶油, 为了尽可能地节约经费, 因此我们希望蛋糕外表面（最下面一层的下底面除外）的面积 Q 最小。

请编程为给出的 N 和 M 找出蛋糕的制作方案（适当的 R_i 和 H_i 值）, 使 $S = \dfrac{Q}{\pi}$ 最小（除 Q 外, 以上所有的数据皆为正整数）。

$N \leq 10000$, $M \leq 20$, 圆柱体积 $V = \pi R^2 H$, 侧面积 $= 2\pi R H$, 底面积 $= \pi R^2$。

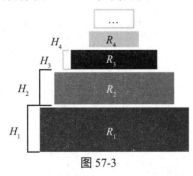

图 57-3

分析：

圆柱体积 $V = \pi R^2 H$, 侧面积 $= 2\pi R H$, 底面积 $= \pi R^2$。

蛋糕体积 $V = N\pi = \pi R_1^2 H_1 + \pi R_2^2 H_2 + \cdots + \pi R_n^2 H_n$。

则有

$N = R_1^2 H_1 + R_2^2 H_2 + \cdots + R_n^2 H_n$

其中, $R_1 > R_2 > \cdots > R_n$ 且 $H_1 > H_2 > \cdots > H_n$。

蛋糕外表面的面积 $Q = S\pi = \pi R_1^2 + 2\pi R_1 H_1 + 2\pi R_2 H_2 + \cdots + 2\pi R_n H_n$。

则有

$S = R_1^2 + 2R_1 H_1 + 2R_2 H_2 + \cdots + 2R_n H_n$。

其中，$R_1 > R_2 > \cdots > R_n$ 且 $H_1 > H_2 > \cdots > H_n$。

搜索框架：从下往上搜索，枚举每层的半径和高度作为分支。

搜索的状态有：正在搜索蛋糕第 dep 层，当前外表面的面积 s，当前体积 v，第 dep + 1 层的高度和半径。不妨用数组 h 和 r 分别记录每层的高度和半径。

整个蛋糕上表面的面积之和等于底层的圆面积，可以在第 M 层直接累加到是 s 中。这样在第 M - 1 层往上的搜索中，只需要计算侧面积即可。

剪枝：

（1）上下界剪枝。

在第 dep 层时，只在下面的范围内枚举半径和高度即可。

首先，枚举 $R \in [\text{dep}, \min(\lfloor\sqrt{N-v}\rfloor, r[\text{dep}+1]-1)]$。

其次，枚举 $H \in [\text{dep}, \min(\lfloor (N-v)/R^2 \rfloor, h[\text{dep}+1]-1)]$。

在上面两个区间右边界中的式子可以通过圆柱体积公式 $\pi R^2 H = \pi(N-v)$ 得到。

（2）优化搜索顺序。

在上面确定的范围中，使用倒序枚举。

（3）可行性剪枝。

从上往下对前 i（$1 \leq i \leq M$）层的最小体积和侧面积进行预处理。显然，当第 1~i 层的半径分别取 $1, 2, 3, \cdots, i$，高度也分别取 $1, 2, 3, \cdots, i$ 时，有最小体积与侧面积。

如果当前体积 v 加上 1~dep-1 层的最小体积大于 N，就可以剪枝。

（4）最优性剪枝一

如果当前表面积 s 加上 1~dep-1 层的最小侧面积大于已经搜索到的答案，则剪枝。

（5）最优性剪枝二

利用 h 与 r 数组，1~dep-1 层的体积可以表示为 $n-v = \sum_{k=1}^{\text{dep}-1} h[k] \times r[k]^2$，1~dep-1 层的表面积可以表示为 $2\sum_{k=1}^{\text{dep}-1} h[k] \times r[k]$。

因为 $2\sum_{k=1}^{\text{dep}-1} h[k] \times r[k] = \frac{2}{r[\text{dep}]} \times \sum_{k=1}^{\text{dep}-1} h[k] \times r[k] \times r[\text{dep}] \geq \frac{2}{r[\text{dep}]} \times \sum_{k=1}^{\text{dep}-1} h[k] \times r[k]^2 \geq \frac{2(n-v)}{r[\text{dep}]}$，所以，当 $\frac{2(n-v)}{r[\text{dep}]} + s$ 大于已经搜索到的答案时，可以剪枝。

加入以上 5 个剪枝后，利用搜索算法就可以快速求出该问题的最优解。

参考代码：

```cpp
#include <bits/stdc++.h>
using namespace std;
const int INF = 0x7fffffff;
int n, m, minv[30], mins[30], ans = INF;
int h[30], r[30], s = 0, v = 0;

// v 是当前的体积，s 是当前的表面积
void dfs(int dep) { // 当前确定第 dep 层蛋糕
    if (!dep) { // dep = 0
        if (v == n)
            ans = min(ans, s);
        return;
    }
    for (r[dep] = min((int)sqrt(n - v),r[dep + 1] - 1);r[dep] >= dep;
```

```
r[dep]--) // 上下界倒序枚举
            for (h[dep] = min((int)((double)(n-v) / r[dep] / r[dep]),
h[dep+1] - 1); h[dep] >= dep; h[dep]--) {

                if (v + minv[dep-1] > n) continue;      // 体积可行性剪枝
                if (s + mins[dep-1] > ans) continue;  // 面积最优性剪枝
                if (s + (double)2 * (n - v) / r[dep] > ans) continue;
                                                      // 剪枝 5
                if (dep == m) s += r[dep] * r[dep];    // 最下面的一层，上表面积
                s += 2 * r[dep] * h[dep]; // dep 层的侧面积
                v += r[dep] * r[dep] * h[dep]; // dep 层的体积
                dfs(dep - 1);
                if (dep == m) s -= r[dep] * r[dep]; // 还原现场
                s -= 2 * r[dep] * h[dep];
                v -= r[dep] * r[dep] * h[dep];
            }
    }

    int main() {
        cin >> n >> m;
        minv[0] = mins[0] = 0;
        for (int i = 1; i <= m; i++) {
        // 预处理半径为 1, 2, ..., i, 高为 1, 2, ..., i 的体积和面积
            minv[i] = minv[i - 1] + i * i * i;
            mins[i] = mins[i - 1] + i * i;
        }
        h[m + 1] = r[m + 1] = INF; // 底层无限大
        dfs(m);                     // 从最下层开始搜索
        cout << ans << endl;
        return 0;
    }
```

- **例题 3：SudokuII（4 阶数独）**

题目描述：

一个数独矩阵是 16×16 的，每 4×4 的矩阵构成一个小的数独矩阵。你的任务是在已给定的矩阵中填入字母 A ~ P，保证每行、每列、每个小的数独矩阵中没有重复的字母，如图 57-4 所示。

		A					C						O		I
	J			A		B		P		C	G	F		H	
		D			F		I		E					P	
	G		E	L		H					M		J		
				E					C			G			
	I			K		G	A		B				E		J
D		G	P			J		F					A		
	E				C		B			D	P			O	
E			F		M			D			L		K		A
	C									O		I		L	
H		P		C			F		A			B			
			G		O	D				J					H
K				J					H		A		P		L
		B			P			E			K			A	
	H			B			K			F	I		C		
		F				C			D			H		N	

(a) 数独网格

F	P	A	H	M	J	E	C	N	L	B	D	K	O	G	I
O	J	M	I	A	N	B	D	P	K	C	G	F	L	H	E
L	N	D	K	G	F	O	I	J	E	A	H	M	B	P	C
B	G	C	E	L	K	H	P	O	F	I	M	A	J	D	N
M	F	H	B	E	L	P	O	A	C	K	J	G	N	I	D
C	I	L	N	K	D	G	A	H	B	M	O	P	E	F	J
D	O	G	P	I	H	J	M	F	N	L	E	C	A	K	B
J	E	K	A	F	C	N	B	G	I	D	P	L	H	O	M
E	B	O	F	P	M	I	J	D	G	H	L	N	K	C	A
N	C	J	D	H	B	A	E	K	M	O	F	I	G	L	P
H	M	P	L	C	G	K	F	I	A	E	N	B	D	J	O
A	K	I	G	N	O	D	L	B	P	J	C	E	F	M	H
K	D	E	M	J	I	F	N	C	H	G	A	O	P	B	L
G	L	B	C	D	P	M	H	E	O	N	K	J	I	A	F
P	H	N	O	B	A	L	K	M	J	F	I	D	C	E	G
I	A	F	J	O	E	C	G	L	D	P	B	H	M	N	K

（b）答案

图 57-4

分析：

在 9×9 的数独问题中，我们只使用了"优先选择能填的数字最少的位置"这一策略，并且只有当某个位置无法填数时才判定失败并进行回溯。这里我们不妨考虑图 57-5 所示 16×16 数独的局部情况。

```
A . C D E F G H I J K . M N O P
. ⓑ . . . . . . . . . . . . . .
. . . . . . . . . ⓑ . . . . . .
...
```

图 57-5

从图 57-5 中我们可以观察到，虽然每个位置都还有能填的数，但因为图 57-5 中圈出的两个 B 的影像导致 B 不可能填入第一行中的任何一个空位。类似的还有其他更加复杂的情况。也就是说，我们需要对数独进行更加全面的可行性判定，尽早发现无解的分支后执行回溯。

我们可以加入以下可行性剪枝。

（1）遍历当前所有的空格：
① 若某个位置 A~P 都不能填，则立即回溯。
② 若某个位置只有 1 个字母可填，则立即填上这个字母。

（2）考虑所有的行：
① 若某个字母不能填在该行的任何一个空位上，则立即回溯。
② 若某个字母只能填在该行的某一个空位上，则立即填写。

（3）考虑所有的列，执行与第（2）步类似的过程。

（4）考虑所有的十六宫格，执行类似的过程。

之后，我们再选择可填的字母最少的位置，枚举填写哪个字母作为分支。

使用位运算来进行常数优化仍然是必要的。不过，因为上述剪枝较为复杂，按照 9×9 数独的位运算记录方法实现起来比较困难，所以我们可以直接保存一个 16 位二进制数，存储该位置能填的数字情况，一共有 16×16 = 256 个这样的二进制数。在每次进行递归操作前，我们简单地把这 256 个数的副本记录在局部变量上，在还原现场时直接恢复即可。

参考代码：

```cpp
#include <bits/stdc++.h>
using namespace std;
char s[16][16];
int cnt[1 << 16], f[1 << 16], num[16][16], n = 0;
vector<int> e[1 << 16];

void work(int i, int j, int k) { // (i, j) 填入数字 k
    for (int t = 0; t < 16; t++) {
        // 数字 k 不能填，状态值二进制第 k 个位置记录为 0
        num[i][t] &= ~(1 << k); // 第 i 行的 16 个位置
        num[t][j] &= ~(1 << k); // 第 j 列的 16 个位置
    }
    int x = i / 4 * 4, y = j / 4 * 4; // 小格子
    for (int ti = 0; ti < 4; ti++)
        for (int tj = 0; tj < 4; tj++)
            num[x + ti][y + tj] &= ~(1 << k); // 小格子的 16 个位置
```

```cpp
}

bool dfs(int ans) {
    if (!ans) return true; // ans == 0, 说明所有的位置已经填完
    int pre[16][16]; // 保存当前状态

    memcpy(pre, num, sizeof(pre));
    for (int i = 0; i < 16; i++) // 查找只能填入 1 个值的位置
        for (int j = 0; j < 16; j++)
            if (s[i][j] == '-') {
                if (!num[i][j]) return 0; // 没有可填的值
                if (cnt[num[i][j]] == 1) { // 只有 1 个可填的位置
                    s[i][j] = f[num[i][j]] + 'A'; // 填入值
                    work(i, j, f[num[i][j]]);     // 记录状态
                    if (dfs(ans - 1)) return 1;   // 返回成功
                    s[i][j] = '-';                // 还原状态
                    memcpy(num, pre, sizeof(num));
                    return 0; // 返回失败
                }
            }
    for (int i = 0; i < 16; i++) { // 行
        int w[16], o = 0;
// o 记录第 i 行可填入值的状态，w 记录位置的可填写状态，1 为可填，-1 为不可填
        memset(w, 0, sizeof(w));
        for (int j = 0; j < 16; j++)
            if (s[i][j] == '-') {
                o |= num[i][j]; // 可填写值的位置为 0, 不可填写的位置为 1
                for (unsigned int k = 0; k < e[num[i][j]].size(); k++)
                    ++w[e[num[i][j]][k]];
                // e[num[i][j]][k], 状态为 num[i][j] 的第 k 个位置
            } else {
                o |= (1 << (s[i][j] - 'A')); // 将 o 中不可填写的位置变为 1
                w[f[1 << (s[i][j] - 'A')]] = -1;
                                    // f[1<<(s[i][j]-'A')] 已填写值
            }
// 综合之后，如果不存在冲突且可填写和不可填写的数字刚好为 16 个，就继续执行
// 否则在该过程中肯定存在冲突
        if (o != (1 << 16) - 1) return 0;
        for (int k = 0; k < 16; k++)
            if (w[k] == 1)
                for (int j = 0; j < 16; j++) // (i, j) 位置可填入 k
                    if (s[i][j] == '-' && ((num[i][j] >> k) & 1)) {
                        s[i][j] = k + 'A';
                        work(i, j, k);
                        if (dfs(ans - 1))
                            return 1; // 成功
                        s[i][j] = '-'; // 还原状态
                        memcpy(num, pre, sizeof(num));
                        return 0;  // 失败
                    }
    }
    for (int j = 0; j < 16; j++) { // 列
```

```cpp
            int w[16], o = 0;
            memset(w, 0, sizeof(w));
            for (int i = 0; i < 16; i++)
                if (s[i][j] == '-') {
                    o |= num[i][j];
                    for (unsigned int k = 0; k < e[num[i][j]].size(); k++)
                        ++w[e[num[i][j]][k]];
                } else {
                    o |= (1 << (s[i][j] - 'A'));
                    w[f[1 << (s[i][j] - 'A')]] = -1;
                }
            if (o != (1 << 16) - 1)
                return 0;
            for (int k = 0; k < 16; k++)
                if (w[k] == 1)
                    for (int i = 0; i < 16; i++)
                        if (s[i][j] == '-' && ((num[i][j] >> k) & 1)) {
                            s[i][j] = k + 'A';
                            work(i, j, k);
                            if (dfs(ans - 1)) return 1;
                            s[i][j] = '-';
                            memcpy(num, pre, sizeof(num));
                            return 0;
                        }
        }
    for (int i = 0; i < 16; i += 4)  // 小格子
        for (int j = 0; j < 16; j += 4) {
            int w[16], o = 0;
            memset(w, 0, sizeof(w));
            for (int p = 0; p < 4; p++)
                for (int q = 0; q < 4; q++)
                    if (s[i + p][j + q] == '-') {
                        o |= num[i + p][j + q];
                        for (unsigned int k = 0; k < e[num[i + p][j +
                            q]].size(); k++)++w[e[num[i + p][j + q]][k]];
                    } else {
                        o |= (1 << (s[i + p][j + q] - 'A'));
                        w[f[1 << (s[i + p][j + q] - 'A')]] = -1;
                    }
            if (o != (1 << 16) - 1) return 0;
            for (int k = 0; k < 16; k++)
                if (w[k] == 1)
                    for (int p = 0; p < 4; p++)
                        for (int q = 0; q < 4; q++)
                            if (s[i + p][j + q] ==
                                '-' && ((num[i + p][j + q] >> k) & 1)) {
                                s[i + p][j + q] = k + 'A';
                                work(i + p, j + q, k);
                                if (dfs(ans - 1)) return 1;
                                s[i + p][j + q] = '-';
                                memcpy(num, pre, sizeof(num));
```

```
                    return 0;
                }
        }
        int k = 17, tx, ty;
        // 查找能填写值最少的位置
        for (int i = 0; i < 16; i++)
            for (int j = 0; j < 16; j++)
                if (s[i][j] == '-' && cnt[num[i][j]] < k) {
                    k = cnt[num[i][j]];

                    tx = i;
                    ty = j;
                }
        for (unsigned int i = 0; i < e[num[tx][ty]].size(); i++) {
            // 所有可能的值
            int tz = e[num[tx][ty]][i];
            work(tx, ty, tz);
            s[tx][ty] = tz + 'A';
            if (dfs(ans - 1))
                return 1; // 成功
            s[tx][ty] = '-'; // 还原状态
            memcpy(num, pre, sizeof(num));
        }
        return 0; // 返回失败
    }

    void Sudoku() {
        for (int i = 1; i < 16; i++) cin >> s[i]; // 输入数独
        for (int i = 0; i < 16; i++)
            for (int j = 0; j < 16; j++)
                num[i][j] = (1 << 16) - 1;
        // 初始化 num, 记录 (i, j) 能填写的数字。1表示能填写, 0表示不能填写
        int ans = 0;
        for (int i = 0; i < 16; i++)
            for (int j = 0; j < 16; j++)
                if (s[i][j] != '-')
                    work(i, j, s[i][j] - 'A'); // 记录已有数字的状态
                else ++ans; // ans 记录未填数字的个数
        dfs(ans);           // 深搜
        for (int i = 0; i < 16; i++) { // 输出
            for (int j = 0; j < 16; j++)
                cout << s[i][j];
            cout << endl;
        }
        cout << endl;
    }

    int get_cnt(int i) { // 统计未填入数字的位置数量
        int k = i & -i;
        e[i].push_back(f[k]);          // 状态对应的值
        for (unsigned int j = 0;
```

```
            j < e[i - k].size(); j++) // e[i-k] 已统计过，直接用
            e[i].push_back(e[i - k][j]);
    return cnt[i - k] + 1;
}

int main() {
    memset(f, 0, sizeof(f));
    for (int i = 0; i < 16; i++) f[1 << i] = i; // 2^i 对应的值是 i
    cnt[0] = 0;
    for (int i = 1; i < (1 << 16); i++) cnt[i] = get_cnt(i);
        // 统计 i 中 1 的个数，同时将对应状态的值保存到数组中
    while (cin >> s[0])
        Sudoku();
    return 0;
}
```

57.3 迭代加深

深度优先搜索每次选定一个分支并不断深入，直到到达递归边界才回溯。这种策略有一定的缺陷性。试想以下情况：搜索树中每个节点的分支数目非常多，并且问题的答案在某个较浅的节点上。如果利用深度优先搜索算法一开始选错了分支，就很有可能在不包含答案的深层子树上浪费许多时间。

如果图 57-6 左图是问题的状态空间，五角星标识着答案，那么深度优先搜索算法产生的搜索树就如图 57-6 右图所示，算法在矩形圈出的深层子树上浪费了很多时间。

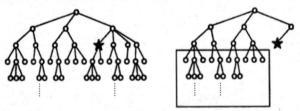

图 57-6

此时，我们可以按从小到大的顺序限制搜索的深度，如果在当前深度限制下搜不到答案，就增加深度限制，重新进行一次搜索，这就是迭代加深的思想。所谓"迭代"，就是以上一次的结果为基础，重新执行以逼近答案的意思。迭代加深 DFS 的过程如图 57-7 所示。

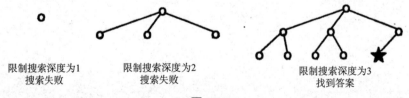

图 57-7

虽然该过程在深度限制为 d 时，会重复搜索第 $1 \sim d-1$ 层的节点，但是当搜索树节点分支数目较多时，随着层数的深入，每层节点数都会呈指数级增长，这种重复搜索与深层子树的规模相比，实在是"小巫见大巫"了。

总之，当搜索树的规模随着层次的深入快速增加，并且我们能够确保答案在一个较浅的节点时，就可以采用迭代加深的深度优先搜索算法来解决问题。我们可以对问题规模进行大

致估算，有些题目描述甚至会包含"如果10步以内搜不到结果，就算无解"的字样。

- 例题：Addition Chains

题目描述：

满足如下条件的序列 X 被称为"加成序列"：

（1）$X[1] = 1$

（2）$X[m] = n$

其中，$X[1] < X[2] < \cdots < X[m-1] < X[m]$。

对于每个 k（$2 \leq k \leq m$），都存在两个整数 i 和 j（$1 \leq i, j \leq k-1$，i 和 j 可以相等），使得 $X[k]=X[i]+X[j]$。

你的任务是：已知一个整数 n，找出符合上述条件的长度 m 最小的"加成序列"。如果有多个满足要求的答案，只要找出任意一个可行解即可。

输入样例：

5
7
12
15
77
0

输出样例：

1 2 4 5
1 2 4 6 7
1 2 4 8 12
1 2 4 5 10 15
1 2 4 8 9 17 34 68 77

分析：

搜索框架：首先依次搜索序列中的每个位置 k，枚举 i 和 j 作为分支，把 $X[i] + X[j]$ 的值填入 $X[k]$ 中，然后递归填写下一个位置。

加入以下剪枝：

（1）优化搜索顺序。

为了让序列中的数尽快逼近 n，在枚举 i 和 j 时按照从大到小的顺序进行枚举。

（2）排除等效冗余。

对于不同的 i 和 j，$X[i] + X[j]$ 可能是相等的。我们可以在枚举时用一个 bool 数组对 $X[i] + X[j]$ 进行判重，避免重复搜索同一个和。

经过分析可以发现，m 的值（序列长度）不会太大（小于或等于10），而每次枚举两个数的和的分支有很多。我们可以采用迭代加深的搜索方式，从 1 开始限制搜索深度，若搜索失败，就增加深度限制重新搜索，直到找到一组解时即可输出答案。

参考代码：

```
#include <bits/stdc++.h>
```

```cpp
using namespace std;
const int N = 106;
int n, ans[N], dep;
bool dfs(int now) {
    if (now == dep) return ans[now] == n;
    // 若最后一个位置不是 n, 则返回 false
    bool v[N];
    memset(v, 0, sizeof(v));
    for (int i = now; i; i--) // 倒序
        for (int j = i; j; j--) {
            int num = ans[i] + ans[j];
            if (num <= n && num > ans[now] && !v[num]) {
                ans[now + 1] = num;
                if (dfs(now + 1))
                    return true;
                else v[num] = 1; // num 不能作为列表中的值,防止重复搜索
            }
        }
    return false;
}

int main() {
    ans[1] = 1;
    while (cin >> n && n) {
        dep = 1;
        while (!dfs(1)) ++dep; // 迭代加深
        for (int i = 1; i <= dep; i++)
            cout << ans[i] << " ";
        cout << endl;
    }
    return 0;
}
```

57.4 双向搜索

除了迭代加深,利用双向搜索也可以避免在深层子树上浪费时间。在一些题目中,不但给出了"初始状态",还明确给出了"最终状态",并且从初始状态开始搜索与从最终状态开始逆向搜索产生的搜索树都能覆盖整个状态空间。在这种情况下,就可以采用双向搜索——首先分别从初始状态和最终状态出发各搜索一半状态,然后产生两棵深度减半的搜索树,最后在中间交会,组合成最终的答案。

如图 57-8 所示,左图是直接进行一次搜索产生的搜索树,右图是进行双向搜索时产生的两棵搜索树,避免了因层数过深时分支数量的大规模增加。

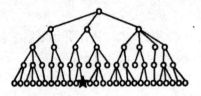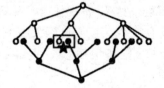

图 57-8

- 例题：送礼物

题目描述：

作为惩罚，GY 被派去帮助某神牛给女生送礼物（GY：貌似是一件好差事），但是当 GY 看到礼物之后，他就不这么认为了。某神牛有 N 件礼物，并且异常沉重，但是 GY 的力气也异常大，他一次可以搬动重量之和在 w（$w \leq 2^{31} - 1$）以下的任意物品。GY 希望一次搬动尽量重的物品。请你求出他在他的力气范围内一次性能搬动的最大重量。

输入样例：

20 5

7

5

4

18

1

输出样例：

19

分析：

这道题就是"子集和"问题的扩展——从给定的 N 个数中选择几个，使它们的和最接近 w。了解"背包"问题的读者已经发现，这道题也是一个"大体积"的背包问题。这类问题的直接解法就是进行"指数型"枚举——搜索每件礼物是选还是不选，时间复杂度为 $O(2^N)$。当然，在搜索过程中若已选的礼物重量之和已经大于 w，则需要及时剪枝。

在本题中，$N \leq 45$，其时间复杂度过高。这时我们就可以利用双向搜索的思想，把礼物分成两半。

首先搜索出从前一半礼物中选取的若干件可能达到的 $0 \sim w$ 之间的所有重量值，存放在一个数组 A 中，并对数组 A 进行排序、去重。然后进行第二次搜索，尝试从后一半礼物中选取一些。对于每个可能达到的重量值 t，在第一部分得到的数组 A 中使用二分查找找到小于或等于 $w - t$ 的数值中最大的一个，用二者的和更新答案。

这个算法的时间复杂度就只有 $O(2^{N/2} \log 2^{N/2}) = O(N \times 2^{N/2})$。我们还可以进行优化，进一步提高算法的效率。

（1）优化搜索顺序。

把礼物按照重量降序排序后再分半搜索。

（2）选取适当的"折半划分点"。

因为第二次搜索需要在第一次搜索得到的数组中进行二分查找，效率相对较低，所以我们应该适当增加第一次搜索的礼物数，减少第二次搜索的礼物数。经过本地随机数据的实验我们发现，取第 $1 \sim (N/2) + 2$ 件礼物为"前一半"，取第 $(N/2) + 3 \sim N$ 件礼物为"后一半"时，搜索的速度最快。

参考代码：

```
#include <bits/stdc++.h>
using namespace std;
int n, half, m, g[50];
```

```cpp
unsigned int w, ans, a[(1 << 24) + 1]; // 1 << 24 = 2^24 = 16 × 10^6

void dfs1(int i, unsigned int sum) { // 初始状态开始
    if (i == half) {
        a[++m] = sum;
        return;
    }

    dfs1(i + 1, sum);      // 不选第 i 个
    if (sum + g[i] <= w)   // 能选第 i 个并选择第 i 个
        dfs1(i + 1, sum + g[i]);
}

void calc(unsigned int val) {
    int rest = w - val;
    int l = 1, r = m;
    while (l < r) { // 二分查找
        int mid = (l + r + 1) / 2;
        if (a[mid] <= rest) l = mid; else r = mid - 1;
    }
    ans = max(ans, a[l] + val);
}

void dfs2(int i, unsigned int sum) { // 搜索剩下的一半
    if (i == n + 1) {
        calc(sum);
        return;
    }
    dfs2(i + 1, sum);      // 不选第 i 个
    if (sum + g[i] <= w)   // 能选第 i 个并选择第 i 个
        dfs2(i + 1, sum + g[i]);
}

int main() {
    cin >> w >> n;
    for (int i = 1; i <= n; i++) scanf("%d", &g[i]);
    sort(g + 1, g + n + 1, greater<int>());
    half = n / 2 + 3; // 中间节点
    dfs1(1, 0);
    sort(a + 1, a + m + 1);                  // 排序
    m = unique(a + 1, a + m + 1) - (a + 1);  // 去重
    dfs2(half, 0);
    cout << ans << endl;
}
```

第 58 课　认识动态规划

动态规划是理查德·贝尔曼于 1957 年在 *Dynamic Programming* 一书中提出的一种表格处理方法，它把原问题分解为若干子问题，自底向上依次求解最小的子问题，并把结果存储于表格中。当求解大的子问题时，可以直接从表格中查询小的子问题的解，以避免重复计算，从而提高效率。

58.1 动态规划算法的求解原理

动态规划算法是把原问题分解为一系列相互重叠的子问题，使得每个子问题的求解过程都构成一个"阶段"。只有在前一阶段的计算完成后，才会进行下一阶段的计算。

为了确保计算能够有序且不重复地进行，动态规划算法要求已经求解的子问题不受后续阶段的影响。这个特性被称为"无后效性"。换言之，动态规划算法对状态空间的遍历构成一张有向无环图，遍历顺序就是该有向无环图的一个拓扑序。有向无环图中的节点对应问题中的"状态"，图中的边则对应状态之间的"转移"，转移的选取就是动态规划算法中的"决策"。

通常情况下，动态规划算法可用于求解最优化问题。其中，下一阶段的最优解能够由前面各阶段子问题的最优解推导出来。这一特性被称为"最优子结构性质"。当然，这种说法比较片面。实际上，动态规划算法在阶段计算完成时，只会在每个状态上保留与最终解相关的部分代表信息，这些代表信息具有可重复的求解过程，并且能够导出后续阶段的代表信息。这样一来，动态规划算法对状态的抽象和子问题的重叠递进才能够起到优化作用。

"状态"、"阶段"和"决策"是构成动态规划算法的三要素，而"子问题重叠性"、"无后效性"和"最优子结构性质"是问题能够用动态规划算法求解的三个基本条件。

动态规划算法把相同的计算过程应用于各阶段的同类子问题，就好像在格式相同的若干输入数据上运行一个固定的公式。因此，通常我们只需定义出动态规划（DP）的计算过程，就可以用编程实现它。这一计算过程被称为"状态转移方程"。

58.2 动态规划的一般设计方法

动态规划问题涉及多阶段决策，通常从初始状态出发，通过选择中间阶段的决策到达结束状态。或者，从结束状态出发，通过选择中间阶段的决策到达初始状态。这个过程会确定一个决策序列，多用于求解最优化问题。

通常来说，动态规划的设计方法如下。

（1）状态表示。
（2）阶段划分。
（3）状态转移。
（4）边界条件。
（5）求解目标。

不同的状态定义和状态转移方程可能会导致不同的时空复杂度。因此，需要多练习、多总结，积累更多的经验，以便更好地解决不同类型的动态规划问题。

58.3 从简单问题开始

58.3.1 斐波那契数列

1. 暴力递归

利用递归方法求解斐波那契数列的第 n 项是非常容易的。

```
int fib(int n){
    if (n == 0 || n == 1)return 1;
    return fib(n - 1) + fib(n - 2);
}
```

这段代码虽然简单,但是执行效率很低。我们可以画出当 $n = 20$ 时的解答树,如图 58-1 所示。

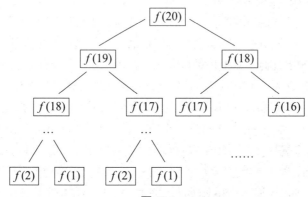

图 58-1

通过解答树我们可以发现,解答树中存在大量重复的计算。这就是动态规划算法中的"子问题重叠性"。

对于任何递归问题,我们都可以尝试画出递归的解答树。这有助于分析算法的时空复杂度,并识别导致算法效率低下的原因。

2. 递归记忆化方式

由于重复计算会导致算法效率低下,因此可以构建一个"备忘录"来避免这种情况。具体方式是:每次在计算某个子问题时,先检查"备忘录"中是否已存储了该子问题的解。如果计算过该问题,则直接返回存储的解;否则计算该问题,并将结果保存到"备忘录"中。这样,对于每个子问题都只计算一次,从而显著地优化了时间复杂度,代价仅仅是增加了一个用于存储结果的备忘录数组。

```
vector<int> memo(n + 1, 0);
memo[0] = memo[1] = 1;
int fib(int n){
    if (memo[n] > 0)return memo[n];
    return memo[n] = fib(n - 1) + fib(n - 2);
}
```

下面我们画出解答树,如图 58-2 所示。

使用递归记忆化方式可以对存在大量冗余计算的解答树进行剪枝,从而提高算法效率。

递归算法的时间复杂度应该怎样计算呢?答案是:用子问题的总数量乘以解决一个子问题所需要的时间。子问题的总数量就是解答树中节点的数量。

由于使用递归记忆化方式不存在子问题冗余计算,所以子问题就是 $f(1)$, $f(2)$, $\cdots$, $f(n)$。

解决一个子问题的时间是 $O(1)$，总时间复杂度是 $O(n)$。

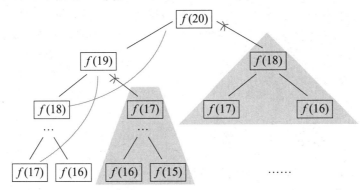

图 58-2

这种递归记忆化方式是从未知值出发，逐步推导出已知值，再退回求解未知值。这种方式被称为"自顶向下"。在使用递归记忆化方式时，依然需要用到栈空间。如果递归的层次很深，并且每个子问题都涉及大量的局部变量，就很容易出现栈溢出错误。

既然我们能够从已知值逆向推导出未知值，那么可不可以先确定已知值，再找到逆向推导的关系式，最终计算出未知值呢？

显然，这是可行的。这种方式被称为"自底向上"，它也是动态规划的核心思想。

3. 动态规划算法

```
int fib(int n){
    vector<int> dp(n + 1, 0);
    
    dp[1] = 1;
    
    for (int i = 2; i <= n; i++){
        dp[i] = dp[i - 1] + dp[i - 2];
    }
    return dp[n];
}
```

画个图就很好理解了，如图 58-3 所示。这就是递归记忆化方式的逆运算过程。

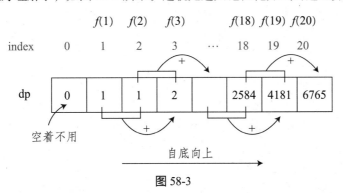

图 58-3

dp[i] =dp[i-1]+ dp[i-2] 与 memo[n] = fib(n-1) + fib(n-2) 相似，这就是斐波那契数列的求解方程。

我们将这样的求解方程称为动态规划算法中的状态转移方程。

在动态规划算法中最困难的地方在于能否正确地写出状态转移方程。利用暴力递归求解方式可以帮助我们正确地推导出状态转移方程。

根据斐波那契数列的状态转移方程，我们可以发现当前状态只与前两个状态有关，因此并不需要一个数组来存储所有的值，只需使用两个变量来保存这两个状态的值即可。

```
int fib(int n){
    if (n <= 1) return 1;
    int prev = 0, cur = 1;
    for (int i = 2; i <= n; i++){
        int t = prev + cur;
        prev = cur;
        cur = t;
    }
    return cur;
}
```

动态规划算法通常用于求解最优化问题，即用于求极值的。虽然斐波那契数列本身并不涉及求极值，但它可以作为一个例子来阐释动态规划算法的设计思路，具体如下。

（1）确定初始值。

（2）找到状态之间的关系式（这与状态的定义密切相关）。

（3）推导出求解的公式并求值。

58.3.2 凑零钱

有 k 种面值的硬币，面值分别为 $1, 2, \cdots, k$，每种硬币的数量无限。给定一个目标金额 amount，问最少需要多少枚硬币才能凑出这个金额？如果无法凑出目标金额，则返回 -1。

例如，$k = 3$，面值分别为 1、2、5，目标金额 amount 为 11，那么最少需要 3 枚硬币才能凑出目标金额，即 $11 = 5 + 5 + 1$。

如何解决这个问题呢？可以先穷举所有可能的结果，再找到所需硬币数量最少的方案。

1. 暴力递归

这个问题是动态规划问题，因为它具有"最优子结构"。想要符合"最优子结构"，子问题之间就必须相互相独立。什么是相互独立？下面通过一个例子来说明。

例如，原问题是取得最高的总成绩，那么子问题就是分别在语文、数学等各科都取得最高分。为了使每门课的成绩都取得最高分，我们需要在每门课相应的选择题、填空题……上都获得最高分。这样当每门课的成绩都是满分时，自然就能得到最高的总成绩。

至此，我们得到了正确的结果：最高的总成绩就是总分。因为这个过程符合最优子结构，"每门课的成绩都取得最高分"这些子问题是互相独立、互不干扰的。

但是，如果加一个条件：语文成绩和数学成绩会相互制约，此消彼长。这时，能考到的最高总成绩就达不到总分了，按刚才的思路就会得到错误的结果。因为子问题并不独立，语文成绩和数学成绩无法同时最优，所以最优子结构被破坏。

回到凑零钱问题，为什么它符合最优子结构呢？例如，想求当 amount = 11 时的最少硬币数（原问题），如果能知道凑出当 amount = 10 时的最少硬币数（子问题），只需要把子问题的答案加 1（再选一枚面值为 1 的硬币），就是原问题的答案。因为硬币的数量是没有限制的，子问题之间是互相独立的。

既然知道了这是一个动态规划问题，就要思考如何列出正确的状态转移方程。

首先，确定"状态"，即原问题和子问题中的变量。由于硬币数量无限，因此唯一的状态就是目标金额 amount。

然后，确定 dp 函数的定义。当目标金额为 n 时，至少需要 dp(n) 个硬币才能凑出该金额。

最后，确定"选择"并择优。也就是说，对于每个"状态"，可以做出什么选择来改变当前"状态"。

具体到这个问题，无论目标金额是多少，都要从面额列表 coins 中选择一个硬币，然后目标金额就会减少。

伪代码：

```
int dp(int n){
    // 做选择，选择需要硬币最少的那个结果
    // 从 coins 中任选一个面值的硬币：
    res = min(res, 1 + dp(n - coin))
    return res;
}
```

依据题意，确定递归的出口，即初始值。

参考代码：

```
int dp(int n){
    if (n == 0)return 0;
    if (n < 0)return -1; // 无解
    res = -1;
    for (int i = 0; i < coins.size(); i++){
        if (n >= coins[i])res = min(res, 1 + dp(n - coins[i]));
    }
    return res;
}
```

当 amount = 11， coins = {1, 2, 5} 时，我们可以画出解答树，如图 58-4 所示。

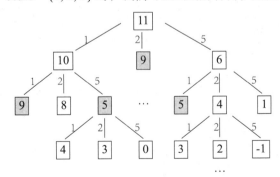

图 58-4

时间复杂度是：子问题的总数 × 每个子问题的时间。

解答树的节点数为 $O(k^n)$，每个子问题都有一个 for 循环，复杂度为 $O(k)$，所以总的时间复杂度为 $O(k \cdot k^n)$。

2. 递归记忆化方式

参考代码：

```
vector<int> memo(n + 1, 0);
int dp(int n){
    if (n == 0)return 0;
    if (n < 0)return -1; // 无解
    if(memo[n]) return memo[n]; // 记忆化
    res = -1;
    for (int i = 0; i < coins.size(); i++){
        if (n >= coins[i])res = min(res, 1 + dp(n - coins[i]));
    }
    return memo[n] = res;
}
```

这样即可解决子问题计算冗余的问题。

3. 动态规划算法

找到"自底向上"的推导关系式，即得到了状态转移方程。定义状态：$dp[n] = x$，表示凑出目标金额 n 最少需要 x 枚硬币。

参考代码：

```
int dp(int n){
    vector<int> dp(n + 1, amount + 1);
    // 因为求最小值，所以将每个值初始化为理论最大值

    dp[0] = 0; // 凑出 0 元所需的硬币数量最少为 0 个

    for (int i = 0; i <= dp.size(); i++){
        for (int k = 0; k < coins.size(); k++){
    // 求所有子问题 + 1 的最小值
            if (i >= coins[k]){ // 当前可以选择第 k 枚硬币
                dp[i] = min(dp[i], 1 + dp[i - coins[k]]);
            }
        }
    }
    return dp[n] == amount + 1 ? -1 : dp[n]; // 如果无解，则返回 -1
}
```

推导过程如图 58-5 所示。

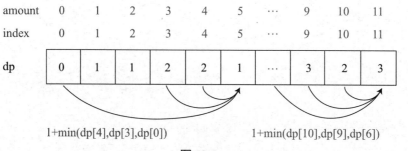

图 58-5

将 dp 数组初始化为 amount + 1。假设全部使用 1 元硬币构成目标金额 amount，那么就需要 amount 枚硬币。因此 amount + 1 在这里就是无穷大。

通过对以上两个例题的讲解，相信大家对动态规划已经有了初步的了解。然而，仍有两个概念需要特别说明，即最优子结构和动态规划算法的遍历顺序。

1）最优子结构

最优子结构是某些问题的一种特定性质，并不是动态规划问题所专有的。也就是说，很多问题其实都具有最优子结构，只是其中大部分没有重叠子问题，因此没有把它们归类为动态规划问题。

例如，某学校有 10 个班级，并且已知每个班级的最高成绩，现在想要计算出全校学生的最高成绩，应该怎么计算呢？其实无须重新遍历全校学生的分数进行比较，只需在这 10 个最高成绩中找出最大值即可确定全校学生的最高成绩。

这个问题就符合最优子结构：可以通过子问题的最优解推导出更大规模问题的最优解。计算每个班级的最高成绩就是子问题，在知道所有子问题的最优解后，就可以据此推导出全校学生的最高成绩这一更大规模问题的最优解。

你看，这么简单的问题都具有最优子结构，只是因为没有重叠子问题，所以没有被归类为动态规划问题。

例如，某学校有 10 个班级，并且已知每个班级的最大分数差（即最高分与最低分的差值），现在想要计算全校学生的最大分数差，应该怎么计算呢？此时就不能仅通过这 10 个班级的最大分数差来推导。因为这 10 个班级的最大分数差并不必然就包含全校学生的最大分数差，如全校学生的最大分数差可能是 3 班的最高分与 6 班的最低分之差。

这个问题就不符合最优子结构，因为无法通过每个班级的最优解推导出全校的最优解，即无法通过子问题的最优解推导出更大规模问题的最优解。前面提过，想要满足最优子结构，子问题之间必须相互独立。全校的最大分数差可能出现在两个班级，显然子问题没有相互独立，所以这个问题本身不符合最优子结构。

面对这种最优子结构不适用的情况，应该怎么办呢？策略是：改造问题。对于最大分数差这个问题，是无法利用已知的每个班级的分数差的，因此只能编写一段暴力求解代码：

```
int ans = 0;
for (int i = 0; i < n; i++){
    for (int k = 0; k < n; k++){
        if (i == k)continue;
        ans = max(ans, abs(p[i] - p[k]));
    }
}
return ans;
```

这个问题是具有最优子结构的，并且存在重叠子问题，所以属于动态规划问题。

求一个二叉树的最大值：

```
int maxVal(TreeNode root){
    if (root == NULL){
        return -1;
    }
    int left = maxVal(root->left);
    int right = maxVal(root->right);
    return maxV(root.val, left, right);
}
```

显然这个问题具有最优子结构。以 root 为根的树的最大值，可以通过两边子树（子问题）的最大值推导出来。

因此，具有最优子结构的问题并不一定是动态规划问题，但它一定是一个求最值的问题。最优子结构是动态规划问题的一个必要特性。当遇到复杂的求最值问题时，通常都会考虑使用动态规划算法来解决。

动态规划问题就是从最简单的已知结论出发，通过状态间的转移关系推导出最终结果。但是只有当问题具有最优子结构时，这样的推导关系才存在。

寻找最优子结构的过程，实际上就是证明状态转移方程正确性的过程。只要状态转移方程符合最优子结构，就可以编写暴力求解代码，之后，便可以分析是否存在重叠子问题。

2）动态规划算法的遍历顺序

动态规划算法的遍历顺序并不固定，可能是正向遍历，也可能是反向遍历，还可能是对角线遍历，但总离不开两个原因：

（1）动态规划算法是一个自底向上的推导过程，是从已知状态推导出未知状态，因此在遍历过程中，所需的状态必须是已经计算出来的。

（2）遍历的终点是存储最终结果的位置。

58.3.3 最长上升子序列问题

给定一个长度为 N 的数列 A，求数值单调递增的子序列的长度最长是多少？A 的任意子序列 B 可表示为 $B = Ak_1, Ak_2, \cdots, Ak_p$，其中 $k_1 < k_2 < \cdots < k_p$。

输入样例：

10 9 2 5 3 7 101 18

输出样例：

4

样例解释：

最长上升子序列是 2 3 7 101，它的长度是 4。

说明：

- 可能会有多种最长上升子序列的组合，只需输出对应的长度即可。
- 算法时间复杂度应该为 $O(N^2)$。

进阶：你能将算法的时间复杂度降低到 $O(n\log n)$ 吗？

1. 动态规划算法解法分析

数学归纳法。

想要证明一个数学结论，首先假定这个结论在 $k < n$ 时成立。然后证明 $k=n$ 时，这个结论也成立。进而说明这个数学结论在 k 等于任意数时都成立。

动态规划算法。

我们需要一个 dp 数组记录推导过程的中间结果。可以假定 $dp[0 \cdots i-1]$ 都已经计算出来，然后想办法推导出 $dp[i]$ 即可。那么如何计算 $dp[i]$ 呢？

首先定义 dp 数组的含义。

我们可以定义 $dp[i]$ 表示以 $S[i]$ 结尾的最长上升子序列长度，那么 dp 数组的计算过程如图 58-6 所示。

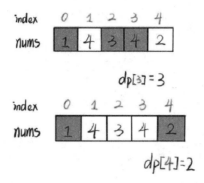

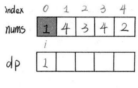

图 58-6

根据 dp 数组的定义，我们需要计算出 dp 数组中的最大值：

```
int ans = 0;
for (int i = 0; i < n; i++){
    ans = max(ans, dp[i]);
}
return ans;
```

dp[*i*] 的计算过程是怎样的呢？如图 58-7 所示。

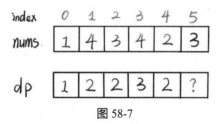

图 58-7

我们已经计算出了 dp[4]，现在需要计算出 dp[5]。

根据 dp 数组的定义，我们的目标是计算出以 *S*[5] 结尾的最长上升子序列长度。

S[5] = 3，既然是上升子序列，那么只需找到所有结尾比 3 小的子序列，然后把 3 接到最后，就可以形成一个新的上升子序列，而且这个新的上升子序列长度需要加 1。

当然，这里可能会产生很多个新的上升子序列，但是我们只要最长的那个，把最长的上升子序列的长度作为 dp[5] 的值即可，如图 58-8 所示。

```
for (int j = 0; j < i; j++){
    if (S[i] > S[j]){
        dp[i] = max(dp[i], dp[j] + 1);
    }
}
```

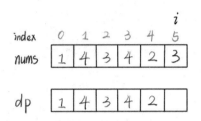

图 58-8

至此，这个问题就基本解决了。需要注意的是，dp 数组需要初始化为 1，因为子序列最少需要包含它自己。

参考代码：

```cpp
int LIS(int S[], int n){
vector<int> dp(n + 1, 1);
    for (int i = 0; i < n; i++){
        for (int j = 0; j < i; j++){
            if (S[i] > S[j])dp[i] = max(dp[i], dp[j] + 1);
        }
    }
    int ans = 0;
    for (int i = 0; i < n; i++){
        ans = max(ans, dp[i]);
    }
    return ans;
}
```

时间复杂度是 $O(n^2)$。

下面总结动态规划算法的设计流程。

首先，定义 dp 数组的含义。这一点至关重要，如果定义不当或者定义不够清晰，就会影响对问题的后续分析。

然后，根据 dp 数组的定义，利用数学归纳法，先假定 $dp[0...i-1]$ 的值已经求出，再找出推导方程，求出 $dp[i]$ 的值。

如果无法找出推导方程并求出 $dp[i]$ 的值，则很可能是因为 dp 数组定义得不够恰当，需要重新定义 dp 数组的含义。或者是因为 dp 数组存储的信息不够多，不足以推导出下一步的答案。此时需要把 dp 数组扩展为二维或者更多维的数组。

最后，根据 dp 数组的定义，确定 dp 数组的初始值。

2. 二分查找法解法分析

利用贪心策略，按顺序处理每个数字，并将这些数字分成若干堆。对于每一堆数字来说，后放入的数字都比先放入的数字要小。如果当前数字比所有堆顶的数字都大，则新建一堆。如果有多个位置可供选择，则从最先建立的堆开始放置。

参考代码：

```cpp
int bLIS(int S[], int n){
    vector<int> top(n + 1);
    int piles = 0;
    for (int i = 0; i < n; i++){
```

```
        int x = S[i];
        int left = 0, right = piles;
        while (left < right){
            int mid = (left + right) / 2;
            if (top[mid] >= x){
                right = mid;
            }else{
                left = mid + 1;
            }
        }
        if (left = piles)piles++; // top 数组从 0 开始存储
        top[left] = x;
    }
    return piles;
}
```

58.3.4 最长公共子序列

给定两个长度分别为 N 和 M 的字符串 A 和 B，求既是 A 的子序列又是 B 的子序列的最长字符串的长度是多少？

输入样例：

abcde ace

输出样例：

3

样例解释：

最长公共子序列（LCS）是 ace，它的长度是 3。

分析：

这是一个子序列问题。当面对子序列问题时，通常可以考虑使用动态规划算法。这是因为要暴力穷举所有的子序列并不容易，而且这通常是一个求最值的问题。动态规划算法结合了穷举和剪枝的策略，因此能够有效地解决这类问题。

第 1 步，定义 dp 数组的含义。这对于解决两个字符串的动态规划问题至关重要，因为这类问题的解法通常具有相似性。例如，对于字符串 s1 和 s2，通常需要构建如图 58-9 所示的 DP table。

s1\s2	0 ""	1 b	2 a	3 b	4 c	5 d	6 e
0 ""	0	0	0	0	0	0	0
1 a	0	0	1	1	1	1	1
2 c	0	0	1	1	2	2	2
3 e	0	0	1	1	2	2	3

图 58-9

为了方便理解这张表格，我们暂且假设索引是从 1 开始的，之后在代码中稍做调整即可。其中，dp[i][j] 的含义是：对于 s1[1...i] 和 s2[1...j]，它们的 LCS 长度是 dp[i][j]。

例如，d[2][4] 的含义是：对于 "ac" 和 "babc"，它们的 LCS 长度是 2。我们最终想得到的答案应该是 dp[3][6]。

第 2 步，定义初始值 base case。

令索引为 0 的行和列表示空串，则 dp[0][...] 和 dp[...][0] 都应初始化为 0，这就是 base case。

例如，根据 dp 数组的定义，dp[0][3]=0 的含义是：对于字符串 "" 和 "bab"，其 LCS 长度为 0，因为有一个字符串是空串。

第 3 步，找出状态转移方程。

这是动态规划算法中最具挑战的一步，幸运的是，这类字符串问题通常遵循相似的解题模式。下面探讨处理这类问题的思路。

状态转移简单来说就是做出选择。例如，在求如图 58-10 所示的字符串 s1 和 s2 的最长公共子序列（不妨称这个子序列为 lcs）时，对于 s1 和 s2 中的每个字符，我们有哪些选择呢？很简单，只有两种选择：字符要么在 lcs 中，要么不在 lcs 中。

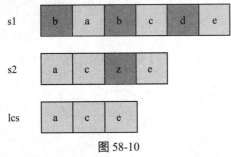

图 58-10

这个"在"和"不在"就是选择。关键是，应该如何选择呢？这里需要动点脑筋：如果某个字符在 lcs 中，那么这个字符肯定同时存在于 s1 和 s2 中，因为 lcs 是最长公共子序列，所以解决本题的思路如下。

用两个指针 i 和 j 分别从后向前遍历字符串 s1 和 s2。如果 s1[i]==s2[j]，那么这个字符一定在 lcs 中；否则，s1[i] 和 s2[j] 这两个字符至少有一个不在 lcs 中，需要被舍弃。

接下来看一下递归解法，以便理解。

```
sstring s1, s2;cin >> s1 >> s2;

int dp(int n, int m){
    if (n == -1 || m == -1)return 0;
    if (s1[n] == s2[m])return dp(n - 1, m - 1) + 1; // 当前元素相同
    else return max(dp(n - 1, m), dp(n, m - 1)); // 当前元素不同
}
```

对于第一种情况，当找到一个 lcs 中的字符时，应同时将 i 和 j 向前移动一位，并给 lcs 的长度加 1。对于第二种情况，则需要尝试两种可能性，并取其中较大的作为结果。

其实这段代码就是暴力解法，我们可以通过备忘录或者 DP table 来优化时间复杂度。例如，通过 DP table 来解决。

参考代码：

```
int dp(int n, int m){
    vector<vector<int>> dp(n, vector<int>(m, 0));
```

```
        for (int i = 1; i <= n; i++){
            for (int j = 1; j <= m; j++){
                if (s1[i] == s2[j])dp[i][j] = dp[i - 1][j - 1] + 1;
                else dp[i][j] = max(dp[i - 1][j], dp[i][j - 1]);
            }
        }

        return dp[n][m];
    }
```

58.3.5 数字三角形

给定一个共有 N 行的三角形矩阵 A，其中第 i 行有 i 列。从左上角开始，每次可以向下或右下移动一步，最终到达三角形底部。求经过的所有位置上的数值之和，最大和是多少？

数字三角形（数塔问题）上的数都是 0 至 100 之间的整数。

输入样例：

5
13
11 8
10 7 26
6 14 15 8
12 7 13 24 11

输出样例：

86

样例解释：

13 + 8 + 26 + 15 + 24 = 86

分析：

1. 暴力搜索

参考代码：

```
    int dp(int i, int j, int n){
        if (i > n || j > i)return 0;
        return A[i][j] + max(dp(i + 1, j, n), dp(i + 1, j + 1, n));
    }

    int main(){
        int n;cin >> n;
        for (int i = 1; i <= n; i++){
            for (int j = 1; j <= i; j++){
                cin >> A[i][j];
            }
        }
        cout << dp(1, 1, n) << endl;
    }
```

2. 动态规划算法

定义 dp[i][j] 表示从左上角走到 i 行 j 列的和的最大值。假设已经求出 dp[1···i-1][1···j-1]

的所有值，现在要求 dp[i][j] 的值。

根据题意可得出推导式：dp[i][j] = A[i][j] + max(dp[i-1][j], dp[i-1][j-1])，其中 dp[1][1] = A[1][1]。

dp[n][1⋯n] 存放了从 A[1][1] 到 A[n][1⋯n] 的和的最大值，因此目标值是 max(dp[n][1⋯n])。

参考代码：

```
dp[1][1] = A[1][1];

for (int i = 2; i <= n; i++){
    for (int j = 1; j <= i; j++){
        dp[i][j] = A[i][j] + max(dp[i - 1][j], dp[i - 1][j - 1]);
    }
}
ans = -1;
for (int i = 1; i <= n; i++){
    ans = max(ans, dp[n][i]);
}
```

也可以通过反向求解来处理这个问题：由于是求路径上和的最大值，且在一条路径上，从起点到终点的和与从终点到起点的和应是相同的，因此我们可以从终点进行反向遍历，目标值就是 dp[1][1]。

推导式是什么呢？从 (i, j) 出发可以到达 $(i+1, j)$ 和 $(i+1, j+1)$，故 dp[i][j] = A[i][j] + max(dp[i+1][j], dp[i+1][j+1])。

参考代码：

```
vector<vector<int>> dp(n, vector<int>(n));
for (int i = 1; i <= n; i++)
    dp[n][i] = A[n][i];
for (int i = n - 1; i >= 1; i--){
    for (int j = 1; j <= i; j++){
        dp[i][j] = A[i][j] + max(dp[i + 1][j], dp[i + 1][j + 1]);
    }
}

cout << dp[1][1] << endl;
```

第 59 课 背包模型

59.1 背包问题

0/1 背包模型

给定 N 个物品，其中第 i 个物品的体积为 V_i，价值为 W_i。有一个容积为 M 的背包，要求选择若干物品放入背包，使得物品总体积在不超过 M 的前提下，物品的价值总和最大。

分析：

根据动态规划知识，我们可以逐一考虑每个物品是否放入背包。将"已经处理的物品数"作为动态规划的"阶段"，以"背包中已经放入的物品总体积"作为附加维度。

$f[i][j]$ 表示当从前 i 个物品中选出总体积为 j 的物品放入背包时，物品的价值总和最大。

由此可得出公式：

$$f[i][j] = \max \begin{cases} f[i-1][j], & \text{不选第}i\text{个物品} \\ f[i-1, j-V_i] + W_i, & \text{if } j > V_i, \text{选第}i\text{个物品} \end{cases}$$

初始值：$f[0][0] = 0$，其余均为负无穷。目标值：$\max_{0 \leq j \leq M} f[N][j]$。

参考代码：

```
memset(f, 0xcf, sizeof(f)); // -INF
f[0][0] = 0;
for (int i = 1; i <= n; i++){
    for (int j = 0; j <= m; j++)
        f[i][j] = f[i - 1][j]; // 第 i 个物品不放
    for (int j = v[i]; j <= m; j++)
        f[i][j] = max(f[i][j], f[i - 1][j - v[i]] + w[i]);
}
```

通过动态规划算法的状态转移方程，可以发现每一阶段 i 的状态仅与上一阶段 i - 1 的状态相关。在这种情况下，可以采用"滚动数组"这种优化方法来减少空间开销。

参考代码：

```
int f[2][M + 1];
memset(f, 0xcf, sizeof(f)); // -INF
f[0][0] = 0;
for (int i = 1; i <= n; i++){
    for (int j = 0; j <= m; j++)
        f[1][j] = f[0][j];
    for (int j = v[i]; j <= m; j++)
        f[1][j] = max(f[1][j], f[0][j - v[i]] + w[i]);
    for (int j = 0; j <= m; j++)
        f[0][j] = f[1][j];
}
```

通过位运算，可以实现 0 和 1 交替出现。

```
int f[2][M + 1];
memset(f, 0xcf, sizeof(f)); // -INF
f[0][0] = 0;
```

```
for (int i = 1; i <= n; i++){
    for (int j = 0; j <= m; j++)
        f[i & 1][j] = f[(i - 1) & 1][j];
    for (int j = v[i]; j <= m; j++)
        f[i & 1][j] = max(f[i & 1][j], f[(i - 1) & 1][j - v[i]] +w[i]);
}

int ans = 0;
for (int j = 0; j <= m; j++)
    ans = max(ans, f[n & 1][j]);
```

我们把阶段 i 的状态存储在第一维下标为 i & 1 的二维数组中。当 i 为奇数时，i & 1 等于 1；当 i 为偶数时，i & 1 等于 0。因此，动态规划的状态就相当于在 f[0][] 和 f[1][] 这两个数组中交替转移，空间复杂度为 $O(M)$。

经过进一步分析我们发现，在每个阶段开始时，实际上只进行了一次从 f[i-1][] 到 f[i][] 的拷贝操作，因此可以省略 f 数组的第一维，即仅使用一维数组。这样当外层循环到第 i 个物品时，f[j] 就表示在背包中放入总体积为 j 的物品，物品的价值总和最大。

```
int f[M + 1];
memset(f, 0xcf, sizeof(f)); // -INF
f[0] = 0;
for (int i = 1; i <= n; i++)
    for (int j = m; j >= v[i]; j--)
        f[j] = max(f[j], f[j - v[i]] + w[i]);
int ans = 0;
for (int j = 0; j <= m; j++)
    ans = max(ans, f[j]);
```

在上面的代码中，第二层循环使用了倒序循环，当循环到 j 时：
- f 数组的后半部分，即 f[j~M]，处于 i 阶段，表示已经考虑了放入第 i 个物品的情况。
- f 数组的前半部分，即 f[0~j-1]，处于 i-1 个阶段，表示还未考虑放入第 i 个物品的情况。

接下来，j 不断减小，由于总是从 i-1 个阶段的状态向 i 阶段的状态进行转移，符合线性动态规划原则，进而保证了第 i 个物品只会被放入背包一次，如图 59-1 所示。

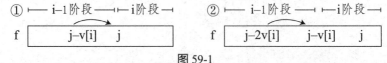

图 59-1

然而，如果使用正序循环，假设 f[j] 被 f[j-v[i]] + w[i] 更新，那么接下来，当 j 增大到 j + v[i] 时，f[j + v[i]] 又可能被 f[j] + w[i] 更新。此时，两个都处于 i 阶段，状态之间发生了转移，违背了线性动态规划原则，相当于第 i 个物品被使用了两次，如图 59-2 所示。

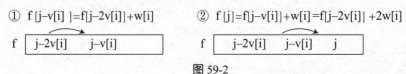

图 59-2

因此，在遍历背包容量时需要使用倒序循环，只有这样才符合背包问题中每个物品是唯一的，且只能被放入背包一次的要求。

- **例题：数字组合**

题目描述：

给定 N 个正整数 $A_1, A_2, \cdots, A_N$，从中选出若干数，使它们的和是 M，求有多少种选择方案？$1 \leq N \leq 100$，$1 \leq M \leq 10000$，$1 \leq A_i \leq 1000$。

分析：

我们可以将 N 个正整数当作 N 个物品，M 就是背包的容量。这是一个典型的 0/1 背包模型。当外层循环到 i 时（表示从前 i 个数中选），设 $f[j]$ 表示"和为 j"有多少种方案。在具体实现中，只需把前文代码中求 max 的函数改为求和即可。

```
int f[M + 1];
memset(f, 0, sizeof(f));
f[0] = 1;
for (int i = 1; i <= n; i++)
    for (int j = m; j >= a[i]; j--)
        f[j] += f[j - a[i]];
cout << f[m] << endl;
```

59.2 完全背包问题

完全背包模型

给定 N 个物品，其中第 i 种物品的体积为 V_i，价值为 W_i，并且有无数个。有一个容积为 M 的背包，要求选择若干物品放入背包，使得物品总体积在不超过 M 的前提下，物品的价值总和最大。

分析：

首先考虑使用传统的二维线性动态规划算法，设 $f[i][j]$ 表示从前 i 种物品中选出总体积为 j 的物品放入背包，此时物品的价值总和最大。

$$f[i][j] = \max \begin{cases} f[i-1][j], & \text{不选第} i \text{种物品} \\ f[i-1, j - V_i] + W_i, & \text{if } j > V_i, \text{选1个第} i \text{种物品} \end{cases}$$

初始值：$f[0][0] = 0$，其余均为负无穷。目标值：$\max_{0 \leq j \leq M} f[N][j]$。

与 0/1 背包问题一样，这里也可以省略 f 数组的 i 这一维。根据在 0/1 背包中对循环顺序的分析，当采用正序循环时，每种物品可以使用无限次，对应着状态转移方程 $f[j] = f[j-V_i] + W_i$，即在两个均处于 i 阶段的状态之间进行转移。

```
int f[M + 1];
memset(f, 0xcf, sizeof(f)); // -INF
f[0] = 0;
for (int i = 1; i <= n; i++)
    for (int j = v[i]; j <= m; j++)
        f[j] = max(f[j], f[j - v[i]] + w[i]);

int ans = 0;
for (int j = 0; j <= m; j++)
    ans = max(ans, f[j]);
```

- 例题：自然数拆分

题目描述：

给定一个自然数 N，要求把 N 拆分成若干正整数相加的形式，参与加法运算的数可以重复。求拆分的方案数 mod 2147483648 的结果。

$1 \leqslant N \leqslant 4000$。

分析：

把 $1 \sim N$ 这 N 个自然数当作 N 种物品，每种物品都可以无限次使用。背包的容量为 N。这是一个典型的完全背包模型。

本题要求方案数，我们可以在完全背包模型的基础上，把求 max 的函数改为求和即可。

参考代码：

```
unsigned int f[M + 1];
memset(f, 0, sizeof(f));
f[0] = 1;

for (int i = 1; i <= n; i++)
    for (int j = 1; j <= n; j++){
        f[j] = (f[j] + f[j - 1]) % 2147483648u;
    }

cout << (f[n] > 0 ? f[n] - 1 : 2147483647) << endl;
```

59.3 多重背包

多重背包模型

给定 N 种物品，其中第 i 种物品的体积为 V_i，价值为 W_i，并且有 C_i 个。有一容积为 M 的背包，要求选择若干物品放入背包，使得物品总体积在不超过 M 的前提下，物品的价值总和最大。

直接拆分法

在求解多重背包问题时，最直接的方法是先把第 i 种物品看作独立的 C_i 个物品，转化为共有 $\sum_{i=1}^{N} C_i$ 个物品的 0/1 背包问题，再进行计算，时间复杂度为 $O(M \times \sum_{i=1}^{N} C_i)$。该算法把每种物品都拆分成了 C_i 个，效率较低。

```
unsigned int f[M + 1];
memset(f, 0xcf, sizeof(f)); // -INF
f[0] = 0;
for (int i = 1; i <= n; i++)
    for (int j = 1; j <= C[i]; j++)
        for (int k = m; k >= v[i]; k--)
            f[k] = max(f[k], f[k - v[i]] + w[i]);
int ans = 0;
for (int i = 0; i <= m; i++)ans = max(ans, f[i]);
```

二进制拆分法

众所周知，从 $2^0, 2^1, \cdots, 2^{k-1}$ 这 k 个 2 的整数次幂中选出若干数相加，可以表示 $0 \sim 2^k - 1$ 之间的任意整数。由此我们可以求出满足 $2^0 + 2^1 + \cdots + 2^p \leqslant C_i$ 的最大整数 p，设 $R_i = C_i - 2^0$

$-2^1 - \cdots - 2^p$，那么：

（1）根据 p 的最大性，可以得出 $2^0 + 2^1 + \cdots + 2^{p+1} > C_i$，进而可推导出 $2^{p+1} > R_i$，因此从 $2^0, 2^1, \cdots, 2^p$ 中选出若干数相加可以表示出 $0 \sim R_i$ 之间的任意整数。

（2）从 $2^0, 2^1, \cdots, 2^p$ 和 R_i 中选出若干数相加，可以表示出 $R_i \sim R_i + 2^{p+1} - 1$ 之间的任意整数。根据 R_i 的定义，$R_i + 2^{p+1} - 1 = C_i$，因此从 $2^0, 2^1, \cdots, 2^p$ 和 R_i 中选出若干数相加可以表示出 $R_i \sim C_i$ 之间的任意整数。

综上所述，我们可以把数量为 C_i 的第 i 种物品拆分成 $p+2$ 个物品，它们的体积分别为

$$2^0 \times V_i, 2^1 \times V_i, \cdots, 2^p \times V_i, R_i \times V_i$$

这 $p+2$ 个物品可以凑成 $0 \sim C_i \times V_i$ 之间所有能被 V_i 整除的数，并且不能凑成大于 $C_i \times V_i$ 的数。这等价于原问题中体积为 V_i 的物品可以使用 $0 \sim C_i$ 次。该方法仅把每种物品拆分成了 $O(\log C_i)$ 个，效率较高。

- 例题：庆功会

题目描述：

为了庆祝班级在校运动会上取得全校第一名的成绩，班主任决定举办一场庆功会，并为此拨款购买奖品以犒劳运动员。班主任希望这笔拨款金额能够购买到最大价值的奖品。

在第一行中输入两个数，分别是 n（$n \leqslant 500$）和 m（$m \leqslant 6000$）。其中 n 代表希望购买的奖品种数，m 表示拨款金额。

在接下来的 n 行中，每行有 3 个数，即 v、w、s，分别表示第 i 种奖品的价格、价值（价格与价值是不同的概念）和能够购买的最大数量（买 0 件到 s 件均可），其中 $v \leqslant 100$、$w \leqslant 1000$、$s \leqslant 10$。

问：此次能够购买到的最大价值奖品是多少？

输入样例：

5 1000
80 20 4
40 50 9
30 50 7
40 30 6
20 20 1

输出样例：

1040

分析：

n 表示物品种类，m 表示背包容量。

v_i、w_i 和 s_i，分别表示第 i 种物品的体积、价值和数量。

通过将选择不同数量的物品当作一个新的物品，可以将这个问题转化为 0/1 背包问题。由于可以选择任意物品，因此只需将可以构成 s 数值的物品当作新的物品即可。

参考代码：

```
// 直接拆分
for (int i = 1; i <= n; i++){
```

```cpp
        for (int j = 1; j <= s[i]; j++){
            for (int k = m; k >= v[i]; k--){
                F[k] = max(F[k], F[k - j * v[i]] + j * w[i]);
            }
        }
    }

    int ans = 0;
    for (int i = 0; i <= m; i++)
        ans = max(ans, F[i]);

    // 二进制拆分
    for (int i = 1; i <= n; i++){
        int v, w, s;
        cin >> v >> w >> s;
        int t = 1;
        while (t <= s){
            V[c] = v * t;W[c] = w * t;
            s -= t;
            t *= 2;
            c++;
        }
        // 处理 s 剩余的部分
        if (s > 0){
            V[c] = s * v;
            W[c] = s * w;
            c++;
        }
    }

    // F[i][j] 表示把前 i 个物品放入容积为 j 的背包时的最大价值
    // 需要考虑空间消耗, 将其优化为一维的 0/1 背包问题
    for (int i = 1; i < c; i++){ // c 种物品
        for (int j = m; j >= 1; j--){
            // 同一物品只能选择一次
            F[i][j] = F[i - 1][j]; // 不选
        }
        for (int j = m; j >= v[i]; j--){
            F[i][j] = max(F[i - 1][j], F[i - 1][j - v[i]] + w[i]);
        }
    }
```

- 练习：硬币

题目描述：

给定 N 种硬币，其中第 i 种硬币的面值为 A_i，共有 C_i 个。从中选出若干硬币，把面值相加，若结果为 S，则称"面值 S 能被拼成"。求在 $1 \sim M$ 之间能被拼成的面值有多少个？

$1 \leqslant N \leqslant 100, 1 \leqslant M \leqslant 10^5, 1 \leqslant A_i \leqslant 10^5, 1 \leqslant C_i \leqslant 1000$。

分析：

本题是一个多重背包模型，"硬币"为物品，"面值"为体积，M 为背包总容积。这道

题目中没有"物品价值"属性,不是一个最优化问题,而是一个可行性问题。根据动态规划算法,可以依次考虑每种硬币是否被用于拼成最终的面值(即是否放入背包),以"已经考虑过的物品种数"i作为动态规划的"阶段",在阶段i时,f[j]表示前i种硬币能否拼成面值j。

用"直接拆分法"朴素求解的参考代码:

```
bool f[M + 1];
memset(f, 0, sizeof(f));
f[0] = true;

for (int i = 1; i <= n; i++)
    for (int j = 1; j <= C[i]; j++)
        for (int k = m; k >= a[i]; k--)
            f[k] |= f[k - a[i]];
int ans = 0;
for (int i = 1; i <= m; i++)ans += f[i];
```

对于本题的数量来说,这种做法会超时。因此可以使用"二进制拆分法"对其进行优化。

但是,这个题目有特殊性。它只关心"可行性"(面值能否拼成),而不是"最优性"。仔细分析动态规划的过程可以发现,如果前i种硬币能够拼成面值j,则只有两种可能情况:

(1)前i-1种硬币就能拼成面值j,即在第i阶段开始之前,变量f[j]已经为true。

(2)使用了第i种硬币,即在第i阶段的递推中,发现f[j-a[i]]为true,从而变量f[j]变为true。

此时可以考虑一种贪心策略:设used[j]表示f[j]在第i阶段时为true,至少需要用多少枚第i种硬币,并且尽量选择第一种情况。

也就是说,当f[j-a[i]]为true时,如果f[j]已经为true,则不执行动态规划转移,并令used[j] = 0,否则执行f[j]= f[j] or f[j-a[i]]的动态规划转移,并令used[j] = used[j-a[i]] + 1。

修改后的参考代码:

```
int used[M + 1];
for (int i = 1; i <= n; i++){
    for (int j = 0; j <= m; j++)used[j] = 0;
    for (int j = a[i]; j <= m; j++)
        if (!f[j] && f[j - a[i]] && used[j - a[i]] < c[i])
            f[j] = true, used[j] = used[j - a[i]] + 1;
}
```

该程序使用了"完全背包"模型中j的循环顺序,并且通过used数组实现了多重背包中"物品个数"的限制。同时根据贪心策略,当且仅当f[j]为false,且不得不使用第i种硬币时才执行动态规划转移,以确保不会漏掉可行解。

另一种定义思路:

设f[i][j]表示"用了前i种物品填满容量为j的背包后,最多还剩下几个第i种物品可用"。如果f[i][j] = -1,则说明这种状态不可行,否则应满足$0 \leq f[i][j] \leq M_i$。

参考代码:

```
int F[N + 1][M + 1];
memset(F, -1, sizeof F);
```

```
F[0][0] = 0;
for (int i = 1; i <= n; i++){
    for (int j = 0; j <= m; j++){
        if (F[i - 1][j] >= 0)F[i][j] = c[i];
        // 前 i - 1 种硬币可以构成面值 j, 不需要第 i 种硬币
        else F[i][j] = -1;
        // 前 i - 1 种硬币不可行, 因此前 i 种硬币必然不能构成面值 j
    }
    for (int j = 0; j <= m - v[i]; j++){
        if (F[i][j] > 0){
            // 前 i 种硬币构成面值 j 后还有剩余的第 i 种硬币,
            // 此时考虑在当前面值上使用一个第 i 种硬币
            // 构成新的状态 F[i][j + v[i]]
            F[i][j + v[i]] = max(F[i][j + v[i]], F[i][j] - 1);
        }
    }
}

int ans = 0;
for (int i = 1; i <= m; i++)ans += F[n][i] >= 0;
```

59.4 混合背包问题

如果将前面三种经典的背包问题混合起来，即有一部分物品最多取 1 次，还有一部分物品可以取无限次，剩下的物品可以取的次数有一个上限。应该怎么求呢？

混合背包模型

有一个背包的容量为 V，现有 n 件物品。它们的体积分别是 $c_1, c_2, \cdots, c_n$，它们的价值分别为 $w_1, w_2, \cdots, w_n$。现在有一部分物品最多取 1 次，还有一部分物品可以取无限次，剩下的物品可以取的次数有一个上限，求解将哪些物品装入背包可以使这些物品的体积总和不超过背包容量，且价值总和最大。

下面对 3 种背包物品进行分类讨论。

参考代码：

```
for (int i = 1; i <= n; i++){
    if (x == 1){ // 第 i 件物品属于 0/1 背包
        for (int j = V; j >= c[i]; j--)F[j] = max(F[j], F[j - c[i]] + w[i]);
    }else if (x == 2){ // 第 i 件物品属于完全背包
        for (int j = c[i]; j <= V; j++)F[j] = max(F[j], F[j - c[i]] + w[i]);
    }else{ // 第 i 件物品属于多重背包
        for (int k = 1; k <= h[i]; k++){
            for (int j = V; j >= c[i]; j--)F[j] = max(F[j], F[j - c[i]] + w[i]);
        }
    }
}
```

多重背包可以使用二进制拆分法进行优化。

59.5 二维费用背包问题

二维费用背包模型

对于每件物品，都有两种不同的费用，选择这件物品必须同时付出这两种费用。对于每种费用都有一个可付出的最大值（背包容量）。问怎样选择物品可以得到最大价值。

设第 i 件物品所需的两种费用分别为 C_i 和 D_i。两种费用可付出的最大值（即两种背包容量）分别为 V 和 U。物品的价值为 W_i。

分析：

由于费用加了一维，因此状态也需要加一维。

设 $F[i][v][u]$ 表示前 i 件物品付出的两种费用分别为 v 和 u 时可获得最大价值。可得出状态转移方程：

$F[i][v][u] = \max\{F[i-1][v][u], F[i-1][v-C[i]][u-D[i]] + W[i]\}$

根据 0/1 背包的优化方法，可以只使用二维数组：当物品只能取一次时，变量 v 和 u 应采用逆序循环。当物品可以无限次取用时，应采用顺序循环。当物品数量有特定限制时，应对物品进行拆分。

如果物品总个数有限制

有时，"二位费用"的条件会以一种隐含的方式给出：最多只能取 u 件物品。事实上相当于每件物品多了一种"件数"的费用，每个物品的件数费用均为 1，可以付出的最大件数费用为 u。也就是说，设 $F[v][u]$ 表示付出费用 v，当最多选 u 件时可得到最大价值，则根据物品的类型（0/1，完全，多重）用不同的方法循环更新，最后在 $F[0\cdots v][0\cdots u]$ 范围内寻找答案。

59.6 分组背包问题

分组背包模型

有 N 件物品和一个容量为 V 的背包。第 i 件物品的费用是 C_i，价值是 W_i。这些物品被划分为 K 组，每组中的物品相互冲突，最多选一件。求解将哪些物品装入背包可使这些物品的费用总和不超过背包容量，且价值总和最大。

分析：

算法有两个策略：选择本组中的某一件或者一件都不选。

设 $F[i][j]$ 表示前 i 组物品花费费用 j 能取得的最大价值，则有转移方程：

$F[i][j] = \max\{F[i-1][j], F[i-1][j-v[i]] + w[i]\}$

第 i 个状态只与前一个状态有关，可以进行自我滚动。

参考代码：

```
for (int i = 1; i <= n; i++){ // 枚举组数
    for (int j = m; j >= 0; j--){ // 枚举背包容量
        for (x 是第 i 组元素) // 枚举第 i 组的所有元素
            F[j] = max(F[j], F[j - v[i]] + w[i]);
    }
}
```

分组背包问题将若干互斥的物品归为一个组，建立了一个有效的模型。许多背包问题的变种都可以转化为分组背包问题。由于分组背包问题可以进一步定义为"泛化物品"的概念，因此十分有利于解题。

第 60 课　一维线性动态规划

60.1 例题

- 例题 1：导弹拦截

题目描述：

某国为了防御敌国的导弹袭击，发展出一种导弹拦截系统。但是这种导弹拦截系统有一个缺陷：虽然它的第一发炮弹能够到达任意高度，但是之后的每一发炮弹都不能高于前一发的高度。某天，雷达捕捉到敌国的导弹来袭。由于该系统还在试用阶段，因此只有一套系统，有可能无法拦截所有的导弹。

输入导弹依次飞来的高度（雷达给出的高度数据是不大于 30000 的正整数，导弹数量不超过 1000），计算这套系统最多能拦截多少枚导弹？如果要拦截所有导弹，最少需要配备多少套这种导弹拦截系统？

输入格式：

输入导弹依次飞来的高度。

输出格式：

第一行：最多能拦截的导弹数量。

第二行：要拦截所有导弹，最少需要配备多少套这种导弹拦截系统。

输入样例：

389 207 155 300 299 170 158 65

输出样例：

6

2

分析：

题目中的要求可分为两部分。

第一部分：一套系统最多能够拦截的导弹数量。因为拦截的高度是递减的，所以实际上是求最长下降子序列。

第二部分：最少需要配备多少套这种导弹拦截系统。

当存在多套导弹拦截系统时，选择能拦截当前导弹的最小值。用 H 数组记录系统拦截最后一枚导弹的高度，这是一个递增序列。当所有导弹都不能拦截该导弹时，则新增一套系统。这是求序列的最长上升子序列。

参考代码：

```cpp
#include <bits/stdc++.h>
using namespace std;
const int N = 1007;
int A[N], n = 0;
int main(){
    while (cin >> A[n])n++;

    // 求最长下降子序列
```

```
    // F[i] 表示以第 i 个数结尾的最长下降子序列的长度
    for (int i = 0; i < n; i++) {F[i] = 1;
        for (int j = 0; j < i; j++){
            if (A[j] > A[i])
                F[i] = max(F[i], F[j] + 1);
        }
    }

    // 求最长上升子序列
    // H[i] 表示以第 i 个数结尾的最长上升子序列的长度
    for (int i = 0; i < n; i++){
        H[i] = 1;
        for (int j = 0; j < i; j++){
            if (A[j] < A[i])H[i] = max(H[i], H[j] + 1);
        }
    }

    int Fans = 0, Hans = 0;
    for (int i = 0; i < n; i++){
        Fans = max(Fans,
        F[i]);Hans = max(Hans,
        F[i]);
    }

    cout << Fans << endl<< Hans << endl;
    return 0;
}
```

第二问还可以使用贪心算法：

```
int k = 0;
for (int i = 0; i < n; i++){
    int j = 0;
    for (j = 0; j < k; j++){
        if (A[i] < H[j]){ // 在 H 数组中查找第一个大于 A[i] 的值
            H[j] = A[i];
            break;
        }
    }
    if (j == k) H[k++] = A[i];
}
```

由于是在有序序列中进行查询的，因此可以采用二分查找的方式来优化搜索过程：

```
int k = 0;
for (int i = 0; i < n; i++){
    int x = upper_bound(H, H + k, A[i]) - H;
    H[x] = A[i];
    if (x == k)k++;
}
```

- 例题 2：合唱队形

题目描述：

N 位同学站成一排，音乐老师要请其中的 $(N-K)$ 位同学出列，使得剩下的 K 位同学排成合唱队形。

合唱队形指这样的一种队形：设 K 位同学从左到右依次编号为 $1, 2, \cdots, K$，他们的身高分别为 $T_1, T_2, \cdots, T_K$，同时使他们的身高满足 $T_1 < T_2 < \cdots < T_i$ 且 $T_i > T_{i+1} > \cdots > T_K$（$1 \leq i \leq K$）。

此次的任务是，已知所有 N 位同学的身高，计算最少需要几位同学出列，使得剩下的同学能够排成合唱队形。

输入格式：

输入的第一行是一个整数 N（$2 \leq N \leq 100$），表示同学的总数。第二行有 n 个整数，用空格分隔，第 i 个整数 T_i（$130 \leq T_i \leq 230$）是第 i 位同学的身高（厘米）。

输出格式：

输出仅包含一行，且仅包含一个整数，即最少需要多少位同学出列。

输入样例：

8
186 186 150 200 160 130 197 220

输出样例：

4

数据范围：

对于 50% 的数据，保证 $n \leq 20$。对于全部的数据，保证 $n \leq 100$。

分析：

以第 i 位学生为界，左侧为上升序列，右侧为下降序列。我们的目标是使出列的人数最少，从而使剩余的人数最多。

首先分别从左侧和右侧求出最长上升子序列 $F[i]$ 和 $H[i]$，然后枚举每一位同学，求 $F[i]+H[i]$ 的最大值。

参考代码：

```cpp
#include <bits/stdc++.h>
using namespace std;
const int N = 107;
int T[N], F[N], H[N];
int main(){
    int n;cin >> n;
    for (int i = 0; i < n; i++)cin >> T[i];

    for (int i = 0; i < n; i++){
        F[i] = 1;
        for (int j = 0; j < i; j++){
            if (T[i] > T[j])F[i] = max(F[i], F[j] + 1);
        }
    }

    for (int i = n - 1; i >= 0; i--){
```

```
            H[i] = 1;
            for (int j = n - 1; j > i; j--){
                if (T[i] > T[j])H[i] = max(T[i], T[j] + 1);
            }
        }

        int ans = 0;
        for (int i = 0; i < n; i++)ans = max(ans, F[i] + H[i] - 1);
        cout << n - ans >> endl;
        return 0;
    }
```

60.2 练习

- 练习 1：城市交通路网

题目描述：

图 60-1 展示了城市之间的交通路网，其中线段上的数字表示通行费用，且单向通行方向为从起点 A 到终点 E。试用动态规划的最优化原理求出从起点 A 到终点 E 的最短距离及路径。

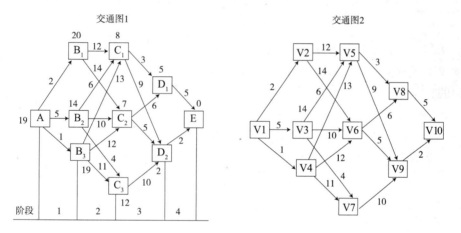

图 60-1

输入格式：

第一行为城市的数量 N。

后面是表示两个城市之间费用组成的 $N \times N$ 矩阵。

输出格式：

起点到终点的最短距离及路径。

输入样例：

```
10
0 2 5 1 0 0 0 0 0 0
0 0 0 0 12 14 0 0 0 0
0 0 0 0 6 10 4 0 0 0
0 0 0 0 13 12 11 0 0 0
0 0 0 0 0 0 0 3 9 0
```

0	0	0	0	0	0	0	6	5	0
0	0	0	0	0	0	0	0	10	0
0	0	0	0	0	0	0	0	0	5
0	0	0	0	0	0	0	0	0	2
0	0	0	0	0	0	0	0	0	0

输出样例：

minlong=19

1 3 5 8 10

- 练习 2：友好城市

题目描述：

Palmia 国有一条横贯东西的大河，河的南北两岸笔直，且岸上各有 N 个城市。北岸的每个城市在南岸都有且仅有一个对应的友好城市，并且不同城市的友好城市各不相同。

每对友好城市都向政府申请在河上开辟一条直线航道来连接两个城市，但是由于河上雾太大，政府决定任意两条航道都不能交叉，以避免事故。请帮助政府做出一些批准和拒绝申请的决定，使得在保证任意两条航线不相交的情况下，被批准的申请尽量多。

输入格式：

第 1 行，一个整数 N（$1 \leq N \leq 5000$），表示城市数量。

第 2 行到第 n+1 行，每行有两个整数，中间用空格隔开，分别表示南岸和北岸的一对友好城市的坐标（$0 \leq x_i \leq 10000$）。

输出格式：

仅一行，输出一个整数，表示政府所能批准的最多申请数量。

输入样例：

7
22 4
2 6
10 3
15 12
9 8
17 17
4 2

输出样例：

4

- 练习 3：挖地雷

题目描述：

在一个地图上有 n 个地窖（$n \leq 200$），每个地窖中埋有一定数量的地雷。同时，给出地窖之间的连接路径，并规定路径都是单向的，且保证都是小序号地窖指向大序号地窖，不存在可以从一个地窖出发经过若干地窖后又回到原来地窖的路径。某人可以从任意一处开始挖地雷，然后沿着指定的连接往下挖（仅能选择一条路径），当无连接时挖地雷工作结束。

设计一个挖地雷方案，使能挖到的地雷数量最多。

输入格式：

第一行：地窖的数量。

第二行：每个地窖地雷的数量。

下面若干行：

x_i y_i // 表示从 x_i 可到 y_i，$x_i < y_i$。

最后一行为"0 0"，表示结束。

输出格式：

$k_1 - k_2 - \cdots - k_v$ // 挖地雷的顺序，以及最多能挖到的地雷数量。

输入样例：

6

5 10 20 5 4 5

1 2

1 4

2 4

3 4

4 5

4 6

5 6

0 0

输出样例：

3-4-5-6

34

第 61 课　多维线性动态规划

当需要记录更多状态时，可以考虑使用多维数组来记录状态。

61.1 例题

- 例题1：乌龟棋

题目描述：

小明过生日时，爸爸送给他一副乌龟棋当作礼物。

乌龟棋的棋盘只有一行，该行有 N 个格子，每个格子上有一个分数（非负整数）。

棋盘第 1 格是唯一的起点，第 N 格是终点，游戏要求玩家控制一个乌龟棋子从起点出发走到终点。

乌龟棋中共有 M 张爬行卡片，分为 4 种不同的类型（M 张卡片中不一定包含所有 4 种类型的卡片），每种类型的卡片上分别标有 1、2、3、4 这 4 个数字之一，表示在使用这种卡片后，乌龟棋子将向前爬行相应的格子数。

游戏中，玩家每次需要从所有的爬行卡片中选择一张之前没有使用过的爬行卡片，控制乌龟棋子前进相应的格子数，每张卡片只能使用一次。

在游戏中，乌龟棋子自动获得起点格子的分数，并且在后续的爬行中每到达一个格子，就能得到该格子相应的分数。

玩家的最终游戏得分就是乌龟棋子经过的所有格子的分数总和。

很明显，用不同的爬行卡片使用顺序会使得最终游戏的得分不同，小明想要找到一种卡片使用顺序，使得最终游戏得分最多。

现在，给出棋盘上每个格子的分数和所有的爬行卡片，问小明最多能得到多少分？

输入格式：

每行的两个数之间用一个空格隔开。

第一行有两个正整数 N 和 M，分别表示棋盘格子数和爬行卡片数。

第二行有 N 个非负整数，$a_1, a_2, \cdots, a_N$，其中 a_i 表示棋盘第 i 个格子上的分数。

第三行有 M 个整数，$b_1, b_2, \cdots, b_M$，表示 M 张爬行卡片上的数字。

输入数据，保证到达终点时刚好用光 M 张爬行卡片。

输出格式：

输出只有 1 行，仅包含 1 个整数，表示小明最多能得到的分数。

数据范围：

$1 \leqslant N \leqslant 350$

$1 \leqslant M \leqslant 120$

$0 \leqslant a_i \leqslant 100$

$1 \leqslant b_i \leqslant 4$

每种爬行卡片的张数不能超过 40。

输入样例：

9 5

```
6 10 14 2 8 8 18 5 17
1 3   1 2 1
```
输出样例：

73

分析：

四维线性动态规划。

为了表示在乌龟棋游戏中到达当前位置所使用的卡片数量，我们假设当前使用了 i 张卡片 1，j 张卡片 2，k 张卡片 3，t 张卡片 4。当前到达的格子数就是 $s=1+i+2\times j+3\times k+4\times t$。

假设状态：

$f[i][j][k][t]$——表示使用了 i 张卡片 1，j 张卡片 2，k 张卡片 3，t 张卡片 4 得到的最高分数。枚举使用不同类型卡片的数量，找出最优解。

状态转移方程。

考虑到达当前位置时，使用的最后一张卡片类型如下。

最后使用的是卡片 1：$f[i][j][k][t]=\max(f[i][j][k][t],f[i-1][j][k][t]+score[s])$；

最后使用的是卡片 2：$f[i][j][k][t]=\max(f[i][j][k][t],f[i][j-1][k][t]+score[s])$；

最后使用的是卡片 3：$f[i][j][k][t]=\max(f[i][j][k][t],f[i][j][k-1][t]+score[s])$；

最后使用的是卡片 4：$f[i][j][k][t]=\max(f[i][j][k][t],f[i][j][k][t-1]+score[s])$。

最后的答案就是 $f[a][b][c][d]$，a,b,c,d 分别表示卡片 1，2，3，4 的总数。时间复杂度为 $O(40^4)$。

参考代码：

```
for (int i = 0; i <= m[1]; ++i){
    for (int j = 0; j <= m[2]; ++j){
        for (int k = 0; k <= m[3]; ++k){
            for (int l = 0; l <= m[4]; ++l){
                int d = i + 2 * j + 3 * k + 4 * l + 1;
                if (i)dp[i][j][k][l] = max(dp[i][j][k][l], dp[i - 1][j]
                                                          [k][l] + w[d]);
                if (j)dp[i][j][k][l] = max(dp[i][j][k][l], dp[i][j - 1]
                                                          [k][l] + w[d]);
                if (k)dp[i][j][k][l] = max(dp[i][j][k][l], dp[i][j][k -
                                                          1][l] + w[d]);
                if (l)dp[i][j][k][l] = max(dp[i][j][k][l], dp[i][j][k][l
                                                          - 1] + w[d]);
            }
        }
    }
}
```

- **例题 2：杨老师的照相排列**

题目描述：

有 N 个学生参加合影，他们按照左端对齐的方式站成了 k 排，每排分别有 $N_1, N_2, \cdots, N_k$ 个学生（$N_1 \geq N_2 \geq \cdots \geq N_k$）。

第 1 排站在最后边，第 k 排站在最前边。

学生的身高各不相同，把他们从高到低依次标记为 1, 2, …, N。

在合影时，要求每排学生从左到右身高递减排列，同时每一列学生从后到前也按身高递减排列。问一共有多少种安排合影位置的方案？

下面的一排三角矩阵给出了当 $N=6$、$k=3$、$N_1=3$、$N_2=2$、$N_3=1$ 时的全部 16 种合影方案。注意，身高最高的是 1，最低的是 6。

```
123  123  124  124  125  125  126  126  134  134  135  135  136  136  145  146
45   46   35   36   34   36   34   35   25   26   24   26   24   25   26   25
6    5    6    5    6    4    5    4    6    5    6    4    5    4    3    3
```

输入格式：

输入包含多组测试数据。

每组数据两行，第一行包含一个整数 k，表示总排数。第二行包含 k 个整数，表示从后向前每排的具体人数。

当输入 $k=0$ 时，表示输入终止，且该数据无须处理。

输出格式：

每组测试数据输出一个答案，表示不同安排方案的数量。每个答案占一行。

数据范围：

$1 \leqslant k \leqslant 5$，学生总人数不超过 30 人。

输入样例：

```
1
30
5
1 1 1 1 1
3
3 2 1
4
5 3 3 1
5
6 5 4 3 2
2
15 15
0
```

输出样例：

```
1
1
16
4158
141892608
9694845
```

分析：

因为在合理的合影方案中，每行、每列的身高都是单调递减的，所以我们可以从高到低依次考虑标记为 1, 2, $\cdots$, N 的学生所站的位置。这样，在任意时刻，已经排好位置的学生在每一行占据的一定是从左端开始的连续若干位置，我们用一个 k 元组 $(a_1, a_2, \cdots, a_k)$ 表示每一行已经安排的学生人数，即可描绘出"已经处理的部分"的轮廓。

当安排一个新的学生参加合影时，我们考虑所有满足如下条件的行号 i：

（1）$a_i < N_i$。

（2）$i = 1$ 或 $a_{i-1} > a_i$。

只要该学生站在这样一行中，每列学生的身高单调递减就能得以满足。也就是说，我们不需要关心已经站好的 $(a_1 + a_2 + \cdots + a_k)$ 个学生的具体方案。k 元组 $(a_1, a_2, \cdots, a_k)$ 描绘的轮廓内的合影方案总数就足以构成一个子问题。因此，我们可以把 $a_1, a_2, \cdots, a_k$ 作为阶段，当需要安排一个新的学生时，$a_1, a_2, \cdots, a_k$ 其中之一会增加 1，从而转移到后续的阶段，符合各维度线性增长的形式。

我们假设 $k = 5$。当 $k < 5$ 时，我们可以增加人数为 0 的排，使其等价于 $k = 5$ 的问题。动态规划算法如下：

$F[a_1, a_2, a_3, a_4, a_5]$ 表示当各排从左起分别站了 a_1, a_2, a_3, a_4, a_5 个人时，合影的方案数量。

边界：$F[0, 0, 0, 0, 0] = 1$，其余均为 0。目标：$F[N_1, N_2, N_3, N_4, N_5]$。

转移：若 $a_1 < N_1$，则令 $F[a_1 + 1, a_2, a_3, a_4, a_5] += F[a_1, a_2, a_3, a_4, a_5]$。若 $a_2 < N_2$，且 $a_1 > a_2$，则 $F[a_1, a_2 + 1, a_3, a_4, a_5] += F[a_1, a_2, a_3, a_4, a_5]$。

第 3~5 排同理。

通过这个问题的解法，我们可以发现在设计动态规划的状态转移方程时，不必局限于"如何计算出一个状态"的形式，也可以考虑"一个已知状态应该更新哪些后续阶段的未知状态"。当有多个状态需要表达时，可以通过增加描述状态的维度来实现。

参考代码：

```
#include <bits/stdc++.h>
using namespace std;

typedef long long ll;
const int N = 31;

int main(){
    int k;
    while (cin >> k && k){
        int A[6] = {0};
        for (int i = 1; i <= k; i++)cin >> A[i];
        ll F[A[1] + 1][A[2] + 1][A[3] + 1][A[4] + 1][A[5] + 1];
        memset(F, 0, sizeof(F));
        F[0][0][0][0][0] = 1;
        for (int i = 0; i <= A[1]; i++){
            for (int j = 0; j <= A[2]; j++){
                for (int k = 0; k <= A[3]; k++){
                    for (int p = 0; p <= A[4]; p++){
                        for (int q = 0; q <= A[5]; q++){
                            if (i > 0)F[i][j][k][p][q] += F[i - 1][j][k]
```

```
                                    [p][q];
                    if (j > 0 && i >= j)F[i][j][k][p][q] +=
                        F[i][j - 1][k][p][q];
                    if (k > 0 && j >= k)F[i][j][k][p][q] +=
                        F[i][j][k - 1][p][q];
                    if (p > 0 && k >= p)F[i][j][k][p][q] +=
                        F[i][j][k][p - 1][q];
                    if (q > 0 && p >= q)F[i][j][k][p][q] +=
                        F[i][j][k][p][q - 1];
                }
            }
        }
    }
    cout << F[A[1]][A[2]][A[3]][A[4]][A[5]] << endl;
}
return 0;
}
```

61.2 练习

- 练习：方格取数

题目描述：

设有 $N \times N$ 的方格图（$N \leq 9$），我们在其中的某些方格中填入正整数，而在其他的方格中放入数字 0，如图 61-1 所示。

A 0	0	0	0	0	0	0	0
0	0	13	0	0	6	0	0
0	0	0	0	7	0	0	0
0	0	0	14	0	0	0	0
0	21	0	0	0	4	0	0
0	0	15	0	0	0	0	0
0	14	0	0	0	0	0	0
0	0	0	0	0	0	0	0 B

图 61-1

某人从图 61-1 中左上角的 A 点出发，既可以向下行走，也可以向右行走，直到到达右下角的 B 点。在走过的路上，他可以取走方格中的数字，取走后方格中的数字将变为 0）。

此人从 A 点到 B 点总共走了两次，试找出两条路径，使得这两条路径上取得的数的和最大。

输入格式：

输入的第一行为一个整数 N（表示 $N \times N$ 的方格图），接下来的每行有三个整数，前两个表示位置，第三个为该位置上所放的数。一行单独的 0 表示输入结束。

输出格式：
只需输出一个整数，表示两条路径上取得的数的最大的和。
输入样例：
8
2 3 13
2 6 6
3 5 7
4 4 14
5 2 21
5 6 4
6 3 15
7 2 14
0 0 0
输出样例：
67

第62课 动态规划综合练习

前文我们学习了一维线性动态规划,即在表达状态时,只需考虑一维空间下状态之间的转移。

例如,在最长上升子序列(LIS)问题中,当前状态只与前面若干状态有关。

如果存在多个状态相互之间存在关系,又该如何考虑呢?我们可以通过增加状态的维数来表达题目中的状态。

62.1 例题

- 例题1:最长公共子序列(LCS)问题

题目描述:

我们称序列 $Z=<z_1, z_2, \cdots, z_k>$ 是序列 $X=<x_1, x_2, \cdots, x_m>$ 的子序列,当且仅当存在一个严格上升的序列 $<i_1, i_2, \cdots, i_k>$,使得对于所有的 $j=1, 2, \cdots, k$,都有 $x_{i_j}=z_j$,如 $Z=<a, b, f, c>$ 是 $X=<a, b, c, f, b, c>$ 的子序列。

现在给出两个序列 X 和 Y,任务是找到 X 和 Y 的最大公共子序列,也就是说,要找到一个最长的序列 Z,使得 Z 既是 X 的子序列,也是 Y 的子序列。

输入格式:

输入多组测试数据。每组数据占一行,给出两个长度不超过 200 的字符串,用来表示两个序列。两个字符串之间由若干空格隔开。

输出格式:

对于每组输入数据,都只输出一行,表示两个序列的 LCS 长度。

输入样例:

abcfbc abfcab
programming contest
abcd mnp

输出样例:

4
2
0

分析:

这是一个子序列问题。

第1步:定义动态规划数组的含义。例如,对于字符串 s1 和 s2,通常来说都要构造一个如图 62-1 所示的 DP table。

s1\s2	0 "	1 b	2 a	3 b	4 c	5 d	6 e
0 "	0	0	0	0	0	0	0
1 a	0	0	1	1	1	1	1
2 c	0	0	1	1	2	2	2
3 e	0	0	1	1	2	2	3

图 62-1

为了方便理解这张表格，我们暂且假设索引是从 1 开始的，之后在代码中稍做调整即可。其中，dp[*i*][*j*] 的含义是：对于 s1[1..*i*] 和 s2[1..*j*]，它们的 LCS 长度是 dp[*i*][*j*]。

例如，dp[2][4] 的含义是：对于 "ac" 和 "babc"，它们的 LCS 长度是 2。我们最终想得到的答案是 dp[3][6]。

第 2 步，定义初始值 base case。

使索引为 0 的行和列表示空串，dp[0][..] 和 dp[..][0] 都应该初始化为 0，这就是 base case。

例如，根据 dp 数组的定义，dp[0][3]=0 的含义是：对于字符串 "" 和 "bab"，其 LCS 长度为 0。因为有一个字符串是空串，所以它们的最长公共子序列的长度是 0。

第 3 步，找状态转移方程。

这是动态规划中最具挑战的一步，幸运的是，这类字符串问题通常遵循相似的解题模式。下面探讨处理这类问题的思路。

状态转移简单来说就是做出选择。例如，在求如图 62-2 所示的字符串 s1 和 s2 的最长公共子序列（不妨称这个子序列为 lcs）时，对于 s1 和 s2 中的每个字符，我们有哪些选择呢？很简单，只有两种选择：字符要么在 lcs 中，要么不在 lcs 中。

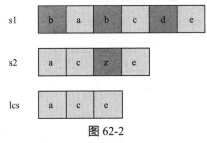

图 62-2

这个「在」和「不在」就是选择，关键是，应该如何选择呢？这个需要动点脑筋：如果某个字符应该在 lcs 中，那么这个字符肯定同时存在于 s1 和 s2 中，因为 lcs 是最长公共子序列。所以本题的思路如下。

用两个指针 i 和 j 从后往前遍历 s1 和 s2，如果 s1[i]==s2[j]，那么这个字符一定在 lcs 中；否则，s1[i] 和 s2[j] 这两个字符至少有一个不在 lcs 中，需要丢弃。

参考代码：

```
string s1, s2;cin >> s1 >> s2;
int dp(int n, int m){
    if (n == -1 || m == -1)return 0;
    if (s1[n] == s2[m])return dp(n - 1, m - 1) + 1; // 当前元素相同
    else return max(dp(n - 1, m), dp(n, m - 1));   // 当前元素不同
}
```

对于第一种情况，找到一个 lcs 中的字符，同时将 i 和 j 向前移动一位，并给 lcs 的长度加一；对于后者，则尝试两种情况，取更大的结果。

其实这段代码就是暴力解法，我们可以通过备忘录或者 DP table 来优化时间复杂度，比如通过前文介绍的 DP table 来解决。

参考代码：

```
int dp(int n, int m){
```

```
        vector<vector<int>> dp(n, vector<int>(m, 0));

        for (int i = 1; i <= n; i++){
            for (int j = 1; j <= m; j++){
                if (s1[i] == s2[j])dp[i][j] = dp[i - 1][j - 1] + 1;
                else dp[i][j] = max(dp[i - 1][j], dp[i][j - 1]);
            }
        }

        return dp[n][m];
    }
```

- 例题 2：最长公共子上升序列

题目描述：

熊大妈的奶牛在小沐沐的熏陶下开始研究信息题目。

小沐沐先让奶牛研究了最长上升子序列，再让他们研究了最长公共子序列，现在又让他们研究最长公共上升子序列。

小沐沐说，对于两个数列 A 和 B，如果它们都包含一段位置不一定连续的数，且数值是严格递增的，那么称这一段数是两个数列的公共上升子序列，而所有的公共上升子序列中最长的那个就是最长公共上升子序列 LCIS。

奶牛半懂不懂，小沐沐要你来告诉奶牛什么是最长公共上升子序列。不过，只要告诉奶牛它的长度就可以。

数列 A 和 B 的长度均不超过 3000。

输入格式：

第一行包含一个整数 N，表示数列 A 和 B 的长度。第二行包含 N 个整数，表示数列 A。第三行包含 N 个整数，表示数列 B。

输出格式：

输出一个整数，表示最长公共上升子序列的长度。

输入样例：

4
2 2 1 3
2 1 2 3

输出样例：

2

数据范围：

$1 \leq N \leq 3000$，序列中的数字均不超过 $2^{31} - 1$。

分析：

这道题目综合了最长上升子序列和最长公共子序列的特点，需要将两者的解题思路结合起来，即需要用二维数组来表示状态。

令 $F[i][j]$ 表示 $A_1, A_2, ..., A_i$ 与 $B_1, B_2, ..., B_j$ 可以构成的以 B_j 为结尾的 LCIS 长度。

假设 $A_0 = B_0 = -\infty$，即序列中的值不与 A_0, B_0 相等。

当 $A_i \neq B_j$ 时，有 $F[i][j] = F[i-1][j]$，即不包含 A_i 的公共上升子序列等价于 $F[i-1][j]$。

当 $A_i = B_j$ 时，有
$$F[i][j] = \max_{0 \leq k < j, B_k < B_j} \{F[i-1][k]+1\} = \max_{0 \leq k < j, B_k < A_i} \{F[i-1][k]+1\}$$

即所有包含 A_i 且以 B_j 结尾的公共子序列。因为 A_i 已经固定，所以利用 LIS 思想，枚举所有以 B_j 为结尾的最大值。因此 k 的取值范围是 $1 \leq k < j$。

这就等价于所有以 A_i 结尾和第二个序列的前 k 个元素构成的最长公共上升子序列，再将 B_j 接在这个序列的后面，即为 $F[i][j]$。

因为在 $A[i] \neq B[i]$ 中，$F[i][j] = F[i-1][j]$，所以 $F[i][j] = \max\{F[i-1][k]+1\}$。

参考代码：

```
for (int i = 1; i <= n; i++) // A[i]
    for (int j = 1; j <= m; j++){// B[j]
        F[i][j] = F[i - 1][j]; // 第 1 种情况
        if (A[i] == B[j]){ // 第 2 种情况
            F[i][j] = max(F[i][j], 1); // 更新空集
            for (int k = 1; k < j; k++)
                if (B[k] < A[i]) // 上升序列 A[i] = B[j]
                    F[i][j] = max(F[i][j], F[i - 1][k] + 1);
        }
    }
```

答案是：

```
int res = 0;
for (int i = 1; i <= n; i++)res = max(res, F[n][i]);
```

由于总的时间复杂度是 $O(n^3)$，因此对于题目中的数据量可能会超时。该如何优化呢？
我们先来看下面这段代码：

```
for (int k = 1; k < j; k++)
    if (B[k] < A[i]) // 上升序列 A[i] = B[j]
        F[i][j] = max(F[i][j], F[i - 1][k] + 1);
```

它表示对于当前的 $A[i]$，我们需要从 $1 \leq k < j$ 中选择一个最大值。当 j 增加 1 时，只是增加了一个元素 $B[j+1]$，即 $A[i]$ 保持不变。此时我们需要从 $1 \leq k < j+1$ 中选择一个最大值。
因此只需用 $O(1)$ 的时间判断 B_j 与 A_i 之间的关系即可。

优化后的代码：

```
for (int i = 1; i <= n; i++){
    int maxv = 1;
    for (int j = 1; j <= n; j++){
        F[i][j] = F[i - 1][j];
        if (A[i] == B[j])F[i][j] = max(F[i][j], maxv); // B[j] 不进入序列
        if (B[j] < A[i])maxv = max(maxv, F[i - 1][j] + 1);
        // B[j] 进入序列
    }
}
```

- 例题 3：编辑距离

题目描述：

假设 A 和 B 是两个字符串，我们的目标是用最少的字符操作次数，将字符串 A 转换为字符串 B。这里所说的字符操作共有三种：

- 删除一个字符。
- 插入一个字符。
- 将一个字符修改为另一个字符。

对于任意的两个字符串 A 和 B，计算出将字符串 A 转换为字符串 B 所用的最少字符操作次数。

输入格式：

第一行为字符串 A；第二行为字符串 B；字符串 A 和字符串 B 的长度均小于 2000。

输出格式：

只有一个正整数，为最少字符操作次数。

输入样例：

sfdqxbw gfdgw

输出样例：

4

样例解释：

把 's' 替换为 'g'，把 'q' 替换为 'g'，删除 'x' 和 'b'，总共 4 步。

分析：

因为只能使用三种字符操作将两个字符串转换为相同的字符串，所以我们可以试着写搜索算法。

约定将字符串 B 通过三种字符操作变成字符串 A。

```
int dp(int i, int j){ // A[0~i] 与 B[0~j] 的最短编辑距离
    if (i == -1)return j + 1; // 字符串A已无字符，直接删除字符串B的所有字符
    if(j == -1) return i + 1; // 字符串B已无字符，直接删除字符串A的所有字符
    if (A[i] == B[j]) return dp(i-1, j-1);
    return min(dp(i - 1, j), dp(i, j - 1), dp(i - 1, j - 1) + 1) + 1;
    // 插、删、改
}

// 主函数调用
dp(n - 1, m - 1); // 字符串从0开始计数
```

上面的递归算法存在大量的重复计算，我们可以使用记忆化方法来优化，这是一种自顶向下的方法。

此外，由于递归会占用栈空间，当递归层数较深时，容易出现栈溢出错误，因此我们将其修改为自底向上的方法。关键在于，要确保在进行递推计算时，所有需要的数值都已预先计算出来。也就是说，应考虑正确的遍历方向。

参考代码：

```
// dp[i][j] 表示字符串A的前i个字符与字符串B的前j个字符的最短编辑距离
// 假设字符串A和B有一个共同的空字符

int n = A.length();
int m = B.length();
for (int i = 1; i <= n; i++)dp[i][0] = i; // 初始化某一字符串为空的情况
for (int i = 1; i <= m; i++)dp[0][i] = i;

for (int i = 1; i <= n; i++){
    for (int j = 1; j <= m; j++){
        if (A[i] == B[j])dp[i][j] = dp[i - 1][j - 1];
        else dp[i][j] = min(dp[i - 1][j], dp[i][j - 1], dp[i - 1][j - 1]) + 1;
    }
}

cout << dp[n][m];
```

因为要保证 dp[i - 1][j], dp[i][j - 1], dp[i - 1][j - 1] 在计算 dp[i][j] 时已经被计算出来，所以是按照从小到大的顺序进行遍历的。

- **例题 4：鸡蛋的硬度**

题目描述：

最近，XX 公司举办了一个不同寻常的比赛——鸡蛋硬度之王争霸赛。参赛者是来自世界各地的母鸡，比赛内容是看谁下的鸡蛋最硬。更奇怪的是，XX 公司并未使用精密仪器来测量鸡蛋的硬度，而是采用了一种非常传统的方法，即从高处扔鸡蛋来测试其硬度。如果一只母鸡下的鸡蛋从高楼的第 a 层摔下来没有摔破，但从 $a+1$ 层摔下来时摔破了，那么就认为这只母鸡的鸡蛋硬度是 a。尽管可以找出各种理由说明这种方法并不科学，如同一只母鸡下的蛋硬度可能不一致，但这并不影响 XX 公司的争霸赛，因为他们只是为了吸引大家的眼球。当一个个鸡蛋从 100 层的高楼上掉下来时，确实能吸引很多人驻足观看。当然，XX 公司也绝不会忘记在高楼上挂一条幅，上面写着"XX 公司"的字样，因为这个比赛不过是 XX 公司的一个创意广告。

勤于思考的小 A 总是能从一件事情中发现一个数学问题，这次也不例外。小 A 想："假如有很多同样硬度的鸡蛋，那么我可以用二分法以最少的次数测出鸡蛋的硬度"。小 A 对自己的这个结论感到很满意，但很快遇到了新问题："但是，假如我的鸡蛋不够用呢？比如我只有 1 个鸡蛋，那么就不得不从第 1 层楼开始一层一层地扔，最坏情况下我要扔 100 次。如果有 2 个鸡蛋，那么就从 第 2 层楼开始扔……不对，好像应该从 1/3 的高度开始扔。嗯，好像也不一定啊……3 个鸡蛋怎么办？4 个、5 个，更多呢……"像往常一样，小 A 又陷入了思维僵局。与其说他勤于思考，不如说他喜欢自找麻烦。

好吧，既然麻烦来了，就需要有人解决。现在，小 A 的麻烦就靠你来解决了。

输入格式：

输入多组数据，每组数据占一行，包含两个正整数 n 和 m（$1 \leq n \leq 100, 1 \leq m \leq 10$）。其中，$n$ 表示楼的高度，m 表示你目前拥有的鸡蛋数量。这些鸡蛋的硬度相同，即它们从同样的高度掉落时要么都破碎，要么都不破碎，并且这个高度小于或等于 n。你可以假设硬度

为 x 的鸡蛋从高度小于或等于 x 的地方扔下来无论如何都不会破碎（未破碎的鸡蛋可以继续使用），而只要从比 x 高的地方扔下来，鸡蛋一定会破碎。

对于每组输入数据，你可以假设鸡蛋的硬度在 0 到 n 之间，即从 $n+1$ 层扔下时，鸡蛋一定会破碎。

输出格式：

对于每组输入数据，都输出一个整数，表示在最坏情况下使用最优策略所需扔鸡蛋的次数。

输入样例：

100　　1
100　　2

输出样例：

100
14

提示：

最优策略指在最坏情况下所需扔鸡蛋的次数最少。

如果只有一个鸡蛋，你只能从第一层开始扔。在最坏情况下，如果鸡蛋的硬度是 100，那么你需要扔 100 次。如果采用其他策略，则很可能无法测出鸡蛋的硬度。例如，你第一次在第 2 层的高度扔，结果鸡蛋破碎了，这时你无法确定鸡蛋的硬度是 0 还是 1。因此，在最坏情况下，你可能需要无限次尝试，所以第一组数据的答案是 100。

分析：

假设对鸡蛋的数量没有限制，你要怎样测出鸡蛋的硬度呢？一种方法是从第 1 层开始一层一层地扔，总是可以找到的。

如果有 n 层楼，则在最坏情况下，你扔到第 n 层楼鸡蛋都没有破碎，这意味着你需要扔 n 次鸡蛋。

那么最少的次数要怎样计算呢？答案是对楼层使用二分法。如果鸡蛋没有破碎，则增加楼层。如果鸡蛋破碎了，则减少楼层。因此在最坏情况下，所需扔鸡蛋的次数减少到 $\lceil \log n \rceil$。

在不限制鸡蛋数量的前提下，二分法可以得到在最坏情况下扔鸡蛋的最少次数。

现在将鸡蛋的数量限制为 k，直接使用二分法的思路就不对了。例如，当 $k=1$ 时，就只能从第 1 层开始一层一层地扔，最终结果是 n。

虽然使用二分法试错是最快的，先执行 $k-1$ 次二分操作，再做线性扫描。但对于这个问题来说并不合适，因为 k 的数量不确定，假设 k 的数量很小，例如 $k=2$，$n=100$，那么第一次二分失败后，需要尝试 1~49 次，最坏的情况是 50 次。但如果能对 n 进行更细致的分解搜索，就可以得到更优的结果。例如，对 n 进行十分，每次从第 10 层开始尝试，最坏的情况就是在第 10 个 10 层时鸡蛋破碎，然后从第 91 个鸡蛋开始尝试，最坏的情况是 19 次。

这个问题的情况有很多种，我们可以尝试使用搜索的方法解决这个问题。

dp(int k, int n) 表示拥有 k 个鸡蛋，需要测试的楼层数为 n。当我们选择在第 i 层扔鸡蛋时，鸡蛋会存在两种状态：

• 鸡蛋破碎了，说明楼层过高；那么鸡蛋数量减一，楼层减一，即 dp(k-1, i-1)。

• 鸡蛋没破碎，可以继续增加楼层。那么鸡蛋数量不变，楼层变为 $i+1 \sim n$。

把第 i 层当作第 0 层，即 dp(k, n - i)。

- 如果楼层 $n = 0$，则不需要扔鸡蛋。如果 $k = 1$，则需要线性扫描楼层数。

参考代码：

```
int dp(int k, int n){
    if (k == 1)return n;
    if (n == 0)return 0;
    int res = INF;
    for (int i = 1; i <= n; i++){ // 尝试 n 层楼，选择最少测试次数
        res = min(res, max(dp(k - 1, i - 1), dp(k, n - i)) + 1);
    }
    return res;
}
```

因为在递归的过程中嵌套了循环，所以一定会产生大量的重复计算，因此可以使用记忆化方法来优化这个问题。

记忆化方法求解过程是自顶向下的，它允许我们将原本的递归求解过程转化为自底向上的推导过程。

参考代码：

```
// F[k][n] 表示 k 个鸡蛋，n 层楼，在最坏情况下的最少测试次数

memset(F, 0x3f, sizeof F); // F[i][j] 初始化为最大值
for (int i = 1; i <= n; i++)F[1][i] = i; // 1 颗鸡蛋的情况

// 递推求出 F[i][j] 的值，即 i 颗鸡蛋 j 层楼在最坏情况下的最少测试次数
for (int i = 2; i <= k; i++){
    for (int j = 1; j <= n; j++){
        for (int k = 1; k <= j; k++)
            F[i][j] = min(F[i][j], max(F[i - 1][j - 1], F[i][j - k]) + 1);
    }
}

cout << F[k][n] << endl;
```

62.2 练习

- 练习 1：字符串编辑距离

题目描述：

对于两个不同的字符串，我们有一套操作方法可以使它们变得相同，具体方法是：修改一个字符（如把"a"替换为"b"），删除一个字符（如把"traveling"变为"travelng"）。

例如，对于"abcdefg"和"abcdef"这两个字符串来说，我们可以通过增加或减少一个"g"的方式来达到目的。无论是增加还是减少"g"，都仅仅需要一次操作。我们把这个操作所需要的次数定义为两个字符串的距离。

给定任意两个字符串，写出一个算法来计算出它们的距离。

输入格式：

第一行有一个整数 n，表示测试数据的组数。

接下来共 n 行，每行有两个字符串，用空格隔开，表示要计算距离的两个字符串。字符

串长度不超过 1000。

输出格式：

针对每一组测试数据输出一个整数，值为两个字符串的距离。

输入样例：

abcdefg　abcdef

ab　　　　ab

mnklj　　jlknm

输出样例：

1

0

4

- 练习 2：回文字串

题目描述：

回文词是一种对称的字符串。任意给定一个字符串，通过插入若干字符，都可以变成回文词。此题的任务是，求出将给定字符串变成回文词所需要插入的最少字符数。例如，给字符串 Ab3bd，插入 2 个字符后可以变成回文词 dAb3bAd 或 Adb3bdA。但如果插入的字符数少于 2 个，则无法变成回文词。

注意：此问题区分大小写。

输入格式：

输入一个长度为 l 的字符串（$0 < l \leq 1000$）。

输出格式：

有且只有一个整数，即最少插入字符数。

输入样例：

Ab3bd

输出样例：

 2

第四单元

数据结构基础

第 63 课 栈与队列

63.1 栈

栈是一种最简单的数据结构,它支持压入、弹出和查询栈顶三种基本操作。元素遵循后进先出的原则,如图 63-1 所示。

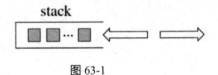

图 63-1

可以使用数组来简单地模拟这一过程。

```
int stk[N], top;
inline void push(int x) { stk[++top] = x; }
inline int top() { return stk[top]; }
inline void pop() { --top; }
```

当然,STL 中的 stack 容器封装了栈的操作。

```
#include <stack>

stack<int>stk;
stk.top();      // 栈顶
stk.push();     // 入栈
stk.pop();      // 出栈
stk.empty();    // 栈空

stk.size();  // 栈中元素个数
```

- 例题 1:括弧匹配检验

题目描述:

假设表达式中允许包含两种括号:圆括号和方括号,其嵌套的顺序随意。如 ([]( ) 或 [([][])] 均为正确的匹配,[(])、([](或 (( ))) 均为错误的匹配。现在的问题是,要求检验一个给定表达式中的括号是否正确匹配?

输入一个字符串,该字符串仅包含圆括号和方括号。请判断该字符串中的括号是否正确匹配。如果正确匹配,就输出"OK";如果错误匹配,就输出"Wrong"。

输入一个字符串:[([][])],输出:OK。

输入格式:

仅输入一行字符(字符个数不超过 255 个)。

输出格式:

如果正确匹配,就输出"OK";如果错误匹配,就输出"Wrong"。

输入样例:

[(])

输出样例：
Wrong

参考代码：

```
int main(){
    scanf("%s", s);
    int len = strlen(s);
    for (int i = 0; i < len; i++){
        if (s[i] == '['){
            top++;
            stac[top] = 1; // '[' 用 1 表示
        }else if (s[i] == '(') {top++;
            stac[top] = 2; // '(' 用 2 表示
        }else if (s[i] == ']'){
            if (top && stac[top] == 1)
                top--;
            else{
                printf("Wrong\n");
                return 0;
            }
        }else if (s[i] == ')'){
            if (top && stac[top] == 2) top--;
            else{
                printf("Wrong\n");
                return 0;
            }
        }
    }
    if (top){printf("Wrong\n");return 0;}
    // 如果栈不为空，则说明有些括号没有匹配
    printf("OK\n");
    return 0;
}
```

- 例题 2：括号序列

题目描述：

定义如下规则：

（1）空串是"平衡括号序列"。

（2）如果字符串 S 是"平衡括号序列"，那么 [S] 和 (S) 也都是"平衡括号序列"。

（3）如果字符串 A 和 B 都是"平衡括号序列"，那么字符串 AB（两个字符串拼接起来）也是"平衡括号序列"。

例如，下面的字符串都是平衡括号序列。

- ()、[]、(())、([])、()[]、()[()]。

而以下几个字符串则不是平衡括号序列。

- (、[、]、)(、()、([()

现在，给定一个仅由 (、)、[和] 构成的字符串，请你按照如下方式给字符串中的每个字符配对：

（1）从左到右扫描整个字符串。

（2）对于当前的字符，如果它是一个右括号，则考察它与左侧离它最近的未匹配的左括号。如果该括号与之对应（即小括号匹配小括号，中括号匹配中括号），则将二者配对。如果左侧未匹配的左括号不存在或与之不对应，则配对失败。

在配对结束后，对于字符串中未配对的括号，请你在其旁边添加一个字符，使其与新添加的括号匹配。

输入格式：

输入只有一行，即一个字符串 s。

输出格式：

输出一行，即一个字符串，表示你的答案。

输入样例 1：

([()

输出样例 1：

()[]()

输入样例 2：

([)

输出样例 2：

()[]()

数据规模与约定：

对于全部的测试点，请保证 s 的长度不超过 100，且只含 (、)、[和] 四种字符。

参考代码：

```
scanf("%s", s + 1);
for (int i = 1; i <= strlen(s + 1); i++){
    if (s[i] == '(' || s[i] == '[')st[++top] = i;
    else if (s[i] == ')'){
        for (int k = top; k > 0; k--) if (!b[st[k]]){
            if (s[st[k]] == '(')b[st[k]] = 1, b[i] = 1;break;
        }
    } else if( s[i] == ']') {
        for(int k = top; k > 0; k--) if(!b[st[k]]) {
            if(s[st[k]] == '[') b[st[k]] = 1, b[i] = 1; break;
        }
    }
}
for (int i = 1; i <= strlen(s + 1); i++){
    if (!b[i])
        if (s[i] == '(' || s[i] == ')')printf("()");
        else printf("[]");
    else printf("%c", s[i]);
}
```

63.2 队列

队列是一种简单的数据结构，如图 63-2 所示。

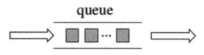

图 63-2

标准的队列支持三种基本操作：在队尾压入元素、从队首弹出元素和查询队首元素。队列遵循先进先出原则，可以使用数组来简单地模拟：

```
int q[N], hd = 1, tl = 0;
void push_back(int x) { q[++tl] = x; }
int front() { return q[hd]; }
void pop_front() { ++hd; }
```

当然，STL 中的 queue 容器封装了队列的操作。

```
#include <queue>

queue<int> q;
q.front();        // 队首
q.back();         // 队尾
q.pop();          // 出队
q.push();         // 入队
q.empty();        // 判队空
q.size();         // 队中元素数量
```

- 例题 1：机器翻译

题目描述：

这个翻译软件的原理很简单，它只是从头到尾，依次将每个英文单词用对应的中文含义来替换。对于每个英文单词，软件都会先在内存中查找这个单词的中文含义。如果内存中有，软件就会用它进行翻译；如果内存中没有，软件就会到字典中查找单词的中文含义并翻译，之后将这个单词和其中文含义放入内存，以备后续使用。

假设在内存中有 M 个单元，每个单元都能存放一个单词和其中文含义。软件在将一个新单词存入内存前，如果当前内存已存入的单词数不超过 $M-1$，则软件会将新单词存入一个未使用的内存单元；如果内存中已存入 M 个单词，则软件会清空最早进入内存的那个单词，腾出单元来存放新单词。

假设一篇英语文章共包含 N 个单词，问翻译软件需要去外存查找多少次字典才能翻译该文章？假设在翻译开始之前，内存中没有任何单词。

输入格式：

共 2 行，每行中的两个数之间用一个空格隔开。

第一行为两个正整数 M 和 N，代表内存容量和文章的长度。

第二行为 N 个非负整数，按照文章的顺序，每个数（大小不超过 1000）代表一个英文单词。当两个单词对应的非负整数相同时，则判定它们为同一个单词。

输出格式：

一个整数，为软件需要查词典的次数。

输入样例：

3 7

1 2 1 5 4 4 1

输出样例：

5

样例解释：

整个查字典的过程是：每行表示一个单词的翻译，冒号前的部分为本次翻译后的内存状况。

- 1：查找单词 1 并调入内存。
- 1 2：查找单词 2 并调入内存。
- 1 2：在内存中找到单词 1。
- 1 2 5：查找单词 5 并调入内存。
- 2 5 4：查找单词 4 并调入内存，同时替代单词 1。
- 2 5 4：在内存中找到单词 4。
- 5 4 1：查找单词 1 并调入内存，同时替代单词 2。

共计查了 5 次字典。

数据范围：

- 对于 10% 的数据，有 $M = 1$，$N \leq 5$。
- 对于 100% 的数据，有 $1 \leq M \leq 100$，$1 \leq N \leq 1000$。

分析：

- 记录下哪些单词已被存储在内存单元。
- 遍历 N 个单词，如果单词不在内存单元，则计数加 1。
- 如何判断一个单词是否存储在内存单元呢？可以使用一个 map<string, int> 数据结构。

参考代码：

```
int n, m;cin >> m >> n;
map<string, int> mp;
queue<string> q;
int cnt = 0;
string str;
for (int i = 0; i < n; i++){
    cin >> str;
    if (mp.count(str) == 0){
        if (q.size() == m)mp.erase(q.front()), q.pop();
        q.push(str);
        mp[str] = 1;
        cnt++;
    }
}
cout << cnt << endl;

/*
因为题目中的单词是用数字表示的，所以可以用一个整数数组进行标记。
```

*/

- 例题 2：海港

题目描述：

小 K 是一名海港的海关工作人员。每天都有许多船到达海港，船上载着来自不同国家的乘客。

小 K 对这些到达海港的船非常感兴趣，他按照时间记录了到达海港的每一艘船的情况。对于第 i 艘到达的船，他记录了这艘船到达的时间 t_i（单位：秒），船上的乘客数 k_i，以及每名乘客来自的国家 $x_{i,1}, x_{i,2}, \cdots, x_{i,k}$。

小 K 统计了 n 艘船的信息，希望你帮忙计算出，以每艘船到达时间为起点的 24 小时内（24 小时 = 86400 秒），所有乘船到达的乘客分别来自多少个不同的国家。

简单来说，你需要计算 n 条信息。对于输出的第 i 条信息，你需要统计满足 $t_i - 86400 < t_p \leq t_i$ 的船 p，在所有的 $x_{p,j}$ 中，总共有多少个不同的数字。

输入格式：

第一行输入一个正整数 n，表示小 K 统计了 n 艘船的信息。

接下来的 n 行，每行描述一艘船的信息：前两个整数 t_i 和 k_i 分别表示这艘船到达海港的时间和船上的乘客数量，接下来的 k_i 个整数 $x_{i,j}$ 表示船上乘客的国籍。

保证输入的 t_i 是递增的，单位是秒；表示从小 K 第一次上班开始计时，这艘船在第 t_i 秒到达海港。

保证 $1 \leq n \leq 10^5$，$\sum k_i \leq 3 \times 10^5$，$1 \leq x_{i,j} \leq 10^5$，$1 \leq t_{i-1} \leq t_i \leq 10^9$。

其中 $\sum k_i$ 表示所有 k_i 的和。

输出格式：

输出 n 行，第 i 行输出一个整数，表示第 i 艘船到达后的统计信息。

输入样例 1：

3
1 4 4 1 2 2
2 2 2 3
10 1 3

输出样例 1：

3
4
4

输入样例 2：

4
1 4 1 2 2 3
3 2 2 3
86401 2 3 4
86402 1 5

输出样例 2：
3
3
3
4

样例 1 解释：

第一艘船在第 1 秒到达海港，最近 24 小时到达的船只有第一艘船，共有 4 个乘客，分别来自国家 4, 1, 2, 2，共来自 3 个不同的国家。

第二艘船在第 2 秒到达海港，最近 24 小时到达的船是第一艘船和第二艘船，共有 4 + 2 = 6 个乘客，分别来自国家 4, 1, 2, 2, 2, 3，共来自 4 个不同的国家。

第三艘船在第 10 秒到达海港，最近 24 小时到达的船是第一艘船、第二艘船和第三艘船，共有 4 + 2 + 1 = 7 个乘客，分别是来自国家 4, 1, 2, 2, 2, 3, 3，共来自 4 个不同的国家。

数据范围：

- 对于 10% 的测试点，$n = 1$，$\sum k_i \leq 10$，$1 \leq x_{i,j} \leq 10$，$1 \leq t_i \leq 10$。
- 对于 20% 的测试点，$1 \leq n \leq 10$，$\sum k_i \leq 100$，$1 \leq x_{i,j} \leq 100$，$1 \leq t_i \leq 32767$。
- 对于 40% 的测试点，$1 \leq n \leq 100$，$\sum k_i \leq 100$，$1 \leq x_{i,j} \leq 100$，$1 \leq t_i \leq 86400$。
- 对于 70% 的测试点，$1 \leq n \leq 1000$，$\sum k_i \leq 3000$，$1 \leq x_{i,j} \leq 1000$，$1 \leq t_i \leq 10^9$。
- 对于 100% 的测试点，$1 \leq n \leq 10$，$\sum k_i \leq 3 \times 10$，$1 \leq x_{i,j} \leq 10$，$1 \leq t_i \leq 10^9$。

分析：

（1）对于每一艘船来讲，都包含了三个信息：到达的时间、人数、每个人来自的国家。

（2）想要统计某个时间段（24 小时）内乘客来自多少个不同的国家，应当从当前时间开始往前推算 24 小时，超过这个时间范围的数据将不再被考虑。

（3）来自相同国家的人可以在不同的时间到达。

（4）对于同一艘船的人来说，到达的时间一定是相同的。

（5）考虑使用队列，其元素包含两个信息：来自的国家和到达的时间。

（6）用一个整数数组记录有效时间段内来自相同国家的人数。

（7）如果有出队的元素，则将对应国家的人数减掉。

（8）用一个整数统计来自不同国家的人数，以防止对国家数组的遍历。

参考代码：

```
int n;cin >> n;
for (int i = 0; i < n; i++){
    int t, k;t = read(), k = read();
    for (int j = 0; j < k; j++){
        int x;x = read();
        q.push({x, t});
        if (c[x] == 0) cnt++;
        c[x]++;
    }
    while (!q.empty() && t - q.front().t >= 86400){
        c[q.front().x]--;
        if (c[q.front().x] == 0){
```

```
            cnt--;
        }
        q.pop();
    }
    cout << cnt << endl;
}
```

63.3 循环队列

如果在任意时刻队列中的元素个数有限，但累计压入队列的元素个数较多，就可以让队列循环使用有限的空间，以优化程序的空间复杂度：即队列的头尾相连，这就是循环队列。

当然，我们还可以使用数组模拟循环队列的操作。

```
int q[N], hd = 0, tl = 0;
// 为了避免在使用 hd < tl 来判断队列是否为空时产生歧义，
// 规定 q[tl] 不是队列中的元素，这时使用 hd==t

inline void push(int x){
    q[tl++] = x;
    if (tl == N) tl = 0;
}
inline int top() { return q[hd]; }

inline void pop()
{
    ++hd;
    if (hd == N) hd = 0;
}

inline bool empty()
{
    return hd == tl;
}
```

- 练习 1：后缀表达式

题目描述：

后缀表达式指这样的一个表达式：式中不再引用括号，运算符号放在两个运算对象之后，所有计算按运算符号出现的顺序，严格地由左向右进行（不用考虑运算符的优先级）。本题中运算符仅包含 +、-、* 和 /。保证对于 / 运算，除数不为 0。特别地，/ 运算的结果需要向 0 取整（即与 C++ 中 / 运算的规则一致）。例如，3*(5-2)+7 对应的后缀表达式为 3.5.2.-*7.+@。在该式中，@ 为表达式的结束符号。. 为操作数的结束符号。

输入格式：

输入一个字符串 s，表示后缀表达式。

输出格式：

输出一个整数，表示表达式的值。

输入样例 1：

3.5.2.-*7.+@

输出样例 1：
16
输入样例 2：
10.28.30./*7.-@
输出样例 2：
-7
数据范围：
数据保证，$1 \leqslant |s| \leqslant 50$，且答案和计算过程中的每个值的绝对值都不超过 10^9。

- 练习 2：约瑟夫问题

题目描述：
n 个人围成一圈，从第一个人开始报数，数到的人出列，再由下一个人重新从 1 开始报数，数到 m 的人再出列，以此类推，直到所有的人都出圈，请依次输出出圈人的编号。

输入格式：
输入两个整数 n 和 m。

输出格式：
输出一行 n 个整数，按顺序输出每个出圈的人的编号。

输入样例：
10 3

输出样例：
3 6 9 2 7 1 8 5 10 4

数据范围：
$1 \leqslant m, n \leqslant 100$

- 练习 3：队列安排

题目描述：
老师要将班上的 N 个同学排成一列，同学被编号为 $1 \sim N$，他采取的方法如下。

（1）先将 1 号同学安排进队列，这时队列中只有他一个人。

（2）请 $2 \sim N$ 号同学依次入列，编号为 i 的同学的入列方式是：老师指定编号为 i 的同学站在编号为 $1 \sim (i-1)$ 中某位同学（即之前已经入列的同学）的左边或右边。

（3）从队列中移去 M 个同学，其他同学的位置不变。

在所有同学按照上述方法排列完毕后，老师想知道从左到右所有同学的编号。

输入格式：
第一行一个整数 N，表示有 N 个同学。

第 $2 \sim N$ 行，第 i 行包含两个整数 k 和 p，其中 k 为小于 i 的正整数，p 为 0 或者 1。如果 p 为 0，则表示将 i 号同学插到 k 号同学的左边。如果 p 为 1，则表示将 1 号同学插到 k 号同学的右边。

第 $N+1$ 行为一个整数 M，表示移去的同学数目。

接下来的 M 行，每行一个正整数 x，表示将 x 号同学从队列中移去。如果 x 号同学已经不在队列中，则忽略这条指令。

输出格式:
输出只有一行,包含最多 N 个空格隔开的整数,表示队列从左到右所有同学的编号。

输入样例:
4
1 0
2 1
1 0
2
3
3

输出样例:
2 4 1

数据范围:
对于 20% 的数据,$1 \leq N \leq 10$。对于 40% 的数据,$1 \leq N \leq 1000$。对于 100% 的数据,$1 < M \leq N \leq 10^5$。

第 64 课 链表

链表是一种简单的线性数据结构。它与数组类似,也是用来存储数据的,但不同之处在于,链表通过指针将数据连接起来。链表在插入和删除数据时,时间复杂度为 $O(1)$,而对于查询数据,链表的时间复杂度为 $O(n)$。

64.1 构建链表

链表是通过指针将各个元素连接起来的,根据每个元素记录的信息不同,可以将链表分为单向链表、双向链表、单向循环链表和双向循环链表。

64.1.1 单向链表

单向链表中的每个元素都只包含数据域和指针域,其中数据域用来存储数据,指针域用来存储下一节点的地址,如图 64-1 所示。

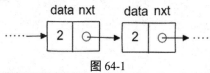

图 64-1

```
struct Node{
    int v;
    Node *nxt;
};
```

向单链表中插入元素的流程大致描述如下。

(1)初始化待插入的节点 t。
(2)将 t 的 nxt 指针指向 p 的下一节点。
(3)将 p 的 nxt 指针指向 t。

```
void insertNode(int x, Node *p){
    Node *t = new Node;
    t->v = x;
    t->nxt = p->nxt;
    p->nxt = t;
}
```

值得注意的是,在插入新节点的过程中,应使新节点先指向 p 的下一节点,然后再让 p 的 nxt 指针指向新节点,以确保在插入节点的过程中链表不发生断链。

64.1.2 单向循环链表

将单向链表的头尾连接起来,就变成了单向循环链表,如图 64-2 所示。当整个链表中只存在一个元素时,就形成了自环。因此在向单向循环链表中插入节点时,需要先判断原链表是否为空。

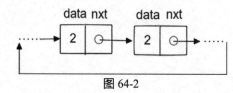

图 64-2

向单向循环链表中插入节点的大致流程如下。

（1）初始化待插入节点 t。

（2）判断指定的链表是否为空，如果为空，则将 t 的 nxt 指针指向自己。否则，将 t 的 nxt 指针指向 p 的下一节点。

（3）将 p 的 nxt 指针指向 t。

```
void insertNode(int x, Node *p){
    Node *t = new Node;
    t->v = x;
    t->nxt = NULL;
    if (p == NULL)t->nxt = t;
    else{
        t->nxt = p->nxt;
        p->nxt = t;
    }
}
```

对于单向循环链表，我们一般会单独设置一个头节点 head。当链表为空时，头节点形成自环，这样在插入节点时就不用判断链表是否为空了。

```
Node *createLink(){
    Node *head = new Node;
    head->v = -1; // 初始化节点的值为 -1，可以任取一个初始值
    head->next = head;
    return head;
}

void insertNode(int x, Node *p){
    Node *t = new Node;
    t->v = x;
    t->nxt = NULL;
    t->nxt = p->nxt;
    p->nxt = t;
}
```

有时候也可以设置尾节点，以避免自环的情况。

64.1.3 双向链表

双向链表与单向链表类似，只是多了一个指向前一节点的指针域，如图 64-3 所示。

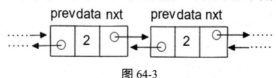

图 64-3

从图 64-4 中可以看出，在双向链表中，我们可以分别向前或向后查询元素。

```
struct Node{
    int v;
    Node *prev, *nxt;
}
```

在双向链表中插入节点虽然比在单向链表中复杂一些，但逻辑是相同的，注意确保在插入节点的过程中链表不发生断链。

在双向链表中插入节点的大致流程如下。

（1）初始化待插入的数据 t。

（2）将 t 的 nxt 指针指向 p 的 nxt 指针指向的节点，并将 t 的 prev 指针指向 p。

（3）将 p 的 prev 指针所指向节点的 nxt 指针指向 t，将 p 的 nxt 指针所指向节点的 prev 指针指向 t。

```
void insertNode(int x, Node *p){
    Node *t = new Node
    t->v = x;
    t->nxt = NULL;
    t->nxt = p->nxt;
    t->prev = p->prev;
    p->prev->nxt = t;
    p->nxt->prev = t;
}
```

在双向链表中，每个节点都保存了指向前置节点的指针信息，因此在双向链表中插入新节点的方式有很多种。我们只需在插入节点的过程中确保链表不发生断链，且在插入完成后，整条链表依然符合双向链表的定义。

64.1.4 双向循环链表

双向循环链表与单向循环链表类似，只是双向链表的尾节点与头节点之间建立了双向连接，如图 64-4 所示。

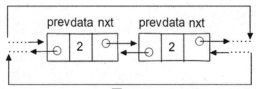

图 64-4

当向双向循环链表中插入数据时，需要同时更新新节点的 prev 指针和 nxt 指针。如果在双向链表中设置了一个头节点 head，则插入节点的过程与普通双向链表相同。

64.1.5 数组模拟链表的操作

在信息学奥林匹克竞赛（Olympiad in Informatics，OI）中，对内存的要求并不严格，只要在限定的空间内操作都是被允许的。因此首先我们可以考虑提前申请一块连续的空间，并将其划分为大小相同的若干份，然后对这些区间进行连续排序，最后将排序好的编号作为地址，这样我们就可以模拟链表的操作了。

实际上，这就是用利用数组来模拟链表的操作，其中数组的下标对应于链表中元素的地址。

```
struct Node{
    int v, l, r; // v 是节点的值，l 为前置节点的地址，r 为后置节点的地址
};
```

```
Node A[N];
// 通常将0位置的节点设置为头节点

void insertNode(int x, int p)
{
    // 在节点 p 的后面插入节点，其值为 x
    Node t;t.v = x;
    t.l = p;t.r = A[p].r;
    A[p].r = t;A[t.r].l = t;
}
```

插入节点到节点 p 之前的操作也采用类似的方法。

64.1.6 结构体初始化

结构体初始化可以通过结构的构造函数实现：

```
struct Node{
    int v, l, r; // v 是节点的值，l 为前置节点的地址，r 为后置节点的地址
    Node(int v = -1, int l = -1, int r = -1) : v(v), l(l), r(r) {}
};
```

64.2 练习

- **练习 1：排队顺序**

题目描述：

有 n（$2 \leq n \leq 10^6$）个小朋友，他们的编号分别从 1 到 n。现在他们排成了一个队列，每个小朋友只知道他后面一位小朋友的编号。现在每个小朋友都把他后面小朋友的编号告诉了你，同时你知道排在队首的小朋友的编号，请你从前到后输出队列中每个小朋友的编号。

输入格式：

第一行输入一个整数 n，表示小朋友的人数。

第二行输入 n 个整数，其中第 i 个数表示编号为 i 的小朋友后面的小朋友的编号。如果这个数是 0，则说明这个小朋友排在最后一个。

第三行输入一个整数 h，表示排在第一个小朋友的编号。

输出格式：

输出一行，包含 n 个整数，表示这个队列从前到后所有小朋友的编号，用空格隔开。

输入样例：

6
4 6 0 2 3 5
1

输出样例：

1 4 2 6 5 3

- **练习 2：单向链表**

题目描述：

实现一个数据结构，用以维护一张表（表中最初只有一个元素 1）。该数据结构需要支持以下操作：其中 x 和 y 都是 1 到 10^6 范围内的正整数，且保证在任意时间内，表中所有的

数字都是唯一的，操作数量不超过 10^5。

- 1 x y：将元素 y 插到 x 后面。
- 2 x：询问 x 后面的元素是什么？如果 x 是最后一个元素，则输出 0。
- 3 x：从表中删除元素 x 后面的那个元素，且不改变其他元素的先后顺序。

输入格式：

第一行输入一个整数 q，表示操作次数。

接下来的 q 行，每行都代表一次操作的具体内容，操作细节见题目描述。

输出格式：

对于每个操作 2，都输出一个数字，用换行隔开。

输入样例：

```
6
1 1 99
1 99 50
1 99 75
2 99
3 75
2 1
```

输出样例：

```
75
99
```

- 练习 3：小熊的果篮

题目描述：

小熊的水果店里摆放着一排 n 个水果。每个水果只可能是苹果或桔子，从左到右依次用正整数 1, 2, ⋯, n 编号。连续排在一起的同一种水果称为一个"块"。小熊要把这一排水果挑到若干果篮中，具体方法是：每次都把每一个"块"中最左边的水果同时挑出，组成一个果篮。重复这一操作，直至水果用完。注意，每次挑完一个果篮后，"块"可能会发生变化。比如两个苹果"块"之间的唯一的桔子被挑走后，两个苹果"块"就变成了一个"块"。请帮小熊计算每个果篮包含的水果。

输入格式：

第一行输入一个正整数 n，表示水果的数量。

第二行输入 n 个空格分隔的整数，其中第 i 个数表示编号为 i 的水果的种类。

1 代表苹果，0 代表桔子。

输出格式：

输出若干行。

第 i 行表示第 i 次挑出的水果组成的果篮。从小到大排序输出该果篮中所有水果的编号，每两个编号之间用一个空格分隔。

输入样例 1：

12

1 1 0 0 1 1 1 0 1 1 0 0

输出样例 1：

1 3 5 8 9 11

2 4 6 12

7

10

输入样例 2：

20

1 1 1 1 0 0 0 1 1 1 0 0 1 0 1 1 0 0 0 0

输出样例 2：

1 5 8 11 13 14 15 17

2 6 9 12 16 18

3 7 10 19

4 20

样例 1 解释：

这是第一组数据的样例说明。

所有水果一开始的情况是 [1, 1, 0, 0, 1, 1, 1, 0, 1, 1, 0, 0]，一共 6 个块。在第一次挑水果组成果篮的过程中，编号为 1, 3, 5, 8, 9, 11 的水果被挑了出来。之后剩下的水果是 [1, 0, 1, 1, 1, 0]，一共 4 个块。在第二次挑水果组成果篮的过程中，编号为 2, 4, 6, 12 的水果被挑了出来。之后剩下的水果是 [1, 1]，只有 1 个块。在第三次挑水果组成果篮的过程中，编号为 7 的水果被挑了出来。最后剩下的水果是 [1]，只有 1 个块。在第四次挑水果组成果篮的过程中，编号为 10 的水果被挑了出来。

数据范围：

对于 10% 的数据，$n \leq 5$。

对于 30% 的数据，$n \leq 1000$。

对于 70% 的数据，$n \leq 50000$。

对于 100% 的数据，$1 \leq n \leq 2 \times 10^5$。

提示：

由于数据规模较大，建议使用 C/C++ 的参赛者使用 scanf 输入，使用 printf 语句输出。

第 65 课　认识图结构

图（Graph）是由一组顶点和一组顶点之间的边组成的数据结构，这种数据结构通常用来描述某些事物之间的某种特定关系。顶点（Vertex）用于描述事物，边（Edge）用于描述顶点之间的某种关系。

65.1　认识图

图一般可以用一个二元组 $G = (V(G), E(G))$ 表示，其中 $V(G)$ 表示顶点集合，对于 V 中的每个元素，称其为点或是节点（Node）；$E(G)$ 表示边集合，称其为边（Edge）。

图的分类方式有很多种，如无向图和有向图、加权图和无权图、简单图和复杂图。按照顶点数和边数的比例，图分为稀疏图和稠密图。根据 V 和 E 是否为有限集合，图分为有限图和无限图。

65.1.1　无向图

若无向图（Undirected Graph）边集中的每个元素都是一个无序二元组 (u, v)，则称其为无向边（Undirected Edge），简称边。其中 $u, v \in V$。

若无向图 $G = (V, E)$ 满足点集 V 中的任意两点均可连通，则称 G 为连通图（Connected Graph）。

若 H 是 G 的一个连通子图，且不存在包含更多顶点的 G 的子图，则称 H 是 G 的连通分量（Connected Component）。

65.1.2　有向图

若无向图边集中的每个元素都是一个有序二元组 (u, v)，则称其为有向边（Directed Edge）或弧（Arc），将这样的图称为有向图（Directed Graph）。假设 $e = u \to v$，则 u 为 e 的起点，v 为 e 的终点。

若一张有向图的顶点两两可达，则称该图是强连通图（Strongly Connected Graph）。

若一张有向图的边替换为无向边后可以得到一张连通图，则称原来这张有向图为弱连通图（Weakly Connected Graph）。

与连通分量类似，有向图中的连通分量分为弱连通分量（Weakly Connected Component）（极大弱连通子图）和强连通分量（Strongly Connected Component）（极大强连通子图）。

65.1.3　加权图

如果顶点之间相连存在代价，则将这样的代价称为边权（Weight），将这样的图称为加权图（Weighted Graph）。如果边权全部为正实数，则称为正加权图，否则称为负加权图。

65.1.4　度

与一个顶点关联的边的数目称为 v 的度（Degree），记为 $d(v)$。对于无向图，每条边会产生两个度，对于有向图，则分为入度和出度。

对于无向图 $G = (V, E)$，有 $\sum d(v) = 2|E|$，即度数是边数的 2 倍。对于有向图来说，出度与入度相等，为边数。

如果 $d(v)=0$，则称 v 为孤立点（Isolated Vertex）。如果 $d(v)=1$，则称 v 为叶顶点（Leaf Vertex）或悬挂点（Pendant Vertex）。

65.1.5 子图

对于 $G=(V, E)$，如果存在子图 $H=(V', E')$，且满足 $V' \subseteq V$ 和 $E' \subseteq E$，则称 H 是 G 的子图（Subgraph），记作 $H \subseteq X$。

65.1.6 简单图

如果一个图中没有自环和重边，则称该图为简单图（Simple Graph）。

自环（Loop）：若存在边 (u, v)，且 $u = v$，则称该边为自环。重边（Multiple Edge）：若存在边 $(u, v), (u, v')$，且 $v = v'$ 则称它们为一组重边。

如果一张图中有自环或重边，则称该图为非简单图（Non-simple Graph）或重图（Multigraph）。

在题目中，如果没有特殊说明，则默认存在自环和重边。

65.1.7 完全图

若 $G=(V, E)$ 满足 $\forall u, v \in V, u \neq v$，且有 $(u, v) \in E$，则称 G 为完全图（Complete Graph）。n 阶完全图记作 K_n。

若 $G=(v, E)$ 满足 $E = \emptyset$，则称 G 为零图（Null Graph）。n 阶完全图记作 N_n。

65.1.8 路径

途径（Walk）：一个顶点和边的交错序列，其中首尾是点 $v_0, e_1, v_1, e_2, v_2, \cdots, e_k, v_k$，有时简写为 $v_0 \to v_1 \to v_2 \to \cdots \to v_k$。$e_i$ 的两个端点分别为 v_{i-1} 和 v_i。

以下默认设 $w = [v_0, e_1, v_1, e_2, v_2, \cdots, e_k, v_k]$。

迹（Trail）：对于一条途径 w，若 $e_1, e_2, \cdots, e_k$ 两两互不相同，则称 w 是一条迹。

路径（Path），也称为简单路径（Simple Path）：对于一条迹 w，如果除 v_0 和 v_k 允许相同外，其他所有顶点都是两两互不相同的，则称 w 为一条路径。

回路（Circuit）：对于一条迹 w，若 $v_0 = v_k$，则称 w 为一个回路。

65.2 图的存储

65.2.1 结构体数组存边

使用一个结构体来存储边的信息，其中包括起点、终点和权值。

```
struct Edge{
    int u, v, x;
} E[M];

void create_Graph(int m){
    for (int i = 1; i <= m; i++) {
        scanf("%d %d %d", &E[i].u, &E[i].v, &E[i].x);
    }
}
```

65.2.2 邻接矩阵

使用一个二维数组 G 来存储图的边，其中 $G[u][v] = 1$，表示存储一条 u 到 v 的边。如果图是带权图，则 $G[u][v]$ 的值用来记录这条边的权值。

```
const int N = 1003;
int G[N][N];

void create_Graph(int n, int m){
    // 题目直接提供了图
    for (int i = 1; i <= n; i++){
        for (int j = 1; j <= m; j++) {
            scanf("%d", &G[i][j]);
        }
    }
}
```

如果只提供了边的关系：

```
void create_Graph(int m){
    // 题目提供了顶点间的关系，共 m 条边
    for (int i = 1; i <= m; i++){
        int u, v, x;scanf("%d%d%d", &u, &v, &x);
        G[u][v] = x;
    }
}
```

查询边的时间复杂度为 $O(1)$，遍历整张图的时间复杂度为 $O(n×m)$，空间复杂度为 $O(n×m)$。邻接矩阵只适用于没有重边或者是重边可以忽略不计的情况。

由于邻接矩阵（Adjacency Matrix）存储了顶点之间的所有关系，所以在稀疏图上，它的时间效率和空间效率都很低。

65.2.3 邻接表

当想要使用一种支持动态增加元素的数据结构来记录顶点之间的关系时，可以考虑使用邻接表（Adjacency List）或者动态数组。

动态数组：G[u] 存储了顶点 u 所有的终点。

```
vector<vector<int>> G;

void create_Graph(int n, int m){
    // n 个顶点，m 条边
    G.resize(n + 1);
    for (int i = 1; i <= m; i++){
        int u, v;scanf("%d %d", &u, &v);
        G[u].push_back(v);
        // G[v].push_back(u); // 无向图需要存储反向边
    }
}
```

想要查询是否存在顶点 u 到顶点 v 的边，就需要遍历从顶点 u 出发的所有边。这一操作的时间复杂度为 $O(d(v))$，遍历整张图的时间复杂度为 $O(n+m)$，空间复杂度为 $O(m)$。

65.2.4 链式前向星

链式前向星的实质是用链表实现邻接表。

```
// head[u] 和 cnt 的初始值都为 -1
```

```
void add(int u, int v){
    nxt[++cnt] = head[u];   // 当前边的后继
    head[u] = cnt;          // 顶点 u 的第一条边
    to[cnt] = v;            // 当前边的终点
}

// 遍历顶点 u 的出边
for (int i = head[u]; ~i; i = nxt[i]){ // ~i 表示 i != -1
    int v = to[i];
}
```

查询边的复杂度为 $O(m)$，遍历整张图的时间复杂度为 $O(nm)$，空间复杂度为 $O(m)$。

65.3 图的遍历

65.3.1 深度优先遍历

深度优先遍历（Depth-First Search，DFS）表示每次都尝试向更深的顶点访问，直到不能再继续访问为止。

深度优先遍历实际上利用了递归的性质，为确保每个顶点只被访问一次，需要对访问过的顶点打标记。每次只对未访问的顶点执行深度优先遍历。

大致过程如下：

```
void DFS(int u){ // 从顶点 u 出发
    for (u to v){
        vis[v] = 1;
        DFS(v);
    }
}
```

当在平均时间复杂度为 $O(1)$ 的条件下遍历一条边时，该算法可以达到时间复杂度 $O(m + n)$，空间复杂度为 $O(n)$。其中 n 表示顶点的数量，m 表示边的数量。

65.3.2 图的广度优先遍历

广度优先遍历（Breadth-First Search，BFS）又称为宽度优先搜索，即每次都尝试访问当前顶点的所有未访问的可达顶点。在访问完成后，从下一个未访问的顶点出发执行同样的操作。

广度优先遍历通常使用队列实现，即顶点入队代表访问开始，顶点出队代表访问结束。

在每次访问顶点的过程中，记录下当前顶点被访问时的步数，以计算出从某顶点出发到达其他顶点的最少步数。

大致过程如下：

```
queue<int> q;
void BFS(int u){ // 从顶点 u 出发
    while(!q.empty()) q.pop();        // 清空队列
    q.push(u);  // 将顶点 u 入队
    vis[u] = 1;d[u] = 0;p[u] = -1;
    // vis 标记顶点 u 是否已被访问过，d[u] 记录起点到顶点 u 的距离，
    // p[u] 记录起点到顶点 u 的路径
    
    while (!q.empty()){
        u = q.front();
        q.pop(); // 取队头节点，并出队
```

```
            for (int i = head[u]; ~i; i = nxt[i]){
                int v = to[i];
                if (!vis(v)){
                    q.push(v);
                    vis[v] = 1;
                    d[v] = d[u] + 1;
                    p[v] = u;
                }
            }
        }
    }

    void Path(int u){
        vector<int> res;
        while (~u)res.push_back(u), u = p[u];
        reverse(res.begin(), res.end());
        for (int i = 0; i < res.size(); i++) printf("%d ", res[i]);
        puts("");
    }

    //  也可以用递归的方式实现倒序输出
    //  void Path(int u) {
    //      if(~u) return;
    //      Path(p[u]);
    //      printf("%d ", u);
    //  }
```

时间复杂度为 $O(n+m)$，空间复杂度为 $O(n)$。

65.4 例题

- 例题 1：一笔画问题

题目描述：

在图中，一条经过图中所有边恰好一次的路径叫作欧拉路径（也就是一笔画）。起点与终点相同的欧拉路径叫作欧拉回路。

根据一笔画的两个定理，想要寻找欧拉回路，则对任意一个顶点执行深度优先遍历；想要寻找欧拉路径，则对一个奇点执行深度优先遍历，时间复杂度为 $O(m+n)$，m 为边数，n 为点数。

- 无向图欧拉路径：图中恰好存在两个顶点的度数是奇数，而其他顶点的度数为偶数，这两个度数为奇数的顶点即为欧拉路径的起点 S 和终点 T。
- 无向图欧拉回路：所有顶点的度数都是偶数（起点 S 和终点 T 可以为任意点）。
- 有向图欧拉路径：起点出度比入度多 1，终点入度比出度多 1，其余顶点的出度 = 入度，有且仅有一个起点和终点。
- 有向图欧拉回路：所有点的入度 = 出度（起点 S 和终点 T 可以为任意点）。

输入格式：

第一行包含 n 和 m，有 n 个点，m 条边，以下 m 行描述每条边连接的两个顶点。

输出格式：

欧拉路径或欧拉回路，输出一条即可。

输入样例：

5 5
1 2
2 3
3 4
4 5
5 1

输出样例：

1 5 4 3 2 1

数据范围：

$1 < n < 100$，$1 < m < 2000$。

分析：

在回溯的过程中记录路径顶点。

参考代码：

```
int mp[1005][1005], du[1005], l[1005], k, n, m, a, b;
void dfs(int x){
    for (int i = 1; i <= n; i++)
        if (mp[x][i] == 1){
            mp[x][i] = mp[i][x] = 0;
            dfs(i);
        }
    l[k++] = x;
}
int main(){
    cin >> n >> m;
    for (int i = 1; i <= m; i++){
        cin >> a >> b;
        mp[a][b] = mp[b][a] = 1;
        du[a]++;
        du[b]++;
    }
    int s = 1;
    for (int i = 1; i <= n; i++){
        if (du[i] % 2 != 0){
            s = i;
        }
    }
    dfs(s);

    for (int i = 0; i < k; i++) cout << l[i] << " ";
    return 0;
}
```

- **例题 2：遍历**

题目描述：

给出 N 个点和 M 条有向边。对于每个点 v，求 $A(v)$ 表示从点 v 出发，能到达的编号最大的点。

输入格式：

第一行包含 n 和 m，有 n 个点，m 条边，以下 m 行描述每条边连接的两个点。

输出格式：

$A(1)\quad A(2)\quad \cdots \quad A(N)$

输入样例：

```
4 3
1 2
2 4
4 3
```

输出样例：

```
4 4 3 4
```

数据范围：

$1 \leqslant N, M \leqslant 10^5$。

分析：

当前点的最大访问次数是自己，之后按倒序访问其他点。将能够访问到的点数量作为答案赋值给当前起点的编号。

参考代码：

```cpp
const int maxn = 1e5 + 10;
int vis[maxn], ans[maxn], head[maxn], cnt = 0, n, m, temp = 0;
struct n{
    int to, next;
} e[maxn];

void add(int u, int v){
    e[cnt].to = v;
    e[cnt].next = head[u];
    head[u] = cnt++;
}
void dfs(int u){
    vis[u] = 1;
    for (int i = head[u]; i != -1; i = e[i].next){
        int v = e[i].to;
        if (!vis[v])
            dfs(v);
    }
    ans[u] = temp;
}
int main(){
    cin >> n >> m;
    for (int i = 1; i <= n; i++){
        head[i] = -1;
        ans[i] = i;
    }
    for (int i = 1, a, b; i <= m; i++){
```

```
            cin >> a >> b;
            add(b, a);
    }
    for (int i = n; i >= 1; i--){
        if (!vis[i]){
            temp = i;
            
            dfs(i);
        }
    }
    for (int i = 1; i <= n; i++){
        cout << ans[i] << " ";
    }
    return 0;
}
```

65.5 练习

- 练习 1：铲雪车

题目描述：

随着白天越来越短，夜晚越来越长，我们不得不考虑铲雪问题了。整个城市所有的道路都是双车道，由于城市预算的削减，整个城市只有 1 辆铲雪车。铲雪车只能把它开过的地方（车道）的雪铲干净。无论哪里有雪，铲雪车都必须从停放的地方出发，游历整个城市的街道。现在的问题是：最少要花多少时间才能铲掉所有道路上的雪呢？

输入格式：

输入数据的第 1 行，表示铲雪车的停放坐标 (x,y)。x 和 y 为整数，单位为米。下面最多有 100 行，每行给出了一条街道的起点坐标和终点坐标，所有街道都是笔直的，且都是双向车道。铲雪车可以在任意交叉口或任意街道的末尾任意转向，包括转 U 型弯。铲雪车铲雪时的前进速度为 20 km/h，不铲雪时的前进速度为 50 km/h。

保证：铲雪车从起点一定可以到达任何街道。

输出格式：

铲掉所有街道上的雪并返回出发点的最短时间，精确到分钟。

输入样例：

0 0
0 0 10000 10000
5000 -10000 5000 10000
5000 10000 10000 10000

输出样例：

3:55

- 练习 2：骑马修栅栏

题目描述：

农民 John 每年有很多栅栏要修理。他总是骑着马穿过每一个栅栏并修复栅栏破损的地方。John 讨厌骑马，因此从来不两次经过同一个栅栏。你必须编写一个程序，读入栅栏网络的描述，并计算出一条修栅栏的路径，使得每个栅栏都恰好被经过一次。John 能从任意一个顶点（即两个栅栏的交点）开始骑马，在任意一个顶点结束。

每一个栅栏连接两个顶点，顶点用 1 到 500 标号（虽然有的农场并没有 500 个顶点）。一个顶点可以连接任意（大于等于 1）个栅栏。所有栅栏都是连通的，也就是说，你可以从任意一个栅栏到达另外的所有栅栏。

你的程序必须输出骑马的路径（用路上依次经过的顶点号码表示）。如果把输出的路径看成是一个 500 进制的数，那么当存在多组解的情况下，输出 500 进制表示法中最小的一个，即输出第一个较小的数。如果还有多组解，则输出第二个较小的数……输入数据保证至少有一个解。

输入格式：

第 1 行输入 一个整数 F（$1 \leq F \leq 1024$），表示栅栏的数目。

第 2 到 $F+1$ 行：每行输入两个整数 i 和 j（$1 \leq i,j \leq 500$），表示这条栅栏连接 i 号与 j 号顶点。

输出格式：

输出应当包含 $F+1$ 行，每行包含一个整数，依次表示路径经过的顶点号。注意，数据可能有多组解，但是只有上面题目要求的那一组解才被认为是正确的。

输入样例：

9
1 2
2 3
3 4
4 2
4 5
2 5
5 6
5 7
4 6

输出样例：

1
2
3
4
2
5
4
6
5
7

第 66 课　图结构的应用

66.1 欧拉图

在图中，一条经过图中所有边恰好一次的路径叫作欧拉路径。起点与终点相同的欧拉路径叫作欧拉回路。存在欧拉回路的图被称为欧拉图，具有欧拉路径但不具有欧拉回路的图称被为半欧拉图。

图 G 中存在欧拉路径的条件如下。
- 图 G 是连通图。
- 对于无向图，有且仅有 2 个顶点，其度数为奇数，其他顶点的度数为偶数。
- 对于有向图，有且仅有 2 个顶点的入度与出度差为 1，其他顶点的入度与出度差相等。

图 G 中存在欧拉回路的条件如下。
- 图 G 是连通图。
- 对于无向图，因为起点与终点相同，所以每个顶点的度数都是偶数。
- 对于有向图，所有顶点的出度与入度都相等。

假设 u 是欧拉路径的起点，则可以通过以下方法得到欧拉回路：

```
void dfs(int u){
    for (int i = 0; i < G[u].size(); i++){
        int v = G[u][i];
        if(vis[u][v])  continue;
        vis[u][v] = vis[v][u] = true; // 标记走过的边
        dfs(v);
    }
}
```

- 例题：无序字母对

题目描述：

给定 n 个各不相同的无序字母对（区分大小写，无序即字母对中的两个字母可以位置颠倒）。请构造一个有 (n + 1) 个字母的字符串，使得每个字母对都在这个字符串中出现。

输入格式：

第一行输入一个正整数 n。

第二行到第 (n + 1) 行每行输入两个字母，并且这两个字母相邻。

输出格式：

输出满足要求的字符串。

如果没有满足要求的字符串，则输出 No Solution。

如果有多种方案，则输出字典序最小的方案（即前面字母的 ASCII 编码尽可能小）。

输入样例：

4

aZ tZ Xt aX

输出样例：

XaZtX

提示:

不同的无序字母对个数有限, n 的规模可以通过计算得到。

分析:

将一个字母对当作边, 将字母当作顶点, 这样就构成了一个图。题目要求所有单词只能使用一次, 即边只访问一次, 符合欧拉图的定义。首先, 判断图是否为欧拉图。如果是欧拉图, 则按照字典序从小到大枚举, 即可求出字典序最小的欧拉路径。

参考代码:

```cpp
#include <bits/stdc++.h>
#define ll long long

using namespace std;
bool road[1000][1000];
bool vis[1000];

int d[10100], ans[10100];
int m, n, t = 0;
bool f = 0;
int get(){
    char c;cin >> c;
    return (int)c - 64;
}
void put(int i) { cout << (char)(i + 64); }
void dfs(int i){
    for (int j = 1; j <= n; j++){
        if (road[i][j] == 1){
            road[i][j] = road[j][i] = 0; // 删边
            dfs(j);
        }
    }
    ans[++t] = i;
    if (t == m + 1)
        f = 1;
}
int main()
{
    memset(road, 0, sizeof(road));
    memset(d, 0, sizeof(d));
    memset(vis, 0, sizeof(vis));
    cin >> m;
    n = 122;
    for (int i = 0; i < m; i++){
        int x = get(), y = get();
        vis[x] = vis[y] = 1; // 记录顶点字母存在
        road[x][y] = road[y][x] = 1;
        d[x]++;d[y]++;
    }
    int start = 0, tt = 0;
    for (int i = 1; i <= n; i++){
```

```
            if (d[i] % 2)
                tt++; // 奇点的数量
            if (tt > 2){
                cout << "No Solution\n";
                return 0;
            }
        }
    }
    // 遍历所有可能的字母，也可以将存在的字母放到一个数组中，然后直接遍历数组
    for (int i = 1; i <= n; i++){
        t = 0;
        if (vis[i] == 1 && d[i] % 2 == 1)
            dfs(i);
        if (f == 1){
            for (int i = t; i >= 1; i--)
                put(ans[i]);
            return 0;
        }
    }
    cout << "No Solution\n";
    return 0;
}
```

66.2 图的遍历

图的遍历就是在图上进行深度优先遍历或广度优先遍历，以访问图上的所有顶点。图的遍历可用于求解与图的连通性相关的问题。

- 例题：奶酪

题目描述：

现有一块大奶酪，它的高度为 h，它的长度和宽度我们可以认为是无限大的。奶酪中间有许多半径相同的球形空洞。我们可以在这块奶酪中建立空间坐标系。在坐标系中，奶酪的下表面为 $z = 0$，奶酪的上表面为 $z = h$。

现在，奶酪的下表面有一只小老鼠 Jerry，它知道奶酪中所有空洞的球心所在的坐标。如果两个空洞相切或相交，则 Jerry 可以从其中一个空洞跑到另一个空洞。特别地，如果一个空洞与下表面相切或相交，则 Jerry 可以从奶酪下表面跑进空洞；如果一个空洞与上表面相切或相交，则 Jerry 可以从空洞跑到奶酪上表面。

位于奶酪下表面的 Jerry 想知道，在不破坏奶酪的情况下，它能否利用已有的空洞跑到奶酪的上表面？

空间内两点 $P_1(x_1, y_1, z_1)$、$P_2(x_2, y_2, z_2)$ 的距离公式如下：

$$\text{dist}(P_1, P_2) = \sqrt{(x_1-x_2)^2 + (y_1-y_2)^2 + (z_1-z_2)^2}$$

输入格式：

每个输入文件都包含多组数据。

第一行包含一个正整数 T，代表该输入文件中所包含的数据组数。

接下来的 T 组数据，每组数据的格式如下：

- 第一行包含三个正整数 n, h, r，两两之间用一个空格隔开，分别代表奶酪中空洞的数量，

奶酪的高度和空洞的半径。
- 接下来的 n 行，每行包含三个整数 x, y, z，两两之间用一个空格隔开，表示空洞球心坐标为 (x, y, z) 。

输出格式：

输出 T 行，分别对应 T 组数据的答案。如果在第 i 组数据中，Jerry 能从奶酪的下表面跑到上表面，则输出 Yes，否则输出 No。

输入样例：

3
2 4 1
0 0 1
0 0 3
2 5 1
0 0 1
0 0 4
2 5 2
0 0 2
2 0 4

输出样例：

Yes No Yes

分析：

如果将所有的洞和上、下边界都视为点，将相交或相切都视为连接的边，如图 66-1 所示，那么本题实际上就是在判断上下边界能否连通。

从下边界开始遍历整张图，给遍历到的点都标记上，以免重复遍历，最后判断是否遍历到上边界即可。

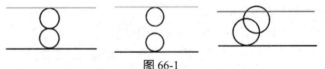

图 66-1

- 如何判断两个洞相交或相切呢？

$$R \times 2 \leq \sqrt{(x_1-x_2)^2+(y_1-y_2)^2+(z_1-z_2)^2}$$

- 如何判断洞与下表面相交或相切呢？

$R \leq z$

- 如何判断洞与上表面相交或相切呢？

$R \geq h - z$

R 是空洞的半径，(x, y, z) 是空洞的球心坐标，h 是奶酪的高度。

参考代码：

```
#include <bits/stdc++.h>
using namespace std;
```

```cpp
typedef long long ll;
vector<int> v[10005];
bool vis[10005];
ll n, h, r, m, s;

bool pd(ll x1, ll y1, ll z1, ll x2, ll y2, ll z2)
{ // 相交或相切

    ll ans = (x2 - x1) * (x2 - x1) + (y2 - y1) * (y2 - y1) + (z2 - z1) * (z2 - z1);
    if (ans > 4 * r * r)
    {
        return 0;
    }
    return 1;
}

ll tmp[10005][3];

int main(){
    int T;
    cin >> T;
    while (T--){
        for (int i = 0; i < 10004; i++){
            v[i].clear();
        }
        cin >> n >> h >> r;
        for (int i = 1; i <= n; i++){
            cin >> tmp[i][0] >> tmp[i][1] >> tmp[i][2];
        }
        for (int i = 1; i <= n; i++){
            for (int j = i + 1; j <= n; j++){
                if (pd(tmp[i][0], tmp[i][1], tmp[i][2], tmp[j][0], tmp[j][1], tmp[j][2])){
                    v[i + 1].push_back(j + 1);
                    v[j + 1].push_back(i + 1);
                }
            }
            if (tmp[i][2] <= r){
                v[1].push_back(i + 1);
            }
            if (tmp[i][2] >= h - r){
                v[i + 1].push_back(0);
            }
        }
        memset(vis, 0, sizeof(vis));
        queue<int> q;
        q.push(1);
        vis[1] = 1;
        while (!q.empty()){
            int x = q.front();
            q.pop();
```

```
            for (int i = 0; i < v[x].size(); i++){
                if (!vis[v[x][i]]){
                    q.push(v[x][i]);
                    vis[v[x][i]] = 1;
                }
            }
        }
        printf(vis[0] ? "Yes\n" : "No\n");
    }
    return 0;
}
```

66.3 图的 DFS 序

DFS 序指在对图中的顶点进行 DFS 遍历时，按访问的先后顺序构成的顶点序列。由 DFS 的遍历过程可知，图的 DFS 序不止一种，一般求字典序最小的 DFS 序列。

- 例题：旅行

题目描述：

小 Y 是一个爱好旅行的 OIer。她来到 X 国，打算将各个城市都玩一遍。

小 Y 了解到，X 国的个城市之间有条双向道路。每条双向道路连接着两个城市。既不存在两条连接同一对城市的道路，也不存在一条连接一个城市和它本身的道路。并且，从任意一个城市出发，都可以通过这些道路到达任意其他城市。小 Y 也只能通过这些道路从一个城市前往另一个城市。

小 Y 的旅行方案是这样的：任意选定一个城市作为起点，然后从起点开始，每次选择一条与当前城市相连的道路，前往一个没有去过的城市，或者沿着第一次访问该城市时经过的道路后退至上一个城市。当小 Y 回到起点时，她可以选择结束这次旅行或继续旅行。需要注意的是，小 Y 要求在旅行方案中，每个城市都被访问到。

为了让自己的旅行更有意义，小 Y 决定在每到达一个新的城市（包括起点）时，就将它的编号记录下来。她知道这样会形成一个长度为 n 的序列。她希望这个序列的字典序最小，你能帮帮她吗？

对于两个长度均为 n 的序列 A 和 B，当且仅当存在一个正整数 x，且满足以下条件时，我们说序列 A 的字典序小于 序列 B 的。

- 对于任意正整数 $1 \leq i < x$，序列 A 的第 i 个元素 A_i 和序列 B 的第 i 个元素 B_i 相同。
- 序列 A 的第 x 个元素的值小于序列 B 的第 x 个元素的值。

输入格式：

输入文件共 $m+1$ 行。第一行包含两个整数 n 和 m（$m \leq n$），中间用一个空格分隔。

接下来的 m 行，每行包含两个整数 u 和 v（$1 \leq u,v \leq n$），表示编号为 u 和编号为 v 的城市之间有一条道路，两个整数之间用一个空格分隔。

输出格式：

输出文件仅包含一行，共 n 个整数，表示字典序最小的序列。相邻两个整数之间用一个空格分隔。

输入样例1：
6 5
1 3
2 3
2 5
3 4
4 6
输出样例1：
1 3 2 5 4 6
输入样例2：
6 6
1 3
2 3
2 5
3 4
4 5
4 6
输出样例2：
1 3 2 4 5 6

分析：

题目描述了图的深度优先搜索过程，要求输出搜索过程中遍历的所有顶点，并输出字典序最小的一种，即字典序最小的 DFS 序列。

注意，题目本身是保证连通的，即不存在孤立点。

当 $m = n - 1$ 时，图是一棵树，如图 66-2 所示。此时，从编号为 1 的节点开始进行深度优先遍历，遍历得到的节点编号序列即为字典序最小的序列。

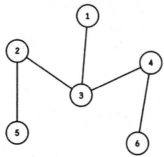

图 66-2

当 $m = n$ 时，即在树中任意添加一条边即可构成环，这样的树被称作基环树。如果采用贪心算法，则总可以找到反例。

图 66-3 所示的树即为基环树，其中节点 2、3、4、5 构成一个环。从编号为 1 的节点开始进行深度优先搜索，遍历得到的节点编号序列为 1 3 2 5 4 6。但如果断开节点 2 和 5 之间的边，则遍历得到的节点编号序列为 1 3 2 4 5 6，这个序列在字典序上更小。

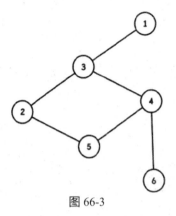

图 66-3

参考代码:

```cpp
#include <bits/stdc++.h>
using namespace std;

const int N = 5005;
int cnt, head[N];
struct edge{
    int u, v, next;
} e[N << 1];

void adde(int u, int v){
    e[cnt].u = u, e[cnt].v = v, e[cnt].next = head[u];
    head[u] = cnt++;
}

vector<int> vec[N];
int n, m, ans[N], k[N], x, y, dep;

bool vis[N];

void dfs(int u, int fa){
    if (vis[u]) return;
    vis[u] = 1;
    k[++dep] = u;
    for (int i = 0; i < vec[u].size(); i++){
        int v = vec[u][i];
        if (v == fa)
            continue; // 反向边
        if ((v == y && u == x) || (v == x && u == y))
            continue; // 删边
        dfs(v, u);
    }
}

// 判断 k < res 时, 返回 true
bool check(){
    int i = 1;
    while (k[i] == res[i])i++;
```

```cpp
        return k[i] < res[i];
}

void dfs_tree(int u, int fa){
    if (vis[u])
        return;
    vis[u] = 1;
    ans[++dep] = u;
    for (int i = 0; i < vec[u].size(); i++){
        int v = vec[u][i];
        if (v == fa)
            continue;
        dfs_tree(v, u);
    }
}
int main(){
    int u, v;
    memset(head, -1, sizeof(head));
    scanf("%d%d", &n, &m);
    for (int i = 1; i <= m; i++){
        scanf("%d%d", &u, &v);
        vec[u].push_back(v);vec[v].push_back(u);
        adde(u, v);adde(v, u);
    }
    for (int i = 1; i <= n; i++)sort(vec[i].begin(), vec[i].end());
    if (n == m){
        for (int i = 0; i < cnt; i += 2){
            dep = 0;
            x = e[i].u;y = e[i].v; // 第 i 条边
            memset(vis, 0, sizeof(vis));
            dfs(1, -1);
            if (dep < n)  // 断开的不是环上的边
                continue;
            if (ans[1] == 0 || check())
                memcpy(ans, res, sizeof(res));
        }
        for (int i = 1; i <= n; i++)printf("%d ", ans[i]);
        return 0;
    }
    dfs_tree(1, -1);
    for (int i = 1; i <= n; i++)printf("%d ", ans[i]);
    return 0;
}
```

66.4 哈密尔顿回路与哈密尔顿路径

1859 年，爱尔兰数学家哈密尔顿提出了一个"周游世界"的游戏：

在一个正十二面体的 20 个顶点上，标注了 London（伦敦）、Paris（巴黎）等世界著名城市。正十二面体的棱表示连接这些城市的路线。要求游戏参与者选择一个城市作为起点，把所有的城市都走且只走一次，最终回到出发点，如图 66-4 所示。

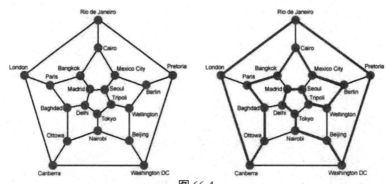

图 66-4

哈密尔顿回路是指从图 66-4 中的起点出发，沿着边行走，经过图的每个顶点，且每个顶点仅访问一次，最后返回起点的一条路径。

哈密尔顿路径是指从图 66-4 中的起点出发，沿着边行走，经过图的每个顶点，且每个顶点仅访问一次，最后不返回起点的一条路径。

例如，图 66-5 是一条哈密尔顿回路，图 66-56 是一条哈密尔顿路径。如何求解一个图是否存在哈密尔顿回路呢？

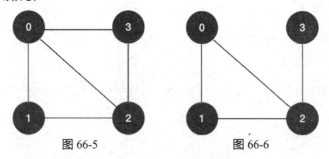

图 66-5　　　　　图 66-6

一个最直观的想法就是暴力求解：首先遍历图中的每一个顶点 v，然后从顶点 v 出发，看是否能够找到一条哈密尔顿回路。

暴力求解的时间复杂度与求解全排列问题的时间复杂度是等价的，其时间复杂度为 $O(N!)$，N 为图中的顶点个数。

当 N 很大时，是不能在有限的时间内解决这个问题的。这类问题也被称为 NP（Non-deterministic Polynomial）完全问题。

- 例题：哈密尔顿回路

题目描述：

对给定的一个图，使用深度优先搜索，求出图中所有的哈密尔顿回路。数据保证存在哈密尔顿回路。

输入格式：

第一行输入两个整数 n 和 m，代表有 n 个顶点和 m 条边。

接下来的 m 行表示每条边连接的两个顶点。

输出格式：

所有哈密尔顿回路。

输入样例：
5 5
1 2
2 3
3 4
4 5
5 1

输出样例：
1 2 3 4 5 1
1 5 4 3 2 1

参考代码：

```cpp
#include <bits/stdc++.h>
using namespace std;

bool visited[101];
int n, start, ans[101], num[101];
int g[101][101];

void print(int start, int L){
    int i;
    for (int i = 1; i < L; i++)cout << ans[i] << " ";
    cout << start << endl;
}

void dfs(int p, int i, int L){ // 当前是第 L 个节点 i，其父节点是 p
    if (i == p)return;
    if (L > 3 && i == start)print(i, L);
    if (visited[i])return;
    ans[L] = i;
    visited[i] = true;
    for (int j = 1; j <= num[i]; j++){
        dfs(i, g[i][j], L + 1);
    }
    visited[i] = false;
}

int main(){
    memset(visited, false, sizeof(visited));
    int e, x, y;
    cin >> n >> e;
    for (int i = 1; i <= e; i++){
        cin >> x >> y;
        g[x][++num[x]] = y;
        g[y][++num[y]] = x;
    }
    start = 1;
```

```
        dfs(0, start, 1);
        return 0;
    }
```

练习

- 练习：词链

题目描述：

如果单词 X 的末字母与单词 Y 的首字母相同，则 X 与 Y 可以连接成 $X.Y$。（注意：X、Y 之间是英文的句号 . ）。例如，单词 dog 与单词 gopher，可以连接成 dog.gopher。

以下是一些例子： dog.gopher、gopher.rat、rat.tiger、aloha.aloha、arachnid.dog。

此外，连接成的词可以与其他单词相连，组成更长的词链，例如：

aloha.arachnid.dog.gopher.rat.tiger。

注意，. 两边的字母一定是相同的。

现在给你一些单词，请你找到字典序最小的词链，并确保每个单词在词链中恰好出现一次。如果某个单词若出现了 k 次，则在词链中也需要出现 k 次。

输入格式：

第一行输入一个正整数 n（$1 \leq n \leq 1000$），表示单词数量。

接下来共有 n 行，每行都是一个由 1 到 20 个小写字母组成的单词。

输出格式：

输出只有一行，表示组成字典序最小的词链。如果不存在，则输出三个星号 ***。

输入样例：

6
aloha
arachnid
dog
gopher
rat
tiger

输出样例：

aloha.arachnid.dog.gopher.rat.tiger

数据范围：

- 对于 40% 的数据，$n \leq 10$。
- 对于 100% 的数据，$n \leq 1000$。

第 67 课　最短路径——Dijkstra 算法

最短路径指在一个图中，从一个顶点出发，到达另一个顶点所经过的距离最短的路径。在无权图中，每条边的默认权值为 1。在带权图中，路径的权值是其经过的边的权值之和。

67.1 单源最短路径

单源最短路径问题（Single Source Shortest Path Problem，SSSP）指在一个有向图中，从某个指定的源点出发，到达图中所有其他顶点的最短路径问题。

通常用来求单源最短路径的算法有：
- Dijkstra 算法（迪杰斯特拉算法）；
- Bellman-Ford 算法；
- SPFA 算法。

67.1.1 Dijkstra 算法

Dijkstra 算法是一种典型的单源最短路径算法，通常用于计算从一个节点到其他所有节点的最短路径。其核心思想是，每次都只扩展当前已知的最短路径，并把该路径上的节点标记为已访问，直到图中所有的节点都被标记为已访问。

其算法流程如下。

（1）将图中的节点分为两组，第一组是已确定最短路径的节点 P，第二组是未确定最短路径的节点 Q。

（2）用 dis 数组记录 P 组节点的最短路径长度，用 prev 数组记录 P 组节点的最短路径的前驱节点。假设 s 是起点，初始时，dis[s] = 0，将 dis[] 中的其他值初始化为无穷大，表示不可达；将 prev[] 初始化为 -1，表示不存在前驱节点。

（3）每次从 Q 组中选择一个距离 dis 数组值最小的节点 u，将其加入 P 组，考察所有以节点 u 为起点的边，如果存在 dis[u] + G[u][v] < dis[v]，则更新 dis[v] = dis[u] + G[u][v] 和 prev[v] = u。我们将这样的操作称为松弛。

（4）重复步骤（3），直到所有点都被加入 P 组。

通过上述操作过程可以分析出，我们需要将 Q 组中的所有节点都转移到 P 组中，更新 dis[] 和 prev[] 的时间复杂度为 $O(n)$，因此 Dijkstra 算法的总时间复杂度为 $O(n^2)$。

假设以邻接矩阵存图，则 Dijkstra 算法的参考代码如下：

```cpp
const int N = 3030;
int G[N][N], dis[N], n, m;
bool vis[N];

void Dijkstra(int s){
    memset(vis, false, sizeof(vis));
    memset(dis, 0x3f, sizeof(dis));
    dis[s] = 0;
    for (int i = 1; i < n; i++){
        int u = -1;
        for (int j = 1; j <= n; j++){
            if (!vis[j] && (u == -1 || dis[j] < dis[u])){
```

```
                u = j;
            }
        }
        if (u == -1)return;
        vis[u] = true;
        for (int v = 1; v <= n; v++){
            dis[v] = min(dis[v], dis[u] + G[u][v]);
        }
    }
}

int main(){
    scanf("%d %d", &n, &m); // n 个节点, m 条边
    memset(G, 0x3f, sizeof(G));
    for (int i = 1; i <= n; i++)G[i][i] = 0;
    for (int i = 1; i <= m; i++){
        int u, v, w;
        scanf("%d %d %d", &u, &v, &w);
        G[u][v] = min(G[u][v], w);
    }
    Dijkstra(1);
    for (int i = 1; i <= n; i++)
        printf("%d ", dis[i]);
}
```

通过以上过程可以发现，我们对最小的节点进行了松弛操作，因此也可以使用堆来优化这个过程：在松弛操作后，将节点放入堆中，之后取出堆顶元素，并对其进行松弛操作，直到堆为空。

从堆中取出元素和放入元素的时间复杂度都为 $O(\log n)$，因此堆优化的 Dijkstra 算法的总时间复杂度为 $O(m \log n)$。

假设以邻接表存图，则堆优化的 Dijkstra 算法的参考代码如下：

```
const int N = 3030, M = 1000010;
int head[N], edge[M], nxt[M], to[N], dis[N];
bool vis[N];

typedef pair<int, int> P;

priority_queue<P> pq;

int cnt = 0; // 边序号
void add(int u, int v, int w){
    edge[++cnt] = w, to[cnt] = v;
    nxt[cnt] = head[u];head[u] = cnt;
}

void Dijkstra(int s){
    memset(dis, 0x3f, sizeof(dis));
    memset(vis, 0, sizeof(vis));
```

```
        dis[s] = 0;
        pq.push(P(0, s));
        while (!pq.empty()){
            P t = pq.top();pq.pop();
            int u = t.second;
            if (vis[u])continue;
            vis[u] = true;
            for (int i = head[u]; i; i = nxt[i]){
                int v = to[i], w = edge[i];
                if (dis[v] > dis[u] + w){
                    dis[v] = dis[u] + w;
                    pq.push(P(-dis[v], v));
                }
            }
        }
}

int main(){
    int n, m;
    scanf("%d %d", &n, &m);
    for (int i = 1; i <= m; i++){
        int u, v, w;
        scanf("%d %d %d", &u, &v, &w);
        add(u, v, w);
    }
    
    Dijkstra(1);
    
    for (int i = 1; i <= n; i++)
        printf("%d ", dis[i]);
    return 0;
}
```

通过分析松弛操作，我们可以得出 Dijkstra 算法只适用于边权为正的图。此外，当图是稠密图时，即边数 m 的值接近 n^2 时，使用朴素的 Dijkstra 算法可能会更快。

- **例题：单源最短路径**

题目描述：

给定一个包含 n 个点，m 条有向边的带非负权图，请你计算从 s 出发，到每个点的距离。数据保证你能从 s 点出发到任意点。

输入格式：

第一行输入三个正整数 n、m 和 s。

从第二行起的 m 行，每行输入三个非负整数 u_i, v_i, w_i，表示从 u_i 到 v_i 有一条权值为 w_i 的有向边。

输出格式：

输出一行包含 n 个空格分隔的非负整数，表示 s 点到每个点的距离。

输入样例：

4 6 1

```
1 2 2
2 3 2
2 4 1
1 3 5
3 4 3
1 4 4
```

输出样例：

```
0 2 4 3
```

提示：

$1 \leq n \leq 10^5$，$1 \leq m \leq 2 \times 10^5$，$s = 1$，$1 \leq u_i, v_i \leq n$，$0 \leq w_i \leq 10^9$，$0 \leq \sum w_i \leq 10^9$。

参考代码：

```cpp
int head[N], v[N], d[N];
int ver[M], next[M], edge[M];
int n, m, tot;

void add(int x, int y, int z){
    ver[++tot] = y;edge[tot] = z;next[tot] = head[x];head[x] = tot;
}

priority_queue<pair<int, int>> pq;

void Dijkstra(int s){
    d[s] = 0;
    pq.push(make_pair(0, s));
    while (!pq.empty()){
        int x = pq.top().second;pq.pop();
        if (v[x])continue;
        v[x] = 1;
        for (int i = head[x]; i; i = next[i]){
            int y = ver[i], z = edge[i];
            if (d[y] > d[x] + z)
                pq.push(make_pair(-(d[y] = d[x] + z), y));
        }
    }
}

int main(){
    memset(d, 0x3f, sizeof(d));
    memset(v, 0, sizeof(v));
    scanf("%d %d %d", &n, &m, &s);
    for (int i = 1; i <= m; i++){
        int x = read(), y = read(), z = read();
        add(x, y, z);
    }
    Dijkstra(s);
```

```
    for (int i = 1; i <= n; i++){
        printf("%d ", d[i]);
    }

    return 0;
}
```

- 练习1：邮递员送信

题目描述：

有个邮递员要送东西，邮局在节点 1。他总共要送 $n-1$ 样东西，其目的地分别是节点 2 到节点 n。由于这个城市的交通比较繁忙，因此所有的道路都是单行的，共有 m 条道路。这个邮递员每次只能带一样东西，并且运送每件物品后必须返回邮局。求送完这 $n-1$ 样东西并且最终回到邮局最少需要多少时间？

输入格式：

第一行输入两个整数 n 和 m，表示城市的节点数量和道路数量。

第二行到第 $m+1$ 行，每行输入三个整数：u、v 和 w，表示从 u 到 v 有一条通过时间为 w 的道路。

输出格式：

输出一个整数，即最少需要的时间。

输入样例：

5 10
2 3 5
1 5 5
3 5 6
1 2 8
1 3 8
5 3 4
4 1 8
4 5 3
3 5 6
5 4 2

输出样例：

83

数据范围：

对于 30% 的数据，$1 \leq n \leq 200$。

对于 100% 的数据，$1 \leq n \leq 10^3$，$1 \leq m \leq 10^5$，$1 \leq u, v \leq n$，$1 \leq w \leq 10^4$。

输入保证任意两点都能互相到达。

- 练习2：最小花费

题目描述：

在 n 个人中，某些人的银行账号之间可以互相转账。这些人之间转账的手续费各不相同。

给定这些人之间转账时需要从转账金额里扣除百分之几的手续费，请问 A 最少需要多少钱使得转账后 B 收到 的金额为 100 元。

输入格式：

第一行输入两个正整数 n 和 m，分别表示总人数和可以互相转账的人的对数。

以下 m 行，每行输入三个正整数 x、y 和 z，表示标号为 x 的人和标号为 y 的人之间互相转账需要扣除 $z\%$ 的手续费（$z < 100$）。

最后一行输入两个正整数 A 和 B。数据保证 A 与 B 之间可以直接或间接地转账。

输出格式：

输出 A 使得 B 收到的金额为 100 元时最少需要的总费用。精确到小数点后 8 位。

输入样例：

```
3 3
1 2 1
2 3 2
1 3 3
1 3
```

输出样例：

```
103.07153164
```

数据范围：

$1 \leqslant n \leqslant 2000$，$m \leqslant 100000$。

第 68 课 Bellman-Ford 算法与 SPFA 算法

对于存在负边权的图，松弛操作会一直执行，基于松弛操作的 Dijkstra 算法无法求解该图的最短路径问题。

68.1 Bellman-Ford 算法

在一个图中，当所有的边都满足 $dis[v] \leq dis[u] + w(u, v)$，即起点到任意节点 v 的距离不能通过其他节点 u 进行更新时，dis 数组就是起点到其他节点的最短距离。

基于此原理，我们遍历图中所有的边，当存在 $dis[v] > dis[u] + w(u, v)$ 时，我们更新 $dis[v] = dis[u] + w(u, v)$。

n 个顶点的最短路径只有 n-1 条边。因此，在执行了 n-1 次更新操作后，如果还存在一条边使得 $dis[v] > dis[u] + w(u, v)$，那么该图一定存在负环，即该图的最短路径一定不存在。

Bellman-Ford 算法基于上述迭代原理，通过松弛操作，不断更新 dis 数组，直到无法再进行松弛操作为止。

参考代码：

```
int Bellman_Ford(int s){
    memset(dis, 0x3f, sizeof(dis));
    dis[s] = 0;
    for (int i = 1; i < n; i++){
        for (int j = 0; j < m; j++){
            int u = edges[j].u, v = edges[j].v, w = edges[j].w;
            if (dis[v] > dis[u] + w){
                dis[v] = dis[u] + w;
            }
        }
    }
    int flag = 0;
    for (int j = 0; j < m; j++){
        int u = edges[j].u, v = edges[j].v, w = edges[j].w;
        if (dis[v] > dis[u] + w){
            flag = 1; // 存在负环

            break;
        }
    }
    return flag;
}
```

Bellman-Ford 算法的时间复杂度为 $O(nm)$，空间复杂度为 $O(m)$。

68.2 SPFA 算法

基于 Bellman-Ford 算法，我们发现，对于已找到最短路径的节点，每次在执行松弛操作时，还会继续对此进行松弛判断。因此，当一个节点已经找到其最短路径时，可以不再对它进行松弛操作。因此我们只考虑对可能存在松弛操作的节点进行松弛操作。基于此原理，我们使用队列，每次从队列中取出一个节点，并对它的邻接点进行松弛操作。如果松弛操作成功，则将该邻接点入队，直到队列为空。我们称这样的算法为"SPFA"算法，即"Shortest Path Faster Algorithm"，也称为"队列优化的 Bellman-Ford 算法"。

参考代码：

```
queue<int> q;
bool vis[N];
int dis[N];

void add(int u, int v, int w){
    to[++cnt] = v, edge[cnt] = w;
    nxt[cnt] = head[u], head[u] = cnt;
}

void spfa(int s){
    memset(dis, 0x3f, sizeof(dis));
    memset(vis, 0, sizeof(vis));
    dis[s] = 0, vis[s] = 1;
    q.push(s);
    while (!q.empty()){
        int u = q.front();q.pop();
        vis[u] = 0; // 出队
        for (int i = head[u]; i; i = nxt[i]){
            int v = to[i], w = edge[i];
            if (dis[v] > dis[u] + w){
                dis[v] = dis[u] + w;
                if (!vis[v]){
                    vis[v] = 1;
                    q.push(v);
                }
            }
        }
    }
}

int main(){
    int n, m;
    scanf("%d %d", &n, &m);
    for (int i = 1; i <= m; i++){
        int u, v, w;
        scanf("%d %d %d", &u, &v, &w);
        add(u, v, w);
    }

    spfa(1);
    for (int i = 1; i <= n; i++)printf("%d ", dis[i]);
}
```

- 例题：负环

题目描述：

给定一个有 n 个点的有向图，求图中是否存在从顶点 1 出发能到达的负环。负环的定义是：一条边权之和为负数的回路。

输入格式：

本题单测试点有多组测试数据。

输入的第一行包含一个整数 T，表示测试数据的组数。每组数据都包含两个整数，分别代表图中的顶点数 n 和接下来给出的边信息的条数 m。

在接下来的 m 行中，每行包含三个整数 u, v, w。

- 若 $w \geq 0$，则表示既存在一条从 u 至 v 边权为 w 的边，也存在一条从 v 至 u 边权为 w 的边。
- 若 $w < 0$，则表示只存在一条从 u 至 v 边权为 w 的边。

输出格式：

对于每组数据，输出一行一个字符串。如果存在负环，则输出 YES，否则输出 NO。

输入样例：

```
2
3 4
1 2 2
1 3 4
2 3 1
3 1 -3
3 3
1 2 3
2 3 4
3 1 -8
```

输出样例：

NO YES

数据范围：

对于全部的测试点，保证：

- $1 \leq n \leq 2 \times 10^3$，$1 \leq m \leq 3 \times 10^3$。
- $1 \leq u, v \leq n$，$-10^4 \leq w \leq 10^4$。
- $1 \leq T \leq 10$。

提示：

注意，m 不是图的边数。

参考代码：

```
typedef long long ll;
const int N = 2e6 + 10, INF = 0x3fffffff;
int n, m, cnt = 0;
struct node{
    int x, y, v;
} e[N];
void add(int x, int y, int v) { e[++cnt] = {x, y, v}; }
void addd(int x, int y, int v){
```

```
        if (v < 0)add(x, y, v);
        if (v >= 0)add(x, y, v), add(y, x, v);
}

bool bellman(int s){
    int d[N];
    memset(d, 0x3f, sizeof(d));
    d[s] = 0;
    for (int i = 1; i < n; i++)
        for (int j = 1; j <= cnt; j++){
            if (d[e[j].x] != INF && d[e[j].x] + e[j].v < d[e[j].y])
                d[e[j].y] = d[e[j].x] + e[j].v;
        }
    for (int i = 1; i <= cnt; i++){
        if (d[e[i].x] + e[i].v < d[e[i].y]) return true; // 负权回路
    }
    return false;
}

int main(){
    int t;scanf("%d", &t);
    while (t--){
        memset(e, 0, sizeof(e));
        cnt = 0;
        scanf("%d%d", &n, &m);
        for (int i = 1; i <= m; i++){
            int x, y, v;scanf("%d%d%d", &x, &y, &v);
            addd(x, y, v);
        }
        if (bellman(1)) printf("YES\n");
        else printf("NO\n");
    }
    return 0;
}
```

SPFA 算法基于其原理，能够有效地判断图中是否存在负环，但也很容易受到特定构造的图的影响，导致算法的时间复杂度很高，从而使 SPFA 算法失效。

但对于随机生成的图，SPFA 算法表现良好，且其代码实现相对简单。

SPFA 算法通过统计每个节点的出队和入队次数来判断图中是否存在负环。如果该数大于或等于图中的顶点数 n，则可以确定图中存在负环。

参考代码：

```
int cnt[N], dis[N];
bool vis[N];
queue<int> q;
init(){
    memset(vis, false, sizeof(vis));
    memset(dis, 0x3f, sizeof(dis));
    memset(cnt, 0, sizeof(cnt));
}
int spfa(int s){
```

```
        init();
        while (!q.empty())q.pop();

        vis[s] = true, dis[s] = 0;
        q.push(s);
        while (!q.empty()){
            int u = q.front();q.pop();vis[u]
            vis[u]= false;
            for (int i = head[u]; i; i = e[i].nxt){
                int v = e[i].v;
                if (dis[v] > dis[u] + e[i].w){
                    dis[v] = dis[u] + e[i].w;
                    if (!vis[v]){
                        if (++cnt[v] > n)
                            return 1;
                        q.push(v);
                        vis[v] = 1;
                    }
                }
            }
        }
        return 0;
}
```

- 练习：采购任务

题目描述：

奶牛们接到了寻找一种新型挤奶机的任务，为此它们准备依次经过 N ($1 \leq N \leq 5 \times 10^4$) 颗行星，在行星上进行交易。为了方便，奶牛们已经给可能出现的 K ($1 \leq K \leq 10^3$) 种货物进行了由 1 到 K 的标号。由于这些行星都不是十分发达，没有流通的货币，所以在每个市场里都只能用固定的一种货物去换取另一种货物。奶牛们带着一种上好的饲料从地球出发，希望在使用物品种类数量最少的情况下，最终得到所需要的机器。饲料的标号为 1，所需要的机器的标号为 K。如果任务无法完成，则输出 −1。

输入格式：

第 1 行输入两个数字 N 和 K ($1 \leq N \leq 5 \times 10^4$，$1 \leq K \leq 10^3$)。

第 2 到 $N + 1$ 行，每行输入两个数字 A_i 和 B_i，表示第 i 颗行星为得到 B_i 愿意提供 A_i。

输出格式：

输出最少经手物品数。

输入样例：

6 5
1 3
3 2
2 3
3 1
2 5
5 4

输出样例：
4

样例解释：
奶牛们至少需要 4 种不同标号的物品，先用 1 去交换 3，再用 3 去交换 2，最后用 2 交换得到 5。

第 69 课 Floyd 算法

如果是求图中任意两个节点的最短距离，则可以把图中的每一个节点都当作起点。根据图中是否存在负权边，选择使用 Dijkstra 算法或者 Bellman-Ford 算法。但在求最短路径的算法中，我们发现，想要更新两个节点间的最短距离，通常需要考虑与之相关联的其他节点，即 $dis[u][v] = \min(dis[u][v], dis[u][k] + dis[k][v])$。其中 $(u \to k)$，且 $(k \to v)$。

69.1 Floyd 算法

设 $F[k][i][j]$ 表示从节点 i 到节点 j，经过的节点编号不超过 k 的节点最短路径长度。对于当前编号为 k 的节点，可以选择经过或者不经过。于是我们可以将 Floyd 算法按经过的节点编号划分为阶段，得到如下状态转移方程：

$$F[k][i][j] = \min(F[k-1][i][j], F[k-1][i][k] + F[k-1][k][j])$$

其中 $F[0][i][j]$ 表示从节点 i 到节点 j 的最短距离，即 $F[0][i][j] = G[i][j]$。可以看出，Floyd 算法是基于动态规划实现的，其时间复杂度为 $O(n^3)$。

通过观察上述状态转移方程可以发现，在 Floyd 算法中，每一阶段都只依赖于上一状态的值。因此可以省去 k 这一维。

设 $F[i][j]$ 表示从节点 i 到节点 j 的最短距离，则状态转移方程为

$$F[i][j] = \min(F[i][j], F[i][k] + F[k][j])$$

其中 F 保存了图的邻接矩阵。在运算结束后，$X[i][j]$ 保存了从节点 i 到节点 j 的最短距离。

参考代码：

```
int F[N][N], n, m;
int main(){
    scanf("%d %d", &n, &m);
    memset(F, 0x3f, sizeof(F));
    for (int i = 1; i <= n; i++)F[i][i] = 0;
    for (int i = 0; i < m; i++){
        int u, v, w;
        scanf("%d %d %d", &u, &v, &w);
        F[u][v] = F[v][u] = min(F[u][v], w);
    }
    // 用 Floyd 算法求任意两节点之间的最短距离
    for (int k = 1; k <= n; k++){
        for (int i = 1; i <= n; i++){
            for (int j = 1; j <= n; j++){
                F[i][j] = min(F[i][j], F[i][k] + F[k][j]);
            }
        }
    }
    
    for (int i = 1; i <= n; i++){
        for (int j = 1; j <= n; j++){
            printf("%d ", F[i][j]);
        }
        puts("");
```

            }
        }

- 例题：道路重建

题目描述：

从前，在一个王国中，有 n 个城市通过 m 条道路互相连接，而且任意两个城市之间至多有一条道路直接相连。在经过一次严重的战争之后，有 d 条道路被破坏了。国王想要修复国家的道路系统，现在有两个重要城市 A 和 B 之间的交通中断，国王希望尽快恢复这两个城市之间的交通。你的任务就是修复一些道路，使城市 A 与 B 之间的交通恢复，并要求修复的道路长度最小。

输入格式：

第一行输入一个整数 n（$2 < n \leq 100$），表示城市的个数。这些城市编号从 1 到 n。

第二行输入一个整数 m（$n-1 \leq m \leq 2n(n-1)$），表示道路的数目。

在接下来的 m 行中，每行输入 3 个整数 i、j 和 k（$1 \leq i, j \leq n$，$i = j$，$0 < k \leq 100$），表示城市 i 与 j 之间有一条长为 k 的道路相连。

在接下来的一行输入一个整数 d（$1 \leq d \leq m$），表示战后被破坏的道路的数量。

在接下来的 d 行中，每行输入两个整数 i 和 j，表示城市 i 与 j 之间直接相连的道路被破坏。

最后一行输入两个整数 A 和 B，代表需要恢复交通的两个重要城市。

输出格式：

输出文件仅包含一个整数，表示恢复城市 A 与 B 之间的交通需要修复的道路总长度的最小值。

输入样例：

3
2
1 2 1
2 3 2
1
1 2
1 3

输出样例：

1

分析：

记录下被摧毁的路径长度，建立修复道路的图。未被摧毁的道路路径长度为 0，表示不用修复。

参考代码：

```
#include <bits/stdc++.h>
using namespace std;
const int N = 210;
int dis[N], mp[N][N], G[N][N];
int main(){
```

```
        int n, m, d;cin >> n >> m;
        memset(f, 0x3f, sizeof(f));
        for (int i = 1; i <= m; i++){
            int x, y, z;cin >> x >> y >> z;
            mp[x][y] = mp[y][x] = z;
            G[x][y] = G[y][x] = 0;
        }
        cin >> d;
        for (int i = 1; i <= d; i++){
            int x, y;cin >> x >> y;
            G[x][y] = G[y][x] = mp[x][y];
        }
        for (int k = 1; k <= n; k++)
            for (int i = 1; i <= n; i++)
                for (int j = 1; j <= n; j++)
                    if (i != k && i != j && G[i][j] > G[i][k] + G[k][j])
                        G[i][j] = G[i][k] + G[k][j];
        int A, B;cin >> A >> B;
        cout << G[A][B] << endl;
        return 0;
    }
```

69.2 传递闭包

给定若干对二元关系组，且关系具有传递性。将"通过传递性推导出的关系"称为传递闭包。

将二元关系组中的元素视为节点，将关系视为有向边，我们即可将传递闭包问题转化为求解有向图中的最短路问题。

建立邻接矩阵 G，当 $G[i][j] = 1$ 时，表示存在一个二元组关系 (i, j)。当 $G[i][j] = 0$ 时，表示 i 节点和 j 节点之间不存在二元组关系。如果始终存在 $G[i][i] = 1$，则表示 i 节点和自身之间存在二元组关系。

通常来说，我们需要求解所有元素之间的关系，因此可以使用 Floyd 算法来实现。

参考代码：

```
const int N = 303;
bool G[N][N];
int main(){
    int n, m;scanf("%d %d", &n, &m);
    memset(G, 0, sizeof(G));
    for (int i = 1; i <= n; i++)G[i][i] = 1;
    for (int i = 1; i <= m; i++){
        int u, v;scanf("%d %d", &u, &v);
        G[u][v] = 1;
    }
    for (int k = 1; k <= n; k++){
        for (int i = 1; i <= n; i++){
            for (int j = 1; j <= n; j++){
                G[i][j] |= G[i][k] & G[k][j];
            }
```

```
            }
        }
    }
```

- **练习：传递闭包**

题目描述：

给定一张点数为 n 的有向图的邻接矩阵，图中不包含自环，求该有向图的传递闭包。将一张图的邻接矩阵定义为一个 $n \times n$ 的矩阵 $A = (a_{ij})_{n \times n}$，其中：

$$a_{ij} = \begin{cases} 1, & i \text{ 到 } j \text{ 存在直接连边} \\ 0, & i \text{ 到 } j \text{ 没有直接连边} \end{cases}$$

将一张图的传递闭包定义为一个 $n \times n$ 的矩阵 $B = (b_{ij})_{n \times n}$，其中

$$b_{ij} = \begin{cases} 1, & i \text{ 可以直接或间接到达 } j \\ 0, & i \text{ 无法直接或间接到达 } j \end{cases}$$

输入格式：

输入数据共 $n+1$ 行。第一行为一个正整数 n。

第 2 到 $n+1$ 行，每行 n 个整数，第 $i+1$ 行第 j 列的整数为 a_{ij}。

输出格式：

输出数据共 n 行。

第 1 到 n 行，每行 n 个整数，第 i 行第 j 列的整数为 b_{ij}。

输入样例：

```
4
0 0 0 1
1 0 0 0
0 0 0 1
0 1 0 0
```

输出样例：

```
1 1 0 1
1 1 0 1
1 1 0 1
1 1 0 1
```

提示：

$1 \leqslant n \leqslant 100$，保证 $a_{ij} \in \{0, 1\}$，且 $a_{ii} = 0$。

第70课 最短路径应用

- 例题1：邮递员问题

题目描述：

有一个邮递员要送东西，邮局在节点1。他总共要送 $n-1$ 样东西，其目的地分别是节点2到节点 n。由于这个城市的交通比较繁忙，因此所有的道路都是单方向的，共有 m 条道路。这个邮递员每次只能带一样东西，并且运送每件物品过后必须返回邮局。求送完这 $n-1$ 样东西并且最终回到邮局最少需要的时间。

输入格式：

第一行输入两个整数 n 和 m，表示城市的节点数量和道路数量。第二行到第 $m+1$ 行，每行三个整数 u、v 和 w，表示从 u 到 v 有一条通过时间为 w 的道路。

输出格式：

输出仅一行，包含一个整数，为最少需要的时间。

输入样例：

5 10
2 3 5
1 5 5
3 5 6
1 2 8
1 3 8
5 3 4
4 1 8
4 5 3
3 5 6
5 4 2

输出样例：

83

数据范围：

对于30%的数据，$1 \leqslant n \leqslant 200$。

对于100%的数据，$1 \leqslant n \leqslant 10^3$，$1 \leqslant m \leqslant 10^5$，$1 \leqslant u,v \leqslant n$，$1 \leqslant w \leqslant 10^4$，数据保证任意两点都能互相到达。

分析：

这道题最应该注意的地方就是路径不是互通的，只能单方向行驶，这就需要多一道步骤——把原地图反过来，即 map[i][j] 与 map[j][i] 交换，再求 i 到1的距离时，就回到了求1到 i 的距离的问题。

首先以1为头节点：

1->2：8

1->3：8

1->4：999999（不可直达）

1->5：5

现在得到距离节点 1 最近的是节点 5，因此把节点 5 作为中间点，看看能不能更新一下节点 1 到其他节点的距离。

5 -> 3：6

5 -> 4：2（999999 > 5+2，所以更新 1 -> 4：7）

此时距离节点 1 最近的还是节点 5，但是由于节点 5 已经被探索过，而在没被探索的所有节点中，距离节点 1 最近的是节点 4，因此使用节点 4 作为中间点。

4 -> 1：8

4 -> 5：3

这里的距离都比原来的路径（1 -> 1 和 1 -> 5）要长，因此不更新距离。

此时，节点 4 已经探索完毕，因此现在距离节点 1 最近的为节点 2 或节点 3。首先，考虑以节点 2 为中间点的情况：

路径 2 -> 3 的距离为 5，因此不需要更新，因为当前的路径 1 -> 3 比通过节点 2 的路径 1 -> 2 -> 3 更短。

其次，考虑以节点 3 为中间点的情况：

路径 3 -> 5 的距离为 6，因此不需要更新。因为当前的路径 1 -> 5 比通过节点 3 的路径 1 -> 3 -> 5 更短。

经过上面的步骤，现在已经得到 节点 1 到其他节点的最短距离，翻转地图，即可求得各节点到节点 1 的最短距离。

参考代码：

```
#include <iostream>
using namespace std;
#define INF 100

int main(){
    int map[INF][INF], rMap[INF][INF],    /// 地图和反向地图
        dis[INF], disR[INF],              /// 1~i 的距离，以及反向后的 1~i 的距离
        book[INF], bookR[INF],            /// 记录被探索过的节点，0 为未探索，
                                          /// 1 为已探索
        n, m,                             /// n 个城市，m 条单向路
        t1, t2, t3,                       /// t1~t2 的距离为 t3
        u, uR,                            /// 用来保存最近的节点，作为下一个节点
        min, minR;                        /// 用来保存距离最近节点的长度
    cin >> n >> m;
    for (int i = 1; i <= n; i++){         /// 初始化地图、反向地图
        for (int j = 1; j <= n; j++){
            map[i][j] = rMap[i][j] = ((i == j) ? 0 : INF * 1000);
        }
    }
    for (int i = 1; i <= m; i++){         /// 输入地图，并保存到 map 和 rMap 中
        cin >> t1 >> t2 >> t3;
        map[t1][t2] = rMap[t2][t1] = t3;
    }
```

```cpp
    for (int i = 1; i <= n; ++i){        /// 初始化各节点与节点1的可达距离
        dis[i] = map[1][i];
        disR[i] = rMap[1][i];
        book[i] = bookR[i] = 0;   /// 初始为未探索
    }
    book[1] = bookR[1] = 1;   /// 从节点1开始
    for (int i = 1; i <= n - 1; i++){  /// 探索路径,最多探索到n-1个节点
        min = minR = INF;    ///
        for (int j = 1; j <= n; j++){  /// 探索与节点1相邻的最短路径节点,
                                       /// 并暂时保存这些节点
            if (book[j] == 0 && dis[j] < min){
                min = dis[j];
                u = j;
            }
            if (bookR[j] == 0 && disR[j] < minR){
                minR = disR[j];
                uR = j;
            }
        }
        book[u] = bookR[uR] = 1;     /// 此时以u为节点,进行探索
        for (int k = 1; k <= n; k++){/// 找到被u箭头指向的节点,并更新
                                     /// 从节点1到节点u的最短路径

            if (map[u][k] < INF){
                if (dis[k] > dis[u] + map[u][k])
                    dis[k] = dis[u] + map[u][k];
            }
            if (rMap[uR][k] < INF){
                if (disR[k] > disR[uR] + rMap[uR][k])
                    disR[k] = disR[uR] + rMap[uR][k];
            }
        }
    }
    int sum = 0;                     /// 累计总和并输出
    for (int i = 1; i <= n; i++)
        sum += disR[i] + dis[i];
    cout << sum << endl;
    return 0;
}
```

这里需要补充一点,对于双向通路,这个方法同样适用,只需更改地图即可。具体来说,就是将地图沿着正对角线进行对比,取 $a(i,j)$ 和 $a(j,i)$ 中的较小值,即 $\min(a(i,j), a(j,i))$,再分别赋值给这两个元素,然后按前文相同的步骤进行,即可解决。

- **例题2:求解单源最短路径问题**

题目描述:

给定一个带权有向图,求从起点到其他所有顶点的最短路径。

输入样例:

5 8

0 1 2

```
0 2 6
0 3 4
1 4 1
2 4 3
3 4 1
3 2 1
4 2 2
```
输出样例:
```
0 2 6 7 4
```
分析:

当使用 Dijkstra 算法求解单源最短路径问题时,首先初始化距离数组和 visited 数组。然后不断选择未访问顶点中距离顶点最近的顶点,更新其相邻顶点的距离,直到所有顶点都被访问。

参考代码:

```cpp
#include <iostream>
#include <vector>
#include <climits>
using namespace std;

const int INF = INT_MAX;

int main(){
    int n, m;
    cin >> n >> m;
    vector<vector<int>> graph(n, vector<int>(n, INF));
    for (int i = 0; i < m; ++i){
        int u, v, w;
        cin >> u >> v >> w;
        graph[u][v] = w;
    }

    vector<int> dist(n, INF);

    vector<bool> visited(n, false);
    dist[0] = 0;

    for (int i = 0; i < n - 1; ++i){
        int minDist = INF;
        int u = -1;
        for (int j = 0; j < n; ++j){
            if (!visited[j] && dist[j] < minDist){
                minDist = dist[j];
                u = j;
            }
        }
```

```
            visited[u] = true;
            for (int v = 0; v < n; ++v){
                if (!visited[v] && graph[u][v] != INF && dist[u] +
                    graph[u][v] < dist[v]){
                    dist[v] = dist[u] + graph[u][v];
                }
            }
        }

        for (int i = 0; i < n; ++i){
            cout << dist[i] << " ";
        }
        cout << endl;

        return 0;
    }
```

- 练习1：佳佳的魔法药水

题目背景：

发完了 k 张照片，佳佳却得到了一个坏消息：他的 MM 生病了！佳佳和大家一样焦急万分！治疗 MM 病的方法只有一种，那就是找到传说中的 0 号药水……怎样才能找到 0 号药水呢？佳佳的家境不是很好，0 号药水的成本要足够低才负担得起……

题目描述：

得到一种药水有两种方法：既可以按照魔法书上的指导自己配置，也可以到魔法商店去买——那里对于每种药水都有供应，虽然有可能价格很贵。在魔法书上有很多这样的记载：

1 份 A 药水混合 1 份 B 药水就可以得到 1 份 C 药水（至于为什么 1+1=1，因为……这是魔法世界）。

现在你需要得到某种药水，还知道所有可能涉及的药水的价格，以及魔法书上所有的配置方法，现在的问题是：

最少花多少钱才可以配制成功这种珍贵的药水。

共有多少种不同的花费最少的方案（假设有两种可行的配置方案，如果它们中的任何一个步骤不同，则都被视为不同的方案）。假定初始时你手中并没有任何可以用的药水。

输入格式：

第一行输入一个整数 n（$n \leqslant 1000$），表示一共涉及的药水总数。药水从 0~n-1 顺序编号。0 号药水就是最终要配制的药水。

第二行输入 n 个整数，分别表示 0~n-1 顺序编号的所有药水在魔法商店的价格（都表示 1 份的价格）。

从第三行开始，每行输入三个整数 A、B、C，表示 1 份 A 药水混合 1 份 B 药水就可以得到 1 份 C 药水。注意，某两种特定的药水搭配如果能配制成新药水，那么结果是唯一的。也就是说，不会出现 A、B 相同但 C 不同的情况。

输入以一个空行结束。

输出格式：

输出两个用空格隔开的整数，分别表示得到 0 号药水的最小花费，以及花费最少的方案的个数。

保证方案数不超过 26^3-1。

输入样例：

7
1 0 5 6 3 2 2 3
1 2 0
4 5 1
3 6 2

输出样例：

10 3

样例说明：

最优方案有 3 种，分别是：直接买 0 号药水；买 4 号药水和 5 号药水配制成 1 号药水，再买 2 号药水，最后配制成 0 号药水；买 4 号药水和 5 号药水配制成 1 号药水，再买 3 号药水和 6 号药水配制成 2 号药水，最后配制成 0 号药水。

- **练习 2：求解单源最短路径问题**

题目描述：

给定一个带权有向图，其中包含一个源顶点，求从该源顶点到其他所有顶点的最短路径。图中可能存在负权值的边，但不存在负权值的环。

输入样例：

5 4
0 1 2
0 2 3
1 3 -1
2 3 2

输出样例：

0 3 1 2

解题思路：

使用 Bellman-Ford 算法求解单源最短路径问题。首先初始化距离数组，然后进行 $|V|-1$ 次松弛操作（V 为顶点数），最后检查是否存在负权值的环。

参考代码：

```
#include <iostream>
#include <vector>
#include <climits>
using namespace std;

const int INF = INT_MAX;

int main(){
    int n, m;
    cin >> n >> m;
    vector<vector<int>> graph(n, vector<int>(n, INF));
```

```cpp
    for (int i = 0; i < m; ++i){
        int u, v, w;
        cin >> u >> v >> w;
        graph[u][v] = w;
    }

    vector<int> dist(n, INF);
    dist[0] = 0;

    for (int i = 0; i < n - 1; ++i){
        for (int u = 0; u < n; ++u){
            for (int v = 0; v < n; ++v){
                if (graph[u][v] != INF && dist[u] != INF && dist[u] +
                    graph[u][v] < dist[v]){
                    dis dist[v] = dist[u] + graph[u][v];
                }
            }
        }
    }

    for (int u = 0; u < n; ++u){
        for (int v = 0; v < n; ++v){
            if (graph[u][v] != INF && dist[u] != INF && dist[u] +
                graph[u][v] < dist[v]){
                cout << " 存在负权值的环 " << endl;
                return 0;
            }
        }
    }

    for (int i = 0; i < n; ++i){
        cout << dist[i] << " ";
    }
    cout << endl;

    return 0;
}
```

第 71 课　并查集

并查集（Disjoint-Set）是一种可以动态维护若干不重叠的集合，并支持合并与查询的数据结构。并查集主要包括两个基本操作：
- Get：查询一个元素属于哪一个集合。
- Merge：把两个集合合并成一个大集合。

为了具体实现并查集这种数据结构，我们首先要定义集合的表示方法。在并查集中，采用"代表元"法，即为每个集合选择一个固定的元素，作为整个集合的"代表"。

其次需要定义归属关系的表示方法。

第一种思路是维护一个一维数组 f，用 f[x] 保存元素 x 所在集合的"代表"。这种方法可以快速查询元素的归属集合，但在合并时需要修改大量元素的 f 值，效率很低。

第二种思路是使用一个属性结构存储每个集合，树上的每个节点都是一个元素，树根是集合的代表元素。整个并查集实际上是一个森林（若干棵树）。

我们仍然可以维护一个数组 fa 来记录这个森林，用 fa[x] 保存 x 的父节点。特别地，令树根的 fa 值为它自己。这样一来，在合并两个集合时，只需连接两个树根（令其中一个树根为另一个树根的子节点，即 fa[$root_1$]=$root_2$）。不过在查询元素的归属时，需要从该元素开始通过 fa 存储的值不断递归访问父节点，直至树根。

为了提高查询效率，并查集引入了路径压缩与按秩合并两种思想。
- 路径压缩。在查询元素归属哪个集合时，我们只关心每个集合的树根是什么，并不关心这棵树的具体形态。这是因为图 71-1 中的两棵树是等价的。

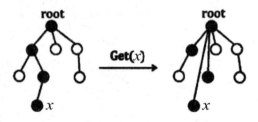

图 71-1

因此，我们可以在每次执行 Get 操作的同时，把访问过的每个节点（也就是所查询元素的全部祖先）都直接指向树根，即把图 71-1 中左边的那棵树变成右边的那棵树。这种优化方法被称为路径压缩。采用路径压缩优化的并查集，每次 Get 操作的均摊复杂度为 $O(\log N)$。

按秩合并。所谓"秩"，一般有两种定义。有的资料把并查集中集合的"秩"定义为树的深度（未做路径压缩时）。有的资料把并查集中集合的"秩"定义为集合的大小。无论采用哪种定义，我们都可以把集合的"秩"记录在"代表元素"，也就是树根上。在合并时都把"秩"较小的树根作为"秩"较大的树根的子节点。

值得一提的是，当把"秩"定义为集合的大小时，按秩合并也称为启发式合并，它是数据结构相关问题中的一种重要思想，应用非常广泛，并不局限于并查集中。启发式合并的原则是：把"小的结构"合并到"大的结构"中，并且只增加"小的结构"的查询代价。这样一来，把所有结构全部合并起来，增加的总代价不会超过 $N \log N$。故单独采用按秩合并优化的并查集，每次 Get 操作的均摊复杂度也为 $O(\log N)$。同时采用路径压缩和按秩合并优化的并查集，每次 Get 操作的均摊复杂度可以进一步降低到 $O(\alpha(N))$。其中 $\alpha(N)$ 为反阿克曼函数，它是一个比"对数函数"$\log N$ 增长还要慢的函数，对于 $\forall N \leqslant 2^{2^{10^{19729}}}$ 都有 $\alpha(N) < 5$，故 $\alpha(N)$ 可近似为一个常数。这在著名计算机科学家 R.E. Tarjan 于 1975 年发表的论文中给出了证明。

71.1 并查集的基本操作

（1）并查集的存储。

使用一个数组 fa 保存父节点（根的父节点设为根自己）。

```
int fa[SIZE];
for (int i = 1; i <= n; i++)fa[i] = i;
```

（2）并查集的 Get 操作。

若 x 是树根，则 x 就是集合代表，否则递归访问 fa[x] 直至根节点。

```
int Get(int x){
    if (x == fa[x])return x;
    return f[x] = Get(fa[x]); // 路径压缩，将 fa 直接赋值为代表元素
}
```

（3）并查集的 Merge 操作。

合并元素 x 和元素 y 所在的集合，等价于让 x 的树根作为 y 的树根的子节点。

```
void merge(int x, int y){
    fa[Get(x)] = Get(y);
}
```

- 例题 1：拼桌

题目描述：

有 n 个人一起吃饭，其中一些人互相认识，并且想坐在一起。给出这 n 个人之间的关系，问需要多少张桌子？

输入格式：

第 1 行输入整数 N 和 M，$1 \leqslant N, M \leqslant 1000$，N 为小朋友人数，编号为 1~N。

在后面的 M 行中，每行输入两个整数 A 和 B，表示 A 和 B 认识。

输出格式：

输出一个整数，表示需要多少张桌子。

参考代码：

```
#include <bits/stdc++.h>
using namespace std;

const int N = 1050;
int fa[N];

void init(int n){
    for (int i = 1; i < N; i++)fa[i] = i;
}

int Get(int x){
    return x == fa[x] ? x : fa[x] = Get(fa[x]);
}
```

```
void Merge(int x, int y){
    fa[Get(y)] = fa[Get(y)];
}

int main(){
    int n, m;
    cin >> n >> m;
    init(n);
    for (int i = 1; i <= m; i++){
        int x, y;
        cin >> x >> y;
        Merge(x, y);
    }
    int ans = 0;
    for (int i = 1; i <= n; i++)ans += fa[x] == x;
    cout << ans << endl;
    return 0;
}
```

并查集在进行路径压缩后，所有节点的直接父节点都变成了根节点，因此查询效率极高，可以认为时间复杂度为 $O(1)$。

使用递归的方法实现路径压缩的编码十分简单，但是当面对特意构造的大规模数据时，可能会导致栈溢出，因此可以采用循环的方式来避免这一问题：

```
int Get(int x){
    int y = x;
    while (fa[y] != y)y = fa[y];
    while (x != y){
        int t = fa[x];
        fa[x] = y;
        x = t;
    }
    return y;
}
```

并查集的另一个应用在于判断图的连通性，而判断图的连通性是图论中的基本操作。

- 例题 2：程序自动分析

题目描述：

在实现程序自动分析的过程中，常常需要判定一些约束条件是否能被同时满足。

考虑一个约束满足问题的简化版本：假设 $x_1, x_2, x_3, \cdots$ 代表程序中出现的变量，给定 n 个形如 $x_i = x_j$ 或 $x_i \neq x_j$ 的变量相等或不等的约束条件，请判定是否可以分别为每一个变量赋予恰当的值，使得上述所有约束条件同时被满足。

例如，一个问题中的约束条件为 $x_1 = x_2$，$x_2 = x_3$，$x_3 = x_4$，$x_1 \neq x_4$。这些约束条件显然是不可能同时被满足的，因此这个问题应判定为不可被满足。

现在给出一些约束满足问题，请分别对它们进行判定。

$1 \leqslant n \leqslant 10^5$，$1 \leqslant x \leqslant 10^9$。

输入格式：

第 1 行输入 1 个正整数，表示需要判定的问题个数，注意这些问题之间是相互独立的。

第 1 行输入 1 个正整数 n，表示该问题中需要被满足的约束条件个数。

在接下来的 n 行中，每行输入 3 个整数 i、j 和 e，描述 1 个相等或不等的约束条件，相邻整数之间用单个空格隔开。若 $e = 1$，则该约束条件为 $x_i = x_j$；若 $e = 0$，则该约束条件为 $x_i \neq x_j$。

输出格式：

输出文件包括 t 行。

输出文件的第 k 行包含一个字符串 YES 或者 NO。YES 表示输入中的第 k 个问题被判定为可以被满足，NO 表示不可被满足。

输入样例：

2
2
1 2 1
1 2 0
2
1 2 1
2 1 1

输出样例：

NO
YES

分析：

首先满足所有"相等"类型的约束条件。可以发现，如果把每个变量都看作无向图中的一个节点，并将每个"相等"的约束条件都看作无向图中的一条边，那么，当且仅当它们在图中是连通的时，两个变量相等。因此，我们可以把变量分成若干集合，每个集合都对应无向图中的一个连通块。

划分这些集合的方法有两种。

第一种是构建上面提到的无向图，执行深度优先搜索，划分出无向图中的每个连通块。

第二种是使用并查集动态维护。

起初，所有变量各自构成一个集合；对于每条"相等"的约束条件，合并它约束的两个变量所在的集合即可。之后，扫描所有"不等"类型的约束条件。若存在一条"不等"的约束，且它约束的两个变量处于同一个集合，则不可能被满足。若不存在这样的"不等"约束，则全部条件可以被满足。

值得注意的是，本题中变量 x 的范围很大，我们需要先使用"离散化"的方式，将变量 x 的范围映射到 $1 \sim 2n$ 之内，再用并查集的方法解决。

通过这道题目可以看出，并查集能在一张无向图中维护节点之间的连通性，这是它的基本用途之一。实际上，并查集擅长动态维护许多具有传递性的关系。所谓传递性，顾名思义，就是指如果 A 与 B 有某种关系，B 与 C 有某种关系，那么 A 与 C 也有某种确定的关系。本题中的"等于"就是一种传递关系，而"不等于"则显然不具有传递性。

参考代码：

```cpp
#include <bits/stdc++.h>
using namespace std;
const int N = 200010;
int n = 200000, m, p[N], idx = 0;

unordered_map<int, int> mp;

struct relation{
    int a, b, e;
} r[N];

int s(int x){ // 查找 x 的编号
    if (mp.count(x))return mp[x];
    return mp[x] = idx++;
}

int find(int x){ // 查找 x 的根节点
    if (p[x] != x) p[x] = find (p[x]);
    return p[x];
}

int main(){
    int T;
    cin >> T;
    while (T--){
        idx = 1; mp.clear(); cin >> m;
        for (int i = 1; i <= n; i++) p[i] = i;
        // 读入每条边，并将其加入并查集
        for (int i = 1; i <= m; i++){
            int a, b, e; cin >> a >> b >> e;
            a = s(a), b = s(b);
            r[i] = {a, b, e};
            if (e)p[find(a)] = find(b);
        }
        // 判断是否满足条件
        bool success = true;
        for (int i = 1; i <= m; i++){
            if (!r[i].e){
                int a = r[i].a, b = r[i].b;

                if (find(a) == find(b)){
                    success = false;
                    break;
                }
            }
        }
        if (success)puts("YES");
        else puts("NO");
    }
    return 0;
```

}

71.2 带权并查集

并查集实际上是由若干棵树构成的森林，我们可以在树中的每条边上记录一个权值，即维护一个数组 d，用 d[x] 保存节点 x 到父节点 fa[x] 之间的边权。在每次路径压缩后，每个访问过的节点都会直接指向树根。如果我们同时更新这些节点的 d 值，就可以利用路径压缩过程来统计每个节点到树根之间的路径上的一些信息。这就是"边带权"的并查集。

- 例题：银河英雄传说

问题描述：

有一个划分为 N 列的星际战场，各列依次编号为 $1,2,\cdots,N$。有 N 艘战舰，也依次编号为 $1,2,\cdots,N$，其中第 i 号战舰处于第 i 列。有 T 条指令，每条指令的格式为以下两种之一：

M $i\ j$：表示让第 i 号战舰所在列的全部战舰保持原有顺序，并接在第 j 号战舰所在列的尾部。

C $i\ j$：表示询问第 i 号战舰与第 j 号战舰当前是否处于同一列中。如果处于在同一列中，则它们之间间隔了多少艘战舰。

现在需要你编写一个程序，处理一系列的指令。

输入格式：

第一行输入一个整数 T，表示共有 T 条指令。

在接下来的 T 行中，每行输入一个指令，指令有两种格式：M $i\ j$ 或 C $i\ j$。其中 M 和 C 为大写字母，表示指令类型。i 和 j 为整数，表示指令涉及的战舰编号。

输出格式：

你的程序应当依次对输入的每一条指令进行分析和处理。

如果是 M $i\ j$ 格式，则表示舰队排列发生了变化，你的程序要注意到这一点，但是不要输出任何信息。如果是 C $i\ j$ 格式，你的程序要输出一行，且仅包含一个整数，表示在同一列上第 i 号战舰与第 j 号战舰之间布置的战舰数目。如果第 i 号战舰与第 j 号战舰当前不在同一列，则输出 −1。

数据范围：

$N \leqslant 30000$，$T \leqslant 500000$。

输入样例：

4
M 2 3
C 1 2
M 2 4
C 4 2

输出样例：

−1
1

分析：

并查集可以高效地对集合进行合并和查询。对于当前问题，因为集合间的关系存在代价，因此需要记录集合的代价。我们称这种问题为"带权并查集"。

令 p[x] 表示集合的代表元，d[x] 表示 x 前方舰队的数量，s[x] 表示集合的大小。

s[x] 初始值为 1，d[x] 初始值为 0。

对于 M ij 指令，若 i,j 不在同一集合，则合并集合 i 和集合 j。

对于 C ij 指令，我们需要判断集合 i 和集合 j 是否在同一集合中。

参考代码：

```cpp
#include <bits/stdc++.h>
using namespace std;

const int N = 30010;
int n = 30000, m, p[N], d[N], s[N];

int find(int x){
    if (p[x] != x){
        int rx = find(p[x]);
        d[x] += d[p[x]];
        p[x] = rx;
    }
    return p[x];
}

int main(){
    cin >> m;
    for (int i = 1; i <= n; i++)p[i] = i, s[i] = 1;
    while (m--){
        char op;
        int a, b;
        cin >> op >> a >> b;
        // 查找 a 和 b 的根节点
        int ra = find(a), rb = find(b);
        // 如果操作是M，则将a的根节点设置为b的根节点
        if (op == 'M'){
            if (ra != rb){
                p[ra] = rb;
                d[ra] = s[rb];
                s[rb] += s[ra];
            }
        }
        else{
            if (ra != rb)puts("-1");
            else cout << max(0, abs(d[a] - d[b]) - 1) << endl;
        }
    }

    return 0;
}
```

第 72 课　最小生成树

在连通图 G 中，如果存在一个包含图 G 所有顶点的连通子图，并且包含保持图连通所需的最小边数，则称该子图为图 G 的一棵生成树。在所有生成树中，边权值之和最小的生成树称为图 G 的最小生成树。

根据最小生成树的概念，我们可以得出以下结论：

任意一棵最小生成树一定包含无向图中权值最小的边，并且任意一棵最小生成树中一定不存在度数为 0 的顶点。

简单证明：假设在一个图中存在最小生成树，但它不包含权值最小的边，则将该边添加到最小生成树中后，一定会形成一个环。从这个环中任意删除一条其他边，结果仍然是一棵生成树，且权值和将更小。这与最小生成树的定义矛盾。

假设当前存在 n 个孤立点构成的森林，需要从图 G 中选出 $n-1$ 条边来连接这 n 个孤立点，构成一棵生成树，希望选出的边权值和最小。基于上述结论，我们选出的边一定是连接两个节点的权值最小的边。

于是我们可以得到以下算法：

（1）将图中所有节点都当作孤立点，构成森林。

（2）找到图中权值最小的边，并判断这条边连接的两个节点是否已经连通。如果已经连通，则丢弃该边；否则将该边加入最小生成树中并计数。

（3）重复步骤（2），直到找到 $n-1$ 条边。

这就是一种构建最小生成树的算法，即 Kruskal 算法。

在步骤（2）中，对图中的边按权值排序后，可以以 $O(1)$ 的时间复杂度取出最小边。判断节点是否连通可以使用并查集。

具体来说：

（1）初始化并查集，将每个节点看成一个集合，每个集合只有它本身一个元素。

（2）将边按照权值从小到大排序。

（3）按顺序取边 (x, y, z)。如果 x 和 y 不在同一个集合中，则将边加入最小生成树中，并将 x 和 y 所在的集合合并，合并后集合中元素个数增加 1，边数量增加 1。

（4）重复步骤（3），直到找到 $n-1$ 条边。

时间复杂度为 $O(m \log m)$。

参考代码：

```
struct edge{
    int x, y, z;
} E[N];
int F[N], n, m, ans, cnt = 0;
bool cmp(edge a, edge b) { return a.z < b.z; }
int find(int x) { return F[x] == x ? x : F[x] = find(F[x]); }
void kruskal(){
    sort(E + 1, E + 1 + m, cmp);
    for (int i = 1; i <= n; i++)F[i] = i;
    for (int i = 1; i <= m; i++){
```

```
            int x = find(E[i].x), y = find(E[i].y);
            if (x != y){
                ans += E[i].z;
                F[x] = y;
                cnt++;
            }
            if (cnt == n - 1)return;
        }
    }
    int main(){
        scanf("%d%d", &n, &m);
        for (int i = 1; i <= m; i++)scanf("%d %d %d", &E[i].x, &E[i].y,
            &E[i].z);
        kruskal();
        printf("%d\n", ans);
        return 0;
    }
```

- 练习：最小生成树

题目描述：

给出一个无向图，求出最小生成树。如果该图不连通，则输出 orz。

输入格式：

第一行包含两个整数 N 和 M，表示该图中共有 N 个节点和 M 条无向边。

在接下来的 M 行中，每行输入三个整数 X_i, Y_i, Z_i，表示有一条长度为 Z_i 的无向边连接节点 X_i 和 Y_i。

输出格式：

如果该图连通，则输出一个整数，表示最小生成树的各边的长度之和。

如果该图不连通，则输出 orz。

输入样例：

4 5
1 2 2
1 3 2
1 4 3
2 3 4
3 4 3

输出样例：

7

数据规模：

对于 20% 的数据：$N \leq 5, M \leq 20$。

对于 40% 的数据：$N \leq 50, M \leq 2500$。

对于 70% 的数据：$N \leq 500, M \leq 10^4$。

对于 100% 的数据：$1 \leq N \leq 5000, 1 \leq M \leq 2 \times 10^5, 1 \leq Z_i \leq 10^4$。

第 73 课　　Prim 算法

基于最小生成树的结论，我们可以用另一种思路构建图的最小生成树。

建立两个节点集合 P 和 Q，P 集合中的节点已经确定属于最小生成树，Q 集合用于存放剩余节点。

找出一条权值最小的边 (x, y, z)，其中 x 属于 P 集合，y 属于 Q 集合。之后，从 Q 集合中删除 y，并将其加入最小生成树，同时更新最小生成树的权值。重复上述过程，直到 Q 集合为空。

这就是用 Prim 算法求解最小生成树的过程。

具体步骤如下。

（1）建立一个数组 dis，当 $y \in Q$ 时，dis[y] 表示节点 y 到集合 P 中任意节点的权值最小值。

（2）初始化 dis 数组，任选一节点 s 作为最小生成树集合 P 的初始节点，dis[s] = 0，其余 dis[y] = INF。

（3）初始化 vis 数组，用于标记节点是否属于最小生成树集合 P。

（4）每次从未标记的节点中选择 dis 值最小的节点，将其加入最小生成树集合 P，同时扫描节点的所有边，并更新 dis 数组。

（5）重复步骤（4）直到所有节点都加入最小生成树集合 P。

Prim 算法的时间复杂度为 $O(n^2)$，可以利用二叉堆进行优化，将时间复杂度优化到 $O(m \log m)$。但不如直接使用 Kruskal 算法方便。因此，Prim 算法主要应用于稠密图。

参考代码：

```
int G[N][N], dis[N], n, m, ans;
bool vis[N];

void Prim(){
    memset(dis, 0x3f, sizeof(dis));
    memset(vis, false, sizeof(vis));
    dis[1] = 0;
    for (int i = 1; i <= n; i++){
        int x = 0;
        for (int j = 1; j <= n; j++){
            if (!vis[j] && (x == 0 || dis[j] < dis[x])) x = j;
        }
        vis[x] = 1;
        for (int y = 1; y <= n; y++){
            if (!vis[y] && dis[y] > G[x][y])dis[y] = G[x][y];
        }
    }
}
int main(){
    scanf("%d %d", &n, &m);
    memset(G, 0x3f, sizeof(G));
    for (int i = 1; i <= n; i++)G[i][i] = 0;
```

```
    for (int i = 1; i <= m; i++){
        int x, y, z;
        scanf("%d %d %d", &x, &y, &z);
        G[x][y] = G[y][x] = min(G[x][y], z);
    }
    Prim();
    for (int i = 1; i <= n; i++)ans += dis[i];
    printf("%d\n", ans);
}
```

- 练习 1：最小生成树（用 Prim 算法实现）

题目描述：

给出一个无向图，求最小生成树。如果该图不连通，则输出 orz。

输入格式：

第一行包含两个整数 N，M，表示该图共有 N 个节点和 M 条无向边。

在接下来的 M 行中，每行包含三个整数 X_i，Y_i 和 Z_i，表示有一条长度为 Z_i 的无向边连接节点 X_i 和 Y_i。

输出格式：

如果该图连通，则输出一个整数，表示最小生成树的各边的长度之和。

如果该图不连通，则输出 orz。

输入样例：

4 5
1 2 2
1 3 2
1 4 3
2 3 4
3 4 3

输出样例：

7

数据规模：

对于 20% 的数据：$N \leq 5$，$M \leq 20$。

对于 40% 的数据：$N \leq 50$，$M \leq 2500$。

对于 70% 的数据：$N \leq 500$，$M \leq 10^4$。

对于 100% 的数据：$1 \leq N \leq 5000$，$1 \leq M \leq 2 \times 10^5$，$1 \leq Z_i \leq 10^4$。

第74课 最小生成树应用

74.1 买礼物

题目描述：

又到了一年一度的明明生日,今年明明想要买 B 样东西,巧的是,这 B 样东西的价格都是 A 元。

但是,商店老板说最近有促销活动,也就是说:

如果你买了第 I 样东西,再买第 J 样,那么就可以只花 $K_{I,J}$ 元。更巧的是,$K_{I,J}$ 竟然等于 $K_{J,I}$。

现在明明想知道,他最少要花多少钱?

输入格式：

第一行输入两个整数 A 和 B。

在接下来的 B 行中,每行包含 B 个数,第 I 行第 J 个数为 $K_{I,J}$。可以保证 $K_{I,J} = K_{J,I}$,并且 $K_{I,I} = 0$。

特别地,如果 $K_{I,J} = 0$,那么表示这两样东西之间不会产生优惠。注意:$K_{I,J}$ 可能大于 A。

输出格式：

输出一个整数,表示最少要花的钱数。

输入样例 1：

1 1
0

输出样例 1：

1

输入样例 2：

3 3
0 2 4
2 0 2
4 2 0

输出样例 2：

7

样例 2 解释：

先买第 2 样东西,花费 3 元,接下来因为优惠,买第 1、3 样都只要 2 元,共 7 元。

(当需要同时满足多个"优惠"时,聪明的明明当然不会选择用 4 元买剩下那件,而是选择用 2 元。)

数据规模：

对于 30% 的数据:$1 \leq B \leq 10$。

对于 100% 的数据:$1 \leq B \leq 500$,$0 \leq A, K_{I,J} \leq 1000$。

74.2 货车运输

题目描述：

A 国有 n 座城市，编号从 1 到 n，城市之间有 m 条双向道路。每条道路对车辆都有重量限制，简称限重。

现在有 q 辆货车，司机们想知道在不超过车辆限重的情况下，每辆车最多能运输多重的货物？

输入格式：

第一行输入两个整数 n 和 m，用一个空格隔开，表示 A 国有 n 座城市和 m 条道路。

在接下来的 m 行中，每行包含三个整数 x、y 和 z，每两个整数之间用一个空格隔开，表示从 x 号城市到 y 号城市有一条限重为 z 的道路。注意：$x \neq y$，且两座城市之间可能有多条道路。

在接下来的一行中输入一个整数 q，表示有 q 辆货车需要运输货物。

在接下来的 q 行中，每行输入两个整数 x 和 y，之间用一个空格隔开，表示一辆货车需要从 x 城市运输货物到 y 城市，保证 $x \neq y$。

输出格式：

共有 q 行，每行一个整数，表示每辆货车的最大载重。如果货车不能到达目的地，则输出 −1。

输入样例：

4 3
1 2 4
2 3 3
3 1 1
3
1 3
1 4
1 3

输出样例：

3
−1
3

数据范围：

对于 30% 的数据：$1 \leqslant n < 1000$，$1 \leqslant m < 10{,}000$，$1 \leqslant q < 1000$。

对于 60% 的数据：$1 \leqslant n < 1000$，$1 \leqslant m < 5 \times 10^4$，$1 \leqslant q < 1000$。

对于 100% 的数据：$1 \leqslant n < 10^4$，$1 \leqslant m < 5 \times 10^4$，$1 \leqslant q < 3 \times 10^4$，$0 \leqslant z \leqslant 10^4$。

74.3 严格次小生成树

题目描述：

小 C 最近学了很多最小生成树的算法，如 Prim 算法和 Kruskal 算法和消圈算法。正当小

C 洋洋得意之时，小 P 又来泼小 C 冷水了。小 P 说，让小 C 求出一个无向图的严格次小生成树。也就是说，如果最小生成树选择的边集是 E_M，严格次小生成树选择的边集是 E_s，那么要满足：（value(e) 表示边 e 的权值）$\sum_{e \in E_M} \text{value}(e) < \sum_{e \in E_s} \text{value}(e)$。这下小 C 蒙了，他找到了你，希望你帮他解决这个问题。

输入格式：

第一行输入两个整数 N 和 M，表示无向图的点的数量与边的数量。

在接下来的 M 行中，每行输入 3 个数 x、y 和 z，表示点 x 和点 y 之间有一条边，边的权值为 z。

输出格式：

输出仅包含一行，且仅有一个数，表示严格次小生成树的边权和。

输入样例：

```
5 6
1 2 1
1 3 2
2 4 3
3 5 4
3 4 3
4 5 6
```

输出样例：

```
11
```

数据范围：

数据中无向图不保证无自环。

对于 50% 的数据：$N \leq 2000$，$M \leq 30500$。

对于 80% 的数据：$N \leq 5 \times 10^4$，$M \leq 10^5$。

对于 100% 的数据：$N \leq 10^5$，$M \leq 3 \times 10^5$。边权 $\in [0, 10^9]$，数据保证必定存在严格次小生成树。

第 75 课　拓扑排序

拓扑排序（Topological Sorting）指在一个有向无环图中，按照节点的先入先出次序进行排序的过程。

拓扑排序只表示了图中节点间的先后关系，并不表示节点间的先后顺序。因此，拓扑排序的结果并不唯一。

例如：

```
digraph g{
    1->2
    1->4
    2->3
    4->3
    3->5
    4->5
    {rank = same;1 4 5}
    {rank = same;2 3}
}
```

其拓扑序既可以是：

1 2 4 3 5

也可以是：

1 4 2 3 5

拓扑排序只需保证所有前驱节点在后继节点之前即可。

当然，如果要求输出的字典序最小或最大，那么拓扑排序的结果就唯一了。下面使用深度优先搜索算法（BFS）实现拓扑排序：

（1）将所有入度为 0 的节点加入队列。入度为 0 的节点表示其没有前驱节点。

（2）取出队头节点 u，并将其加入拓扑序。之后删除所有从节点 u 出发的所有边。

（3）更新节点 u 的所有后继节点的入度。如果入度为 0，则将其加入队列。

（4）重复步骤（2）和步骤（3），直到队列为空。

参考代码：

```
for (int i = 1; i <= n; i++){
    if (du[i] == 0)q.push(i);
}
while (!q.empty()){
    int u = q.front();q.pop();
    topo[++cnt] = u;
    for (int i = head[u]; i; i = nxt[i]){
        int v = to[i];
        if (--du[v] == 0) q.push(v);
    }
}
```

- 练习：拓扑排序/家谱树

题目描述：

某人的家族非常庞大，辈分关系较为复杂，请你帮其整理这些关系，给出每个人的后代的信息。最终输出一个序列，使得每个人的后辈都比那个人后列出。

输入格式：

第 1 行输入一个整数 N（$1 \leq N \leq 100$），表示家族的人数。

在接下来的 N 行中，第 i 行描述第 i 个人的后代编号 $a_{i,j}$，表示 $a_{i,j}$ 是 i 的后代。

每行最后用 0 表示描述完毕。

输出格式：

输出一个序列，使得每个人的后辈都比那个人后列出。如果有多种不同的序列，输出任意一种即可。

输入样例：

5
0
4 5 1 0
1 0
5 3 0
3 0

输出样例：

2 4 5 3 1

第76课 树结构的基本概念

图论中的树（Tree）是一种连通无环图，与现实生活中的树相似。我们经常从树根开始处理问题。

树结构是一种重要的数据结构，很多算法都是基于树结构实现的。

76.1 定义

无根树（Unrooted Tree）：有 n 个节点，$n-1$ 条边的图被称为无根树。

有根树（Rooted Tree）：在无根树的基础上指定一个根节点，则称该树为有根树。

76.2 相关概念

森林（Forest）：有多棵树，且它们之间没有边相连，则它们互为森林。

生成树（Spanning Tree）：在连通子图中，如果去掉任意一条边，该图都不再连通，则称该连通图为生成树。

叶节点（Leaf）：度数不超过1的节点（无根树）或度为0的节点（有根树）。

在有根树中：

父亲节点（Parent Node）：对于除根节点外的节点，从该节点到根路径上的第二个节点被称为父亲节点。根节点没有父亲节点。

祖先节点（Ancestor Node）：一个节点到根节点的路径上，除了它本身外的节点被称为祖先节点。根节点的祖先集合为空。

子节点（Child Node）：如果 u 是 v 的父亲，那么 v 是 u 的子节点。子节点的顺序一般不加以区分，二叉树是例外。

节点的深度（Depth）：到根节点的路径上的边数。

树的高度（Height）：所有节点的深度的最大值。

兄弟节点（Sibling）：同一个父亲的多个子节点互为兄弟。

后代节点（Descendant）：子节点和子节点的后代。或者理解成：如果 u 是 v 的祖先，那么 v 是 u 的后代。

子树（Subtree）：删掉与父亲相连的边后，该节点所在的子图。

如图76-1所示。

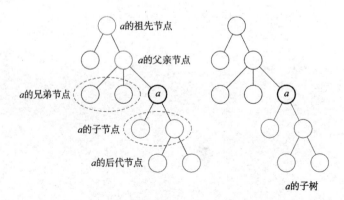

图76-1

76.3 特殊的树

链（Chain/Path Graph）：与任一节点相连的边不超过两条的树称为链。

菊花或星星（Star）：存在一个节点 u，同时所有其他节点均与 u 相连的树被称为菊花或星星。

有根二叉树（Rooted Binary Tree）：每个节点最多只有两个儿子（子节点）的有根树被称为二叉树。通常需要对两个子节点的顺序加以区分，分别称之为左子节点和右子节点。

大多数情况下，二叉树一词均指有根二叉树。

完整二叉树（Full/Proper Binary Tree）：每个节点的子节点数量均为 0 或者 2 的二叉树。换言之，每个节点、树叶，或者左右子树均非空，如图 76-2 所示。

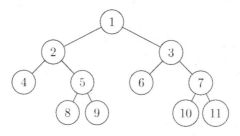

图 76-2

完全二叉树（Complete Binary Tree）：只有最下面两层节点的度数可以小于 2，且最下面一层的节点都集中在该层最左边的连续位置上，如图 76-3 所示。

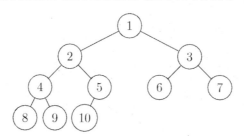

图 76-3

完美二叉树（Perfect Binary Tree）：所有叶节点的深度均相同，且所有非叶节点的子节点数量均为 2 的二叉树称为完美二叉树，又叫满二叉树，如图 76-4 所示。

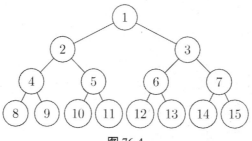

图 76-4

第 77 课 树结构的存储与遍历

77.1 树结构的存储

77.1.1 只记录父节点

根据树的定义，每个节点都有唯一的父节点。因此，我们可以使用一个数组记录节点的父节点。

77.1.2 左孩子右兄弟

树结构的存储可以使用结构体表示，可以使用递归或非递归方法遍历。下面是一个简单的 C++ 实现：

```cpp
#include <iostream>
using namespace std;

// 定义树结构
struct TreeNode {
    int val;
    TreeNode *left;
    TreeNode *right;
    TreeNode(int x) : val(x), left(NULL), right(NULL) {}
};

// 递归遍历（先序遍历）
void preOrderTraversal(TreeNode *root){
    if (root == NULL){
        return;
    }
    cout << root->val << " ";
    preOrderTraversal(root->left);
    preOrderTraversal(root->right);
}

// 递归遍历（中序遍历）
void inOrderTraversal(TreeNode *root){
    if (root == NULL){
        return;
    }
    inOrderTraversal(root->left);
    cout << root->val << " ";
    inOrderTraversal(root->right);
}

// 递归遍历（后序遍历）
void postOrderTraversal(TreeNode *root){
    if (root == NULL){
        return;
    }
    postOrderTraversal(root->left);
    postOrderTraversal(root->right);
```

```
        cout << root->val << " ";
}

int main(){
    // 创建一个简单的树结构
    TreeNode *root = new TreeNode(1);
    root->left = new TreeNode(2);
    root->right = new TreeNode(3);
    root->left->left = new TreeNode(4);
    root->left->right = new TreeNode(5);
    root->right->left = new TreeNode(6);
    root->right->right = new TreeNode(7);

    // 遍历树结构
    cout << " 先序遍历: ";
    preOrderTraversal(root);
    cout << endl;

    cout << " 中序遍历: ";
    inOrderTraversal(root);
    cout << endl;

    cout << " 后序遍历: ";
    postOrderTraversal(root);
    cout << endl;

    return 0;
}
```

这个示例代码展示了如何使用 C++ 实现树结构的存储和遍历。首先定义了一个结构体 TreeNode 来表示树的节点，然后实现了三种遍历方法：先序遍历、中序遍历和后序遍历。最后在 main 函数中创建一个简单的树结构，并进行遍历。

- **例题 1：二叉树的先序遍历**

题目描述：

给定一棵二叉树，返回它的先序遍历。

输入样例：

```
  1
 / \
2   3
/ \
4   5
```

输出样例：

[1, 2, 4, 5, 3]。

解题思路： 使用递归方法进行先序遍历，首先访问根节点，然后遍历左子树，最后遍历右子树。

参考代码：

```
#include <iostream>
```

```cpp
#include <vector>
using namespace std;

struct TreeNode {
    int val;
    TreeNode *left;
    TreeNode *right;
    TreeNode(int x) : val(x), left(NULL), right(NULL) {}
};

void preOrderTraversal(TreeNode *root, vector<int> &result){
    if (root == NULL){
        return;
    }
    result.push_back(root->val);
    preOrderTraversal(root->left, result);
    preOrderTraversal(root->right, result);
}

vector<int> preorderTraversal(TreeNode *root) {
    vector<int> result;
    preOrderTraversal(root, result);
    return result;
}
```

- 例题 2：二叉树的层次遍历

题目描述：

给定一棵二叉树，返回它的层次遍历。

输入样例：

```
    3
   / \
  9  20
     / \
    15  7
```

输出样例：

[[3], [9, 20], [15, 7]]。

解题思路：

使用队列辅助进行层次遍历，每次都将当前层的节点值放入结果数组，并将下一层的节点入队。

参考代码：

```cpp
#include <iostream>
#include <vector>
#include <queue>
using namespace std;

struct TreeNode {
    int val;
```

```
        TreeNode *left;
        TreeNode *right;
        TreeNode(int x) : val(x), left(NULL), right(NULL) {}
    };

    vector<vector<int>> levelOrder(TreeNode *root) {
        vector<vector<int>> result;
        if (root == NULL){
            return result;
        }
        queue<TreeNode *> q;
        q.push(root);
        while (!q.empty()){
            int size = q.size();
            vector<int> currentLevel;
            for (int i = 0; i < size; ++i){
                TreeNode *node = q.front();
                q.pop();
                currentLevel.push_back(node->val);
                if (node->left != NULL){
                    q.push(node->left);
                }
                if (node->right != NULL){
                    q.push(node->right);
                }
            }
            result.push_back(currentLevel);
        }
        return result;
    }
```

- 练习1：二叉树的最大深度

题目描述：

给定一棵二叉树，找出其最大深度。

输入样例：

```
    3
   / \
  9  20
     / \
    15  7
```

输出样例：

3

解题思路：

使用递归方法进行深度优先搜索，每次递归返回左子树和右子树的最大深度，然后取较大值加 1 作为当前节点的最大深度。

参考代码：

```cpp
#include <iostream>
using namespace std;

struct TreeNode {
    int val;
    TreeNode *left;
    TreeNode *right;
    TreeNode(int x) : val(x), left(NULL), right(NULL) {}
};
int maxDepth(TreeNode *root){
    if (root == NULL){
        return 0;
    }
    int leftDepth = maxDepth(root->left);
    int rightDepth = maxDepth(root->right);
    return max(leftDepth, rightDepth) + 1;
}

int main(){
    TreeNode *root = new TreeNode(3);
    root->left = new TreeNode(9);
    root->right = new TreeNode(20);
    root->right->left = new TreeNode(15);
    root->right->right = new TreeNode(7);

    cout << " 最大深度: " << maxDepth(root) << endl;

    return 0;
}
```

- 练习 2：判断二叉树是否对称

题目描述：

给定一棵二叉树，判断它是否是对称的？如果一棵二叉树和它的镜像相同，那么它是对称的。

输入样例：

```
    1
   / \
  2   2
 / \ /
3  4 4 3
```

输出样例：

true

解题思路：

使用递归方法进行判断，如果左子树和右子树是对称的，并且它们的根节点值相等，则整棵二叉树是对称的。

参考代码：

```cpp
#include <iostream>
using namespace std;

struct TreeNode {
    int val;
    TreeNode *left;
    TreeNode *right;
    TreeNode(int x) : val(x), left(NULL), right(NULL) {}
};

bool isSymmetric(TreeNode *root){
    if (root == NULL){
        return true;
    }
    return isSymmetric(root->left) && isSymmetric(root->right) && root->left->val == root->right->val;
}

int main(){
    TreeNode *root = new TreeNode(1);
    root->left = new TreeNode(2);
    root->right = new TreeNode(2);
    root->left->left = new TreeNode(3);
    root->left->right = new TreeNode(4);
    root->right->left = new TreeNode(4);
    root->right->right = new TreeNode(3);

    cout << " 是否对称: " << (isSymmetric(root) ? "true" : "false") << endl;

    return 0;
}
```

第78课　二叉树

树是非线性数据结果，它能很好地描述数据间的层次关系。树这种结果的现实场景很常见，如文件目录、书本目录就是典型的树形结构。二叉树是最常用的树形结构，特别适合编码，常常将一般的树转换为二叉树来处理。

78.1 二叉树的概念

树是 n（$n \geq 0$）个节点的有限集。当 $n = 0$ 时，称该树为空树。在任意一棵非空树中：

（1）有且仅有一个特定的节点称为根。

（2）当 $n > 1$ 时，其余节点可分为 m（$m > 0$）个互不相交的有限集 $T_1, T_2, \cdots, T_n$，其中每个集合本身又是一棵树，并且称为根的子树。

此外，树的定义还需要强调以下两点：

（1）当 $n > 0$ 时，根节点是唯一的，不可能存在多个根节点，数据结构中的树只能有一个根节点。

（2）当 $m > 0$ 时，子树的个数没有限制，但它们一定是互不相交的。

二叉树是 n（$n \geq 0$）个数据元素的有限集合，该集合既可以为空（空二叉树），也可以由根节点、左子树和右子树组成。

78.2 二叉树的性质

二叉树的每层节点都以 2 的倍数递增，所以二叉树的第 i 层最多有 2^{i-1} 个节点。

如果每层的节点数都是满的，则称它为满二叉树。一个 n 层的满二叉树，一共有 $2^n - 1$ 个节点。

如果满二叉树的最后一层有缺失，并且缺失的节点都在最后，则称为完全二叉树。

根节点是唯一没有父节点的节点，其他节点都有唯一的父节点。将没有子节点的节点称为叶子节点，其他节点为一般节点。

一般将从根到节点 u 的路径长度定义为 u 的深度。节点 u 到它的叶子节点的最大路径长度为节点 u 的高度，根的高度最大值被称为树的高度。

二叉树的应用十分广泛，这得益于它的形态。

- 在二叉树上能进行极高效率的访问。对于一棵满二叉树而言，每层的节点数量为上一层的 2 倍。对于一棵有 n 个节点的满二叉树而言，从根节点访问到叶子节点只需要 $O(\log_2 n)$ 的时间复杂度。二叉树也可能是一条链，此时从根节点访问到叶子节点的时间复杂度就会变为 $O(n)$。因此在构建二叉树的过程中，要尽可能维护二叉树的平衡性。
- 二叉树很适合做从整体到局部再从局部到整体的操作。二叉树的一棵子树可以看作整棵树的一个子区间，求区间问题用二叉树都很快捷。
- 基于二叉树的编码极容易实现。

78.3 二叉树的存储结构

二叉树的一个节点包含三个值：数据、左子树指针、右子树指针。二叉树可分为动态二叉和静态二叉两种。

（1）动态二叉树。

```
struct Node{
    int value;            // 节点的值
    node *left, *right;   // 左、右子树的地址
};
```

当动态构建一个节点时，应先用 new 运算符动态申请一个节点。在使用完后应及时用 delete 释放，否则容易发生内存泄漏。

构建动态二叉树虽然节省了空间，但在编写时容易出错，且不容易调试。

（2）静态二叉树。

利用结构体数组，存储节点的相关信息。

```
struct Node{
    int value;             // 节点值
    int left, right;       // 左右子树的编号, 不存在子节点时, left = right = 0
} tree[N];
```

在算法竞赛中，一般用静态数组实现二叉树，不仅编码简单，调试起来也容易。

用静态方式实现完全二叉树非常容易，节点间编号关系明确，根节点编号为 1：

- 编号 $i > 1$ 的节点，其父节点编号是 $i / 2$。
- 如果 $2 \times i > k$，则表示该节点 i 没有子节点；如果 $2 \times i + 1 > k$，则表示该节点无右子节点。
- 如果节点 i 有子节点，则其左子节点编号为 $2 \times i$，右子节点编号为 $2 \times i + 1$。

- **练习 1：找树根和孩子**

题目描述：

设有一棵二叉树（如图 78-1 所示），其中圈中的数字表示节点中居民的人口，圈边上数字表示节点编号。现在要求在某个节点上建立一个医院，使所有居民所走的路程之和最小。同时约定，相邻节点之间的距离为 1 。就本图而言，若医院建在 1 处，则距离和为 4+12+2×20+2×40=136 。若医院建在 3 处，则距离和为 4×2+13+20+40=81 。

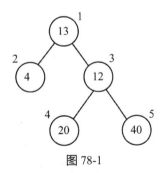

图 78-1

输入格式：

第一行输入一个整数 n，表示树的节点数（$n \leq 100$）。

在接下来的 n 行中，每行输入一个节点的状况，共包含三个整数，整数之间用空格（一个或多个）分隔，第一个数为居民人口数；第二个数为左链接，为 0 表示无链接；第三个数为右链接，为 0 表示无链接。

输出格式：

输出一个整数，表示最小距离和。

输入样例：
5
13 2 3
4 0 0
12 4 5
20 0 0
40 0 0
输出样例：
81

- 练习 2：FBI 树

题目描述：

我们可以把由 0 和 1 组成的字符串分为三类：全 0 串称为 B 串，全 1 串称为 I 串，既含 0 又含 1 的串则称为 F 串。

FBI 树是一种二叉树，它的节点类型包括 F 节点、B 节点和 I 节点三种。由一个长度为 2^N 的 01 串 S 可以构造出一棵 FBI 树 T，递归的构造方法如下。

（1）T 的根节点为 R，其类型与 S 串的类型相同。

（2）若串 S 的长度大于 1，则将 S 串从中间分开，分为等长的左右子串 S_1 和 S_2；由左子串 S_1 构造 R 的左子树 T_1，由右子串 S_2 构造 R 的右子树 T_2。

现在给定一个长度为 2^N 的 01 串，请用上述构造方法构造出一棵 FBI 树，并输出它的后序遍历序列。

输入格式：

第一行是一个整数 N（$0 \leqslant N \leqslant 10$）。

第二行是一个长度为 2^N 的 01 串。

输出格式：

输入一个字符串，即 FBI 树的后序遍历序列。

输入样例：
3
10001011
输出样例：
IBFBBBFIBFIIIFF

数据范围：

对于 40% 的数据，$N \leqslant 2$。对于 100% 的数据，$N \leqslant 10$。

第79课　二叉树的遍历

79.1 宽度优先遍历

宽度优先遍历即按层序遍历，可以使用 BFS 方式解决。

79.2 深度优先遍历

79.2.1 先序遍历

按根节点、左子树、右子树的顺序进行遍历。

```
void preorder(node *root) {
    cout << root->value;
    preorder(root->left);
    preorder(root->right);
}
```

79.2.2 中序遍历

按左子树、根节点、右子树的顺序进行遍历。

```
void inorder(node *root) {
    inorder(root->left);
    cout << root->value;
    inorder(root->right);
}
```

79.2.3 后序遍历

按左子树、右子树、根节点的顺序进行遍历。

```
void postorder(node *root) {
    postorder(root->left);
    postorder(root->right);
    cout << root->value;
}
```

如果已知某棵二叉树的中序遍历和另一种遍历，则可以把这棵二叉树构造出来。通过前序遍历和后序遍历可以确定根节点，通过中序遍历可以确定左、右子树。

- 练习 1：二叉树的遍历

题目描述：

有一棵 n（$n \leq 10^6$）个节点的二叉树。给出每个节点的两个子节点编号（均不超过 n），建立一棵二叉树（根节点的编号为 1），如果是叶子节点，则输入 0 0。

建好树这棵二叉树之后，依次求出它的前序、中序、后序遍历。

输入格式：

第一行输入一个整数 n，表示节点数。

之后的 n 行，第 i 行输入两个整数 l 和 r，分别表示节点 i 的左、右子节点编号。若 $l = 0$，则表示无左子节点。若 $r = 0$，则表示无右子节点。

输出格式：

输出三行，每行 n 个数字，用空格隔开。第一行是这棵二叉树的前序遍历，第二行是这棵二叉树的中序遍历，第三行是这棵二叉树的后序遍历。

输入样例：

7
2 7
4 0
0 0
0 3
0 0
0 5
6 0

输出样例：

1 2 4 3 7 6 5
4 3 2 1 6 5 7
3 4 2 5 6 7 1

- 练习 2：二叉树重建

题目描述：

输入一棵二叉树的先序遍历和中序遍历序列，请输出它的后续遍历序列。

输入格式：

输入多组数据。

每组数据包含两个字符串，分别表示这棵二叉树的先序遍历序列和中序遍历序列。

输出格式：

输出一个字符串，表示这棵二叉树的后续遍历序列。

输入样例：

DBACEGF ABCDEFG BCAD CBAD

输出样例：

ACBFGED CDAB

第 80 课　二叉搜索树

二叉搜索树（Binary Search Tree，BST）是一种特殊的二叉树，它具有以下特性。
- 每个节点都有唯一的键值，且键值可以比较大小。
- 任意节点的键值都比它左儿子的大，比它右儿子的小。
- 任意子树都是一棵二叉搜索树。

由以上定义可知：键值最小的节点没有左儿子，键值最大的节点没有右儿子。因此，对二叉搜索树进行中序遍历可以得到一个有序序列。

在二叉搜索树中查找某个键值也非常简单。首先，将待查找的键值与根节点的键值进行比较，如果相等，则查找成功。如果待查找的键值小于根节点的键值，则递归地在左子树中继续查找。如果待查找的键值大于根节点的键值，则递归地在右子树中继续查找。

如何构建一棵二叉搜索树呢？

我们可以使用递归的方式从根节点开始构建。如果当前节点的键值大于待插入的键值，则将当前节点作为右儿子，否则作为左儿子。

参考代码：

```cpp
// 节点
struct BSTNode {
    int key;
    BSTNode *left;
    BSTNode *right;
};
```

已知二叉搜索树的根节点为 root，输出所有节点的有序序列。

```cpp
// 中序遍历
void BST_InOrder(BSTNode *root) {
    if (root != NULL){
        BST_InOrder(root->left);
        cout << root->key << " ";
        BST_InOrder(root->right);
    }
}
```

已知二叉搜索树的根节点为 root，插入权值为 key 的节点。

```cpp
// 插入
void BST_Insert(BSTNode *root, int key) {
    if (root == NULL){
        root = new BSTNode;
        root->key = key;
        root->left = root->right = NULL;
    }else{
        if (key < root->key) {
            BST_Insert(root->left, key);
        }else{
            BST_Insert(root->right, key);
        }
    }
}
```

```
    }
```

从构建二叉搜索树的过程可以看出，二叉搜索树的结构并不固定。根据遍历节点顺序的不同，二叉搜索树的节点分布可能非常均匀，也可能每个节点都只有一个儿子，这样就退化成了一条单链，如对一个有序序列构建二叉搜索树。因此在构建二叉搜索树时，需要使用一定的方法使二叉搜索树保持平衡。

假设根节点是 root，查找权值为 key 的节点：

```
// 查找
BSTNode *BST_Search(BSTNode *root, int key) {
    if (root == NULL || root->key == key){
        return root;
    }else if (key < root->key){
        return BST_Search(root->left, key);
    }else{
        return BST_Search(root->right, key);
    }
}
```

已知二叉搜索树的根节点是 root，则删除权值为 key 的节点的过程如下。

（1）如果根节点为空，则直接返回。

（2）如果根节点不为空，且待删除的节点 key 小于根节点的 key，则递归删除左子树；否则递归删除右子树。

（3）如果待删除的节点 key 等于根节点的 key，且待删除的节点没有子节点，则直接删除该节点。

（4）如果待删除的节点 key 等于根节点的 key，且待删除的节点有左右两个子节点，则从右子树中选择最小的节点，用它来替换待删除的节点，然后递归删除这个最小的节点。

（5）如果待删除的节点 key 等于根节点的 key，且待删除的节点只有一个子节点。则用该子节点替换待删除的节点，并删除该子节点。

参考代码：

```
// 删除
void BST_Delete(BSTNode *root, int key) {
    if (root == NULL)return;
    if (key < root->key)BST_Delete(root->left, key);
    else if (key > root->key)BST_Delete(root->right, key);
    else if (root->left && root->right){
        BSTNode *temp = root->right;
        while (temp->left)temp = temp->left;
        root->key = temp->key;
        BST_Delete(root->right, temp->key);
    }
    else{
        BSTNode *temp = root;
        if (root->left == NULL)root = root->right;
        else if (root->right == NULL)root = root->left;
        delete temp;
    }
}
```

第 81 课　哈夫曼树与堆结构

哈夫曼树是一种带权路径长度最短的最优二叉树，是贪心算法在二叉树上的应用。哈夫曼树的一个经典应用是哈夫曼编码。

81.1 哈夫曼树

二叉树上两个节点之间的路径长度指这条路径经过的边的数量。树的路径长度是从根到每个节点的路径长度之和。显然，二叉树越平衡，从根到其他节点的路径越短，树的路径长度也越短。完全二叉树的路径长度是最短的。

把上述概念推广到带权节点。从根到一个带权节点的带权路径长度，是从根到该节点的路径长度与节点权值的乘积。树的带权路径长度是所有叶子节点的带权路径长度之和。因为节点有权值，所以一棵平衡的二叉树并不一定有最小的带权路径长度。

给定 n 个权值，构造一棵有 n 个叶子节点的二叉树，每个叶子节点对应一个权值。二叉树的种类很多，其中带权路径长度最小的二叉树被称为哈夫曼树或最优二叉树。

如何构造一棵哈夫曼树呢？

我们很容易想到贪心算法：把权值大的节点放在离根节点近的层上，把权值小的节点放在离根节点远的层上。

- 从 n 个节点中选取两个最小值，先将这两个节点合并为一个新节点后，再将其加入原始节点集合。
- 重复执行这一过程 $n - 1$ 次后，集合中将只剩下一个节点，这个节点为根节点。
- 例题：Entropy

题目描述：

输入一个字符串，分别用普通的 ASCII 编码和哈夫曼编码进行编码。

之后输出编码前、后的长度和压缩比。输入多组数据，每组包含一行字符串，以"END"标志结束输入。

输入样例：

AAAAABCD

THE CAT IN THE HAT END

输出样例：

64 13 4.9

144 51 2.8

分析：

首先统计字符出现的次数，然后用这些统计数据生成哈夫曼编码，最后计算编码后的总长度。

```
#include <bits/stdc++.h>
using namespace std;

int main(){
    priority_queue<int, vector<int>, greater<int>> pq;
    // 优先队列，默然队头为最大值
```

```
    string s;
    while (getline(cin, s) && s != "END") {
        sort(s.begin(), s.end());
        int num = 1;
        for (int i = 1; i < s.lenght(); i++){
            if (s[i] != s[i + 1])pq.push(num), num = 1;
            else    num++;
        }
        int ans = 0;
        while (q.size() > 1){
            int a = q.top();q.pop();
            int b = q.top();q.pop();
            q.push(a + b);
            ans += a + b;
        }
        q.pop();
        printf("%d %d %.1f\n", (int)s.length() * 8, ans,
        s.lenght() * 8.0 / ans);
    }

    return 0;
}
```

- **练习 1：荷马史诗**

    题目描述：

    Allison 最近迷上了文学。她喜欢在一个慵懒的午后，细细地品上一杯卡布奇诺，静静地阅读她爱不释手的《荷马史诗》。但是由《奥德赛》和《伊利亚特》组成的鸿篇巨制《荷马史诗》实在是太长了，Allison 想通过一种编码方式使它变得短一些。一部《荷马史诗》中有 n 种不同的单词，首先从 1 到 n 进行编号。其中第 i 种单词出现的总次数为 w_i。Allison 想要用 k 进制字符串 s_i 来替换第 i 种单词，使得其满足如下要求：对于任意的 $1 \leq i, j \leq n$，$i \neq j$，都有 s_i 不是 s_j 的前缀。现在 Allison 想要知道，如何选择 s_i，才能使替换以后得到的新的《荷马史诗》长度最小。在确保总长度最小的情况下，Allison 还想知道最长的 s_i 的最短长度是多少？对于一个字符串，当且仅当它的每个字符都是 0 到 $k-1$ 之间（包括 0 和 $k-1$）的整数时，这个字符串才被称为 k 进制字符串。对于字符串 s_1 和字符串 s_2，当且仅当存在 $1 \leq t \leq m$，使得 $s_1 = s_2[1..t]$ 时，字符串 s_1 才被称为字符串 s_2 的前缀。其中 m 是字符串 s_2 的长度，$s_2[1..t]$ 表示 s_2 的前 t 个字符组成的字符串。

    输入格式：

    输入的第 1 行包含两个正整数 n 和 k，中间用空格隔开，表示共有 n 种单词，需要使用 k 进制字符串进行替换。接下来的 n 行，第 $i+1$ 行包含 1 个非负整数 w_i，表示第 i 种单词的出现次数。

    输出格式：

输出包含两行。第 1 行输出 1 个整数，为《荷马史诗》经过重新编码之后的最短长度。第 2 行输出 1 个整数，为在保证《荷马史诗》最短总长度的情况下，最长字符串 i 的最短长度。

输入样例 1：
4 2
1
1
2
2

输出样例 1：
12
2

输入样例 2：
6 3
1
1
3
3
9
9

输出样例 2：
36
3

样例 1 解释：

用 $X(k)$ 表示 X 是以 k 进制表示的字符串。

一种最优方案：令 00(2) 替换第 1 种单词，01(2) 替换第 2 种单词，10(2) 替换第 3 种单词，11(2) 替换第 4 种单词。在这种方案下，编码以后的最短长度为 $1 \times 2 + 1 \times 2 + 2 \times 2 + 2 \times 2 = 12$。

最长字符串 s_i 的长度为 2。

一种非最优方案：令 000(2) 替换第 1 种单词，001(2) 替换第 2 种单词，01(2) 替换第 3 种单词，1(2) 替换第 4 种单词。在这种方案下，编码以后的最短长度 $1 \times 3 + 1 \times 3 + 2 \times 2 + 2 \times 1 = 12$。

最长字符串 s_i 的长度为 3。与最优方案相比，文章的长度相同，但是最长字符串的长度更长一些。

样例 2 解释：

一种最优方案：令 000(3) 替换第 1 种单词，001(3) 替换第 2 种单词，01(3) 替换第 3 种单词，02(3) 替换第 4 种单词，1(3) 替换第 5 种单词，2(3) 替换第 6 种单词。

数据范围：

所有测试数据的范围如表 81-1 所示（所有数据均满足 $0 < w_i \leq 10^{11}$）。

表 81-1

测试点编号	n 的规模	k 的规模	备注
1	$n = 3$	$k = 2$	
2	$n = 5$	$k = 2$	
3	$n = 16$	$k = 2$	所有 w_i 均相等
4	$n = 1\,000$	$k = 2$	w_i 在取值范围内均匀随机
5	$n = 1\,000$	$k = 2$	
6	$n = 100\,000$	$k = 2$	
7	$n = 100\,000$	$k = 2$	所有 w_i 均相等
8	$n = 100\,000$	$k = 2$	
9	$n = 7$	$k = 3$	
10	$n = 16$	$k = 3$	所有 w_i 均相等
11	$n = 1\,001$	$k = 3$	所有 w_i 均相等
12	$n = 99\,999$	$k = 4$	所有 w_i 均相等
13	$n = 100\,000$	$k = 4$	
14	$n = 100\,000$	$k = 4$	
15	$n = 1\,000$	$k = 5$	
16	$n = 100\,000$	$k = 7$	w_i 在取值范围内均匀随机
17	$n = 100\,000$	$k = 7$	
18	$n = 100\,000$	$k = 8$	w_i 在取值范围内均匀随机
19	$n = 100\,000$	$k = 9$	
20	$n = 100\,000$	$k = 9$	

- 练习：查找二叉树

题目描述：

已知一棵二叉树用邻接表结构存储，中序遍历查找二叉树中值为 x 的节点，并指出是第几个节点。例如，某二叉树的构造如图 81-1 所示。

```
7
15
5    2    3
12   4    5
10   0    0
29   0    0
15   6    7
8    0    0
23   0    0
```

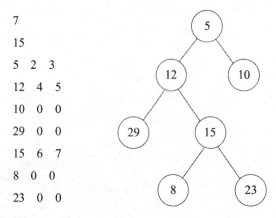

图 81-1

输入格式：

第一行输入的 n 为二叉树的节点个数，$n \leqslant 100$。

第二行输入的 x 表示要查找的节点的值。

第一列数据是各节点的值，第二列数据是左儿子节点编号，第三列数据是右儿子节点编号。

输出格式：
输出一个数，即查找的节点编号。
输入样例：
7
15
5 2 3
12 4 5
10 0 0
29 0 0
15 6 7
8 0 0
23 0 0
输出样例：
5

第 82 课　二叉堆

二叉堆，又叫优先队列，是一种特殊的二叉树，具有以下特性。
- 堆中每个节点的值都大于或等于其左右孩子节点的值。
- 堆总是一棵完全二叉树。

因此可以考虑使用数组来存储堆，其中堆的根节点为数组下标 1。如果节点编号为 i，则其左孩子节点为 $2\times i$，右孩子节点为 $2\times i+1$。

显然，一个高度为 h 的完全二叉树有 2^h 到 $2^{h+1}-1$ 个节点，因此堆的存储空间为 $O(n)$，其中 n 为堆中元素个数。

82.1 实现

如何构建一个二叉堆呢？

刚开始堆是空的，我们将 n 个元素依次插入堆中，每次插入操作都维持二叉堆的特性，这样就能得到一个二叉堆。

```
int main(){
    int n; cin >> n;
    for (int i = 1; i <= n; i++) {
        int x;cin >> x;
        // 插入操作
        // 维持堆的特性
    }
    return 0;
}
```

因此，动态维护二叉堆的插入和删除操作是实现堆的关键。插入和删除操作的时间复杂度都是 $O(\log n)$。

82.1.1 插入节点

二叉堆中的所有节点都是按顺序存储在数组中的，因此我们可以将节点 x 插到数组的最后一个位置。之后调整这个节点，使其满足堆的特性。

由二叉堆的特性可知，只需保证 x 与其父节点保持堆的特性即可。假设有一个小根堆，如果 x 比其父节点小，那么就需要交换 x 和其父节点的位置，之后继续向上调整。

```
void up(n){
    while (n > 1 && H[n] < H[n / 2]) {
        swap(H[n], H[n / 2]);
        n /= 2;
    }
}

void insert(int x) {
    H[++n] = x;
    up(n);
}
```

82.1.2 删除最大 / 最小元素

输出最大或最小元素，就是直接输出根节点。删除节点则需要在删除根节点后依然维持二叉堆的特性。

因此在做删除操作时，首先将根节点与最后一个节点交换，然后调整根节点到合适的位置——根节点与其较小的子节点进行比较，如果根节点较大，则交换两个值。这就是向下调整。

```
oid Del(){
    H[1] = H[n--];
    down(1);
}

void down(int i){ // 编号为 i 的节点向下调整
    while (2 * i <= n){                          // 存在子节点
        int m = 2 * i;                           // 左子节点编号
        if (m + 1 <= n && H[m] > H[m + 1])       // 存在右子节点
            m++;
        if (H[i] <= H[m])break;  // 满足堆的特性

        swap(H[i], H[m]);  // 交换
        i = m;
    }
}
```

- 例题：堆

题目描述：

初始小根堆为空，需要支持以下三种操作。

- 操作 1：输入 1 x，表示将 x 插入堆。
- 操作 2：输入 2，输出该小根堆内的最小值。
- 操作 3：输入 3，删除该小根堆内的最小数。

输入格式：

第一行输入一个整数 N，表示操作的个数，$N \leqslant 10^6$；在接下来的 N 行中，每行输入一或两个正整数，表示三种操作之一。

输出格式：

对于每个操作 2，输出一个整数表示答案。

分析：

维护一个二叉堆，就可以支持这三种操作。

参考代码：

```
#include <bits/stdc++.h>
const int N = 1e6 + 7;
int H[N];

int main(){
    int n;scanf("%d", &n);
    for (int i = 1; i <= n; i++){
        int op, x;scanf("%d%d", &op);
        if (op == 1)scanf("%d", &x), insert(x);
```

```
            else if (op == 2) printf("%d\n", H[1]);
            else if (op == 3) {
                printf("%d\n",
                H[1]);Del();
            }
        }
        return 0;
    }
```

82.2 STL 的优先队列

使用 STL 的优先队列实现 82.1.2 节中的"例题"。

参考代码：

```
#include <bits/stdc++.h>
using namespace std;

priority_queue<int, vector<int>, greater<int>> pq;
// 定义小根堆，并默认采用这种方式定义一个大根堆

int main(){
    int n; scanf("%d", &n);
    while (n--){
        int op;
        scanf("%d", &op);
        if (op == 1){
            int x;scanf("%d", &x);
            pq.push(x);
        }
        if (op == 2)
            printf("%d\n", pq.top());
        else
            pq.pop();
    }
    return 0;
}
```

- **练习：[NOIP2004 提高组] 合并果子**

题目描述：

在一个果园里，多多已经将所有的果子都摘了下来，而且按果子的不同种类分成了不同的堆。多多决定把所有的果子合并成一堆。

每一次合并，多多都可以把两堆果子合并到一起，消耗的体力等于两堆果子的重量之和。可以看出，所有的果子经过 $n-1$ 次合并之后，就只剩下一堆了。多多在合并果子时总共耗费的体力等于每次合并所耗费的体力之和。

因为还要花大力气把这些果子搬回家，所以多多在合并果子时要尽可能地节省体力。假定每个果子的重量都为 1，并且已知果子的种类数和每种果子的数目，你的任务是设计出合并的次序方案，使多多耗费的体力最少，并输出该体力耗费值。

例如，有 3 种果子，数目依次为 1、2、9。可以先将 1、2 堆合并，新堆数目为 3，耗

费体力为 3。接着，将新堆与原先的第三堆合并，又得到新的堆，数目为 12，耗费体力为 12。所以多多总共耗费的体力为 3 + 12 = 15，即 15 为最小的体力耗费值。

输入格式：

共两行。

第一行输入一个整数 n（$1 \leq n \leq 10000$），表示果子的种类数。

第二行输入 n 个整数，用空格分隔，第 i 个整数 a_i（$1 \leq a_i \leq 20000$）是第 i 种果子的数目。

输出格式：

输出一个整数，也就是最小的体力耗费值。输入数据，保证这个值小于 2^{31}。

输入样例：

3

1 2 9

输出样例：

15

数据范围：

对于 30% 的数据，$n \leq 1000$。

对于 50% 的数据，$n \leq 5000$。

对于 100% 的数据，$n \leq 10000$。

第 83 课　树状树组

树状数组（Binary Indexed Tree，BIT）是一种数据结构，主要利用数的二进制特征和分块思想对序列进行检索，主要用于处理"单点修改/区间修改 + 单点查询/区间查询"的问题。

单点修改/区间修改：对序列中的某个元素/区间进行修改。
单点查询/区间查询：对序列中的某个元素/区间进行查询。

83.1 树状数组的原理

设序列为 $A = \{a_1, a_2, \cdots, a_n\}$，其中 a_i 表示序列中的第 i 个元素，n 表示序列的长度。

若要求解区间 $[l, r]$ 的和，即求 $S_{l \to r} = a_l + a_{l+1} + \cdots + a_r$。利用前缀和思想，可以得到 $S_{l \to r} = S_{1 \to r} - S_{1 \to l-1}$。

依据数的二进制特征，正整数可以分解为若干 2^i 的和，即 $n = \sum_{i=0}^{k}(p_i \cdot 2^i), p_i \in \{0, 1\}$。因此，区间 $[1, n]$ 可以分解为 $[1, 2^i], [2^i + 1, 2^j], \cdots$。

具体来说：

假设 $n = 15$，则 $n = 2^3 + 2^2 + 2^1 + 2^0$。

$[1, 15]$ 的区间可分解为 $[1, 8], [9, 12], [12, 14], [15, 15]$。

假设 $n = 18$，则 $n = 2^4 + 2^1$。

$[1, 18]$ 的区间可分解为 $[1, 16], [17, 18]$。

因此，我们只需维护分解后的区间。

$[1, n]$ 最多可拆分成 $\lfloor \log_2 n \rfloor + 1$ 个区间，这就是树状数组能够快速检索信息的原理。

83.2 树状数组的实现

如何划分区间呢？

对于包含 n 个元素的序列来说，每次分割操作都会分出去一个区间，该区间包含的元素数量等于 n 的二进制表示中最低的位 1 及其后面所有位 0 构成的数值。

"在 n 的二进制表示中，最低的位 1 及其后面所有位 0 构成的数值"可以通过 lowbit() 函数求得。

```
int lowbit(int x){
    /*
        设 x = 00101100
        则 -x = 11010100      (补码)
        x & (-x) = 100
    */
    return x & (-x);
}
```

设 C_n 记录了 $[1, n]$ 划分的最后一个区间的元素和，S_n 记录了 $[1, n]$ 所有元素的和。

则 $S_n = C_n + C_{n-\text{lowbit}(n)}$。

```
int getsum(int n) {
    int ans = 0;
    while (n > 0){
```

```
            ans += C[n];
            n -= lowbit(n);
        }
        return ans;
    }
```

C 数组如何计算呢?

刚开始 C 数组初始化为 0,在每次插入元素时,都执行单点修改操作。在单点修改后,只会影响其本身及其祖先节点。节点编号为 x 的父节点编号为 x + lowbit(*x*)。

```
void add(int x, int val){
    while (x <= N) {
        C[x] += val;
        x += lowbit(x);
    }
}
```

83.3 树状数组的应用

83.3.1 单点修改 + 区间求和

```
const int N = 1e6 + 7;
int n, C[N];
void add(int x, int val){ // 修改 a[x] 的值
    while (x <= N) {
        C[x] += val;
        x += lowbit(x);
    }
}

int getSum(int x) {
    int sum = 0;
    while (x > 0){
        sum += C[x];
        x -= lowbit(x);
    }
    return sum;
}

int main(){
    cin >> n;
    for (int i = 1; i <= n; i++) {
        int t;cin >> t;
        add(i, t);
    }
    int q;cin >> q;
    while (q--){
        int l, r;cin >> l >> r;
        cout << getSum(r) - getSum(l - 1) << endl;
    }
}
```

83.3.2 区间修改 + 单点查询

区间修改可以利用差分转为单点修改。

- 例题：涂气球

题目描述：

N 个气球排成一排，从左到右依次编号为 $1,2,\cdots,N$。每次给定一个区间 $[L, R]$，表示某人从 L 到 R 依次给气球涂色。但 N 次以后他忘记了第 i 个气球被涂了几次颜色。你能帮助他吗？

输入格式：

第一行包含一个整数 N，表示染色执行 N 次；接下来的 N 行，每行包含两个整数 L 和 R，表示第 i 次涂色的区间。

输出格式：

输出 N 个整数，第 i 个整数表示第 i 个气球被涂色的次数。

分析：

使用暴力方法，对每个区间执行一次操作，时间复杂度为 $O(N^2)$。使用树状数组 + 差分数组，可以将时间复杂度优化为 $O(N \log N)$。

定义 $d[k] = a[k] - a[k-1]$，$d[1] = a[1]$，则 $a[k] = \sum_{i=1}^{k} d[i]$。

其中 a 数组为题目所求，d 数组为 a 数组的差分数组。

对区间 $[L, R]$ 执行修改操作，等价于对 $d[L]$ 加上 val，对 $d[R+1]$ 减去 val。于是将问题转化为"单点修改 + 区间求和"问题了。

```
int main(){
    cin >> n;
    for (int i = 1; i <= n; i++) {
        int l, r;
        cin >> l >> r;
        add(l, 1);add(r + 1, -1);
    }
    for (int i = 1; i <= n; i++) {
        cout << getSum(i) << endl;
    }
    return 0;
}
```

- 练习 1：数星星

题目描述：

天空中有一些星星，这些星星在不同的位置，每个星星都有一个坐标。如果一个星星的左下方（包含正左方和正下方）有 k 颗星星，就说这颗星星是 k 级的。

例如，星星 5 是 3 级的（1、2、4 在它左下），星星 2、4 是 1 级的。假设有 1 个 0 级、2 个 1 级、1 个 2 级和 1 个 3 级的星星。给定星星的位置，输出各星星的数目。

一句话题意：给定 n 个点，定义每个点的等级为其左下方（包含正左方和正下方）的点的数量，试统计每个等级上各有多少个点？

输入格式：

第一行输入一个整数 N，表示星星的数目。

接下来的 N 行给出了每颗星星的坐标，坐标用两个整数 x 和 y 表示。

不会有星星重叠。星星按 y 坐标增序给出，y 坐标相同的按 x 坐标增序给出。

输出格式：

输出 N 行，每行一个整数，分别是 0 级、1 级、2 级……N-1 级的星星的数目。

输入样例：

5
1 1
5 1
7 1
3 3
5 5

输出样例：

1
2
1
1
0

数据范围：

$1 \leqslant N \leqslant 1.5 \times 10^4$，$0 \leqslant x$，$y \leqslant 3.2 \times 10^4$。

- **练习 2：清点人数题目描述**

题目描述：

KK 中学组织同学们去五云山寨参加社会实践活动，按惯例要乘坐火车。由于 KK 中学的学生很多，在火车开之前必须清点好人数。初始时，火车上没有学生。当同学们开始上火车时，年级主任从第一节车厢出发走到最后一节车厢，每节车厢随时都可能有同学上下。当年级主任走到第 m 节车厢时，他想知道前 m 节车厢上一共有多少名学生，但是他没有调头往回走的习惯。也就是说，每次当他提问时，m 总会比前一次大。

输入格式：

第一行包含两个整数 n 和 k，表示火车共有 n 节车厢和 k 个事件。接下来有 k 行，按时间先后给出 k 个事件，每行开头都有一个字母 A、B 或 C。如果字母为 A，则接下来是一个数 m，表示年级主任现在第 m 节车厢；如果字母为 B，则接下来是两个数 m 和 p，表示在第 m 节车厢有 p 名学生上车；如果字母为 C，则接下来是两个数 m 和 p，表示在第 m 节车厢有 p 名学生下车。学生总人数不会超过 10^5。

输出格式：

对于每个事件 A，都输出一个整数，表示年级主任的问题的答案。

输入样例：

10 7
A 1

```
B  1  1
B  3  1
B  4  1
A  2
A  3
A  10
```
输出样例：
```
0
1
2
3
```
数据范围：

对于 30% 的数据，$1 \leq n, k \leq 10^4$，至少有 3000 个 A。

对于 100% 的数据，$1 \leq n \leq 5 \times 10^5$，$1 \leq k \leq 10^5$，至少有 3×10^4 个 A。

第 84 课　线段树

线段树（Segment Tree）是一种数据结构，它利用分治思想与二叉树结构来实现，主要用于解决区间操作问题。

线段树经常用于解决区间问题，如区间最值查询、区间求和、区间求积，以及查找区间第 k 大或第 k 小元素。

84.1 线段树

线段树是一种二叉树，其每个节点都存储了一个区间，并且每个节点都有两个子节点，分别对应区间的左半部分和右半部分。叶子节点对应实际元素。

对于一个区间 $[l, r]$，其子节点区间为 $[l, mid]$ 和 $[mid + 1, r]$，其中 $mid = (l + r) / 2$。假设有 13 个元素，则其线段树结构如图 84-1 所示。

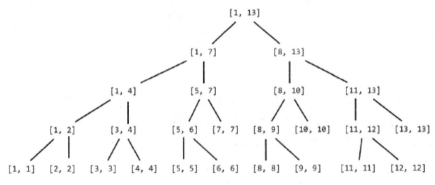

图 84-1

通过对这个区间进行分解，可以快速地使用区间合并求出区间内的信息。对于包含 n 个元素的序列，全歼操作最多可被划分成 $\log n$ 层，因此对一个区间操作的时间复杂度为 $O(\log n)$。

对线段树的节点进行编号，根节点的编号为 1。

根据满二叉树特性，假设节点的编号为 i，则其左子节点的编号为 $2 \times i$，右子节点的编号为 $2 \times i + 1$。下面以求区间和为例递归构建线段树：

```
void build(int l, int r, int rt) {
    if (l == r {
        seg[rt] = a[l];
        return;
    }
    int m = (l + r) >> 1;
    build(l, m, rt << 1);
    build(m + 1, r, rt << 1 | 1);
    seg[rt] = seg[rt << 1] + seg[rt << 1 | 1];
}
```

二叉树的空间需要 $4n$。根据满二叉树特性，节点个数为 $2^{h+1} - 1$。其中 h 为二叉树的高度。对于 n 个元素来说，$h = \log n + 1$。

假设所有叶子节点都在二叉树的最后一层，则线段树有 $2n - 1$ 个节点。假设只有两个叶子节点在最后一层，则倒数第二层的节点个数为 $n - 1$ 个，其他节点个数有 $n - 2$ 个，最后一层

会空 $2n-4$ 个节点,故总共需要 $4n-5$ 个空间。

84.2 线段树的应用

84.2.1 区间最值

设区间 $[l, r]$ 的最大值为 $P[l, r]$,则 $P[l, r] = \max(P[l, \text{mid}], P[\text{mid} + 1, r])$。

84.2.2 区间求和

设区间 $[l, r]$ 的最大值为 $S[l, r]$,则 $S[l, r] = S[l, \text{mid}] + S[\text{mid} + 1, r]$。

```
int L, R;
int query(int l, int r, int rt) {
    if (L <= l && r <= R) return seg[rt]; // 区间完全包含
    int m = (l + r) >> 1;
    int ans = 0;
    if (L <= m) ans += query(l, m, rt << 1); // 区间包含左子树
    if (m < R) ans += query(m + 1, r, rt << 1 | 1); // 区间包含右子树
    return ans;
}
```

84.2.3 区间修改

如果要对一个区间进行修改,则需要对区间内的所有节点都进行修改。此时可设定一个数组 tag,tag[i] 表示对第 i 个节点的修改情况。这种方法并不会及时地修改区间中每个元素,而只是对区间的变化情况做标记,因此这个方法叫作懒标记或延迟标记 (lazy-tag)。

以区间修改 + 区间求和为例,参考代码:

```
void addtag(int l, int r, int rt, int x){
    seg[rt] += x * (r - l + 1);
    tag[rt] += x;
}

void push_down(int l, int r, int rt) {
    if (tag[rt]) { // 区间不能覆盖,存在标记,标记下传
        addtag(l, m, rt << 1, tag[rt]);
        addtag(m + 1, r, rt << 1 | 1, tag[rt]);
        tag[rt] = 0;
    }
}

void update(int l, int r, int rt, int x) { // a[l, r] + x
    if (L <= l && r <= R) {
        addtag(l, r, rt, x);
        return;
    }
    push_down(l, r, rt); // 标记下传
    int m = (l + r) >> 1;
    if (L <= m) update(l, m, rt << 1, x);
    if (m < R) update(m + 1, r, rt << 1 | 1, x);
    seg[rt] = seg[rt << 1] + seg[rt << 1 | 1];
}
```

```
int query(int l, int r, int rt) {
    if (L <= l && r <= R) return seg[rt];
    push_down(l, r, rt);  // 标记下传
    int m = (l + r) >> 1;
    int ans = 0;
    if (L <= m) ans += query(l, m, rt << 1);
    if (m < R) ans += query(m + 1, r, rt << 1 | 1);
    return ans;
}
```

- 练习1：扶苏的问题

题目描述：

给定一个长度为 n 的序列 a，要求支持以下三个操作。

（1）给定区间 $[l, r]$，将区间内的每个数都修改为 x。

（2）给定区间 $[l, r]$，将区间内的每个数都加上 x。

（3）给定区间 $[l, r]$，求区间内的最大值。

输入格式：

第一行输入两个整数，依次表示序列的长度 n 和操作的个数 q。第二行输入 n 个整数，第 i 个整数表示序列中的第 i 个数 a_i。

接下来的 q 行，每行表示一个操作。每行包含一个整数 op，表示操作的类型。

若 op = 1，则接下来有三个整数 l、r 和 x，表示将区间 $[l, r]$ 内的每个数都修改为 x。

若 op = 2，则接下来有三个整数 l、r 和 x，表示将区间 $[l, r]$ 内的每个数都加上 x。

若 op = 3，则接下来有两个整数 l 和 r，表示查询区间 $[l, r]$ 内的最大值。

输出格式：

对于每个 op = 3 的操作，都输出一个整数表示答案。

输入样例1：

6 6
1 1 4 5 1 4
1 1 2 6
2 3 4 2
3 1 4
3 2 3
1 1 6 −1
3 1 6

输出样例1：

7
6
−1

输入样例2：

4 4
10 4 −3 −7

```
1 1 3 0
2 3 4 -4
1 2 4 -9
3 1 4
```
输出样例 2：
0

数据范围：

对于 10% 的数据：$n = q = 1$。

对于 40% 的数据：$n, q \leq 10^3$。

对于 50% 的数据：$0 \leq a_i, x \leq 10^4$。

对于 60% 的数据：$op = 1$。

对于 90% 的数据：$n, q \leq 10^5$。

对于 100% 的数据：$1 \leq n,q \leq 10^6$，$1 \leq l,r \leq n$，$op \in \{1, 2, 3\}$，$|a_i|, |x| \leq 10^9$。

- 练习 2：忠诚

题目描述：

老管家是一个聪明能干的人。他为财主工作了整整 10 年。财主为了让自己的账目更加清晰，他要求管家每天记 k 次账。由于管家聪明能干，因而管家总是让财主十分满意。但是由于受到一些人的挑拨，财主还是对管家产生了怀疑，于是他决定用一种特别的方法来测试管家的忠诚度。他把每次的账目按 1, 2, 3 … 编号，然后不定时地问管家问题。问题是这样的：在 a 到 b 号账目中最少的一笔是多少？为了让管家没有时间作假，他总是一次问多个问题。

输入格式：

输入的第一行中包含两个数 m 和 n，m 表示有 m 笔账，n 表示有 n 个问题。第二行包含 m 个数，分别是账目的钱数。

后面的 n 行是 n 个问题，每行有两个数字，说明开始和结束的账目编号。

输出格式：

在一行中输出每个问题的答案，以一个空格分隔。

输入样例：

```
10 3
1 2 3 4 5 6 7 8 9 10
2 7
3 9
1 10
```

输出样例：

2 3 1

数据范围：

对于 100% 的数据：$m \leq 10^5$，$n \leq 10^5$。

第 85 课 树的直径

树的直径指树中任意两点间最长的距离,连接直径两个端点的路径被称为树的最长路径。
求树的直径一般有两种方法:搜索和动态规划,时间复杂度都是 $O(n)$。

用搜索法求树的直径:
通过两次搜索可以求出树的直径。
(1)从任意一个节点开始,通过搜索,找到离它最远的节点 p。
(2)从节点 p 出发,通过搜索,找到离节点 p 最远的节点 q。如果需要输出路径,则可以在搜索的过程中记录前驱节点。

从节点 p 到节点 q 的路径就是树的一条直径。

查找最远的点:

```
void dfs(int u, int fa, int d) {
    dis[u] = d;
    for (int i = head[u]; i; i = nxt[i]) {
        int v = to[i];
        if (v == fa) continue;
        dfs(v, u, d + w[i]);
    }
}
```

加边:

```
int tot;
void add(int u, int v, int x){
    nxt[++tot] = head[u];
    head[u] = tot;
    to[tot] = v;
    w[tot] = x;
}
```

求树的直径:

```
int main() {
    int n, m;  cin >> n >> m;
    for (int i = 1; i <= m; i++)  {
        int u, v, w; cin >> u >> v >> w;
        add(u, v, w);
        add(v, u, w);
    }
    dfs(1, -1, 0);
    int s = 1;
    for (int i = 1; i <= n; i++) {
        if (dis[i] > dis[s]) s = i;
    }
    dfs(s, -1, 0);
    int t = 1;
    for (int i = 1; i <= n; i++) {
        if (dis[i] > dis[t]) t = i;
```

```
    }
    cout << dis[t] << endl;
    return 0;
}
```

- 练习：树的直径

题目描述：

给定一棵有 n 个节点的树，树没有边权。请求出树的直径是多少，即树上的最长路径长度是多少？

输入格式：

第一行输入一个正整数 n，表示节点个数。

从第二行开始，往下一共有 $n-1$ 行，每一行有两个正整数 (u, v)，表示一条边。

输出格式：

输出一行，表示树的直径是多少。

输入样例：

5
1 2
2 4
4 5
2 3

输出样例：

3

数据范围：

$1 \leqslant n \leqslant 10^5$。

第 86 课　LCA

在一棵树上，x 节点与 y 节点的所有相同的祖先节点中深度最大的节点为 x 与 y 的最近公共祖先（Lowest Common Ancestor，LCA），一般记为 LCA(x, y)。LCA(x, y) 是节点 x 与节点 y 的路径中深度最小的节点。

求 LCA 通常有三种方法：向上标记法、树上倍增法和 Tarjan 算法。

86.1 向上标记法

从 x 节点向上走到根节点，标记 x 节点及其祖先节点。

从 y 节点向上走到根节点，第一次遇到已标记的节点即为 LCA(x, y)。向上标记法的时间复杂度为 $O(n)$。

```
int LCA(int x) {
    if (x == -1) return -1;
    if (b[x]) return x;
    b[x] = 1;
    LCA(fa[x]);
}
```

86.2 树上倍增法

在第 46 课中我们学习了基于倍增思想的 ST 算法。

ST 算法的思想可以应用到 LCA 中。

设 $F[x][k]$ 表示 x 的 2^k 级祖先，即从 x 节点向上走 2^k 步到达的节点。如果该节点不存在，则 $F[x][k] = -1$。$F[x][0]$ 即为 x 的父亲节点。

$F[x][k]$ 可以通过 $F[x][k-1]$ 递推得到，即

$$F[x][k] = F[F[x][k-1]][k-1], k \in [1, \log n]$$

F 数组可以在 $O(n \log n)$ 的时间复杂度内进行预处理，而 LCA 可以在 $O(\log n)$ 的时间复杂度内求解。

求 LCA 可以按以下步骤进行。

（1）设 $d[x]$ 表示 x 的深度，即从根节点到 x 的路径长度。

（2）设 $d[x] > d[y]$，因此可以利用二进制拆分的思想可将 x 调整到与 y 同一层，即 $d[x] = d[y]$。最多走 $\log(d[x] - d[y] + 1)$ 步。（$d[y] \geq d[x]$ 可交换 x 和 y 的值。）

（3）若 $x = y$，则返回 y。

（4）此时 $d[x] = d[y]$，若 $F[x][k] \neq F[y][k]$，将 x 和 y 同时向上调整。即 $x = F[x][k]$，$y = F[y][k]$，$k \in [1, \log(d[x] - d[y] + 1)]$。

（5）此时 x 和 y 就是两个相邻节点，$F[x, 0]$ 就是 LCA(x, y)。

```
/*
    d[x] 表示 x 的深度, 即从根节点到 x 节点的路径长度。
    t = (int)(log(n) / log(2)) + 1
*/
int lca(int x, int y) {
    if (d[x] < d[y])swap(x, y);
```

```
        for (int i = t; i >= 0; i--)
            if (d[F[x][i]] >= d[y]) y = F[y][i];
        if (x == y) return y;
        for (int i = t; i >= 0; i--)
            if (F[x][i] != F[y][i])
                x = F[x][i], y = F[y][i];
        return F[x][0];
    }
```

86.3 Tarjan 算法

Tarjan 算法是求解 LCA 的另一种方法。

在深度优先遍历过程中，节点有 3 种状态。

（1）未访问。

（2）正在访问。

（3）已访问。

在访问的过程中，通过 v[x] = 1 标记正在访问的节点，通过 v[x] = 2 标记已访问的节点。假设当前处于从 x z 节点出发的深度优先遍历过程中，y 节点被标记为 2，表示 y 节点已被访问。接着向上寻找父节点，直到找到一个被标记为 1 的 z 节点，表示 z 节点当前处于正在访问状态。此时 z 节点就是 x 节点与 y 节点的最近公共祖先。

y 节点向上不断寻找父节点的过程可以通过并查集来优化。

当 y 节点被标记为 2 时，应把它所在集合并到其父节点的集合中。因为刚被标记为 2，即刚开始回溯，所以它的父节点依然处于正在访问状态，会单独构成一个集合。

在深度优先遍历过程中，已访问节点会有一个深度最大且正在访问的代表元节点。该代表元节点即为已访问节点与这个深度优先遍历出发节点的 LCA。

因此在求 LCA 之前，需要离线处理所有的访问。

```
int query_tot;
void query_add(int x, int y) {
    query_to[++query_tot] = y;
    query_nxt[query_tot] = query_head[x];
    query_head[x] = query_tot;
}

void tarjan(int x) {
    v[x] = 1; // 将开始递归未回溯的节点标记为 1
    for (int i = head[x]; i; i = nxt[i]) {
        int y = to[i];
        if (!v[y]) {
            tarjan(y);
            fa[y] = x; // 当 y 节点回溯时，将其并入其父节点 x 中，
            // 此时 x 节点应递归子树的根节点
        }
    }
    for (int i = query_head[x]; i; i = query_nxt[i] {
        // 查询所有与 x 节点关联的查询，对应第 i 个查询
```

```
            int y = query_to[i];
            if (v[y] == 2){          // y 节点是回溯节点
                lca[i] = get(y);  // y 节点在回溯时, y 的代表元即为 lca(x, y)
            }
        }
        v[x] = 2;   // x 递归结束, 标记为 2
    }
```

- **练习**：祖孙询问

题目描述：

已知一棵 n 个节点的有根树，有 m 个询问，每个询问给出了一对节点的编号 x 和 y，询问 x 与 y 的祖孙关系。

输入格式：

第一行输入一个整数 n，表示节点个数；接下来的 n 行每行输入一整数对 a 和 b，表示 a 和 b 之间有连边。如果 b 是 -1，那么 a 就是树的根；第 $n+2$ 行输入一个整数 m，表示询问个数；接下来的 m 行，每行输入两个正整数 x 和 y，表示一个询问。

输出格式：

对于每一个询问，若 x 是 y 的祖先，则输出 1。若 y 是 x 的祖先，则输出 2；否则输出 0。

输入样例：

```
10
234 -1
12 234
13 234
14 234
15 234
16 234
17 234
18 234
19 234
233 19
5
234 233
233 12
233 13
233 15
233 19
```

输出样例：

```
1
0
0
0
```

2

数据范围：

对于 30% 的数据：$1 \leqslant n, m \leqslant 10^3$。

对于 100% 的数据：$1 \leqslant n, m \leqslant 4 \times 10^4$，每个节点的编号都不超过 4×10^4。

第 87 课　树上差分

差分是一种对序列进行特殊处理的方法，它能够将序列中的区间操作转化为单点操作。复杂度从 $O(n)$ 降低到 $O(1)$。差分与前缀和是一对互逆的运算。在树上也可以使用差分，因为树上的单点操作和区间操作都可以转化为在子树内修改。树上差分可以分为两类，即点差分和边差分。尽管原理相同，但在实际操作中存在一些区别。

87.1　点差分

设 u, v 两点之间和路径上所有点权增加 x，$o = \text{LCA}(u, v)$，p 是 o 的父节点。则 $d[u]\mathrel{+}=x$, $d[v]\mathrel{+}=x$, $d[o]\mathrel{-}=x$, $d[p]\mathrel{-}=x$。

当前节点 u 的权值和为以 u 为根的子树中所有点的权值和，即 $d[u] = \sum_{v \in \text{son}[u]} d[v]$。

87.2　边差分

设给 u 和 v 两点之前路径上所有边权增加 x，$o = \text{LCA}(u, v)$。则有：
$d[u]\mathrel{+}=x, d[v]\mathrel{+}=x, d[o]\mathrel{-}=2\cdot x$

一般点差分用得较多。

- 例题：Max Flow P

题目描述：

FJ 给他牛棚的 N 个隔间之间安装了 $N-1$ 根管道，隔间编号从 1 到 N，所有隔间都被管道连通。

FJ 有 K 条运输牛奶的路线，第 i 条路线从隔间 s_i 运输到隔间 t_i。一条运输路线会给它的两个端点处的隔间以及中间途经的所有隔间带来一个单位的运输压力，你需要计算压力最大的隔间的压力是多少？

输入格式：

第一行输入两个整数 N 和 K。

在接下来的 $N-1$ 行中，每行输入两个整数 x 和 y，其中 $x \neq y$。表示一根在牛棚 x 和 y 之间的管道。

在接下来的 K 行中，每行输入两个整数 s 和 t，用于描述一条从 s 到 t 的运输牛奶的路线。

输出格式：

输出一个整数，表示压力最大的隔间压力是多少？

输入样例：

5 10
3 4
1 5
4 2
5 4
5 4
5 4
3 5

4 3
4 3
1 3
3 5
5 4
1 5
3 4

输出样例：

9

数据范围：

$2 \leqslant N \leqslant 5 \times 10^4$, $1 \leqslant K \leqslant 10^5$。

分析：

假设操作得的是 u, v 路径上的点，则必然存在 $u \to \text{lca}(u, v) \to v$。因此对点上的差分操作就可以转化为对 $u \to \text{lca}(u, v)$ 与 $\text{lca}(u, v) \to v$ 的差分操作。

即 $d[u] += x, d[\text{lca}(u, v)] -= x$ 与 $d[\text{lca}(u, v)] -= x, d[v] += x$。

实际上，对 $d[\text{lca}(u, v)]$ 这个节点并没有进行差分操作，虽然 $\text{lca}(u, v)$ 在 $u \to v$ 的路径上。因此应对 $\text{lca}(u, v)$ 的父节点进行操作，以修正对 $\text{lca}(u, v)$ 的影响。

参考代码：

```
int n, m;

void dfs(int u, int fa) {
    p[u] = p[fa] + 1; f[u][0] = fa;
    for (int i = 0; f[u][i]; i++) f[u][i + 1] = f[f[u][i]][i];
    for (int i = head[u], i; i = nxt[i];) {
        int v = ver[i];
        if (v == fa)  continue;
        dfs(v, u);
    }
}

int lca(int u, int v) {
    if (p[u] > p[v]) swap(u, v);
    for (int i = 20; i >= 0; i--)
        if (d[u] < d[v] - (1 << i >>)) v = f[v][i];
    if (u == v) return u;
    for (int i = 20; i >= 0; i--) if (f[u][i] != f[v][i]) u = f[u][i],
        v = f[v][i];
    return f[u][0];
}

void Get(int u, int fa, int &ans) {
    for (int i = head[u]; i; i = nxt[i]) {
        int v = ver[i];
        if (v == fa)  continue;
        Get(v, u, ans);
```

```
            d[u] += d[v];
        }
        ans = max(ans, d[u]);
}
void update(int u, int v, int lc) {
    d[u]++;  d[v]++;
    d[lc]--; d[f[lc][0]]--;
}
int main() {
    cin >> n >> m;
    for (int i = 1; i < n; i++) {
        int x, y;  cin >> x >> y;
        add(x, y); add(y, x);
    }
    dfs(1, 0);
    for (int i = 1; i <= m; i++) {
        int x, y; cin >> x >>y;
        int lca = lca(x, y);
        update(x, y, lca);
    }
    int ans = 0;
    Get(1, 0, ans);
    cout << ans << endl;
    return 0;
}
```

- 练习：运输计划

题目描述：

公元 2044 年，人类进入宇宙纪元。

L 国有 n 个星球，还有 $n-1$ 条双向航道，每条航道建立在两个星球之间，这 $n-1$ 条航道连通了 L 国的所有星球。

小 P 掌管着一家物流公司，该公司有多个运输计划，每个运输计划形如：有一艘物流飞船需要从 u_i 号星球沿最快的宇航路径飞行到 v_i 号星球。显然，飞船驶过一条航道是需要时间的，对于航道 j，任意飞船驶过它所花费的时间为 t_j，并且任意两艘飞船之间不会产生任何干扰。

为了鼓励科技创新，L 国国王同意小 P 的物流公司参与 L 国的航道建设，即允许小 P 把某一条航道改造成虫洞，飞船驶过虫洞不消耗时间。

在虫洞建设完成之前，小 P 的物流公司就预接了 m 个运输计划。在虫洞建设完成后，这 m 个运输计划会同时开始，所有飞船一起出发。当这 m 个运输计划都完成时，小 P 的物流公司的阶段性工作就完成了。

如果小 P 可以自由选择将哪一条航道改造成虫洞，试求出小 P 的物流公司完成阶段性工作所需的最短时间是多少？

输入格式：

第一行包括两个正整数 n 和 m，表示 L 国中星球的数量及小 P 公司预接的运输计划的数量，星球从 1 到 n 编号。

在接下来的 $n-1$ 行中描述了航道的建设情况，其中第 i 行包含三个整数 a_i、b_i 和 t_i，表示第 i 条双向航道修建在 a_i 与 b_i 两个星球之间，任意飞船驶过它所花费的时间都为 t_i。

接下来的 m 行描述了运输计划情况，其中第 j 行包含两个正整数 u_j 和 v_j，表示第 j 个运输计划是从 u_j 号星球飞往 v_j 号星球的。

输出格式：

输出一个整数，表示小 P 的物流公司完成阶段性工作所需的最短时间。

输入样例：

6 3
1 2 3
1 6 4
3 1 7
4 3 6
3 5 5
3 6
2 5
4 5

输出样例：

11

数据范围：

$1 \leqslant a_i,\ b_i \leqslant n,\ 0 \leqslant t_i \leqslant 1000,\ 1 \leqslant u_i,\ v_i \leqslant n$。

第88课 树上动态规划

动态规划是一种解决问题的方法，它首先寻找一个问题的最优解，然后将这个最优解作为基础，进一步解决另一个相关问题的最优解。

求解动态规划问题主要有两个步骤：对问题做阶段划分和在阶段之间建立递推关系。在树上做动态规划显得十分自然，因为子树就符合动态规划中的子结构特性，无须刻意地划分子结构。由于树是按递归定义的，因此在树上做动态规划通常用记忆化搜索的方法即可实现。对于节点 x，先递归求解子树，再在回溯的过程中向节点 x 进行状态转移。

88.1 例题

- 例题1：二叉苹果树

题目描述：

假设有一棵苹果树，如果树枝有分叉，则一定是分二叉。也就是说，没有只有一个儿子的节点。

这棵树共有 N 个节点（叶子节点或者树枝分叉点），编号为 $1 \sim N$，树根编号是1。

我们通过树枝两端连接的节点编号来确定一根树枝的位置。例如，一棵有4个树枝的树，其结构如图88-1所示。

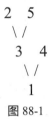

图88-1

现在这棵树的枝条太多了，需要剪枝。但是有些树枝上长有苹果。给定需要保留的树枝数量，求最多能留住多少个苹果。

输入格式：

第一行输入两个整数 N 和 Q，分别表示树的节点数和要保留的树枝数量。

在接下来的 $N-1$ 行中，每行输入三个整数，用于描述一根树枝的信息：前两个整数是它连接的节点编号，第三个整数是这根树枝上苹果的数量。

输出格式：

输出一个数，即最多能留住的苹果的数量。

输入样例：

5 2
1 3 1
1 4 10
2 3 20
3 5 20

输出样例：

21

数据范围：
$1 \leq Q < N \leq 100$，每根树枝上的苹果数 $\leq 3 \times 10^4$。

分析：

简化题意：给定若干权值边，去掉指定若干权值边后剩下的从根节点能到达的所有边权值和最大。

设 u 表示一棵树的根节点，v 表示一棵子树的根节点。如果把 v 这棵子树全砍掉，则 $u \to v$ 也会被砍掉。因此，如果 v 这棵子树砍掉 k 条边，则 u 中只能砍掉 $S_u - k - 1$ 条边。其中，S_u 表示从 u 中砍掉的边的数量。

设 $dp[u][i]$ 表示以 u 为根节点，砍掉 i 条边后能保留的最大边权值和。则有：
$dp[u][i] = \max(dp[u][i], dp[v][j] + dp[u][i-j-1] + G[u][v])$

其中 $G[u][v]$ 是从 u 到 v 的边的权值。

参考代码：

```
void dfs(int u, int fa) { // 子树的根节点为u, 其父节点为fa
    for (int i = 1; i <= n; i++) {
        if (G[u][i] && i != fa) { // 有边相连，且不是父节点
            dfs(i, u);
            sum[u] += sum[i] + 1; // sum[u] 表示从 u 出发的总边数
            for (int j = min(q, sum[u]); j >= 0; j--) {
                // 枚举从u出发能砍掉多少边
                for (int k = 0; k < j; k++) { // 枚举从v出发能砍掉多少边
                    dp[u][j] = max(dp[u][j], dp[u][j - k - 1] + dp[i][k]
                        + G[u][i]);
                }
            }
        }
    }
}
int main() {
    int n, q;
    scanf("%d%d", &n, &q); // n个节点, 保留q条边
    for (int i = 1; i < n; i++) {
        int u, v, w;
        scanf("%d%d%d", &u, &v, &w);
        G[u][v] = G[v][u] = w;
    }
    dfs(1, -1);
    printf("%d\n", dp[1][q]);
    return 0;
}
```

- **例题 2：没有上司的舞会**

题目描述：

某大学有 n 个职员，编号为 $1 \cdots n$。

他们之间有从属关系，也就是说，他们的关系就像一棵以校长为根的树，父节点是子节点的直接上司。

现在有个周年庆宴会，宴会每邀请来一个职员，就会增加一定的快乐指数 i。但是，如果某个职员的直接上司来参加舞会，那么这个职员就无论如何也不肯来参加舞会了。

请你编程计算，邀请哪些职员可以使快乐指数最大，求最大的快乐指数是多少？

输入格式：

第一行输入一个整数 n。

第二到第 $(n+1)$ 行，每行输入一个整数，第 $(i+1)$ 行的整数表示 i 号职员的快乐指数为 r_i。

第 $(n+2)$ 到第 $2n$ 行，每行输入一对整数 l 和 k，表示 k 是 l 的直接上司。

输出格式：

输出一个整数，代表最大的快乐指数。

输入样例：

```
7
1
1
1
1
1
1
1
1 3
2 3
6 4
7 4
4 5
3 5
```

输出样例：

```
5
```

数据范围：

$1 \leq n \leq 6 \times 10^3$，$-128 \leq r_i \leq 127$，$1 \leq l, k \leq n$，且给出的关系一定是一棵树。

分析：

通过分析可以发现，每个职员是否愿意参加舞会只与他的直接上司是否参加舞会有关。因此，如果根节点参加，则其子节点都不参加；如果根节点不参加，则其子节点可能参加，也可能不参加。

我们在递归返回时需要保留两个值：根节点参加时的最大值和根节点不参加时的最大值。

以节点编号作为 dp 状态的第一维，设 dp[x][0] 表示从以 x 为根的子树中选择若干节点，并且 x 不参加时的最大值；dp[x][1] 表示从以 x 为根的子树中选择若干节点，并且 x 参加时的最大值。

dp[x][0] 的转移方程为

$$dp[x][0] = \sum \max(dp[y][0], dp[y][1])$$

dp[x][1] 的转移方程为

$$dp[x][1] = \sum(dp[y][0] + r[x])$$

其中，y 是 x 的子节点，$r[x]$ 是节点 x 的快乐值。

假设根节点为 root，则结果为 max(dp[root][0], dp[root][1])，时间复杂度为 $O(N)$。

参考代码：

```
const int N = 10010;
vector<int> son[N];
int dp[N][2], fa[N], h[N], n;
void DP(int root) {
    dp[x][0] = 0;
    dp[x][1] = h[x];
    for (int y = 0; y < son[x].size(); y++) {
        DP(son[x][y]);
        dp[x][0] += max(dp[son[x][y]][0], dp[son[x][y]][1]);
        dp[x][1] += dp[son[x][y]][0];
    }
}

int main() {
    scanf("%d", &n);
    for (int i = 1; i <= n; i++) scanf("%d", &h[i]);
    for (int i = 1; i <= n; i++){
        int x, y; scanf("%d%d", &x, &y);
        fa[x] = y;
        son[y].push_back(x);
    }
    int root = 1;
    while (fa[root]) root = fa[root]; // 找到根节点
    DP(root);
    printf("%d\n", max(dp[root][0], dp[root][1]));
    return 0;
}
```

88.2 练习

- 练习：最大子树和

题目描述：

小明对数学饱有兴趣，并且是个勤奋好学的学生，总是在课后留在教室向老师请教一些问题。一天他骑车去上课，路上见到一个老伯正在修剪花花草草，他顿时想到一个有关修剪花卉的问题。于是当日课后，小明就向老师提出了这个问题。

一株奇怪的花卉，上面共有 N 朵花，共有 $N-1$ 条枝条将所有的花连在一起，并且未修剪时每朵花都不是孤立的。每朵花都有一个"美丽指数"，该数越大，说明这朵花越漂亮。也有"美丽指数"为负数的，说明这朵花看着让人恶心。所谓"修剪"就是去掉其中的一条枝条，这样一株花就变成了两株花，扔掉其中一株。经过一系列"修剪"之后，还剩下最后一株花（也可能是一朵）。任务是：通过一系列"修剪"（也可以不"修剪"），使剩下那株（那朵）花卉上的所有花朵的"美丽指数"之和最大。

老师想了一会儿，给出了正解。小明见问题被轻易破解，相当不爽，于是又拿来问你。

输入格式：

第一行输入一个整数 n（$1 \leq N \leq 16000$）。表示原始的那株花卉上共有 n 朵花。第二行输入 n 个整数，第 i 个整数表示第 i 朵花的美丽指数。在接下来的 $n-1$ 行中，每行都输入两个整数 a 和 b，表示存在一条连接第 a 朵花和第 b 朵花的枝条。

输出格式：

输入一个数，表示一系列"修剪"之后所能得到的"美丽指数"之和的最大值。保证绝对值不超过 2147483647。

输入样例：

7
-1 -1 -1 1 1 1 0
1 4
2 5
3 6
4 7
5 7
6 7

输出样例：

3

数据范围：

对于 60% 的数据：$1 \leq N \leq 1000$。

对于 100% 的数据：$1 \leq N \leq 16000$。

第 89 课 树问题应用

89.1 例题

- 例题：树网的核

题目描述：

设 $T=(V,E,W)$ 是一个无圈且连通的无向图（也称为无根树），每条边都有正整数的权，我们称 T 为树网（Treenetwork），其中 V、E 分别表示节点与边的集合，W 表示各边长度的集合，并设 T 有 n 个节点。

路径：树网中任意两节点 a、b 之间都存在唯一的简单路径。以 a、b 为端点的路径的长度用 $d(a,b)$ 表示，它是该路径上各边长度之和。我们称 $d(a,b)$ 为 a 和 b 两节点间的距离。

$D(v,P) = \min\{d(v,u)\}$，u 为路径 P 上的节点。

树网的直径：树网中最长的路径被称为树网的直径。对于给定的树网 T，直径不一定是唯一的，但可以证明：各直径的中点（不一定恰好是某个节点，可能在某条边的内部）是唯一的，我们称该点为树网的中心。

偏心距 ECC(F)：树网 T 中距路径 F 最远的节点到路径 F 的距离，即

$$\mathrm{ECC}(F) = \max\{D(v,F), v \in V\}$$

任务：对于给定的树网 $T=(V,E,W)$ 和非负整数 s，求一个路径 F，它是某直径上的一段路径（该路径两端均为树网中的节点），其长度不超过 s（可以等于 s），使偏心距 ECC(F) 最小。我们称这个路径为树网 $T=(V,E,W)$ 的核（Core）。必要时，F 可以退化为某个节点。一般来说，在上述定义下，核不一定只有一个，但最小偏心距是唯一的。

图 89-1 给出了树网的一个示例。其中，$A-B$ 与 $A-C$ 是两条直径，长度均为 20。点 W 是树网的中心，EF 边的长度为 5。如果指定 $s=11$，则树网的核为路径 DEFG（也可以取为路径 DEF），偏心距为 8。如果指定 $s=0$（或 $s=1$、$s=2$），则树网的核为节点 F，偏心距为 12。

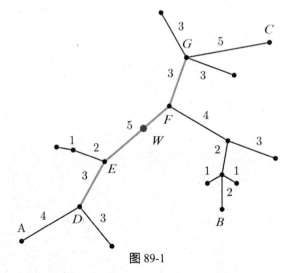

图 89-1

输入格式:

共 n 行。

第 1 行包含两个正整数 n 和 s,中间用一个空格隔开。其中 n 为树网节点的个数,s 为树网的核的长度的上界。设节点编号依次为 $1, 2, \cdots, n$。

从第 2 行到第 n 行,每行给出 3 个用空格隔开的正整数 u, v, w,依次表示每条边的两个端点编号和长度。例如,2,4,7 表示连接节点 2 与 4 的边的长度为 7。

输出格式:

一个非负整数,为指定意义下的最小偏心距。

输入样例 1:

5 2
1 2 5
2 3 2
2 4 4
2 5 3

输出样例 1:

5

输入样例 2:

8 6
1 3 2
2 3 2
3 4 6
4 5 3
4 6 4
4 7 2
7 8 3

输出样例 2:

5

数据范围:

对于 40% 的数据:$n \leq 15$。

对于 70% 的数据:$n \leq 80$。

对于 100% 的数据:$2 \leq n \leq 300$,$0 \leq s \leq 10^3$,$1 \leq u, v \leq n$,$0 \leq w \leq 10^3$。

分析:

给定一棵带边权无根树,在其直径上求出一段长度不超过 s 的路径 F,使得离路径距离最远的点到路径的距离最短。一个结论:对于直径上的任意一个点,距离它最远的点一定是直径上的某个端点。可以用反证法证明。因为地图不大,可以考虑使用邻接矩阵存图。

参考代码:

```
const int N = 505;
int n, s, map[N][N], a, b, c, ans = 10000000, tot;
int main() {
```

```
        memset(map, 10000, sizeof(map));
        cin >> n >> s;
        for (int i = 1; i <= n - 1; i++) {
            cin >> a >> b >> c;
            map[a][b] = map[b][a] = c;
        }
        for (int k = 1; k <= n; k++)
            for (int i = 1; i <= n; i++)
                for (int j = 1; j <= n; j++)
                    if (i != j && j != k && k != i)
                        map[i][j] = min(map[i][j], map[i][k] + map[k][j]);
        for (int i = 1; i <= n; i++) map[i][i] = 0;
        for (int i = 1; i <= n; i++)
            for (int j = 1; j <= n; j++)
                if (map[i][j] <= s) {
                    tot = 0;
                    for (int k = 1; k <= n; k++) tot = max(tot, (map[i][k]
                    + map[k][j] - ma [i][j]/2);
                    ans = min(ans, tot);
                }
        cout << ans << endl;
        return 0;
    }
```

89.2 练习

- 练习1：聚会

题目描述：

Y 岛风景美丽宜人，气候温和，物产丰富。

Y 岛上有 N 个城市（编号 $1,2,\cdots,N$），有 $N-1$ 条城市间的道路连接着它们。每条道路都连接某两个城市。

- 幸运的是，小可可通过这些道路可以走遍 Y 岛的所有城市。
- 神奇的是，乘车经过每条道路所需要的费用都是一样的。

小可可、小卡卡和小 YY 经常想聚会，每次聚会，他们都会选择一个城市，使得 3 个人到达这个城市的总费用最小。

由于他们计划中还会有很多次聚会，每次都选择一个地点是一件很烦人的事情，所以他们决定把这件事情交给你来完成。他们会提供给你地图及若干聚会前他们所处的位置，希望你为他们的每一次聚会选择一个合适的地点。

输入格式：

第一行输入两个正整数 N 和 M，分别表示城市的数量和聚会的次数。

后面的 $N-1$ 行，每行输入两个正整数 A 和 B，分别代表编号为 A 和编号为 B 的城市，这两个城市之间有一条路。

接下来的 M 行，每行输入三个正整数，分别代表一次聚会中小可可、小卡卡和小 YY 所在的城市编号。

输出格式：

共输出 M 行，每行包含两个数字，分别代表 Pos 和 Cost，用一个空格隔开，表示第 i 次聚会的地点选择在编号为 Pos 的城市，总费用为经过 Cost 条道路所花费的费用。

输入样例：

6 4
1 2
2 3
2 4
4 5
5 6
4 5 6
6 3 1
2 4 4
6 6 6

输出样例：

5 2
2 5
4 1
6 0

数据范围：

$N \leqslant 500000$, $M \leqslant 500000$

- **练习 2：选课**

题目描述：

在大学里，学生为了获得所需学分，必须从众多课程中选择一些课程来学习。其中有些课程必须在其他课程之前学习。例如，高等数学总是在其他课程之前学习。现在有 N 门课程，每门课程有个学分，且每门课程有一门或没有直接的先修课（如果课程 a 是课程 b 的先修课，则只有学完了课程 a，才能学习课程 b）。一个学生想要从这些课程中选择 M 门课程学习，他能获得的最大学分是多少？

输入格式：

第一行输入两个整数 N 和 M，用空格隔开（$1 \leqslant N \leqslant 300$, $1 \leqslant M \leqslant 300$）。

接下来的 N 行，第 $i+1$ 行包含两个整数 k_i 和 s_i，k_i 表示第 i 门课的直接先修课，s_i 表示第 i 门课的学分。若 $k_i = 0$，则表示没有直接先修课（$1 \leqslant k_i \leqslant N$, $1 \leqslant s_i \leqslant 20$）。

输出格式：

输出只有一行，表示选 M 门课程可获得的最大学分。

输入样例：

7 4
2 2
0 1

0 4
2 1
7 1
7 6
2 2

输出样例：

13

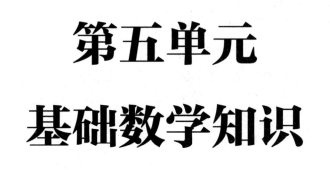

第五单元

基础数学知识

第 90 课　数学基本概念

90.1 整除

整除就是对于两个整数 a 和 b，如果存在一个整数 c，使得 $b = a \times c$，那么 b 被称为 a 的一个整数倍，记为 $a \mid b$，否则记为 $a \nmid b$。

整除的性质：

(1) $a \mid b \Leftrightarrow -a \mid b \Leftrightarrow a \mid -b \Leftrightarrow |a| \mid |b|$。

(2) $a \mid b$ 且 $b \mid c \Rightarrow a \mid c$。

(3) $a \mid b$ 且 $a \mid c \Rightarrow a \mid (xb + yc)$，其中 $x, y \in \mathbf{Z}$。

(4) $a \mid b$ 且 $b \mid a \Leftrightarrow a = \pm b$。

(5) $a \mid b \Leftrightarrow ma \mid mb, m \neq 0$。

(6) $a \mid b \Rightarrow |a| \mid |b|, b \neq 0$。

(7) $a \neq 0$，$b = qa + c$，则有 $a \mid b \Leftrightarrow a \mid c$。

90.2 带余除法

设 a 和 b 为两个给定的整数，$a \neq 0$。若 $a \nmid b$，则一定存在等式 $b = a \times q + r$（$d < r < |a| + d, d \in \mathbf{N}$）。

称 q 为 a 除 b 的商，r 为 a 除 b 的余数。

$a \mid b \Rightarrow a \mid r$

90.3 最大公约数

最大公约数（Greatest Common Divisor，GCD）表示一组整数中的公共约数的最大值，常用 gcd 表示。

90.4 最小公倍数

最小公倍数（Least Common Multiple，LCM）表示一组整数中的公共倍数的最小值，常用 lcm 表示。

$$\mathrm{lcm}(x, y) = \frac{x \cdot y}{\gcd(x, y)}$$

90.5 互质

两个整数 a 和 b 互质，则 $\gcd(a, b) = 1$。

90.6 素数与合数

素数：只有 1 和它本身两个因数的数。

合数：除了 1 和它本身，还有其他因数的数。

特别的：1 既不是素数，也不是合数。

90.7 算数基本定理

设一正整数 x，必然可以唯一表示为

$$x = p_1 p_2 \cdots p_n$$

其中 p_i 是素数。

可能存在 $p_i = p_j$，因此可以以幂次方进行合并。

$$x = p_1^{a_1} p_2^{a_2} \cdots p_n^{a_n}$$

90.8 同余

若 m 能整除 $a - b$，即 $m \mid (a - b)$，则称 b 是 a 在模 m 下的同余。这种关系记作 $a \equiv b \pmod{m}$，表示 a 与 b 对于模 m 同余。

90.9 模运算

设 $a, b \in \mathbb{Z}$，则 $a \bmod b$ 表示 a 在模 b 意义下的余数。模运算的分配律：

（1）$(a + b) \bmod m = (a \bmod m + b \bmod m) \bmod m$。

（2）$(a - b) \bmod m = (a \bmod m - b \bmod m + m) \bmod m$。

（3）$(a \cdot b) \bmod m = ((a \bmod m) \cdot (b \bmod m)) \bmod m$。

第 91 课　素数

素数，也称为质数，指在大于 1 的自然数中，除了 1 和它本身不再有其他因数的数。
素数在数学领域占据重要地位，并在密码学中发挥了关键作用，是计算机安全的基础。
素数具有多种性质和结论：
- 素数有无穷多个。
- 除 2 外，其他素数都为奇数。
- 数值越大，相邻两个素数之间的差值也越大。

在数学领域，存在一些关于素数的重要猜想，例如孪生素数猜想、歌德巴赫猜想等。因此，快速判定一个数是否为素数非常重要。

素数判定

试除法

试除法是判断一个数是否为素数的一种方法，其原理很简单：从 2 开始，逐一寻找这个数的因子。如果找不到任何因子，则该数为素数。

参考代码：

```cpp
bool is_prime(int x) {
    if (x < 2) return false;
    for (int i = 2; i < x; i++)
        if (x % i == 0) return false;
    return true;
}
```

时间复杂度为 $O(n)$，空间复杂度为 $O(1)$。

分析发现，我们可以将试除法的寻找空间缩小到 $[2, \sqrt{n}]$。原因是，假设 $a < b$，且 a 是 n 的一个约数，那么 b 一定是 n 的一个约数。因此，我们只需判断到 $\sqrt{n}$ 即可。

参考代码：

```cpp
bool is_prime(int x) {
    if (x < 2) return false;
    for (int i = 2; i * i <= x; i++)
        if (x % i == 0) return false;
    return true;
}
```

时间复杂度为 $O(\sqrt{n})$，空间复杂度为 $O(1)$。当 $x \leq 10^{12}$ 时，该算法依然可以需要尝试。因此，只需列出 $[2, \sqrt{n}]$ 范围内的所有素数即可判定 n 是否为素数当 $n = 10^6$ 时，素数的数量约为 7.8 万个。当 $n = 10^8$ 时，素数的数量约为 576 万个。据此可以估算时间和空间的消耗。

计算素数的数量还可以使用素数定理：素数的个数约等于 $\frac{n}{\ln n}$。

- **例题 1：质因数分解**

题目描述：

已知正整数 n 是两个不同的素数的乘积，试求出较大的那个素数。

输入格式：

输入一个正整数 n。

输出格式：

输出一个正整数 p，即较大的那个素数。

输入样例：

21

输出样例：

7

数据范围

$6 \leqslant n \leqslant 2 \times 10^9$。

分析：

通过题意，我们知道 n 一定可以分解为两个素数的乘积。假设 $n = a \times b$，且 $a < b$。我们可以从小到大枚举 a，直到 $a|n$，此时 $b = \dfrac{n}{a}$ 就是较大的那个素数。

参考代码：

```
int f(int n) {
    for (int i = 2; i * i <= n; i++) {
        if (n % i == 0)  return n / i;
    }
}
```

- 例题 2：哥德巴赫猜想

题目描述：

验证哥德巴赫猜想：任意一个大于 4 的偶数，总可以被拆分为两个素数的和。

输入格式：

输入多组数据，每组数据都包含一个偶数 n，输入以 0 结束。

输出格式：

对于每组数据，都将输出形式定为 $n = a + b$，其中 a 和 b 是素数。如果有多组 a 和 b 满足条件，则输出使得 $b - a$ 最大的一组。

输入样例：

8
20
42
0

输出样例：

8 = 3 + 5
20 = 3 + 17
42 = 5 + 37

数据范围：

$6 \leqslant n \leqslant 10^6$。

分析：

假设哥德巴赫猜想成立，那么只需在 $2 \sim \dfrac{n}{2}$ 范围内枚举 a，即可找到满足条件的 a 和 b。

参考代码:

```c
int is_prime(int n) { // 判断素数
    for (int i = 2; i * i <= n; i++)
        if (n % i == 0)  return 0;
    return 1;
}

void goldbach(int n) { // 哥德巴赫猜想
    for (int i = 2; i <= n / 2; i++)  {
        if (is_prime(i) && is_prime(n - i)) {
            printf("%d = %d + %d\n", n, i, n - i);
            return;
        }
    }
}
```

- **练习1：素数的和与积**

题目描述：

两个素数的和是 S，求它们的最大乘积？

输入格式：

输入一个正整数 S，且它为两个素数的和。

输出格式：

输出一个整数，且它为两个素数的最大乘积。数据保证有解。

输入样例：

50

输出样例：

589

数据范围：

$4 \leqslant S \leqslant 10^4$。

- **练习2：第 n 小的素数**

题目描述：

输入一个正整数 n，求第 n 小的素数。

输入格式：

输入一个正整数 n。

输出格式：

输出第 n 小的素数。

输入样例：

10

输出样例：

29

数据范围：

$4 \leq n \leq 10^4$。

- **练习 3：阶乘分解**

题目描述：

给定整数 N，试对阶乘 $N!$ 分解质因数，并按照算术基本定理的形式输出分解结果中的 p_i 和 c_i。

输入格式：

输入一个整数 N。

输出格式：

输出 $N!$ 分解质因数后的结果，共若干行，每行有一对 p_i 和 c_i，表示含有 $p_i^{c_i}$ 项，并按照 p_i 从小到大的顺序输出。

输入样例：

5

输出样例：

2 3
3 1
5 1

数据范围：

$3 \leq N \leq 10^6$。

样例解释：

$5! = 120 = 2^3 \times 3 \times 5$。

第 92 课 筛法

对自然数逐一判定是否为素数的过程很慢。通常情况下,整数会分布在一个特定范围内,我们只需将特定范围内的所有合数去掉,剩下的就是素数。

根据素数的定义,我们可以构建一种去掉合数的方法——删掉所有质数的倍数。这个过程类似于使用"筛子",所有符合素数倍数的数都会从"筛子"的孔漏下去,最终留下的就只有素数。

92.1 埃氏筛法

假设求 10^6 以内的所有素数。

构建一个整数序列 $[2, 3, 4, \cdots, n]$。

从第 1 个数开始,依次判断其是否为素数。如果是素数,则从整数序列中删掉其所有的倍数(该素数本身除外)。

- 因为 2 是素数,所以删掉 2 的倍数,即删掉 2、4、6、8、10、12……
- 因为 3 是素数,所以删掉 3 的倍数,即删掉 3、6、9、12、15……
- 重复以上步骤,直到 n 为止。

一个数是否应该从整数序列中删除,可以用一个布尔数组来表示。如果数组中的值为 true,则表示从整数序列中删除该数,否则保留该数。

参考代码:

```cpp
bool isPrime[N];
void Era_Sieve(int n) {
    for (int i = 2; i <= n; i++) {
        if (!isPrime[i]) for (int k = i * 2; k <= n; k += i) {
            isPrime[k] = true;
        }
    }
    for (int i = 2; i <= n; i++) {
        if (!isPrime[i]) cout << i << " ";
    }
}
```

实际上,一个合数 n 一定存在一个小于 $\sqrt{n}$ 的因子。

因此,我们只需从 $i \times i$ 开始进行筛选。

参考代码:

```cpp
bool isPrime[N];
void Era_Sieve(int n) {
    for (int i = 2; i <= n; i++) {
        if (!isPrime[i]) for (int k = i * i; k <= n; k += i) {
            isPrime[k] = true;
        }
    }
    for (int i = 2; i <= n; i++) {
        if (!isPrime[i]) cout << i << " ";
```

```
        }
    }
```
埃氏筛法的时间复杂度为 $O(n \log \log n)$，空间复杂度为 $O(n)$。

92.2 欧拉筛法

虽然埃氏筛法在时间复杂度上已经很优秀了，但是依然存在多次筛选同一个数的问题，欧拉筛法（线性筛法）可以避免这个问题。

欧拉筛法是对埃氏筛法的改进，其原理是：每个合数只存在唯一的最小素数，只能被自己的最小素数筛出。

参考代码：

```
bool isPrime[N];
int prime[N];
int cnt = 0;
void Era_Sieve(int n){
    for (int i = 2; i <= n; i++){
        if (!isPrime[i]) prime[++cnt] = i;
        for (int j = 1; j <= cnt && i * prime[j] <= n; j++) {
            isPrime[i * prime[j]] = true;
            if (i % prime[j] == 0)  break;
        }
    }
    for (int i = 1; i <= cnt; i++) cout << prime[i] << " ";
}
```

假设整数序列为 $[1, 2, 3, \cdots, n]$。

当 $i = 2$ 时，素数表为 $[2]$，筛掉了 4。

当 $i = 3$ 时，素数表为 $[2, 3]$，筛掉了 6、9。

当 $i = 4$ 时，素数表为 $[2, 3]$，筛掉了 8。此时 $4 \% 2 == 0$，退出循环。

当 $i = 5$ 时，素数表为 $[2, 3, 5]$，筛掉了 10、15、25。

……

可以发现每个数都会被自己最小的素数筛出。每个数都只被筛除一次。因此欧拉筛法的时间复杂度为 $O(n)$，空间复杂度为 $O(n)$。

- 例题 1：用筛法找素数

题目描述：

用筛法求出 n 以内的全部素数。

输入格式：

输入 n。

输出格式：

在一行内输出所有小于或等于 n 的素数，并用空格分开。

输入样例：

10

输出样例：

2 3 5 7

数据范围：

$1 \leqslant n \leqslant 1000$。

分析：

根据埃氏筛法的定义，我们只需将所有合数标记为 true 即可。

参考代码：

```cpp
bool prime[N];
void Era_Sieve(int n) {
    memset(prime, false, sizeof(prime));
    for (int i = 2; i <= n; i++) {
        if (!prime[i]) cout << i << " ";
        for (int j = 2 * i; j <= n; j += i) prime[j] = true;
    }
    cout << endl;
}
```

- **例题 2：天天写作业**

题目描述：

计算从 $A \sim B$ 之间，一共有多少个素数？

输入格式：

在一行内输入两个整数 A 和 B，并用空格隔开。

输出格式：

在一行内输出 $A \sim B$ 之间有多少个素数。

输入样例：

3 10

输出样例：

3

数据范围：

$0 \leqslant A \leqslant B \leqslant 10^9$，$B - A \leqslant 10^5$

分析：

题目描述比较简单，但是由于数据量比较大，所以通过遍历 $A \sim B$ 之间的每一个数进行判断统计会超时。因此我们需要使用筛法解决这个问题。首先求出 $2 \sim \sqrt{(B)}$ 之间的所有素数，然后遍历 $A \sim B$ 之间的每一个数，判断这个数是否为素数。

参考代码：

```cpp
const int N = 1e6 + 10;
bool np[N];
int prime[N];
void Era_Sieve(int n) {
    np[1] = true;
    for (int i = 2; i * i <= n; i++){
        if (!np[i]) prime[++prime[0]] = i;
        for (int j = 1; j <= prime[0] && i * prime[j] <= n; j++) {
```

```
                np[i * prime[j]] = true;
                if (i % prime[j] == 0) break;
            }
        }
    }

    int solve(int a, int b) {
        int ans = 0;
        for (int i = a; i <= b; i++) {
            bool flag = true;
            for (int j = 1; j <= prime[0]; j++)
                if (i % prime[j] == 0 && i != prime[j]) {
                    flag = false;
                    break;
                }
            if (flag) ans++;
        }
        return ans;
    }
}
```

- 练习1：第 n 小的素数

题目描述：

输入一个正整数 n，求第 n 小的素数。

输入格式

输入多组数据。每行输入一个正整数 n。当 $n = 0$ 时结束。

输出格式：

输出若干行，每行为对应的第 n 小的素数。

输入样例：

10

3

4

0

输出样例：

29

5

7

数据范围：

$4 \leq n \leq 10^6$。

- 练习2：珠宝染色

题目描述：

洛克买了 n 件珠宝，第 i 件珠宝的价值是 $i+1$。也就是说，珠宝的价值分别为 $2, 3, \cdots$。

他想给这些珠宝染色，使得当一件珠宝的价格是另一件珠宝价格的质因子时，两件珠宝的颜色不同。

请你计算他需要染几种颜色的珠宝，才能满足条件。

输入格式：

第一行输入一个整数 n，表示珠宝的件数。

输出格式：

输出一个整数，表示他需要染色的颜色总数量。

输入样例：

3

输出样例：

2

数据范围：

$1 \leqslant n \leqslant 10^5$。

- 练习 3：素数距离

题目描述：

给定两个整数 L 和 U，你需要在闭区间 $[L, U]$ 中找到距离最近的两个相邻素数 C_1 和 C_2，其中 $C_1 < C_2$，即 $C_2 - C_1$ 是最小的。如果存在相同距离的其他相邻素数对，则输出第一对。同时，你需要找到距离最远的两个相邻素数 D_1 和 D_2，其中 $D_1 < D_2$，即 $D_2 - D_1$ 是最大的。如果存在相同距离的其他相邻素数对，则输出第一对。

输入格式：

每行输入两个整数 L 和 U，其中 L 和 U 的差值不超过 10^6。

输出格式：

对于每对 L 和 U，都输出一个结果，结果占一行。结果包括距离最近的相邻素数对和距离最远的相邻素数对（具体结果参照样例）。如果 L 和 U 之间不存在素数对，则输出 "There are no adjacent primes."。

输入样例：

2 17
14 17

输出样例：

2,3 are closest, 7,11 are most distant. There are no adjacent primes.

数据范围：

$1 \leqslant L < U \leqslant 2^{31} - 1$。

第 93 课　约数

约数，也称为因数。当整数 a 除以整数 b ($b \neq 0$)，得到的商正好是整数而没有余数时，我们就说 a 能被 b 整除，或者 b 能整除 a。a 称为 b 的倍数，b 称为 a 的约数。

最大公约数：

最大公约数（Greatest Common Divisor，GCD）指一组整数中公共约数的最大值。

最大公约数也称为最大公因数或最大公因子。

一般，将 a,b 的最大公约数记为 $\gcd(a,b)$，同理，将 a,b,c 的最大公约数记为 $\gcd(a,b,c)$，多个整数的最大公约数也有同样的记号。求最大公约数的方法有多种，常见的有穷举法、更相减损法、辗转相除法、质因数分解法和短除法。

93.1 穷举法

与最大公约数相对应的概念是最小公倍数。a,b 的最小公倍数记为 $\text{lcm}(a,b)$。

穷举法是寻找最大公约数的一种最简单的方法，即从两个数中较小的数开始，由大到小列举，直到找到公约数。但是当 n 很大时，需要计算的次数会很多，导致时间复杂度很高，因此这种方法很少被使用。

参考代码：

```
int gcd(int x, int y) {
    int g = min(x, y);
    while (g > 1) {
        if (x % g == 0 && y % g == 0){
            return g;
        }
        g--;
    }
    return g;
}
```

当最大公约数 g 等于 1 时，说明 x 与 y 互质。

93.2 更相减损法

更相减损法出自《九章算术》，其原理是：可半者半之，不可半者，副置分母、子之数，以少减多，更相减损，求其等也。以等数约之。

即如果两个数都是偶数，则同时除以 2；否则用较大的数减去较小的数。重复这个过程，直到两个数相等。最后，用这个相等的数来约简原数。

例如，在求 96 与 60 的最大公约数时，可以先将其调整为 24 与 15。

$24-15=9$，$15-9=6$，$9-6=3$，$6-3=3$，$3-3=0$。

所以 96 与 60 的最大公约数是 $3 \times 4 = 12$。

参考代码：

```
int gcd(int x, int y) {
    int p = 1;
    while (x % 2 == 0 && y % 2 == 0) {
```

```
            p *= 2; x /= 2; y /= 2;
        }
        int t;
        while (x != y) {
            if (x > y) swap(x, y);
            x -= y;
        }
        return x * p;
    }
```

当 x 比 y 大很多时，需要执行很多次减法才能使差值比 y 小。实际上就是取余操作。基于此，我们有更快的求解方法——辗转相除法。

93.3 辗转相除法

辗转相除法是由古希腊数学家欧几里得在其著作 *The Elements* 中提出的，所以辗转相除法又名欧几里得算法。

原理：两个整数的最大公约数等于其中较小的那个数和两数取模的最大公约数。

证明：

假设 $d = \gcd(x, y)$，则 $d|x, d|y$。假设 $x = a \times d$，$y = b \times d$；余数 $r = x\%y$，$r = (a \times d)\%(b \times d) = (a\%b) \times d$。故 $r\%d = 0$，因此 $\gcd(x, y) = \gcd(x, r) = \gcd(y, r)$。

参考代码：

```
    int gcd(int x, int y) {
        return x % y == 0 ? y : gcd(y, x % y);
    }
```

93.4 质因数分解法

质因数（或质因子）在数论里指能整除给定正整数的素数。

算数基本定理（唯一分解定理）：任何一个正整数 n 都可以唯一分解为有限个素数的乘积，即 $n = p_1^{a_1} p_2^{a_2} \cdots p_k^{a_k}$。其中 a_i 都是正整数，p_i 都是素数。

93.4.1 用欧拉筛法求最小质因数

欧拉筛法的原理是每个合数都只会被它的最小质因数筛去，因此我们可以在筛合数的过程中记录最小质因数。

参考代码：

```
    int P[N];
    int prime[N];
    int cnt = 0;
    void Era_Sieve(int n) {
        for (int i = 2; i <= n; i++) {
            if (!P[i]) prime[++cnt] = i;
            for (int j = 1; j <= cnt && i * prime[j] <= n; j++) {
                P[i * prime[j]] = prime[j];
                if (i % prime[j] == 0) break;
            }
        }
    }
```

P 数组中存储了合数的最小质因数,素数存储了 0。
下面对 n 分解质因数。

参考代码:

```
void factor(int n) {
    while (!P[n]) {
        printf("%d ", P[n]);
        n = P[n];
    }
    printf("%d\n", n);
}
```

93.4.2 用试除法分解质因数

根据算术基本定理可知,从 2 开始尝试,合数一定会优先被素数除。因此,只需要从小到大枚举 $[2, \sqrt{(n)}]$ 中的数。如果能够被整除,则一定是其质因数。除以该数后更新 n 的值,最后 n 一定为 1 或是素数,即质因数分解完毕。

参考代码:

```
void factor(int n) {
    for (int i = 2; i * i <= n; i++)  {
        while (n % i == 0){
            printf("%d ", i);
            n /= i;
        }
    }
    if (n != 1) printf("%d\n", n);
}
```

- 例题 1:最大公约数

题目描述:
求两个正整数 m 和 n 的最大公约数。

输入格式:
输入 m, n。

输出格式:
m, n 的最大公约数。

输入样例:
4 6

输出样例:
2

数据范围:
$m, n \leq 10^9$。

分析:
既可以用试除法分解质因数,求出最大公约数,也可以用辗转相除法和更相减损法求出最大公约数 。

参考代码:

```
int gcd(int a, int b) {
    return a ? gcd(b, a % b) : b;
}
```

- 例题 2: 最大公约数与最小公倍数

题目描述:

输入两个正整数 x_0 和 y_0,求出满足下列条件的 P, Q 的个数:

(1) P, Q 是正整数。

(2) 要求 P, Q 以 x_0 为最大公约数,以 y_0 为最小公倍数。

输入格式:

输入两个正整数 x_0 和 y_0。

输出格式:

输出一个数,表示满足条件的 P, Q 的个数。

输入样例:

3 60

输出样例:

4

数据范围:

$2 \leqslant x_0, y_0 \leqslant 10^5$

样例解释:

P, Q 有 4 种:

- 3, 60。
- 15, 12。
- 12, 15。
- 60, 3。

分析:

由最大公约数和最小公倍数的概念可得出以下结论:

$x \cdot y = P \cdot Q \ \gcd(x, y) = P \ \text{lcm}(x, y) = Q$

因此,遍历 $1 \sim P \cdot Q$ 中的所有数,判断其是否满足题设条件。考虑到数据范围,应做适当的优化。

对于同一组数据,交换 x, y 的值也是符合要求的,即只需要考虑到 $\sqrt{P \cdot Q}$ 即可。

当 $x = y$ 时,$\gcd(x, y) = P$,$\text{lcm}(x, y) = Q$,则有 $P = Q$。

参考代码:

```
int solve(int x, int y) {
    long long n = x * y;
    for (int i = 1; i <= sqrt(n); i++) {
        if (n % i == 0 && gcd(i, n / i) == x)
            ans++;
    }
```

```
        return ans * 2 - (x == y);
}
```

- 练习1：轻拍牛头

题目描述：

今天是贝茜的生日，贝茜为了庆祝自己的生日，邀请你来玩一个游戏。

贝茜让 N 头奶牛坐成一个圈。除1号奶牛与 N 号奶牛外，i 号奶牛、$i-1$ 号奶牛和 $i+1$ 号奶牛相邻，N 号奶牛与1号奶牛相邻。农夫约翰用纸条装满了一个桶，每张纸条上都包含一个1到 10^6 的数字。接着每一头奶牛 i 从桶中取出一张纸条 A_i，每头奶牛轮流走一圈，同时拍打所有"抽到字条数字是 A_i 的因数"的牛，然后回到原来的位置。

奶牛们希望你帮助它们确定，每一头奶牛需要拍打的是哪头奶牛。

输入格式：

第一行输入一个整数 N，第二行输入 N 个整数 A_i。

输出格式：

输出 N 个数，第 i 个数表示第 i 头奶牛要拍打的奶牛数量，数字之间用空格隔开。

输入样例：

5
2 1 2 3 4

输出样例：

2 0 2 1 3

数据范围：

$1 \leqslant N \leqslant 10^5$。

- 练习2：素数距离

题目描述：

对于任何正整数 x，其约数的个数都可记作 $g(x)$。例如，$g(1) = 1$，$g(6) = 4$。如果某个正整数 x 满足：对于任意小于 x 的正整数 i，都有 $g(x) > g(i)$，则称 x 为反素数。例如，整数 1,2,4,6 等都是反素数。现在给定一个正整数 N，求不超过 N 的最大反素数。

输入格式：

输入一个正整数 N。

输出格式：

输出一个整数，表示不超过 N 的最大反素数。

输入样例：

1000

输出样例：

840

数据范围：

$1 \leqslant N \leqslant 2 \times 10^9$。

- 练习 3：疯狂 GCD

题目描述：

求 $\sum_{i=1}^{n} \sum_{j=1}^{n} \gcd(i,j)$ 的值。

输入格式：

输入一个正整数 n。

输出格式：

输出一个整数。

输入样例：

5

输出样例：

37

数据范围：

$n \leqslant 2 \times 10^7$。

第94课　裴蜀定理

裴蜀定理，也称为贝祖定理，其主要作用是判断不定方程是否有整数解，并求出不定方程有正整解时的最小取值。

题目描述：

一定存在整数 x, y，满足 $ax + by = \gcd(a, b)$。

例如，$4x + 6y = 2$，有整数解 $x = -1$，$y = 1$。而 $4x + 6y = 3$，即 $x = \dfrac{3-6y}{4}$，无整数解。

证明：

假设取整数 x_0, y_0 时，$ax + by$ 的最小正整数值为 s，即 $ax + by = s$。因为 $\gcd(a, b) | ax_0$，$\gcd(a, b) | by_0$，所以 $\gcd(a, b) | s$。

设 $a = qs + r\ (0 \leqslant r < s)$，

$r = a - qs$

$= a - q(ax_0 + by_0)$

$= a(1 - qx_0) + b(-qy_0)$

$= ax + by$

因为 s 是最小正整数，故 $r = 0$，所以 $s | a$，同理 $s | b$。

故 $s | \gcd(a, b)$。

由 $\gcd(a, b) | s$ 和 $s | \gcd(a, b)$ 得 $s = \gcd(a, b)$。

证毕。

裴蜀定理推广

一定存在整数 x, y，满足 $ax + by = \gcd(a, b) \cdot n$。

例如，$4x + 6y = 8$ 的整数解为 $x = -4$，$y = 4$。

裴蜀定理再推广

一定存在整数 $x_1, x_2, \cdots, x_i$，满足 $\sum_{i=1}^{n} A_i x_i = \gcd(A_1, A_2, \cdots, A_n)$。

例如，$4x_1 + 6x_2 + 2x_3 = 4$ 有整数解 $x_1 = 1$，$x_2 = 0$，$x_3 = 0$。

注意：

根据欧几里得定理求 $\gcd(a, b)$，如果参数是负数，结果也会是负数。例如，$\gcd(8, -4) = -4$。

如果系数 A 为负数，则在求 gcd 时应带入其绝对值，确保所求最大公约数为正数。这样并不会影响解的存在性。

```
int gcd(int a, int b) {
    return b ? gcd(b, a % b) : a;
}

int main() {
    int n, res;  cin >> n >> res;
    for (int i = 1; i < n; i++) {
        int A; cin >> A;
        res = gcd(res, A);
    }
```

```
        cout << res << endl;
        return 0;
    }
```

- 练习：小凯的疑惑

题目描述：

小凯手中有两种面值的金币，面值均为正整数，且它们互为素数。每种金币小凯都有无数个。在不找零的情况下，仅使用这两种金币，有些商品他是无法准确支付的。现在小凯想知道在无法准确支付的商品中，最贵的一件商品价值多少金币？

注意：根据输入数据，可以确保至少存在一件商品，小凯无法用手中的金币准确支付。

输入格式：

输入两个正整数 a 和 b，它们之间用空格隔开，分别表示小凯手中金币的面值。

输出格式：

输出一个正整数 N，表示在不找零的情况下，小凯用手中的金币无法准确支付的最贵的一件商品的价值。

输入样例：

3 7

输出样例：

11

数据范围：

$1 \leqslant a, b \leqslant 10^9$。

第 95 课 中国剩余定理

中国剩余定理（China Remainder Theorem，CRT）最早见于中国南北朝时期的数学著作《孙子算经》中的"物不知数"问题："有物不知其数，三三数之剩二，五五数之剩三，七七数之剩二。问物几何？"

即有一个数，我们不知道它是多少。如果将它除以 3，余数是 2；除以 5，余数是 3；除以 7，余数是 2。问这个数是多少？

我们将其转化为数学语言：

$$\begin{cases} x \equiv 2 \pmod{3} \\ x \equiv 3 \pmod{5} \\ x \equiv 2 \pmod{7} \end{cases}$$

形如 $x \equiv a \pmod{n}$ 的式子被称为同余式或同余方程，其中 n 为正整数，a 为任意整数。

实际上，中国剩余定理不仅可以应用于整数，还可以扩展到任意有限域上的同余方程组。

95.1 线性同余方程

形如 $ax \equiv b \pmod{n}$ 的方程被称为线性同余方程，其中 a、b、n 为已知整数，x 为未知数。通常需要求出线性同余方程的特解，或者在区间 $[0, n-1]$ 内求出通解。

我们可以对原程进行转化：$ax = kn + b$，其中 k 为任意整数。由此可以得到另一个等价式子 $ax + by = n$。

这是一个二元一次方程，其解 (x, y) 在平面的一条直线上。

95.2 中国剩余定理和欧几里得定理

假设 $d = \gcd(a, b)$，那么有 $d(\frac{a}{d}x + \frac{b}{d}y) = c$。若 x, y 为整数，则必然存在 $d|c$。因此，$ax + by = c = dc'$。设 $ax' + by' = d$ 存在一组解为 (x_0, y_0)，那么方程两边同时乘以 c'，可以得到 $ax_0c' + by_0c' = dc'$，即 $ax + by = c$ 的解为 (x_0c', y_0c')。

如何求 $ax' + by' = d$ 的解呢？

由欧几里得定理可知，$\gcd(a, b) = \gcd(b, a\%b)$。因此，存在
$$bx'' + (a\%b)y'' = \gcd(b, a\%b)$$
即
$$bx'' + (a\%b)y'' = ax' + by'$$

$a\%b$ 可以写为 $a - \lfloor \frac{a}{b} \rfloor b$。

将方程整理后可得：
$$a(x' - y'') + b(y' - (x'' - \lfloor \frac{a}{b} \rfloor y'')) = 0$$

因为这个方程对任意 (a, b) 都成立，所以有 $x' = y''$ 且 $y' = x'' - \lfloor \frac{a}{b} \rfloor y''$。因此只需求解 (x'', y'') 即可。

根据欧几里得定理可知，当 $b = 0$ 时，$\gcd(a, b) = a$，即 $ax + by = a$。此时 $x = 1, y = 0$。

扩展欧几里得定理参考代码：

```
int exgcd(int a, int b, int &x, int &y){
```

```
        if (b == 0) {
            x = 1, y = 0;
            return a;
        }
        int d = exgcd(b, a % b, y, x);
        y -= a / b * x;
        return d;
    }
```

假设已经有一组特解 (x_0, y_0)，那么 $ax_0+by_0=\gcd(a, b)$ 成立，则有 $ax_0 + H + by_0 - H = \gcd(a, b)$，即 $a(x_0 + \frac{p}{a}) + b(y_0 - \frac{p}{b}) = \gcd(a, b)$。

a、b、x_0、y_0 均为整数，则 P 必然是 a 和 b 的公倍数。

因此，$(x_0 + k\frac{p}{a}, y_0 - k\frac{p}{b})$ 也是方程的解，其中 k 为任意整数。

- 练习：同余方程

题目描述：

求关于 x 的同余方程 $ax \equiv 1 \pmod{b}$ 的最小正整数解。

输入格式：

输入两个正整数 a 和 b，它们中间用一个空格隔开。

输出格式：

输出只一个正整数 x，表示最小正整数解。输入数据保证一定有解。

输入样例：

3 10

输出样例：

7

数据范围：

$2 \leqslant a, b \leqslant 2 \times 10^9$。

第 96 课　排列组合

排列组合是数学中一个非常重要的概念，在程序设计中，我们经常需要使用排列组合来解决问题。

96.1 排列

排列指从指定个数的元素中选取若干元素，并按照一定的顺序排列起来，从而形成一个序列。

例如，从 1 到 5 的 5 个元素中选取 3 个元素，并按照一定的顺序排列起来，可以得到以下 60 个排列。

```
123  132  213  231  312  321
124  142  214  241  412  421
125  152  215  251  512  521
134  143  234  243  314  341
135  153  235  253  315  351
145  154  245  254  415  451
234  243  314  341  423  432
235  253  335  353  523  532
245  254  345  354  524  542
345  354  435  453  534  543
```

假设从 n 个元素中选取 m 个元素，就叫 n 选 m 排列，记为 A_n^m 或者 P_n^m。

第 1 个数有 n 种选取方法，第 2 个数有 $n-1$ 种选取方法，以此类推，第 m 个数有 $n-m+1$ 种选法，所以：

$$A_n^m = n \cdot (n-1) \cdot \cdots \cdot (n-m+1) = \frac{n!}{(n-m)!}$$

当 $n = m$ 时，$A_n^m = A_n^n$ 就是 n 的全排列。

参考代码：

```
int P(int n, int m, int mod) {
    int ans = 1;
    for (int i = n; i > n - m; --i) {
        ans = ans * i % mod;
    }
    return ans;
}
```

96.2 组合

组合指从一定数量的元素中选取若干元素，而不考虑元素间的顺序，从而构成一个新的序列。

例如，从 1 到 5 的 5 个元素中选取 3 个元素的组合为

123 124 125 134 135 145 234 235 245 345

即对于任意选出的指定元素不考虑顺序。

假设从 n 个元素中选取 m 个元素,且不考虑顺序,就叫 n 选 m 组合,记为 C_n^m。m 个数的排列有 A_m^m 个,即 $m!$ 个。因此,组合的计算公式为

$$C_n^m = \frac{A_n^m}{A_m^m} = \frac{n(n-1)\cdots(n-m+1)}{m!} = \frac{n!}{(n-m)!m!}$$

当 $m = n$ 或 $m = 0$ 时,$C_n^m = 1$。

参考代码:

```
int C(int n, int k) {
    int result = 1;

    for (int i = 1; i <= k; ++i) {
        result = result * (n - i + 1) / i;
    }
    return result;
}
```

96.3 组合数公式

递推公式

(1) $C_n^m = C_{n-1}^m + C_{n-1}^{m-1}$。

证明:

$$C_n^m = \frac{n(n-1)\cdots(n-m+1)}{m!} = \frac{n}{m} \frac{(n-1)\cdots(n-m+1)}{(m-1)!} = \frac{n}{m} C_{n-1}^{m-1}$$

$$C_{n-1}^m = \frac{(n-1)(n-2)\cdots(n-m)}{m!}$$

$$C_{n-1}^{m-1} = \frac{(n-1)(n-2)\cdots(n-m+1)}{(m-1)!}$$

$$C_{n-1}^m + C_{n-1}^{m-1} = \frac{(n-1)(n-2)\cdots(n-m)}{m!} + \frac{(n-1)(n-2)\cdots(n-m+1)}{(m-1)!}$$

$$= \frac{\frac{n-m}{m}(n-1)(n-2)\cdots(n-m+1) + (n-1)(n-2)\cdots(n-m+1)}{(m-1)!}$$

$$= \frac{n}{m} \frac{(n-1)(n-2)\cdots(n-m+1)}{(m-1)!}$$

$$= \frac{n}{m} C_{n-1}^{m-1} = C_n^m$$

可以这样理解:对于第 m 个元素,存在两种情况。选 m 的方法数为 C_{n-1}^m,不选 m 的方法数为,如选 $m-1$ 的方法数为 C_{n-1}^{m-1}。

(2) $C_n^m = C_n^{n-m}$。

证明:从 n 个元素中选取 m 个元素,等价于从 n 个元素中选取 $n-m$ 个元素。

(3) $C_{m+r+1}^r = \sum_{i=0}^{r} C_{m+i}^i$。

证明:

$$\sum_{i=0}^{r} C_{m+i}^{i} = C_{m}^{0} + C_{m+1}^{1} + \cdots + C_{m+r}^{r}$$

依据 $C_n^m = C_{n-1}^m + C_{n-1}^{m-1}$，可以推导上式为 C_{m+r+1}^r。

（4）$C_n^m \cdot C_m^r = C_m^r \cdot C_{n-r}^{m-r}$。

证明：

$C_n^m \cdot C_m^r = \dfrac{n!}{(n-m)!\,m!} \cdot \dfrac{m!}{(m-r)!\,r!} = \dfrac{n!}{(n-m)!(m-r)!\,r!} = \dfrac{n!}{(n-r)!\,r!} \cdot \dfrac{(n-r)!}{(n-m)!(m-r)!} = C_m^r \cdot C_{n-r}^{m-r}$

（5）$m \cdot C_n^m = n \cdot C_{n-1}^{m-1}$。

证明：

$m = C_m^1$

因此，$m \cdot C_n^m = C_n^m \cdot C_m^1 = C_n^1 \cdot C_{n-1}^{m-1} = n \cdot C_{n-1}^{m-1}$。

二项式定理：

（6）$\sum\limits_{i=0}^{n} C_n^i = 2^n$。

证明：

$(a+b)^n = C_n^0 a^n b^0 + C_n^1 a^{n-1} b^1 + C_n^2 a^{n-2} b^2 + \cdots + C_n^n a^0 b^n$

当 $a = b = 1$ 时，$(a+b)^n = C_n^0 + C_n^1 + C_n^2 + \cdots + C_n^n = 2^n$

即 $2^n = \sum\limits_{i=0}^{n} C_n^i$，又被称为二项式定理。

（7）$\sum\limits_{i=0}^{n} (-1)^i C_n^i = 0$。

证明：

当 n 为奇数时，首尾两项之和为 0，原式成立。当 n 为偶数时，令 $C_n^0 = C_{n-1}^0$，且 $C_{n-1}^{n-1} = C_n^n$，利用公式（1）推导可证明。

（8）$\sum\limits_{i=0,2i}^{n} C_n^i = \sum\limits_{i=0,2i}^{n} C_n^i = 2^{n-1}$。

证明：

根据公式（6），当计算 $(a-b)^n$ 且取 $a = b$ 时，原式成立。

（9）$C_{n+m}^r = \sum\limits_{i=0}^{r} C_n^i \cdot C_m^{r-i}$。

证明：

假设从 $m + n$ 个元素中取 r 个元素，则先从 m 个元素中取 i 个元素，再从 n 个元素中取 $r - i$ 个元素。

同一事件中的分步时间，符合乘法原理，即 $C_n^i \cdot C_m^{r-i}$。

（10）$\sum\limits_{i=1}^{n} C_n^i \cdot i = \sum\limits_{i=0}^{n} C_n^i \cdot i = n \cdot 2^{n-1}$。

证明：

$\sum\limits_{i=1}^{n} C_n^i \cdot i = \sum\limits_{i=1}^{n} \dfrac{n!}{(n-i)!(i-1)!} = n \cdot \sum\limits_{i=1}^{n} \dfrac{(n-1)!}{(n-i)!(i-1)!}$

令 $i = i - 1$，$n = n - 1$，$\sum\limits_{i=1}^{n} \dfrac{(n-1)!}{(n-i)!(i-1)!} = \sum\limits_{i=0}^{n-1} C_n^i = n \cdot 2^{n-1}$

- 练习：计算系数

题目描述：

给定一个多项式 $(ax+by)^k$，求多项式展开后 $x^n y^m$ 项的系数。

输入格式：

输入共 1 行，包含 5 个整数，分别为 a, b, k, n, m，每两个整数之间用一个空格隔开。

输出格式

输出一个整数，表示所求的系数，这个系数可能很大，请输出对 10007 取模后的结果。

输入样例：

1 1 3 1 2

输出样例：

3

数据范围：

$2 \leq n, m \leq k \leq 1000$；

$n + m = k$；

$0 \leq a, b \leq 10^6$。

第 97 课 康托展开与逆康托展开

康托展开是一种将全排列映射到自然数的双射映射，常用于构建哈希表时的空间压缩。康托展开的实质是计算当前排列相对于所有由小到大全排列的顺序，因此是可逆的。

97.1 康托展开

假设有 n 个元素 $p_1, p_2, \cdots, p_n$，令 f_i 表示固定排列的前 $i-1$ 个元素，且比第 i 个元素小的所有排列的数量。

于是，对于任意 i 值，满足条件的排列数就是从后 $n-i+1$ 中选出一个比 p_i 小的数，并对剩下的 $n-i$ 个数进行全排列，即 $f_i = H_i \cdot (n-i)!$。其中 H_i 表示 p_i 后面比 p_i 小的数的个数。

那么，对于排列 $p_1, p_2, \cdots, p_n$，其对应的康托展开值 $x = f_1 + f_2 + \cdots + f_n$。

排名为

$$\sum_{i=1}^{n-1} H_i(n-i)! + 1$$

例如，对于序列 $[1, 2, 3, 4]$，可以求得 $P = [0, 0, 0, 0]$，其康托展开值 $x = 0 + 0 + 0 + 0 = 0$。排名为 1。

对于序列 $[4, 1, 3, 2]$，可以求得 $P = [3, 0, 1, 0]$。比第 1 位小的数有 3 个，比 2 位小的数有 0 个，比第 3 位小的数有 1 个，故其康托展开值 $x = 3 \cdots 3! + 1 \times 0! + 0 \times 2! + 1 \times 1! = 19$，其排名为 20。

将康托展开转化为求 P 数组。

```
// 将 fact[i] 初始化为 i!，p 数组用于存放元素，
// H[i] 数组用于存放比 p[i] 小的数的数量
ll cantor(int p[], int n){
    ll ans = 1;
    for (int i = 1; i <= n; i++){
        for (int j = i + 1; j <= n; j++)
            if (p[i] > p[j])  H[i]++;
    }
    for (int i = 1; i <= n; i++) ans += P[i] * fact[n - i];
    return ans;
}
```

时间复杂度为 $O(n^2)$，用树状数组优化后可得到 $O(n \log n)$。

97.2 逆康托展开

与康托展开相反，逆康托展开是将自然数还原为全排列。

假设 $n! = n \cdot (n-1)! = (n-1) \cdot (n-1)! + (n-1)!$，继续展开可得通式：

$\sum_{i=1}^{n-1} i \cdot i!$ 且 $H_i \leqslant n - i$。

因此，$\sum_{i=j}^{n-1} H_i \cdot (n-i)! \leqslant \sum_{i=j}^{n-1} (n-i) \cdot (n-i)! = \sum_{i=1}^{n-j} i! \cdot i! = (n-j+1)!$

这意味着每一项的 $(n-i)!$ 都比后面所有项的总和还大，所以可以用取模的方式求出 H 数组的每一项。p_i 即为比 $H_i + 1$ 小的数。

例如，对于序列 $p = [1, 2, 3, 4, 5]$，求第 107 个序列是什么？

106 / 4! = 4 ... 10，有 4 个比它小的，所以应该是 5，从 (1, 2, 3, 4, 5) 里选。
10 / 3! = 1 ... 4，有 1 个比它小的，所以应该是 2，从 (1, 2, 3, 4) 里选。
4 / 2! = 2 ... 0，有 2 个比它小的，所以应该是 4，从 (1, 3, 4) 里选。
0 / 1! = 0 ... 0，有 0 个比它小的，所以应该是 1，从 (1, 3) 里选。
0 / 0! = 0 ... 0，有 0 个比它小的，所以应该是 3，从 (3) 里选。

```
void decantor(ll x, int n) {
    x--;
    vector<int> res;
    for (int i = 1; i <= n; i++) res.push_back(i);
    for (int i = 1; i <= n; i++) {
        H[i] = x / fact[n - i];
        x %= fact[n - i];
    }
    for (int i = 1; i <= n; i++) {
        p[i] = res[H[i]];
        res.erase(lower_bound(res.begin(), res.end(), p[i]));
    }
}
```

- 练习：康托展开

题目描述：

求 $1 \sim N$ 的一个给定全排列在所有 $1 \sim N$ 全排列中的排名。结果对 998244353 取模。

输入格式：

第一行输入一个正整数 N，第二行输入 N 个正整数，表示 $1 \sim N$ 的一种全排列。

输出格式：

输出一个非负整数，表示答案对 998244353 取模的值。

输入样例：

4
1 2 4 3

输出样例：

2

数据范围：

$1 \leqslant N \leqslant 10^6$。

第98课　抽屉原理与容斥原理

98.1 抽屉原理

抽屉原理，亦称鸽巢原理（Pigeonhole Principle）。它是由德国数学家狄利克雷首先明确提出的，并被用来证明一些数论中的问题，因此也被称为狄利克雷原理。它是组合数学中的一个重要原理。

98.1.1 第一抽屉原理

假设将 m 个物品放入 n 个抽屉中，那么必然存在一个抽屉中最少有 $\lfloor \frac{m-1}{n} \rfloor + 1$ 个物品。

证明：

反证法：如果每个抽屉中最多有 $\lfloor \frac{m-1}{n} \rfloor$ 个物品，那么 n 个抽屉中总共有 $n \times \lfloor \frac{m-1}{n} \rfloor \leq n \times \frac{m-1}{n} = m-1 \neq m$ 个物品，与题设矛盾。

推论：

如果将 $\sum_{i=1}^{n} m_i + 1 (m_i, i \in \mathbf{Z}^+)$ 个物品放入 n 个抽屉，那么必然存在第 i 个抽屉中最少有 $m_i + 1$ 个物品。

98.1.2 第二抽屉原理

假设将 m 个物品放入 n 个抽屉，那么必然存在一个抽屉中最多有 $\lfloor \frac{m}{n} \rfloor$ 个物品。

推论：

如果将 $\sum_{i=1}^{n} m_i - 1 (m_i, i \in \mathbf{Z}^+)$ 个物品放入 n 个抽屉，那么必然存在第 i 个抽屉中最多有 $m_i - 1$ 个物品。

例 1：一副扑克牌包含四种花色，每种花色各有 13 张牌，现在从中任意抽取不同张数的牌。问最少抽取多少张牌，才能确保至少有 4 张牌是同一种花色的？

A. 12　B. 13　C. 15　D. 16

【解析】根据抽屉原理，当每次取出 4 张牌时，则至少可以每种花色保障一样一张。以此类推，当取出 12 张牌时，可以确保每种花色至少各有 3 张牌。因此，当抽取第 13 张牌时，无论是什么花色，都可以确保有 4 张牌是同一种花色的，选 B。

例 2：从 1,2,3,4,…,12 这 12 个自然数中，至少任选几个数，可以确保其中一定包括两个数，并且它们的差为 7？

A. 7　B. 10　C. 9　D. 8

【解析】在这 12 个自然数中，差为 7 的自然数有 5 对：{12,5}{11,4}{10,3}{9,2}{8,1}。另外，还有 2 个不能配对的数是 {6}{7}。根据抽屉原理，共可构造 7 个抽屉。只要有两个数取自同一个抽屉，它们的差就等于 7。这 7 个抽屉可以表示为 {12, 5}{11, 4}{10, 3}{9, 2}{8, 1}{6}{7}。

显然从 7 个抽屉中取 8 个数，则一定可以使两个数字来源于同一个抽屉，即它们的差为 7，所以选择 D。

例 3：有红、黄、蓝、白珠子各 10 粒，装在一只袋子里，为了保证摸出的珠子有两粒颜色相同，应至少摸出几粒？

A. 3　B. 4　C. 5　D. 6

【解析】这是一道典型的抽屉原理题，只不过比上面举的例子复杂一些，仔细分析其实并不难。当解这种题时，要从最坏的情况考虑，即最不利原则，假设摸出的前 4 粒的颜色都不同，则再摸出的 1 粒（第 5 粒），一定可以保证和前面中的一粒颜色相同。因此选 C。

传统的解抽屉原理问题的方法是寻找两个关键词："保证"和"最小"。

保证：5 粒可以保证始终有两粒同色，如果少于 5 粒（比如 4 粒），我们取红、黄、蓝、白各一个，就不能"保证"，因此"保证"指的是绝对不会出现意外。

最小：不能取大于 5 的数字，比如 6，因为 5 足以满足"保证"条件，所以应该选择 5。

例 4：从一副完整的扑克牌中至少抽取多少张牌，才能保证至少 6 张牌的花色相同。
A. 21　B. 22　C. 23　D. 24

【解析】2+5×4+1=23。

98.2 容斥原理

容斥原理是一种计数方法。为了防止重叠部分被重复计算，它会先忽略重叠部分进行计算，然后单独计算重叠部分。

原则上，容斥原理可以求解任意多集合。

98.2.1 两集合容斥问题

$A \cup B$ 表示 A 与 B 的并集。$A \cap B$ 表示 A 与 B 的交集。$A \backslash B$ 表示 A 减去 B 的部分。$|A|$ 表示 A 的元素个数。$|B|$ 表示 B 的元素个数。

$|A \cup B| = |A|+|B|-|A \cap B|$

98.2.2 三集合容斥问题

$|A \cup B \cup C| = |A| + |B| + |C| - |A \cap B| - |A \cap C| - |B \cap C| + |A \cap B \cap C|$

- 练习：Devu 和鲜花

题目描述：

Devu 有 N 个盒子，第 i 个盒子中有 i 枝花。同一个盒子内的花颜色相同，不同盒子内的花颜色不同。Devu 要从这些盒子中选出 M 枝花组成一束，求共有多少种方案？若两束花每种颜色的花的数量完全相同，则认为这两束花的方案相同。注意：结果需要对 $10^9 + 7$ 取模之后方可输出。

输入格式：

第一行输入两个整数 N 和 M。第二行输入 N 个空格隔开的整数，表示 $A_1, A_2, \cdots, A_N$。

输出格式：

输出一个整数，表示方案数量对 $10^9 + 7$ 取模之后的结果。

输入样例：

3 5

1 3 2

输出样例：

3

数据范围：

$1 \leqslant N \leqslant 20$, $0 \leqslant M \leqslant 10^{14}$, $0 \leqslant A_i \leqslant 10^{12}$。

第99课 卡特兰数

卡特兰数（Catalan Number）是一个在组合数学中应用于各种计数问题的数列，以它的发明者贾卡伦·卡特兰的名字命名。

数列的前几项为 1, 1, 2, 5, 14, 42, $\cdots$

设 H_n 为第 n 项卡特兰数，则卡特兰数的递推公式为

$$H_n = H_0 \cdot H_{n-1} + H_1 \cdot H_{n-2} + \cdots + H_{n-1} \cdot H_0$$

即：

$$H_n = \begin{cases} \sum_{i=1}^{n} H_{i-1} H_{n-i} & n \geqslant 2, n \in \mathbf{N}_+ \\ 1 & n = 0, 1 \end{cases}$$

如果公式能转化为以上递推形式，即为卡特兰数。

其通项公式为

$$H_n = C_{2n}^{n} - C_{2n}^{n+1} = \frac{C_{2n}^{n}}{n+1} (n \geqslant 2, n \in \mathbf{N}_+)$$

推导过程：

$$\begin{aligned} H_n &= C_{2n}^{n} - C_{2n}^{n+1} \\ &= \frac{(2n)!}{n! \cdot (2n-n)!} - \frac{(2n)!}{(n+1)! \cdot (2n-(n+1))!} \\ &= \frac{(2n)!}{n! \cdot n!} - \frac{(2n)!}{(n+1)! \cdot (n-1)!} \\ &= \frac{1}{n+1} \left(\frac{(2n)! \cdot (n+1)}{n! \cdot n!} - \frac{(2n)! \cdot n}{n! \cdot n!} \right) \\ &= \frac{1}{n+1} \cdot \frac{(2n)!}{n! \cdot n!} \\ &= \frac{C_{2n}^{n}}{n+1} \end{aligned}$$

基于通项公式可以得出如下递推关系：

$$H_{n+1} = \frac{4n+2}{n+2} H_n$$

推导过程：

$$H_{n+1} = \frac{C_{2n+2}^{n+1}}{n+2}$$
$$= \frac{1}{n+2} \cdot \frac{(2n+2)!}{(n+1)!(n+1)!}$$
$$= \frac{1}{n+2} \cdot \frac{(2n+2) \cdot (2n+1) \cdot (2n)!}{(n+1) \cdot n! \cdot (n+1) \cdot n!}$$
$$= \frac{(2n+2)(2n+1)}{(n+2)(n+1)(n+1)} \cdot \frac{(2n)!}{n! \cdot n!}$$
$$= \frac{2(2n+1)}{n+2} \cdot \frac{C_{2n}^{n}}{n+1}$$
$$= \frac{4n+2}{n+2} H_n$$

练习题

1. 出栈次序

对于一个无穷大的栈，其进栈序列为 1,2,3,…,n，请问有多少个不同的出栈序列？

2. 找零问题

有 $2n$ 个人要买票价为五元的电影票，每人只买一张。但是售票员没有钱找零。其中，n 个人持有五元纸币，另外 n 个人持有十元纸币，问在不发生找零困难的情况下，有多少种排队方法？

3. 矩阵链乘

$P = a_1 \times a_2 \times a_3 \times \cdots \times a_n$，根据乘法结合律，不改变其顺序，只用括号表示成对的乘积，试问有几种括号化的方案？

4. 凸多边形划分

在一个 n 边形中，通过不与 n 边形内部相交的对角线，把 n 边形拆分为若干三角形，有多少种分割方案？

5. 二叉树计数

对于一个由 n 个节点构成的二叉树（其中每个非叶子节点都有两个子节点），共有多少种情形？

拥有 $n+1$ 个叶子节点的二叉树的个数是多少？